陕西省通用安装工程消耗量定额

（2025）

第四册　电气设备与线缆安装工程

批准部门：陕西省住房和城乡建设厅
主编单位：陕西省建设工程造价服务中心
参编单位：中建新疆建工（集团）有限公司
软件支持：广联达西安科技有限公司
实施日期：2025年7月1日

中国计划出版社
北　京

本书编委会

总　　编： 李卫军

副 总 编： 张　丹　陈永兵　崔建明　原　波　杜产阳

本册编写人员名单

主　　编： 赵启哲　赵玉兰

副 主 编： 贺渤伦　曹　方　庄智斌

编写人员： 许泽梅　商　艳　武　波　董永年　陈　震　朱玉文　张　楚　屈　波　吴　琦　张　凯　王延菊　王一哲　郑亚云　王稳杰　雷安明

软件操作： 郭继庆　路燚桓

总 说 明

一、《陕西省通用安装工程消耗量定额（2025）》共分十二册，包括：

第一册 机械设备安装工程

第二册 热力设备安装工程

第三册 静置设备与工艺金属结构制作安装工程

第四册 电气设备与线缆安装工程

第五册 建筑智能化安装工程

第六册 自动化控制仪表安装工程

第七册 通风空调安装工程

第八册 工业管道安装工程

第九册 消防安装工程

第十册 给排水、采暖、燃气安装工程

第十一册 信息通信设备与线缆安装工程

第十二册 防腐蚀、绝热工程

二、《陕西省通用安装工程消耗量定额（2025）》（以下简称“本定额”）是完成规定计量单位分部分项工程所需的人工、材料、施工机械台班、仪器仪表台班的消耗量标准。

三、本定额适用于工业与民用新建、扩建和改建工程项目中的通用安装工程。

四、本定额是在2021年《陕西省安装工程消耗量定额》基础上，以国家和有关行业发布的现行设计规程或规范、施工及验收规范、技术操作规程、质量评定标准、产品标准和安全操作规程、绿色建造规定等，并结合我省实际进行编制。

五、本定额是按照正常施工组织和施工条件，国内大多数施工企业采用的施工方法、机械装备水平、合理的劳动组织及工期进行编制。

1. 设备、材料、成品、半成品、构配件完整无损，符合质量标准和设计要求，附有合格证书和检验、试验合格记录。

2. 安装工程和土建工程之间的交叉作业合理、正常。

3. 安装地点、建筑物实体、设备基础、预留孔洞、预埋件等均符合安装设计要求。

4. 正常的气候、地理条件和施工环境。

5. 水、电供应均满足安装工程正常使用。

六、本定额未包括的项目，可按其他专业相应消耗量定额执行。

七、关于人工：

1. 人工以综合工日表示。

2. 人工消耗量包括基本用工、辅助用工和人工幅度差。

3. 人工每工日按照8小时工作制计算。

八、关于材料：

1. 材料泛指原材料、成品、半成品。包括施工中主要材料、辅助材料、周转材料和其他材料。在项目中以“（×××）”表示的材料为主要材料。

2. 材料用量：

（1）材料用量包括净用量和损耗量。

（2）材料损耗量包括从工地仓库运至安装堆放地点或现场加工地点运至安装地点的搬运损耗、安装操作损耗、安装地点堆放损耗。

（3）材料损耗量不包括场外的运输损失、仓库（含露天堆场）地点或现场加工地点保管损耗、由于材料规格和质量不符合要求而报废的数量；不包括规范、设计文件规定的预留量、搭接量、冗余量。

3. 项目中列出的周转性材料用量是按照不同施工方法、考虑不同工程项目类别、选取不同材料规格综合计算出的摊销量。

4. 对于用量少、低值易耗的零星材料，列为其他材料。按照消耗性材料费用比例计算。

九、关于机械：

1. 施工机械是按照常用机械、合理配备考虑，同时结合施工企业的机械化能力与水平等情况综合确定。

2. 施工机械台班消耗量是按照机械正常施工效率并考虑机械施工适当幅度差综合取定。

3. 原单位价值在2000元以内、使用年限在一年以内不构成固定资产的施工机械，不列入机械台班消耗量，其消耗的燃料动力等综合在其他材料费中。

4. 机械台班按每台班8小时工作制计算。

十、关于仪器仪表：

1. 仪器仪表是按照正常施工组织、施工技术水平考虑，同时结合市场实际情况综合确定。

2. 仪器仪表台班消耗量是按照仪器仪表正常使用率，并考虑必要的检验检测及适当幅度差综合取定。

3. 原单位价值在2000元以内、使用年限在一年以内不构成固定资产的仪器仪表，不列入仪器仪表台班消耗量，其消耗的燃料动力等综合在其他材料费中。

十一、关于水平运输和垂直运输：

1. 水平运输：

（1）水平运输距离是指由施工单位现场仓库或指定堆放地点运至安装地点或垂直运输点的距离。设备水平运距按照200m、材料（含成品、半成品）水平运距按照300m综合取定，执行时不做调整。

（2）项目中未考虑场外运输和场内二次搬运。工程实际发生时应根据有关规定另行计算。

2. 垂直运输：

（1）垂直运输基准面为室外地坪。

（2）垂直运输是按照建筑物层数6层以下、建筑高度20m以下、地下深度10m以内考虑，工程实际超过时，应计算建筑物超高（深）增加费。

十二、关于安装操作高度：

1. 安装操作基准面一般是指室外地坪或室内各层楼地面地坪。

2. 安装操作高度是指安装操作基准面至安装点的垂直高度。除各册另有规定者外，安装操作高度综合取定为6m以内。工程实际超过时，应计算安装操作高度增加费。

十三、关于建筑超高（深）增加费：

1. 建筑超高（深）增加费是指在建筑物层数6层以上、建筑高度20m以上、地下深度10m以上的建筑施工时，应计算建筑超高（深）需要增加的安装费。各册另有规定者除外。

2. 建筑超高（深）增加费包括人工降效、使用机械（含仪器仪表、工具用具）降效、延长垂直运输时间等费用。

3. 建筑超高（深）增加费，以单位工程（群体建筑以车间或单栋楼设计为准）全部工程量（含地下、地上部分）为基数，按照系数法计算。系数详见各册说明。

4. 单位工程（群体建筑以车间或单栋楼设计为准）满足建筑高度、建筑物层数、地下深度之一者，均应计算建筑超高（深）增加费。

十四、关于脚手架搭拆：

1. 脚手架搭拆是根据施工组织设计、满足安装需要所采取的安装措施。脚手架搭拆除满足自身安全外，不包括工程项目安全、环保、文明等工作内容。

2. 脚手架搭拆综合考虑了不同的结构形式、材质、规模、占用时间等要素，执行时不做调整。

3. 在同一个单位工程内有若干专业安装时，凡符合脚手架搭拆计算规定者，应分别计算脚手架搭拆费用。

十五、本定额中没有考虑施工与生产同时进行、在有害身体健康（防腐工程、检测项目除外）条件下施工时的降效，工程实际发生时按各册相关规定另行计算。

十六、本定额适用于海拔 2000m 以下地区。

十七、本定额中注有“××以内”或“××以下”者，均包括××本身；注有“××以外”或“××以上”者，则不包括××本身。

十八、凡本说明未尽事宜，详见各册说明。

十九、本定额的解释和日常管理，由陕西省建设工程造价服务中心负责。

目 录

第四章　配电控制、保护、直流装置安装工程

第五章　交直流电源安装工程

第六章　发电机、电动机检查接线工程

第七章　金属构件、穿墙套板安装工程

第八章　滑触线安装工程

第九章　配电、输电电缆敷设工程

第十章　防雷与接地装置安装工程

第十一章　电压等级≤10kV 架空线路输电工程

第十二章　配管工程

第十三章　配线工程

第十四章　照明器具安装工程

第十五章　低压电器设备安装工程

第十六章　运输设备电气装置安装工程

第十七章　电气设备调试工程

册　说　明

一、第四册《电气设备与线缆安装工程》适用于工业与民用电压等级 10kV 以内变配电设备及线路、车间动力电气设备及电气照明器具、防雷及接地装置、运输设备电气装置等安装工程。包括：变压器、配电装置、母线、绝缘子、配电控制与保护及直流装置、交直流电源、发电机与电动机检查接线、金属构件、穿墙套板、滑触线、配电及输电电缆敷设、防雷及接地装置、电压等级 ≤ 10kV 架空输电线路、配管、配线、照明器具、低压电器设备、运输设备电气装置等安装及电气设备调试。

二、本册主要依据的规范定额有：

1.《建筑照明设计标准》GB/T 50034—2013；

2.《电气装置安装工程高压电器施工及验收规范》GB 50147—2010；

3.《电气装置安装工程电力变压器、油浸电抗器、互感器施工及验收规范》GB 50148—2010；

4.《电气装置安装工程母线装置施工及验收规范》GB 50149—2010；

5.《电气装置安装工程电气设备交接试验标准》GB 50150—2016；

6.《电气装置安装工程电缆线路施工及验收规范》GB 50168—2018；

7.《电气装置安装工程接地装置施工及验收规范》GB 50169—2016；

8.《电气装置安装工程　旋转电机施工及验收标准》GB 50170—2018；

9.《电气装置安装工程盘、柜及二次回路接线施工及验收规范》GB 50171—2012；

10.《电气装置安装工程蓄电池施工及验收规范》GB 50172—2012；

11.《建筑物防雷工程施工与质量验收规范》GB 50601—2010；

12.《电气装置安装工程 35kV 及以下架空电力线路施工及验收规范》GB 50173—2012；

13.《电气装置安装工程低压电器施工及验收规范》GB 50254—2014；

14.《电气装置安装工程电力变流设备施工及验收规范》GB 50255—2014；

15.《电气装置安装工程起重机电气装置施工验收规范》GB 50256—2014；

16.《电气装置安装工程爆炸和火灾危险环境电气装置施工及验收规范》GB 50257—2014；

17.《建筑电气工程施工质量验收规范》GB 50303—2015；

18.《民用建筑电气设计规范》JGJ 16—2016；

19.《通用安装工程消耗量定额》TY 02-31—2021。

三、本册除各章另有说明外，均包括下列工作内容：施工准备，设备、材料及工机具场内运输，设备开箱检查、配合基础验收，吊装设备就位、安装、连接，设备调平找正、固定，设备本体配套附件安装，设备单体调整试验、临时移动水源与电源，配合检查验收等。

四、本册不包括下列内容，发生时应另行计算：

1. 电压等级大于 10kV 配电、输电、用电设备及装置安装。工程实际需要时，应执行电力行业相应项目。

2. 电气设备及装置配合机械设备进行系统调试和联合试运。

3. 本册定额中的设备安装未考虑设备干燥，发生时应按相应项目另行计算。

4. 本册定额不包括凿孔、开槽等。工程需要时，应执行第十册《给排水、采暖、燃气安装工程》相应项目。

五、相关说明：

1. 在净高小于 1.60m 楼层以及断面小于 $5m^2$ 且大于 $2.50m^2$ 的管廊、地沟、隧道、洞内、管道间进行施工时，其安装项目人工乘以系数 1.12。

2. 在管井内、竖井内（敷设电缆项目除外）、封闭吊顶天棚内、断面小于或等于 $2.50m^2$ 隧道或洞内或管道间、烟囱内进行施工时，其安装项目人工乘以系数 1.16。

3. 发电、输电、配电、用电分系统调试、整套启动调试、特殊项目测试与性能验收试验，单独执行本册第十七章“电气设备调试工程”相应项目。

（1）单体调试是指设备或装置安装完成后未与系统连接时，根据设备安装施工交接验收规范，为确认其是否符合产品出厂定额和满足实际使用条件而进行的单机试运或单体调试工作。单体调试项目的界限是设备没有与系统连接，设备和系统断开时的单独调试。

（2）分系统调试是指工程的各系统在设备单机试运或单体调试合格后，为使系统达到整套启动所必须具备的条件而进行的调试工作。分系统调试项目的界限是设备与系统连接，设备和系统连接在一起进行的调试。

（3）整套启动调试是指工程各系统调试合格后，根据启动试运规程、规范，在工程投料试运前以及试运行期间，对工程整套工艺运行生产以及全部安装结果的验证、检验所进行的调试。整套启动调试项目的界限是工程各系统间连接，系统和系统连接在一起进行的调试。

（4）特殊项目测试与性能验收试验是指定额中特殊调试、特殊试验项目主要涵盖三方面的内容：根据国家、行业技术规程规范的规定，技术难度大，需要特殊试验设备，应由具备相应资质和试验能力的单位进行的调试项目；不常见、没有普遍性的调试项目；特殊类型工程的调试项目。

六、下列费用可按系数分别计算：

1. 脚手架搭拆，应按安装工程人工费的 5%计算。其中：人工费为 40%、材料费为 50%、机械费为 10%。电气设备调试、10kV 及以下架空输电线路不单独计算脚手架费用，亦不作为计算脚手架搭拆费的基数。

2. 安装高度超过安装操作基准面 6m 时，安装操作高度增加费，应按照相应安装项目人工费乘以下表规定系数计算。

系数表

安装高度距离安装操作基准面（m）	≤ 10	≤ 30	≤ 50	> 50
系数	0.10	0.30	0.50	0.75

（1）电缆敷设工程、电压等级小于或等于 10kV 架空输电线路工程不执行本条规定。

（2）小区路灯、投光灯、氙气灯、烟囱或水塔指示灯，已经考虑了超高安装因素，不单独计算操作高度增加费，亦不作为计算操作高度增加费的基数。

3. 建筑超高、超深增加费，应按照下表规定系数计算。其中：人工费为 36.50%，机械与仪器仪表费为 63.50%。

建筑超高、超深增加费用表

建筑物高度（m 以内）	40	60	80	100	120	140	160	180	200
建筑物层数（层以内）	12	18	24	30	36	42	48	54	60
地下深度（m 以内）	20	30	40						
按照人工费计算（%）	3	6	10	16	22	28	34	40	46

注：建筑物层数大于 60 层时，以 60 层为基础，按每增加一层增加 1%计算。

4. 安装与生产同时进行的增加费，应按安装工程人工费的 6%计算。

5. 在有害身体健康的环境中施工降效增加费，应按安装工程人工费的 6%计算。

6. 拆除费用（现场变更等因素需要拆除的项目），应按相应安装项目人工费、机械费的 40%，材料费的 10%计算。

七、本册安装项目中所用螺栓、工艺垫片等是按照厂家配套供应考虑，项目中不包括其费用。如果工程实际由施工单位采购配置安装所用螺栓、垫片时，根据实际安装所用螺栓、垫片用量加 3%损耗率计算费用。

第一章

变压器安装工程

说　明

一、本章内容包括油浸式电力变压器安装、干式变压器安装、绝缘油过滤等内容。

二、相关说明：

1. 设备安装项目包括放注油、油过滤所需的油罐等设施摊销费。不包括变压器防震措施安装，端子箱与控制箱的制作与安装，变压器干燥、二次喷漆、变压器铁梯及母线铁构件的制作与安装，工程实际发生时，执行相应项目。

2. 油浸式变压器安装项目适用于自耦式变压器、带负荷调压变压器、非晶合金变压器等的安装；电炉变压器安装执行同容量变压器项目乘以系数 1.60；整流变压器安装执行同容量变压器项目乘以系数 1.20。

3. 安装带有保护外罩的干式变压器时，执行相应项目时人工、机械乘以系数 1.10。

4. 变压器单体调试内容除包括变压器本身试验项目外，还包括变压器绝缘油取样、简化试验、绝缘强度等试验。

5. 绝缘油按照设备供货考虑。

工程量计算规则

一、变压器安装，根据设备容量及结构性能，按照设计图示数量，分别以“台”为计量单位。

二、绝缘油过滤不分次数至油过滤合格止。按照设备载油量，分别以“t”为计量单位。

1. 变压器绝缘油过滤，按照变压器铭牌充油量计算。

2. 其他充油设备绝缘油过滤，按照设备铭牌充油量计算。

一、油浸式变压器安装

工作内容： 开箱检查、本体就位、器身检查；套管、油枕及散热器清洗；油柱试验、风扇油泵电机检查接线、附件安装、垫铁制作与安装、安装后整体密封试验、接地、补漆、单体调试等。

计量单位： 台

	编　号			4-1-1	4-1-2	4-1-3	4-1-4
	项　目			容量（kV·A）			
				≤250	≤500	≤1000	≤2000
	名　称		单位	消　耗　量			
人工	000203000	综合二类工	工日	5.998	6.909	11.307	14.206
材料	031507017	镀锌铁丝 $\phi 2.5 \sim 4.0$	kg	1.000	1.000	1.000	2.500
	011303001	镀锌扁钢（综合）	kg	4.500	4.500	4.500	4.500
	020901006	聚乙烯薄膜 $\delta 0.05$	m^2	1.500	1.500	3.000	3.000
	022703003	白布	kg	0.450	0.450	0.540	0.630
	092705004	碎布	kg	0.400	0.500	0.600	0.800
	031301007	低碳钢焊条（综合）	kg	1.200	1.200	1.400	1.400
	031102005	铁砂布 $0^{\#} \sim 2^{\#}$	张	0.250	0.500	0.500	0.500
	130113005	酚醛磁漆	kg	0.200	0.200	0.200	0.300
	130115006	酚醛调和漆	kg	1.000	1.200	1.800	2.500
	130505001	防锈漆	kg	0.600	0.900	1.300	1.600
	143511013	酚醛树脂稀释剂	kg	0.300	0.400	0.600	1.200
	142123001	电力复合脂	kg	0.050	0.050	0.050	0.050
	142909001	氧气	m^3	0.600	0.600	0.800	0.800
	142907002	乙炔气	kg	0.231	0.231	0.308	0.308
	272501002	青壳纸 $\delta 0.1 \sim 1.0$	kg	0.150	0.150	0.200	0.200
	022702002	白纱布带 20mm×20m	卷	1.000	1.500	1.500	2.000
	203107002	钢垫板 $\delta 1 \sim 2$	kg	5.000	5.000	6.000	6.000
	850103006	其他材料费（占材料费）	%	1.800	1.800	1.800	1.800
机械	990304004	汽车式起重机 8t	台班	0.561	0.598	0.642	0.679
	990401020	载重汽车 5t	台班	0.093	0.131	—	—
	990401030	载重汽车 8t	台班	—	—	0.150	0.178
	990904030	直流弧焊机 20kV·A	台班	0.240	0.240	0.280	0.280
	870613053	绝缘油试验仪	台班	0.336	0.336	0.336	0.336
	870622064	高压绝缘电阻测试仪	台班	0.308	0.308	0.748	0.748
	870622072	变压器直流电阻测试仪	台班	0.926	0.926	2.244	2.244
	870699092	YDQ 充气式试验变压器	台班	0.308	0.308	0.748	0.748
	870699096	高压试验变压器配套操作箱、调压器	台班	0.616	0.616	1.496	1.496
	870699156	自动介损测试仪	台班	0.308	0.308	0.748	0.748
	870699164	TPFRC 电容分压器交直流高压测量系统	台班	0.308	0.308	0.748	0.748
	873112024	直流高压发生器	台班	0.308	0.308	0.748	0.748

工作内容：开箱检查、本体就位、器身检查；套管、油枕及散热器清洗；油柱试验、风扇油泵电机检查接线、附件安装、垫铁制作与安装、安装后整体密封试验、接地、补漆、单体调试等。

计量单位：台

编号				4-1-5	4-1-6	4-1-7
项目				容量（kV·A）		
				≤4000	≤8000	≤10000
名称			单位	消耗量		
人工	000203000	综合二类工	工日	20.750	28.728	35.156
材料	031507017	镀锌铁丝 ϕ2.5～4.0	kg	2.500	4.000	4.000
	011303001	镀锌扁钢（综合）	kg	4.500	4.500	5.000
	020901006	聚乙烯薄膜 δ0.05	m^2	6.000	6.000	7.000
	022703003	白布	kg	0.900	1.080	1.300
	092705004	碎布	kg	1.200	1.500	1.500
	031301007	低碳钢焊条（综合）	kg	1.550	1.612	1.635
	031102005	铁砂布 $0^{\#}$～$2^{\#}$	张	0.750	0.750	1.000
	130113005	酚醛磁漆	kg	0.300	0.400	0.420
	130115006	酚醛调和漆	kg	3.000	6.000	6.500
	130505001	防锈漆	kg	2.200	4.800	5.000
	143511013	酚醛树脂稀释剂	kg	1.500	3.000	3.600
	142123001	电力复合脂	kg	0.050	0.050	0.050
	142909001	氧气	m^3	1.200	1.500	1.600
	142907002	乙炔气	kg	0.462	0.577	0.615
	272501002	青壳纸 δ0.1～1.0	kg	0.300	0.400	0.500
	022702002	白纱布带 20mm×20m	卷	2.000	2.500	2.500
	203107002	钢垫板 δ1～2	kg	8.000	8.000	9.000
	850103006	其他材料费（占材料费）	%	1.800	1.800	1.800
	031501001	扒钉	kg	—	10.000	10.000
	050401003	板枋材	m^3	—	0.090	0.090
	050109005	枕木 2500mm×200mm×160mm	根	—	4.800	4.800
	020711006	橡胶垫 δ0.8	m^2	—	—	0.050
机械	990304012	汽车式起重机 12t	台班	0.722	0.871	1.055
	990401035	载重汽车 10t	台班	0.178	0.197	0.227
	990904030	直流弧焊机 20kV·A	台班	0.310	0.322	0.327
	870613053	绝缘油试验仪	台班	0.336	0.336	0.336
	870622064	高压绝缘电阻测试仪	台班	0.925	1.234	1.598
	870622072	变压器直流电阻测试仪	台班	2.776	3.393	4.402
	870699092	YDQ 充气式试验变压器	台班	0.925	1.234	1.598
	870699096	高压试验变压器配套操作箱、调压器	台班	1.850	2.468	3.196
	870699156	自动介损测试仪	台班	0.925	1.234	1.598
	870699164	TPFRC 电容分压器交直流高压测量系统	台班	1.234	1.542	2.000
	873112024	直流高压发生器	台班	0.925	1.234	1.598
	990316010	立式油压千斤顶 100t	台班	—	1.869	2.336

二、干式变压器安装

工作内容： 开箱检查，本体就位，垫铁制作与安装，附件安装，接地，补漆，单体调试等。

计量单位：台

编　号				4-1-8	4-1-9	4-1-10	4-1-11
项　目				容量（kV·A）			
				≤250	≤500	≤1000	≤2000
名　称			单位	消　耗　量			
人工	000203000	综合二类工	工日	5.587	6.544	9.909	12.096
材料	031507017	镀锌铁丝 ϕ2.5～4.0	kg	1.000	1.000	2.000	2.650
	011303001	镀锌扁钢（综合）	kg	4.500	4.500	4.500	4.500
	022703003	白布	kg	0.050	0.100	0.100	0.100
	092705004	碎布	kg	0.400	0.500	0.500	0.500
	031301007	低碳钢焊条（综合）	kg	1.400	1.400	1.400	1.870
	031541003	钢锯条	条	1.000	1.000	1.000	1.000
	031102005	铁砂布 0#～2#	张	1.500	2.000	2.000	2.000
	130115006	酚醛调和漆	kg	2.200	2.500	2.800	3.000
	130505001	防锈漆	kg	0.300	0.500	1.000	1.000
	143511013	酚醛树脂稀释剂	kg	1.100	1.250	1.400	1.500
	142123001	电力复合脂	kg	0.050	0.050	0.050	0.050
	203107002	钢垫板 δ1～2	kg	4.000	4.000	6.000	6.500
	850103006	其他材料费（占材料费）	%	1.800	1.800	1.800	1.800
机械	990304004	汽车式起重机 8t	台班	0.094	0.112	0.374	0.421
	990401020	载重汽车 5t	台班	0.093	0.112	—	—
	990401030	载重汽车 8t	台班	—	—	0.206	0.234
	990904030	直流弧焊机 20kV·A	台班	0.280	0.280	0.280	0.374
	870622064	高压绝缘电阻测试仪	台班	0.308	0.308	0.748	0.748
	870622072	变压器直流电阻测试仪	台班	0.926	0.926	2.244	2.244
	870699092	YDQ 充气式试验变压器	台班	0.308	0.308	0.748	0.748
	870699096	高压试验变压器配套操作箱、调压器	台班	0.616	0.616	1.496	1.496
	870699156	自动介损测试仪	台班	0.308	0.308	0.748	0.748
	870699164	TPFRC 电容分压器交直流高压测量系统	台班	0.308	0.308	0.748	0.748
	873112024	直流高压发生器	台班	0.308	0.308	0.748	0.748

工作内容：开箱检查，本体就位，垫铁制作与安装，附件安装，接地，补漆，单体调试等。

计量单位：台

编号				4-1-12	4-1-13	4-1-14
项目				容量（kV·A）		
				≤4000	≤8000	≤10000
名称			单位	消耗量		
人工	000203000	综合二类工	工日	16.366	21.514	24.093
材料	031507017	镀锌铁丝 ϕ2.5～4.0	kg	3.000	4.000	4.400
	011303001	镀锌扁钢（综合）	kg	4.500	5.000	5.000
	020901004	聚氯乙烯薄膜	kg	0.210	0.240	0.260
	022703003	白布	kg	0.100	0.130	0.140
	092705004	碎布	kg	0.500	0.600	0.700
	031101006	砂轮片 ϕ400	片	0.100	0.120	0.140
	031541003	钢锯条	条	1.500	1.800	—
	031301007	低碳钢焊条（综合）	kg	1.870	1.920	1.920
	031102005	铁砂布 0#～2#	张	2.000	2.000	2.000
	130115006	酚醛调和漆	kg	3.000	3.500	4.000
	130505001	防锈漆	kg	1.500	1.500	1.800
	143511013	酚醛树脂稀释剂	kg	1.500	1.750	2.001
	142123001	电力复合脂	kg	0.050	0.060	0.060
	203107002	钢垫板 δ1～2	kg	7.000	7.500	7.500
	850103006	其他材料费（占材料费）	%	1.800	1.800	1.800
机械	990304016	汽车式起重机 16t	台班	0.467	0.488	0.521
	990401040	载重汽车 12t	台班	0.164	0.198	0.220
	990904030	直流弧焊机 20kV·A	台班	0.374	0.384	0.384
	870622064	高压绝缘电阻测试仪	台班	0.925	0.966	1.060
	870622072	变压器直流电阻测试仪	台班	2.666	2.710	2.770
	870699092	YDQ 充气式试验变压器	台班	0.925	0.966	0.966
	870699096	高压试验变压器配套操作箱、调压器	台班	1.850	1.960	1.960
	870699156	自动介损测试仪	台班	0.925	0.925	0.966
	870699164	TPFRC 电容分压器交直流高压测量系统	台班	1.234	1.366	1.425
	873112024	直流高压发生器	台班	0.925	0.966	1.063

三、绝缘油过滤

工作内容：过滤前准备、过滤后清理、油过滤、配合试验等。　　**计量单位：**t

编号				4-1-15
项目				绝缘油过滤
名称			单位	消耗量
人工	000203000	综合二类工	工日	1.714
材料	031507017	镀锌铁丝 ϕ2.5～4.0	kg	0.400
	012900002	钢板（综合）	kg	26.530
	092705004	碎布	kg	0.300
	031301007	低碳钢焊条（综合）	kg	0.745
	353301001	取样瓶（袋）	个	0.240
	271799001	电气绝缘胶带 18mm × 10m × 0.13mm	卷	0.080
	311921002	滤油纸 300 × 300	张	72.000
	850103006	其他材料费（占材料费）	%	1.800
机械	990304004	汽车式起重机 8t	台班	0.056
	990904030	直流弧焊机 20kV · A	台班	0.149
	991275010	滤油机 LX100	台班	0.785
	991209010	真空滤油机 6000L/h	台班	0.436
	870613053	绝缘油试验仪	台班	0.140

第二章

配电装置安装工程

说　明

一、本章内容包括断路器、隔离开关、负荷开关、互感器、熔断器、避雷器、电抗器、电容器、交流滤波装置组架（TJL 系列）、开闭所成套配电装置、成套配电柜、成套配电箱、组合式成套箱式变电站、电动汽车充电设备、配电智能设备的安装等内容。

二、相关说明：

1. 设备所需的绝缘油、六氟化硫气体、液压油等均按照设备供货考虑。设备本体以外的加压设备和附属管道的安装，应执行相应安装项目，另行计算。

2. 设备安装项目不包括端子箱安装、控制箱安装、设备支架制作及安装、绝缘油过滤、电抗器干燥、基础槽（角）钢安装、套管、间隔板、配电设备的端子板外部接线、预埋地脚螺栓、二次灌浆。

3. SF_6 断路器安装项目不包括 SF_6 气体的试验。

4. 避雷器单相安装，执行安装项目时乘以系数 0.40。

5. 干式空心电抗器安装项目，也适用于混凝土电抗器。项目是按照三相叠放、三相平放和二叠一平放的安装方式综合考虑的，工程实际与其不同时，执行时不做调整。

6. 限流电抗器安装根据设备形式，按照三相通过容量执行相应项目；串联电抗器安装根据设备形式，按照系统电压与三相电流乘积执行相应项目。

7. 电容器安装按照设备形式、容量执行相应项目，当电容器为三相时，执行相应容量项目乘以系数 1.20。

8. 交流滤波装置安装项目不包括铜母线安装。

9. 开闭所（开关站）成套配电装置安装项目综合考虑了开关的不同容量与形式，执行项目时不做调整。环网柜安装根据开关间隔单元数量执行开闭所成套配电装置安装相应项目，计算环网柜开关间隔单元数量时应计列母线设备间隔。

10. 高压成套配电柜安装项目综合考虑了不同形式，执行时不做调整。项目中不包括柜外至开关柜的母线配制及设备干燥。

11. 本项目的组合式成套箱式变电站主要是指电压等级小于或等于 10kV 的箱式变电站，一般是变压器布置在箱中间，箱一端布置高压开关，另一端布置低压开关，两端各装若干台配电箱（屏）。在结构上采用高压开关柜、低压开关柜、变压器组成方式的箱式变电站称为欧式箱式变电站；在结构上将负荷开关、环网开关、熔断器等结构简化放入变压器油箱中且变压器取消油枕方式的箱式变电站称为美式箱式变电站。项目是按照欧式箱式变电站编制的，美式箱式变电站执行项目乘以系数 0.70。

12. 开闭所（开关站）成套配电装置、成套配电柜和箱式变电站安装不包括基础槽（角）钢安装、保护测控等二次装置的调试；成套配电柜安装不包括柜外母线及引下线的配制与安装。

13. 成品配套空箱体安装执行相应的成套配电箱安装项目乘以系数 0.50。

14. 电动汽车充电设备是指非车载充电设备，根据设备类型、功率及安装方式执行相应项目；对于分体式直流充电机，充电机柜与充电桩分别执行相应项目。

15. 本章项目的配电智能设备安装调试，仅适用于配电网自动化工程的相应设备，不适用于其他工程或专业的类似设备安装调试，项目中不包括光缆敷设、设备电源电缆（线）的敷设、配线架跳线的安装、焊（绕、卡）接与钻孔等；不包括系统试运行、电源系统安装测试、通信测试、软件生产和系统组态以及因设备质量问题而进行的修配改工作。

16. 开闭所配电采集器安装项目是按照分散式分布编制的，若实际采用集中组屏形式，执行分散式项目乘以系数 0.90；若为集中式配电终端安装，可执行环网柜配电采集器项目乘以系数 1.20；单独安装屏可另外执行相应项目。

17. 环网柜配电采集器安装项目是按照集中式配电终端编制的，若实际采用分散式配电终端，执行开闭所配电采集器项目乘以系数 0.85。

18. 对应用综合自动化系统新技术的开闭所，其测控系统单体调试，可另执行开闭所配电采集器项目乘以系数 0.60。

19. 配电智能设备项目中只考虑三遥（遥控、遥信、遥测）功能调试，若实际工程增加遥调功能时，执行相应项目乘以系数 1.20。

20. 电能表安装调试、抄表采集系统安装调试项目不包括箱体及固定支架安装、端子板与汇线槽及电气设备元件安装、通信线及保护管敷设、设备电源安装测试、通信测试等。

21. 变频柜安装、软启动柜安装，可执行屏柜相应项目。

22. 本章项目除单独设置调试项目外，安装项目中均包括相应设备的单体调试；单体调试包括熟悉图纸及相关资料、核对设备、填写试验记录、整理试验报告等工作内容。

工程量计算规则

一、断路器、电流互感器、电压互感器、干式铁芯电抗器、油浸式电抗器、电力电容器的安装，根据设备容量，按照设计图示数量，分别以“台”或“个”为计量单位。

二、隔离开关、负荷开关、熔断器、避雷器、干式空心电抗器的安装，根据设备容量，按照设计图示数量，分别以“组”为计量单位，每三相为一组。

三、并联补偿电抗器组架安装，根据布置形式，按照设计图示数量，分别以“台”为计量单位。

四、交流滤波器装置组架安装根据设备功能，按照设计图示数量，分别以“台”为计量单位。

五、开闭所成套配电装置安装，根据单元个数，按照设计图示数量，分别以“座”为计量单位。计算单元个数时，断路器、负荷开关、母线设备间隔均应计列。

六、成套配电柜安装，根据设备功能与形式，按照设计图示数量，分别以“台”为计量单位。

七、成套配电箱安装，根据箱体半周长，按照设计图示数量，分别以“台”为计量单位。

八、箱式变电站安装，根据设备容量，按照设计图示数量，分别以“座”为计量单位。

九、电动汽车充电设备安装，根据设备形式、容量及安装方式，按照设计图示数量，分别以“台”为计量单位。

十、变压器配电采集器、柱上变压器配电采集器、环网柜配电采集器安装调试，根据系统布置，按照设计图示变压器或环网柜数量，分别以“台”为计量单位。

十一、开闭所配电采集器安装调试，根据系统布置，分别以“间隔”为计量单位，一台断路器计算一个间隔。

十二、电压监控切换装置安装调试，根据系统布置，按照设计图示数量，分别以“台”为计量单位。

十三、GPS 时钟安装调试，根据系统布置，按照设计图示数量，分别以“套”为计量单位。天线系统不单独计算工程量。

十四、配电自动化子站调试、配电自动化主站系统本体调试，根据管理需求，分别以“系统”为计量单位。

十五、配电自动化主站相关的软件安装调试、调制解调器安装调试，根据系统布置，按照设计图示数量，分别以“系统”为计量单位。

十六、电度表、中间继电器安装调试，根据系统布置，按照设计图示数量，分别以“台”或“块”为计量单位。

十七、电表采集器、数据集中器安装调试，根据系统布置，按照设计图示数量，分别以“台”为计量单位。

十八、各类服务器、工作站安装，根据系统布置，按照设计图示数量，分别以“台”为计量单位。

一、断路器安装

1. 真空断路器

工作内容： 开箱清点检查、安装及调整、传动装置安装调整、动作检查、接地、补漆、单体调试等。

计量单位：台

编号				4-2-1	4-2-2	4-2-3
项目				电流（A）		
				≤1000	≤2000	≤4000
名称			单位	消耗量		
人工	000203000	综合二类工	工日	2.828	3.248	3.603
材料	031507017	镀锌铁丝 ϕ2.5～4.0	kg	1.300	1.300	2.000
	011303001	镀锌扁钢（综合）	kg	2.500	2.500	2.500
	092705004	碎布	kg	0.150	0.200	0.250
	031301007	低碳钢焊条（综合）	kg	0.430	0.465	0.700
	031541003	钢锯条	条	1.500	2.000	2.000
	031305003	焊锡膏	kg	0.030	0.040	0.060
	031303019	焊锡丝（综合）	kg	0.150	0.200	0.300
	031102005	铁砂布 $0^{\#}$～$2^{\#}$	张	1.600	2.000	2.000
	130115006	酚醛调和漆	kg	0.100	0.120	0.180
	130505001	防锈漆	kg	0.100	0.120	0.180
	143511013	酚醛树脂稀释剂	kg	0.260	0.300	0.400
	142123001	电力复合脂	kg	0.050	0.070	0.100
	203107002	钢垫板 δ1～2	kg	1.000	1.000	2.000
	850103006	其他材料费（占材料费）	%	1.800	1.800	1.800
机械	990401015	载重汽车 4t	台班	0.050	0.050	0.063
	990904030	直流弧焊机 20kV·A	台班	0.086	0.093	0.140
	870622064	高压绝缘电阻测试仪	台班	0.654	0.654	0.654
	870622097	断路器动特性综合测试仪	台班	0.467	0.467	0.467
	870699092	YDQ 充气式试验变压器	台班	0.491	0.491	0.491
	870699096	高压试验变压器配套操作箱、调压器	台班	0.491	0.491	0.491
	870699164	TPFRC 电容分压器交直流高压测量系统	台班	0.491	0.491	0.491
	990304004	汽车式起重机 8t	台班	—	—	0.063

2. SF_6 断路器

工作内容：开箱清点检查、安装及调整、充气、传动装置安装调整、动作检查、接地、补漆、单体调试，配合气体试验等。

计量单位：台

编号				4-2-4	4-2-5	4-2-6
项目				电流（A）		
				≤1000	≤2000	≤4000
名称			单位	消耗量		
人工	000203000	综合二类工	工日	3.136	3.437	3.838
材料	031507017	镀锌铁丝 ϕ2.5～4.0	kg	1.100	1.300	2.000
	011303001	镀锌扁钢（综合）	kg	2.500	2.500	2.500
	092705004	碎布	kg	0.170	0.200	0.250
	031301007	低碳钢焊条（综合）	kg	0.430	0.465	0.700
	031541003	钢锯条	条	2.000	2.000	2.000
	031305003	焊锡膏	kg	0.030	0.040	0.060
	031303019	焊锡丝（综合）	kg	0.160	0.200	0.300
	031102005	铁砂布 $0^{\#}$～$2^{\#}$	张	2.000	2.000	2.000
	130115006	酚醛调和漆	kg	0.090	0.120	0.180
	130505001	防锈漆	kg	0.090	0.120	0.180
	143511013	酚醛树脂稀释剂	kg	0.240	0.300	0.400
	142123001	电力复合脂	kg	0.050	0.070	0.100
	143143001	六氟化硫	kg	1.400	1.800	2.800
	203107002	钢垫板 δ1～2	kg	1.000	1.000	2.000
	850103006	其他材料费（占材料费）	%	1.800	1.800	1.800
机械	990401015	载重汽车 4t	台班	0.060	0.070	0.093
	990904030	直流弧焊机 20kV·A	台班	0.086	0.093	0.140
	870622064	高压绝缘电阻测试仪	台班	0.654	0.654	0.654
	870622097	断路器动特性综合测试仪	台班	0.467	0.467	0.467
	870699092	YDQ 充气式试验变压器	台班	0.491	0.491	0.491
	870699096	高压试验变压器配套操作箱、调压器	台班	0.491	0.491	0.491
	870699164	TPFRC 电容分压器交直流高压测量系统	台班	0.491	0.491	0.491
	990304004	汽车式起重机 8t	台班	—	—	0.093

3. 空气断路器

工作内容：开箱检查、安装固定、绝缘柱杆组装、传动机构及接点调整、接地、补漆、单体调试等。

计量单位：台

编号				4-2-7	4-2-8	4-2-9	4-2-10
项目				电流（A）			
				≤ 12000	≤ 18000	≤ 22000	≤ 25000
名称			单位	消耗量			
人工	000203000	综合二类工	工日	8.744	10.236	11.869	13.530
材料	011303001	镀锌扁钢（综合）	kg	5.000	5.000	6.500	6.500
	012900002	钢板（综合）	kg	30.000	50.000	75.000	100.000
	092705004	碎布	kg	0.200	0.200	0.250	0.300
	031301007	低碳钢焊条（综合）	kg	1.600	1.800	2.100	2.300
	031305003	焊锡膏	kg	0.100	0.120	0.130	0.150
	031303019	焊锡丝（综合）	kg	0.500	0.600	0.650	0.700
	031102005	铁砂布 0#～2#	张	1.500	2.000	2.000	2.500
	130115006	酚醛调和漆	kg	0.400	0.400	0.400	0.400
	130505001	防锈漆	kg	0.400	0.400	0.400	0.400
	143511013	酚醛树脂稀释剂	kg	1.200	1.500	2.000	3.000
	140303001	机油（综合）	kg	0.300	0.300	0.300	0.300
	142123001	电力复合脂	kg	0.150	0.180	0.200	0.250
	142909001	氧气	m^3	1.500	2.000	3.000	4.000
	142907002	乙炔气	kg	0.577	0.769	1.154	1.538
	021305001	自粘性塑料带 20mm × 20m	卷	0.550	0.750	1.050	1.400
	203107002	钢垫板 δ1～2	kg	6.000	8.000	10.000	12.000
	850103006	其他材料费（占材料费）	%	1.800	1.800	1.800	1.800
机械	990304004	汽车式起重机 8t	台班	0.187	0.187	0.187	0.187
	990401015	载重汽车 4t	台班	0.187	0.187	0.187	0.187
	990904030	直流弧焊机 20kV · A	台班	0.320	0.360	0.420	0.460
	870622064	高压绝缘电阻测试仪	台班	0.654	0.654	0.654	0.654
	870622097	断路器动特性综合测试仪	台班	0.467	0.467	0.467	0.467
	870699092	YDQ 充气式试验变压器	台班	0.491	0.491	0.491	0.491
	870699096	高压试验变压器配套操作箱、调压器	台班	0.491	0.491	0.491	0.491
	870699164	TPFRC 电容分压器交直流高压测量系统	台班	0.491	0.491	0.491	0.491

4. 真空接触器

工作内容： 开箱检查、安装固定、绝缘柱杆组装、传动机构及接点调整、接地、补漆、单体调试等。

计量单位：台

编号				4-2-11	4-2-12
项目				真空接触器	
				≤1140V/630A	≤6300V/630A
		名称	单位	消耗量	
人工	000203000	综合二类工	工日	2.814	2.961
材料	011303001	镀锌扁钢（综合）	kg	3.200	3.200
	092705004	碎布	kg	0.100	0.100
	031301007	低碳钢焊条（综合）	kg	0.465	0.465
	031305003	焊锡膏	kg	0.020	0.020
	031303019	焊锡丝（综合）	kg	0.100	0.100
	031102005	铁砂布 0#～2#	张	1.000	1.000
	143303001	酒精	kg	0.100	0.100
	140303001	机油（综合）	kg	0.200	0.200
	142123001	电力复合脂	kg	0.050	0.050
	021305001	自粘性塑料带 20mm×20m	卷	0.100	0.100
	203107002	钢垫板 δ1～2	kg	1.000	1.000
	850103006	其他材料费（占材料费）	%	1.800	1.800
机械	990904030	直流弧焊机 20kV·A	台班	0.093	0.093
	870622064	高压绝缘电阻测试仪	台班	0.654	0.654
	870622097	断路器动特性综合测试仪	台班	0.467	0.467
	870699092	YDQ 充气式试验变压器	台班	0.491	0.491
	870699096	高压试验变压器配套操作箱、调压器	台班	0.491	0.491
	870699164	TPFRC 电容分压器交直流高压测量系统	台班	0.491	0.491

二、隔离开关、负荷开关安装

1. 隔离开关、负荷开关

工作内容：开箱检查、安装固定、调整、拉杆配制和安装、操作机构联锁装置和信号装置检查、接地、补漆、单体调试等。

计量单位：组

编号				4-2-13	4-2-14	4-2-15	4-2-16	4-2-17
项目				电流（A）				
				≤1000	≤2000	≤4000	≤8000	≤15000
名称			单位	消耗量				
人工	000203000	综合二类工	工日	1.591	1.995	2.806	3.515	4.473
材料	012300001	型钢（综合）	kg	26.000	26.000	31.000	31.000	39.000
	011303001	镀锌扁钢（综合）	kg	3.200	3.200	5.000	5.000	10.000
	092705004	碎布	kg	0.100	0.100	0.200	0.300	0.400
	031301007	低碳钢焊条（综合）	kg	0.620	0.620	1.220	1.510	2.520
	031541003	钢锯条	条	1.000	1.000	1.500	2.000	2.000
	031305003	焊锡膏	kg	0.020	0.040	0.060	0.080	0.100
	031303019	焊锡丝（综合）	kg	0.100	0.200	0.300	0.400	0.500
	031102005	铁砂布 $0^{\#}$～$2^{\#}$	张	1.000	2.000	3.000	4.000	6.000
	130115006	酚醛调和漆	kg	0.200	0.200	0.300	0.300	0.500
	130505001	防锈漆	kg	0.200	0.200	0.300	0.300	0.500
	143511013	酚醛树脂稀释剂	kg	0.200	0.200	0.300	0.500	0.500
	140303001	机油（综合）	kg	0.100	0.100	0.100	0.100	0.100
	142123001	电力复合脂	kg	0.050	0.080	0.100	0.120	0.150
	170100008	钢管 $D32$	kg	4.800	4.800	6.300	6.300	6.300
	203107002	钢垫板 $\delta 1$～2	kg	1.000	1.000	4.000	4.000	4.300
	850103006	其他材料费（占材料费）	%	1.800	1.800	1.800	1.800	1.800
机械	990904030	直流弧焊机 20kV·A	台班	0.124	0.124	0.244	0.302	0.504
	870622064	高压绝缘电阻测试仪	台班	0.505	0.505	0.505	0.505	0.505
	870699092	YDQ 充气式试验变压器	台班	0.252	0.252	0.252	0.252	0.252
	870699096	高压试验变压器配套操作箱、调压器	台班	0.252	0.252	0.252	0.252	0.252
	870699164	TPFRC 电容分压器交直流高压测量系统	台班	0.252	0.252	0.252	0.252	0.252
	990304004	汽车式起重机 8t	台班	—	—	—	0.056	0.093
	990401020	载重汽车 5t	台班	—	—	—	0.056	0.093

2. 二段传动装置、接地开关

工作内容：开箱检查、安装固定、调整、拉杆配制和安装、操作机构联锁装置和信号装置检查、接地、补漆、单体调试等。

计量单位：组

编号				4-2-18	4-2-19
项目				二段传动装置	接地开关
名称			单位	消耗量	
人工	000203000	综合二类工	工日	1.203	1.157
材料	012300001	型钢（综合）	kg	6.000	5.000
	011303001	镀锌扁钢（综合）	kg	3.120	2.460
	092705004	碎布	kg	0.500	0.400
	031301007	低碳钢焊条（综合）	kg	0.935	1.080
	031541003	钢锯条	条	1.000	0.500
	031503002	轴承 $\phi32$	个	1.000	—
	130115006	酚醛调和漆	kg	0.100	0.080
	130505001	防锈漆	kg	0.100	0.080
	143511013	酚醛树脂稀释剂	kg	0.050	0.040
	140303001	机油（综合）	kg	0.100	0.050
	170100008	钢管 $D32$	kg	12.240	—
	203107002	钢垫板 $\delta1$～2	kg	6.500	5.500
	370717003	双叉连接器 $\phi32$	个	2.000	—
	031305003	焊锡膏	kg	—	0.010
	031303019	焊锡丝（综合）	kg	—	0.050
	031102005	铁砂布 $0^{\#}$～$2^{\#}$	张	—	0.050
	142123001	电力复合脂	kg	—	0.020
	850103006	其他材料费（占材料费）	%	1.800	1.800
机械	990718010	普通车床 400×1000mm	台班	0.120	—
	990904030	直流弧焊机 20kV·A	台班	0.187	0.216
	870622064	高压绝缘电阻测试仪	台班	0.202	0.103

三、互感器安装

工作内容：开箱检查、安装固定、接地、补漆、单体调试等。　　　　计量单位：台

编号				4-2-20	4-2-21	4-2-22	4-2-23
项目				电压互感器		电流互感器	
				三相	单相	电流（A）	
						≤ 1000	≤ 2000
名称			单位	消耗量			
人工	000203000	综合二类工	工日	1.505	0.861	0.815	0.939
材料	011303001	镀锌扁钢（综合）	kg	3.850	2.200	2.200	2.200
	092705004	碎布	kg	0.123	0.070	0.070	0.100
	031301007	低碳钢焊条（综合）	kg	0.820	0.465	0.380	0.465
	031541003	钢锯条	条	0.100	0.050	0.070	0.100
	031305003	焊锡膏	kg	0.053	0.030	0.030	0.040
	031303019	焊锡丝（综合）	kg	0.263	0.150	0.150	0.200
	031102005	铁砂布 0#～2#	张	0.350	0.200	0.150	0.200
	130115006	酚醛调和漆	kg	0.175	0.100	0.080	0.120
	130505001	防锈漆	kg	0.175	0.100	0.080	0.120
	143511013	酚醛树脂稀释剂	kg	0.350	0.200	0.150	0.200
	142123001	电力复合脂	kg	0.088	0.050	0.050	0.080
	203107002	钢垫板 δ1～2	kg	0.875	0.500	0.300	0.400
	850103006	其他材料费（占材料费）	%	1.800	1.800	1.800	1.800
机械	990904030	直流弧焊机 20kV·A	台班	0.164	0.093	0.076	0.093
	870622064	高压绝缘电阻测试仪	台班	0.442	0.252	0.024	0.024
	870622072	变压器直流电阻测试仪	台班	0.442	0.252	0.024	0.024
	870622109	互感器测试仪	台班	0.442	0.252	0.024	0.024
	870699051	全自动变比组别测试仪	台班	0.442	0.252	0.024	0.024
	870699092	YDQ 充气式试验变压器	台班	0.442	0.252	0.420	0.420
	870699096	高压试验变压器配套操作箱、调压器	台班	0.442	0.252	0.024	0.024
	870699164	TPFRC 电容分压器交直流高压测量系统	台班	0.442	0.252	0.024	0.024

工作内容：开箱检查、安装固定、接地、补漆、单体调试等。　　　　**计量单位**：台

编号				4-2-24	4-2-25	4-2-26
项目				电流互感器		零序、中性点电流互感器
				电流（A）		
				≤8000	≤15000	
名称			单位	消耗量		
人工	000203000	综合二类工	工日	1.190	1.304	0.419
材料	011303001	镀锌扁钢（综合）	kg	2.200	3.500	1.400
	092705004	碎布	kg	0.150	0.200	0.050
	031301007	低碳钢焊条（综合）	kg	0.700	1.170	0.380
	031541003	钢锯条	条	0.500	1.000	0.070
	031305003	焊锡膏	kg	0.080	0.100	0.030
	031303019	焊锡丝（综合）	kg	0.400	0.500	0.150
	031102005	铁砂布 0#～2#	张	0.500	1.000	0.120
	130115006	酚醛调和漆	kg	0.250	0.250	0.080
	130505001	防锈漆	kg	0.250	0.250	0.080
	143511013	酚醛树脂稀释剂	kg	0.500	1.030	0.150
	142123001	电力复合脂	kg	0.120	0.150	0.050
	203107002	钢垫板 δ1～2	kg	0.500	1.000	0.200
	850103006	其他材料费（占材料费）	%	1.800	1.800	1.800
机械	990904030	直流弧焊机 20kV·A	台班	0.140	0.234	0.076
	870622064	高压绝缘电阻测试仪	台班	0.024	0.024	0.024
	870622072	变压器直流电阻测试仪	台班	0.024	0.024	0.024
	870622109	互感器测试仪	台班	0.024	0.024	0.024
	870699051	全自动变比组别测试仪	台班	0.024	0.024	0.024
	870699092	YDQ 充气式试验变压器	台班	0.420	0.420	0.420
	870699096	高压试验变压器配套操作箱、调压器	台班	0.024	0.024	0.024
	870699164	TPFRC 电容分压器交直流高压测量系统	台班	0.024	0.024	0.024

四、熔断器、避雷器安装

工作内容：开箱检查、安装固定、接地、补漆、单体调试等。　　**计量单位：**组

编号				4-2-27	4-2-28	4-2-29
项目				熔断器	避雷器（kV）	
					≤1	≤10
名称			单位	消耗量		
人工	000203000	综合二类工	工日	0.279	0.252	1.012
材料	011303001	镀锌扁钢（综合）	kg	2.200	2.200	2.200
	092705004	碎布	kg	0.050	0.200	0.300
	031301007	低碳钢焊条（综合）	kg	0.700	0.465	0.465
	031541003	钢锯条	条	0.500	0.500	1.000
	031305003	焊锡膏	kg	0.030	0.030	0.035
	031303019	焊锡丝（综合）	kg	0.150	0.150	0.211
	031102005	铁砂布 0#～2#	张	0.200	0.100	0.100
	130115006	酚醛调和漆	kg	0.100	0.100	0.150
	130505001	防锈漆	kg	0.100	0.100	0.150
	143511013	酚醛树脂稀释剂	kg	0.050	0.100	0.150
	142123001	电力复合脂	kg	0.060	0.050	0.100
	203107002	钢垫板 δ1～2	kg	0.300	1.200	1.200
	280109007	硬铜绞线 TJ-35mm^2	kg	—	0.500	0.500
	850103006	其他材料费（占材料费）	%	1.800	1.800	1.800
机械	990904030	直流弧焊机 20kV·A	台班	0.140	0.093	0.093
	870622064	高压绝缘电阻测试仪	台班	0.303	0.374	0.748
	870699092	YDQ 充气式试验变压器	台班	0.151	—	—
	870699096	高压试验变压器配套操作箱、调压器	台班	0.151	—	—
	870699164	TPFRC 电容分压器交直流高压测量系统	台班	0.151	—	0.374
	873112024	直流高压发生器	台班	—	0.187	0.374

五、电抗器安装

1. 干式空心电抗器

工作内容：开箱检查、底座绝缘子安装、安装固定、接地、补漆、单体调试等。 **计量单位：**组

编号				4-2-30	4-2-31	4-2-32	4-2-33
项目				容量（kV·A）			
				≤3000	≤6000	≤12000	≤18000
		名称	单位	消耗量			
人工	000203000	综合二类工	工日	4.671	5.771	6.646	7.375
材料	011303001	镀锌扁钢（综合）	kg	11.200	12.200	13.300	13.300
	092705004	碎布	kg	0.280	0.280	0.300	0.300
	031303019	焊锡丝（综合）	kg	0.263	0.263	0.282	0.282
	031305003	焊锡膏	kg	0.053	0.053	0.056	0.056
	031301007	低碳钢焊条（综合）	kg	1.700	2.300	2.710	2.710
	031541003	钢锯条	条	1.400	1.600	1.900	1.900
	040100003	水泥 32.5	kg	22.000	25.000	28.500	28.500
	040301001	中砂	m^3	0.016	0.018	0.020	0.020
	130115006	酚醛调和漆	kg	0.280	0.320	0.380	0.380
	130505001	防锈漆	kg	0.280	0.320	0.380	0.380
	143511013	酚醛树脂稀释剂	kg	0.300	0.350	0.400	0.400
	142123001	电力复合脂	kg	0.040	0.050	0.050	0.080
	203307020	无石棉橡胶垫 δ2	m^2	1.050	1.050	1.050	1.050
	203107002	钢垫板 δ1～2	kg	2.200	2.600	2.900	2.900
	850103006	其他材料费（占材料费）	%	1.800	1.800	1.800	1.800
机械	990304004	汽车式起重机 8t	台班	0.145	0.170	0.193	0.229
	990401020	载重汽车 5t	台班	0.145	0.170	0.193	0.229
	990904030	直流弧焊机 20kV·A	台班	0.340	0.460	0.542	0.542
	873112024	直流高压发生器	台班	0.300	0.300	0.300	0.300
	870622064	高压绝缘电阻测试仪	台班	0.300	0.300	0.300	0.300
	870699156	自动介损测试仪	台班	0.300	0.300	0.300	0.300
	870699096	高压试验变压器配套操作箱、调压器	台班	0.600	0.600	0.600	0.600
	870622072	变压器直流电阻测试仪	台班	1.060	1.060	1.060	1.060

2. 干式铁芯电抗器

工作内容：开箱检查，本体就位，垫铁制作与安装，附件安装，接地，补漆，单体调试等。

计量单位：台

编号				4-2-34	4-2-35	4-2-36	4-2-37
项目				容量（kV·A）			
				≤250	≤500	≤1000	≤3150
名称			单位	消耗量			
人工	000203000	综合二类工	工日	3.292	4.322	5.910	7.547
材料	011303001	镀锌扁钢（综合）	kg	4.500	4.500	6.500	6.500
	203107002	钢垫板 δ1～2	kg	3.000	4.000	5.000	6.000
	092705004	碎布	kg	0.500	0.600	0.700	0.800
	031301007	低碳钢焊条（综合）	kg	1.400	1.400	1.600	1.750
	031507017	镀锌铁丝 ϕ2.5～4.0	kg	1.000	1.000	1.500	2.000
	031303019	焊锡丝（综合）	kg	0.120	0.140	0.160	0.180
	031305003	焊锡膏	kg	0.024	0.028	0.032	0.036
	031541003	钢锯条	条	1.000	1.000	1.500	2.000
	130505001	防锈漆	kg	0.300	0.500	0.700	1.000
	130115006	酚醛调和漆	kg	0.300	0.500	0.700	1.000
	143511013	酚醛树脂稀释剂	kg	0.600	1.000	1.200	1.800
	142123001	电力复合脂	kg	0.050	0.050	0.070	0.080
	850103006	其他材料费（占材料费）	%	1.800	1.800	1.800	1.800
机械	990401020	载重汽车 5t	台班	0.093	0.093	0.126	0.155
	990304004	汽车式起重机 8t	台班	0.093	0.093	0.126	0.155
	990904030	直流弧焊机 20kV·A	台班	0.280	0.280	0.320	0.350
	873112024	直流高压发生器	台班	0.300	0.300	0.300	0.300
	870622064	高压绝缘电阻测试仪	台班	0.300	0.300	0.300	0.300
	870699156	自动介损测试仪	台班	0.300	0.300	0.300	0.300
	870699096	高压试验变压器配套操作箱、调压器	台班	0.560	0.560	0.560	0.560
	870622072	变压器直流电阻测试仪	台班	0.830	0.830	0.830	0.830

3. 油浸式电抗器

工作内容：开箱检查、本体就位、器身检查；附件清洁；油柱试验、风扇油泵电机检查接线、附件安装、垫铁制作与安装、补充注油及安装后整体密封试验、接地、补漆、单体调试等。

计量单位：台

编号				4-2-38	4-2-39	4-2-40	4-2-41
项目				容量（kV·A）			
				⩽100	⩽500	⩽1000	⩽3150
	名称		单位	消耗量			
人工	000203000	综合二类工	工日	2.627	4.966	6.088	7.690
材料	011303001	镀锌扁钢（综合）	kg	8.800	8.800	10.000	11.300
	203307023	橡胶垫 δ2	m^2	0.100	0.100	0.100	0.100
	021303001	三色塑料带（综合）	kg	0.200	0.250	0.300	0.350
	092705004	碎布	kg	0.200	0.200	0.300	0.500
	031301007	低碳钢焊条（综合）	kg	1.620	1.620	2.085	2.085
	031541003	钢锯条	条	1.000	1.000	1.000	1.000
	031305003	焊锡膏	kg	0.020	0.040	0.060	0.060
	031303019	焊锡丝（综合）	kg	0.100	0.200	0.300	0.300
	031102005	铁砂布 0#～2#	张	2.000	2.000	2.000	2.000
	130115006	酚醛调和漆	kg	0.300	0.300	0.400	0.600
	130505001	防锈漆	kg	0.100	0.100	0.150	0.200
	143511013	酚醛树脂稀释剂	kg	0.300	0.400	0.500	1.000
	140717001	变压器油	kg	7.000	20.000	35.000	50.000
	142123001	电力复合脂	kg	7.000	0.080	0.100	0.120
	142909001	氧气	m^3	0.600	0.600	0.750	0.900
	142907002	乙炔气	kg	0.231	0.231	0.288	0.346
	272501002	青壳纸 δ0.1～1.0	kg	0.150	0.150	0.300	0.350
	022702002	白纱布带 20mm×20m	卷	0.300	0.300	0.400	0.400
	203107002	钢垫板 δ1～2	kg	3.000	4.000	4.500	5.000
	050109005	枕木 2500mm×200mm×160mm	根	—	0.320	0.320	0.480
	021305001	自粘性塑料带 20mm×20m	卷	—	0.150	0.200	0.200
	850103006	其他材料费（占材料费）	%	1.800	1.800	1.800	1.800
机械	990401020	载重汽车 5t	台班	0.173	0.173	—	—
	990401035	载重汽车 10t	台班	—	—	0.273	0.346
	990304004	汽车式起重机 8t	台班	—	0.173	—	—
	990304012	汽车式起重机 12t	台班	—	—	0.273	0.346
	990904030	直流弧焊机 20kV·A	台班	0.324	0.324	0.417	0.417
	870699092	YDQ 充气式试验变压器	台班	0.123	0.123	0.123	0.123
	870699096	高压试验变压器配套操作箱、调压器	台班	0.123	0.123	0.123	0.123
	870699156	自动介损测试仪	台班	0.108	0.108	0.108	0.108
	873112024	直流高压发生器	台班	0.123	0.123	0.123	0.123
	870622064	高压绝缘电阻测试仪	台班	0.123	0.123	0.123	0.123
	870613053	绝缘油试验仪	台班	0.112	0.112	0.112	0.112

六、电容器安装

1. 金属化膜型（浸渍剂型）电容器

工作内容：开箱检查、安装固定、连接线及附件安装、接地、补漆、单体调试等。 计量单位：个

编号				4-2-42	4-2-43	4-2-44	4-2-45
项目				容量（kvar）			
				≤50	≤100	≤200	200 以上
		名称	单位	消耗量			
人工	000203000	综合二类工	工日	0.489	0.701	1.013	1.100
材料	031541003	钢锯条	条	1.040	1.040	2.080	2.080
	031305003	焊锡膏	kg	0.021	0.021	0.021	0.021
	031303019	焊锡丝（综合）	kg	0.021	0.042	0.062	0.083
	130115006	酚醛调和漆	kg	0.104	0.104	0.136	0.158
	130505001	防锈漆	kg	0.104	0.104	0.208	0.208
	143511013	酚醛树脂稀释剂	kg	0.052	0.052	0.068	0.079
	142123001	电力复合脂	kg	0.021	0.021	0.042	0.042
	280103006	镀锡裸铜软绞线 TJRX $16mm^2$	kg	0.624	0.624	0.624	0.624
	850103006	其他材料费（占材料费）	%	1.800	1.800	1.800	1.800
机械	990304004	汽车式起重机 8t	台班	0.011	0.013	0.017	0.020
	873112024	直流高压发生器	台班	0.021	0.021	0.021	0.021
	870622064	高压绝缘电阻测试仪	台班	0.021	0.021	0.021	0.021
	870699092	YDQ 充气式试验变压器	台班	0.021	0.021	0.021	0.021
	870699096	高压试验变压器配套操作箱、调压器	台班	0.021	0.021	0.021	0.021

2. 密集式电容器

工作内容： 开箱检查、本体就位、器身检查；附件清洁、附件安装；垫铁制作与安装、补充注油及安装后整体密封试验、接地、补漆、单体调试等。 **计量单位：** 台

编号				4-2-46	4-2-47	4-2-48	4-2-49
项目				容量（kvar）			
				≤ 1000	≤ 2000	≤ 3000	≤ 5000
	名称		单位	消耗量			
人工	000203000	综合二类工	工日	5.993	8.304	11.497	13.627
材料	011303001	镀锌扁钢（综合）	kg	14.400	15.360	19.200	24.000
	031301007	低碳钢焊条（综合）	kg	4.160	4.770	6.240	7.550
	031541003	钢锯条	条	4.800	4.800	4.800	4.800
	031305003	焊锡膏	kg	0.034	0.048	0.048	0.048
	031303019	焊锡丝（综合）	kg	0.168	0.240	0.240	0.240
	130115006	酚醛调和漆	kg	0.960	1.440	1.440	1.920
	130505001	防锈漆	kg	0.960	1.440	1.440	1.920
	143511013	酚醛树脂稀释剂	kg	0.672	0.960	0.960	1.200
	142123001	电力复合脂	kg	0.115	0.144	0.192	0.240
	850103006	其他材料费（占材料费）	%	1.800	1.800	1.800	1.800
机械	990304004	汽车式起重机 8t	台班	0.485	0.546	0.701	—
	990304008	汽车式起重机 10t	台班	—	—	—	0.842
	990401020	载重汽车 5t	台班	0.485	0.548	0.701	—
	990401035	载重汽车 10t	台班	—	—	—	0.842
	990904030	直流弧焊机 20kV·A	台班	0.832	0.954	1.248	1.510
	873112024	直流高压发生器	台班	0.248	0.248	0.248	0.248
	870699092	YDQ 充气式试验变压器	台班	0.248	0.248	0.248	0.248
	870699096	高压试验变压器配套操作箱、调压器	台班	0.248	0.248	0.248	0.248
	870613053	绝缘油试验仪	台班	0.116	0.116	0.116	0.116
	870622064	高压绝缘电阻测试仪	台班	0.248	0.248	0.248	0.248

3. 并联补偿电容器组架

工作内容：开箱检查、安装固定、接地等。 计量单位：台

编号				4-2-50	4-2-51	4-2-52	4-2-53	4-2-54
项目				单列两层	单列三层	双列两层	双列三层	小型组合
名称			单位	消耗量				
人工	000203000	综合二类工	工日	1.747	1.814	2.317	2.452	1.881
材料	011303001	镀锌扁钢（综合）	kg	5.000	5.000	6.200	6.800	5.000
	092705004	碎布	kg	0.100	0.100	0.100	0.100	0.050
	031301007	低碳钢焊条（综合）	kg	1.635	1.635	1.870	2.105	0.935
	031541003	钢锯条	条	1.000	1.000	1.000	1.000	0.500
	031305003	焊锡膏	kg	0.020	0.030	0.030	0.030	0.020
	031303019	焊锡丝（综合）	kg	0.100	0.120	0.150	0.170	0.100
	031102005	铁砂布 0#～2#	张	0.500	0.500	0.500	0.500	0.500
	142123001	电力复合脂	kg	0.050	0.050	0.050	0.050	0.050
	142909001	氧气	m^3	0.890	0.978	1.157	1.273	0.444
	142907002	乙炔气	kg	0.342	0.376	0.445	0.489	0.171
	850103006	其他材料费（占材料费）	%	1.800	1.800	1.800	1.800	1.800
机械	990304004	汽车式起重机 8t	台班	0.047	0.047	0.047	0.047	0.047
	990904030	直流弧焊机 20kV·A	台班	0.327	0.327	0.374	0.421	0.187

七、交流滤波装置组架（TJL 系列）安装

工作内容：开箱检查、安装固定、接线、接地等。 计量单位：台

编号				4-2-55	4-2-56	4-2-57
项目				电抗组架安装	放电组架安装	连线组架安装
名称			单位	消耗量		
人工	000203000	综合二类工	工日	1.007	0.739	0.305
材料	011303001	镀锌扁钢（综合）	kg	3.000	3.000	3.000
	092705004	碎布	kg	0.050	0.050	0.050
	031301007	低碳钢焊条（综合）	kg	0.700	0.465	0.465
	031541003	钢锯条	条	0.500	0.500	0.500
	031305003	焊锡膏	kg	0.010	0.010	0.020
	031303019	焊锡丝（综合）	kg	0.060	0.060	0.100
	031102005	铁砂布 0#～2#	张	0.500	0.500	0.500
	142123001	电力复合脂	kg	0.050	0.050	0.050
	142909001	氧气	m^3	0.436	0.367	0.328
	142907002	乙炔气	kg	0.168	0.141	0.126
	850103006	其他材料费（占材料费）	%	1.800	1.800	1.800
机械	990304004	汽车式起重机 8t	台班	0.093	0.047	0.047
	990904030	直流弧焊机 20kV·A	台班	0.140	0.093	0.093

八、开闭所成套配电装置安装

工作内容：开箱清点检查、就位、找正、固定、设备调整、联锁装置检查、二次元件拆装、导体接触面检查、接地、补漆、单体调试等。

计量单位：座

编号				4-2-58	4-2-59	4-2-60	4-2-61
项目				开关间隔单元（个）			
				3	5	7	＞7
名称			单位	消耗量			
人工	000203000	综合二类工	工日	5.002	10.005	11.257	12.510
材料	011303001	镀锌扁钢（综合）	kg	103.680	103.680	103.680	103.680
	092705004	碎布	kg	1.152	1.440	1.440	1.440
	031301007	低碳钢焊条（综合）	kg	1.390	1.390	1.390	1.630
	031509007	平垫铁（综合）	kg	20.880	26.100	26.100	26.100
	130115001	调和漆	kg	0.864	1.080	1.080	1.080
	130505001	防锈漆	kg	0.864	1.080	1.080	1.080
	143511011	醇酸漆稀释剂	kg	1.152	1.440	1.440	1.440
	142123001	电力复合脂	kg	0.288	0.360	0.360	0.360
	850103006	其他材料费（占材料费）	%	1.800	1.800	1.800	1.800
机械	990304004	汽车式起重机 8t	台班	0.557	0.557	0.694	0.778
	990401020	载重汽车 5t	台班	0.557	0.675	0.694	0.778
	990904030	直流弧焊机 20kV·A	台班	0.278	0.278	0.278	0.326
	870699092	YDQ 充气式试验变压器	台班	0.708	0.850	0.978	1.190
	870622064	高压绝缘电阻测试仪	台班	0.708	0.850	0.978	1.190
	870622097	断路器动特性综合测试仪	台班	0.482	0.482	0.675	0.675
	870699096	高压试验变压器配套操作箱、调压器	台班	0.708	0.850	0.978	1.190
	870699051	全自动变比组别测试仪	台班	0.850	1.020	1.183	1.428
	870622072	变压器直流电阻测试仪	台班	0.850	1.020	1.183	1.428
	870622109	互感器测试仪	台班	0.850	1.020	1.183	1.428

九、成套配电柜安装

1. 高压成套配电柜

工作内容： 开箱清点检查、就位、找正、固定、柜间连接、柜内及柜间母线安装、联锁装置检查、二次元器件安装、断路器调整、其他设备检查、导体接触面检查、二次元件拆装、接地、补漆、单体调试等。

计量单位：台

编 号				4-2-62	4-2-63	4-2-64	4-2-65	4-2-66
项 目				单母线柜				
				附真空断路器柜	附 SF_6 断路器柜	电压互感器、避雷器柜	电容器柜	其他电气柜
名 称			单位	消 耗 量				
人工	000203000	综合二类工	工日	6.693	7.422	3.742	3.300	2.375
材料	011303001	镀锌扁钢（综合）	kg	5.200	5.200	5.200	5.200	5.200
	092705004	碎布	kg	0.100	0.100	0.100	0.100	0.100
	031101006	砂轮片 $\phi400$	片	0.500	0.500	0.500	0.500	0.500
	031301007	低碳钢焊条（综合）	kg	0.465	0.465	0.465	0.465	0.465
	031509007	平垫铁（综合）	kg	0.500	0.500	0.500	0.500	0.500
	130115001	调和漆	kg	0.500	0.500	0.500	0.500	0.500
	130505001	防锈漆	kg	0.500	0.500	0.500	0.500	0.500
	143511011	醇酸漆稀释剂	kg	0.250	0.250	0.250	0.250	0.250
	142123001	电力复合脂	kg	0.300	0.300	0.312	0.312	0.208
	143303002	酒精 工业用 99.5%	kg	0.500	0.500	0.500	0.500	0.500
	280301015	铜芯塑料绝缘电线 BV-3 × $2.5mm^2$	m	2.000	2.000	1.040	1.040	0.862
	850103006	其他材料费（占材料费）	%	1.800	1.800	1.800	1.800	1.800
机械	870622097	断路器动特性综合测试仪	台班	0.491	0.491	—	—	—
	870622072	变压器直流电阻测试仪	台班	—	—	0.567	—	—
	870622109	互感器测试仪	台班	—	—	0.567	—	—
	870699051	全自动变比组别测试仪	台班	—	—	0.567	—	—
	870699031	电感电容测试仪	台班	—	—	—	0.472	—
	873112024	直流高压发生器	台班	—	—	—	0.472	—
	990304004	汽车式起重机 8t	台班	0.075	0.075	0.075	0.075	0.075
	990401020	载重汽车 5t	台班	0.140	0.140	0.140	0.140	0.140
	990904030	直流弧焊机 20kV · A	台班	0.093	0.093	0.093	0.093	0.093
	870622064	高压绝缘电阻测试仪	台班	0.981	0.981	0.472	0.472	0.472
	870699092	YDQ 充气式试验变压器	台班	0.736	0.736	0.472	0.472	0.472
	870699096	高压试验变压器配套操作箱、调压器	台班	0.736	0.736	0.472	0.472	0.472

工作内容：开箱清点检查、就位、找正、固定、柜间连接、柜内及柜间母线安装、联锁装置检查、二次元器件安装、断路器调整、其他设备检查、导体接触面检查、二次元件拆装、接地、补漆、单体调试等。

计量单位：台

编　号				4-2-67	4-2-68	4-2-69	4-2-70	4-2-71
项　目				双母线柜				
				附真空断路器柜	附FSF6断路器柜	电压互感器、避雷器柜	电容器柜	其他电气柜
名　称			单位	消　耗　量				
人工	000203000	综合二类工	工日	8.033	8.908	4.565	4.024	2.904
材料	011303001	镀锌扁钢（综合）	kg	5.500	5.500	5.500	5.500	5.500
	092705004	碎布	kg	0.110	0.110	0.110	0.110	0.110
	031101006	砂轮片 $\phi400$	片	0.550	0.550	0.550	0.550	0.550
	031301007	低碳钢焊条（综合）	kg	0.560	0.560	0.560	0.560	0.560
	031509007	平垫铁（综合）	kg	0.550	0.550	0.550	0.550	0.550
	130115001	调和漆	kg	0.550	0.550	0.550	0.550	0.550
	130505001	防锈漆	kg	0.550	0.550	0.550	0.550	0.550
	143511011	醇酸漆稀释剂	kg	0.275	0.275	0.283	0.283	0.113
	142123001	电力复合脂	kg	0.330	0.330	0.330	0.330	0.330
	143303002	酒精 工业用 99.5%	kg	0.550	0.550	0.550	0.550	0.550
	280301015	铜芯塑料绝缘电线 BV-3×2.5mm^2	m	2.200	2.200	2.200	2.200	2.200
	850103006	其他材料费（占材料费）	%	1.800	1.800	1.800	1.800	1.800
机械	990304004	汽车式起重机 8t	台班	0.090	0.090	0.090	0.090	0.090
	990401020	载重汽车 5t	台班	0.168	0.168	0.168	0.168	0.168
	990904030	直流弧焊机 20kV·A	台班	0.112	0.112	0.112	0.112	0.112
	870622064	高压绝缘电阻测试仪	台班	1.178	1.178	0.572	0.572	0.572
	870699026	真空断路器测试仪	台班	0.589	0.589	—	—	—
	870699092	YDQ 充气式试验变压器	台班	0.884	0.884	0.572	0.572	0.572
	870699096	高压试验变压器配套操作箱、调压器	台班	0.561	0.561	0.572	0.572	0.572
	870622072	变压器直流电阻测试仪	台班	—	—	0.686	—	—
	870622109	互感器测试仪	台班	—	—	0.686	—	—
	870699051	全自动变比组别测试仪	台班	—	—	0.686	—	—
	870699031	电感电容测试仪	台班	—	—	—	0.572	—
	873112024	直流高压发生器	台班	—	—	—	0.572	—

2. 低压成套配电柜

工作内容： 开箱清点检查、就位、找正、固定、柜间连接、柜内及柜间母线安装、二次元器件安装、开关及机构调整、接地、补漆、单体调试等。 **计量单位：** 台

编号				4-2-72	4-2-73	4-2-74	4-2-75
项目				计量柜	进线柜	出线柜	
						四路以下	四路以上
名称			单位	消耗量			
人工	000203000	综合二类工	工日	3.040	2.988	3.040	3.379
材料	011303001	镀锌扁钢（综合）	kg	3.000	3.000	3.000	3.000
	092705004	碎布	kg	0.500	0.500	0.500	0.500
	031301007	低碳钢焊条（综合）	kg	0.465	0.465	0.465	0.465
	031541003	钢锯条	条	1.000	1.000	1.000	1.000
	130115001	调和漆	kg	0.224	0.226	0.226	0.226
	143511011	醇酸漆稀释剂	kg	0.112	0.112	0.112	0.112
	280109004	硬铜绞线 TJ-2.5～4mm^2	m	0.800	0.800	1.000	1.300
	290901025	铜接线端子 DT-25mm^2	个	2.030	2.030	2.200	2.400
	203107001	钢垫板（综合）	kg	0.300	0.300	0.300	0.300
	850103006	其他材料费（占材料费）	%	1.800	1.800	1.800	1.800
机械	990304004	汽车式起重机 8t	台班	0.131	0.131	0.131	0.131
	990401020	载重汽车 5t	台班	0.131	0.131	0.131	0.131
	990904030	直流弧焊机 20kV · A	台班	0.093	0.093	0.093	0.093
	870622064	高压绝缘电阻测试仪	台班	0.226	0.226	0.226	0.246
	870699064	2000A 大电流发生器	台班	0.260	0.361	0.420	0.480

工作内容： 开箱清点检查、就位、找正、固定、柜间连接、柜内及柜间母线安装、二次元器件安装、开关及机构调整、接地、补漆、单体调试等。 **计量单位：** 台

编号				4-2-76	4-2-77
项目				智能化低压综合配电柜（JP 柜）	电容器柜
名称			单位	消耗量	
人工	000203000	综合二类工	工日	3.268	3.551
材料	011303001	镀锌扁钢（综合）	kg	3.090	3.090
	092705004	碎布	kg	0.515	0.515
	031301007	低碳钢焊条（综合）	kg	0.475	0.475
	031541003	钢锯条	条	1.030	1.030
	130115001	调和漆	kg	0.206	0.206
	143511011	醇酸漆稀释剂	kg	0.102	0.102
	280109004	硬铜绞线 TJ-2.5～4mm^2	m	0.824	0.824
	290901025	铜接线端子 DT-25mm^2	个	2.091	2.091
	203107001	钢垫板（综合）	kg	0.309	0.309
	850103006	其他材料费（占材料费）	%	1.800	1.800
机械	870699031	电感电容测试仪	台班	—	0.200
	990304004	汽车式起重机 8t	台班	0.134	0.134
	990401020	载重汽车 5t	台班	0.134	0.134
	990904030	直流弧焊机 20kV · A	台班	0.095	0.095
	870622064	高压绝缘电阻测试仪	台班	0.226	0.226
	870699064	2000A 大电流发生器	台班	0.269	0.288

十、成套配电箱安装

工作内容：测定、打孔、安装固定、接线、开关及机构调整、接地、补漆、单体调试等。　**计量单位：**台

编号				4-2-78	4-2-79	4-2-80	4-2-81	4-2-82	4-2-83
项目				落地式	悬挂、嵌入式（半周长m）				
					0.5	1.0	1.5	2.5	3.0
名称			单位	消耗量					
人工	000203000	综合二类工	工日	1.312	0.434	0.715	1.086	1.328	1.594
材料	011303001	镀锌扁钢（综合）	kg	1.836	1.132	1.132	1.132	1.530	1.530
	092705004	碎布	kg	0.102	0.082	0.102	0.102	0.122	0.147
	031301007	低碳钢焊条（综合）	kg	0.315	0.118	0.211	0.329	0.475	0.570
	031303020	松香焊锡丝（综合）	m	0.153	0.051	0.071	0.082	0.102	0.102
	031509007	平垫铁（综合）	kg	0.306	0.153	0.153	0.153	0.204	0.245
	130115007	酚醛调和漆 各色	kg	0.051	0.031	0.031	0.031	0.051	0.061
	143511013	酚醛树脂稀释剂	kg	0.031	0.021	0.021	0.021	0.036	0.043
	130505001	防锈漆	kg	0.020	0.010	0.010	0.010	0.020	0.024
	142123001	电力复合脂	kg	0.051	0.418	0.418	0.418	0.418	0.502
	021305001	自粘性塑料带 20mm×20m	卷	0.204	0.102	0.102	0.153	0.204	0.245
	172500003	塑料管（综合）	kg	0.306	0.133	0.153	0.184	0.255	0.306
	280109004	硬铜绞线 TJ-2.5～4mm^2	m	—	3.195	5.730	6.590	8.486	13.138
	290901030	铜接线端子 DT-6mm^2	个	—	2.071	2.071	2.071	2.071	4.141
	850103006	其他材料费（占材料费）	%	1.800	1.800	1.800	1.800	1.800	1.800
机械	990304004	汽车式起重机 8t	台班	0.086	—	0.042	0.089	0.124	0.153
	990401015	载重汽车 4t	台班	0.051	—	0.025	0.051	0.074	0.089
	990904030	直流弧焊机 20kV·A	台班	0.063	0.024	0.042	0.066	0.095	0.114

十一、组合式成套箱式变电站安装

工作内容：开箱清点检查、就位、找正、固定、设备调整、联锁装置检查、导体接触面检查、二次元件拆装、接地、补漆处理、单体调试等。

计量单位：座

编　号				4-2-84	4-2-85	4-2-86	4-2-87
项　目				变压器容量（kV·A）			
				≤100	≤315	≤630	≤1000
名　称			单位	消　耗　量			
人工	000203000	综合二类工	工日	11.406	14.970	17.681	21.803
材料	011303001	镀锌扁钢（综合）	kg	135.360	157.920	178.600	203.040
	092705004	碎布	kg	0.705	0.705	0.705	0.799
	031301007	低碳钢焊条（综合）	kg	0.900	0.900	0.900	0.900
	031509007	平垫铁（综合）	kg	10.340	13.630	17.390	19.740
	130115001	调和漆	kg	0.564	0.564	0.564	0.752
	130505001	防锈漆	kg	0.564	0.564	0.564	0.752
	143511013	酚醛树脂稀释剂	kg	0.382	0.382	0.382	0.491
	142123001	电力复合脂	kg	0.188	0.188	0.282	0.282
	850103006	其他材料费（占材料费）	%	1.800	1.800	1.800	1.800
机械	990304004	汽车式起重机 8t	台班	0.288	0.288	0.288	0.288
	990401020	载重汽车 5t	台班	0.360	0.360	0.360	—
	990401030	载重汽车 8t	台班	—	—	—	0.360
	990904030	直流弧焊机 20kV·A	台班	0.180	0.180	0.180	0.180
	870699092	YDQ 充气式试验变压器	台班	0.557	0.557	0.705	0.811
	870699096	高压试验变压器配套操作箱、调压器	台班	0.557	0.557	0.705	0.811
	870622072	变压器直流电阻测试仪	台班	0.595	0.672	0.728	0.784
	870699164	TPFRC 电容分压器交直流高压测量系统	台班	0.557	0.557	0.705	0.811
	870699156	自动介损测试仪	台班	0.557	0.557	0.705	0.811
	873112024	直流高压发生器	台班	0.557	0.557	0.705	0.811
	870622064	高压绝缘电阻测试仪	台班	0.557	0.557	0.705	0.811
	870613053	绝缘油试验仪	台班	0.046	0.046	0.046	0.046
	870622097	断路器动特性综合测试仪	台班	0.160	0.160	0.242	0.242
	870699051	全自动变比组别测试仪	台班	0.227	0.227	0.227	0.227
	870622109	互感器测试仪	台班	0.393	0.393	0.468	0.468

工作内容： 开箱清点检查、就位、找正、固定、设备调整、联锁装置检查、导体接触面检查、二次元件拆装、接地、补漆处理、单体调试等。

计量单位：座

编　号				4-2-88	4-2-89	4-2-90	4-2-91
项　目				变压器容量（kV·A）			
				≤1600	≤2000	2×400 以下	2×630 以下
名　称			单位	消　耗　量			
人工	000203000	综合二类工	工日	27.731	33.639	22.547	33.638
材料	011303001	镀锌扁钢（综合）	kg	221.840	244.400	203.040	221.840
	092705004	碎布	kg	0.799	0.846	0.893	0.893
	031301007	低碳钢焊条（综合）	kg	0.900	0.900	1.080	1.080
	031509007	平垫铁（综合）	kg	23.500	26.320	19.740	23.500
	130115001	调和漆	kg	0.752	0.940	0.752	0.752
	130505001	防锈漆	kg	0.752	0.940	0.752	0.752
	143511011	醇酸漆稀释剂	kg	1.410	1.692	1.128	1.410
	140717001	变压器油	kg	1.410	1.692	1.128	1.410
	142123001	电力复合脂	kg	0.329	0.376	0.282	0.329
	850103006	其他材料费（占材料费）	%	1.800	1.800	1.800	1.800
机械	990304004	汽车式起重机　8t	台班	0.360	0.360	0.360	0.432
	990401030	载重汽车　8t	台班	0.360	0.360	0.360	0.432
	990904030	直流弧焊机　20kV·A	台班	0.180	0.180	0.216	0.216
	870699092	YDQ 充气式试验变压器	台班	0.811	0.923	0.855	0.942
	870699164	TPFRC 电容分压器交直流高压测量系统	台班	0.811	0.923	0.855	0.942
	870699156	自动介损测试仪	台班	0.811	0.923	0.855	0.942
	873112024	直流高压发生器	台班	0.811	0.923	0.855	0.942
	870622064	高压绝缘电阻测试仪	台班	0.811	0.923	0.855	0.942
	870613053	绝缘油试验仪	台班	0.046	0.046	0.057	0.057
	870699096	高压试验变压器配套操作箱、调压器	台班	0.811	0.923	0.855	0.942
	870622072	变压器直流电阻测试仪	台班	0.784	0.784	0.962	0.962
	870622097	断路器动特性综合测试仪	台班	0.242	0.242	0.324	0.324
	870699051	全自动变比组别测试仪	台班	0.227	0.227	0.336	0.336
	870622109	互感器测试仪	台班	0.568	0.568	0.789	0.789

十二、电动汽车充电设备安装

1. 直流整车充电机

工作内容： 开箱清点检查、就位、找正、固定、联锁装置检查、导体接触面检查、二次元件拆装、接地、补漆处理、单体调试等。

计量单位：台

编号				4-2-92	4-2-93	4-2-94	4-2-95	4-2-96	4-2-97
项目				一体式					
				1机1充			1机2充		
				功率（kW）及以下					
				60	120	180	60	120	180
名称			单位	消耗量					
人工	000203000	综合二类工	工日	3.749	6.811	9.291	6.188	9.225	11.648
材料	011303001	镀锌扁钢（综合）	kg	1.860	1.970	2.110	3.210	3.430	3.540
	031301007	低碳钢焊条（综合）	kg	1.300	1.600	1.935	2.650	2.900	3.150
	031509007	平垫铁（综合）	kg	0.440	0.520	0.600	0.528	0.624	0.720
	130115001	调和漆	kg	0.600	0.600	0.600	0.720	0.720	0.960
	130505001	防锈漆	kg	0.480	0.680	0.880	0.760	0.890	0.970
	143511011	醇酸漆稀释剂	kg	0.600	0.600	0.600	0.720	0.720	0.960
	142123001	电力复合脂	kg	0.040	0.060	0.080	0.048	0.072	0.096
	850103006	其他材料费（占材料费）	%	1.800	1.800	1.800	1.800	1.800	1.800
机械	990304004	汽车式起重机 8t	台班	0.074	0.080	0.100	0.096	0.104	0.130
	990401020	载重汽车 5t	台班	0.074	0.080	0.100	0.096	0.104	0.130
	990904030	直流弧焊机 20kV·A	台班	0.260	0.320	0.387	0.530	0.580	0.630
	870622047	回路电阻测试仪	台班	0.240	0.240	0.240	0.312	0.312	0.312
	870699060	电能校验仪	台班	0.240	0.240	0.240	0.312	0.312	0.312

工作内容：开箱清点检查、就位、找正、固定、联锁装置检查、导体接触面检查、二次元件拆装、接地、补漆处理、单体调试等。　　　　**计量单位：台**

编号				4-2-98	4-2-99	4-2-100	4-2-101
项目				一体式		分体式	
				1 机 4 充		充电机柜	
				功率（kW）及以下			
				120	240	60	120
名称			单位	消耗量			
人工	000203000	综合二类工	工日	11.944	14.769	3.995	7.023
材料	011303001	镀锌扁钢（综合）	kg	4.520	4.890	1.970	2.110
	031301007	低碳钢焊条（综合）	kg	3.245	3.870	1.300	1.600
	031509007	平垫铁（综合）	kg	0.749	0.864	0.400	0.500
	130115001	调和漆	kg	0.864	1.152	0.560	0.640
	130505001	防锈漆	kg	1.152	1.267	0.440	0.760
	143511011	醇酸漆稀释剂	kg	0.864	1.152	0.560	0.640
	142123001	电力复合脂	kg	0.086	0.115	0.040	0.060
	850103006	其他材料费（占材料费）	%	1.800	1.800	1.800	1.800
机械	990304004	汽车式起重机 8t	台班	0.128	1.560	0.068	0.080
	990401020	载重汽车 5t	台班	0.128	1.560	0.068	0.080
	990904030	直流弧焊机 20kV·A	台班	0.649	0.774	0.260	0.320
	870699060	电能校验仪	台班	0.499	0.499	0.200	0.280
	870622047	回路电阻测试仪	台班	0.499	0.499	0.200	0.280

工作内容：开箱清点检查、就位、找正、固定、联锁装置检查、导体接触面检查、二次元件拆装、接地、补漆处理、单体调试等。　　　　**计量单位：台**

编号				4-2-102	4-2-103	4-2-104
项目				分体式		
				充电机柜		充电桩
				功率（kW）及以下		
				240	300	
名称			单位	消耗量		
人工	000203000	综合二类工	工日	9.007	12.577	2.599
材料	011303001	镀锌扁钢（综合）	kg	2.540	2.720	1.860
	031301007	低碳钢焊条（综合）	kg	1.900	2.100	1.100
	031509007	平垫铁（综合）	kg	0.720	0.880	0.400
	130115001	调和漆	kg	0.960	1.160	0.200
	130505001	防锈漆	kg	1.000	1.280	0.300
	143511011	醇酸漆稀释剂	kg	0.960	1.160	0.200
	142123001	电力复合脂	kg	0.080	0.120	0.040
	850103006	其他材料费（占材料费）	%	1.800	1.800	1.800
机械	990304004	汽车式起重机 8t	台班	0.140	0.142	0.080
	990401020	载重汽车 5t	台班	0.140	0.142	0.080
	990904030	直流弧焊机 20kV·A	台班	0.380	0.420	0.220
	870699060	电能校验仪	台班	0.520	0.560	0.120
	870622047	回路电阻测试仪	台班	0.520	0.560	0.120

2. 交流充电桩

工作内容： 开箱清点检查、就位、找正、固定、联锁装置检查、导体接触面检查、二次元件拆装、接地、补漆处理、单体调试等。

计量单位：台

编号				4-2-105	4-2-106	4-2-107	4-2-108	4-2-109	4-2-110
项目				壁挂式			立式		
				功率（kW）					
				≤7	≤22	≤42	≤7	≤22	≤42
名称			单位	消耗量					
人工	000203000	综合二类工	工日	2.011	2.984	4.000	2.938	3.616	4.271
材料	011303001	镀锌扁钢（综合）	kg	3.200	4.670	5.210	2.280	3.154	4.240
	031301007	低碳钢焊条（综合）	kg	0.300	0.460	0.700	0.300	1.100	1.900
	130115001	调和漆	kg	0.620	0.760	0.860	0.720	0.870	0.960
	130505001	防锈漆	kg	0.760	0.890	1.020	0.780	0.920	0.990
	143511011	醇酸漆稀释剂	kg	0.620	0.760	0.860	0.720	0.870	0.960
	031509007	平垫铁（综合）	kg	—	—	—	0.384	0.440	0.630
	850103006	其他材料费（占材料费）	%	1.800	1.800	1.800	1.800	1.800	1.800
机械	990401020	载重汽车 5t	台班	0.022	0.024	0.025	0.023	0.026	0.028
	990422010	手动液压叉车	台班	0.016	0.022	0.026	0.032	0.048	0.080
	990904030	直流弧焊机 20kV · A	台班	0.060	0.092	0.140	0.060	0.220	0.380
	870699060	电能校验仪	台班	0.096	0.096	0.096	0.096	0.096	0.096
	870622047	回路电阻测试仪	台班	0.096	0.096	0.096	0.096	0.096	0.096

十三、配电智能设备安装调试

1. 配电自动化终端设备

工作内容： 技术准备、开箱检查、清洁、安装固定、接地；通电初步检查、装置参数检查、采集功能、自动功能、通信功能检测、接口检查、三遥功能测试、故障识别和控制功能测试、传动试验等。

计量单位：台

编号				4-2-111	4-2-112	4-2-113
项目				变压器配电采集器	开闭所配电采集器	环网柜配电采集器
名称			单位	消耗量		
人工	000203000	综合二类工	工日	2.922	5.196	5.344
材料	011300002	扁钢（综合）	kg	2.000	2.000	2.000
	092705004	碎布	kg	0.100	0.100	0.500
	340799001	脱脂棉	kg	0.500	0.500	0.100
	031301007	低碳钢焊条（综合）	kg	—	—	1.250
	280301015	铜芯塑料绝缘电线 BV-3×2.5mm²	m	—	—	1.000
	850103006	其他材料费（占材料费）	%	1.800	1.800	1.800
机械	990401020	载重汽车 5t	台班	0.028	0.047	0.187
	870199011	笔记本电脑	台班	0.200	0.200	0.200
	990904030	直流弧焊机 20kV · A	台班	—	—	0.250

工作内容：技术准备、开箱检查、清洁、安装固定、接地；通电初步检查、装置参数检查、采集功能、自动功能、通信功能检测、接口检查、三遥功能测试、故障识别和控制功能测试、传动试验等。

计量单位：台

编号				4-2-114	4-2-115	4-2-116
项目				杆上变压器配电采集器	电压监控切换装置	故障指示器
名称			单位	消耗量		
人工	000203000	综合二类工	工日	6.075	11.380	5.370
材料	011300002	扁钢（综合）	kg	2.000	2.500	2.000
	280001007	绝缘导线	m	3.000	3.000	3.000
	340519001	色带	盒	0.150	0.150	0.150
	092705004	碎布	kg	0.100	0.100	—
	340799001	脱脂棉	kg	0.500	0.500	0.500
	850103006	其他材料费（占材料费）	%	1.800	1.800	1.800
机械	990401020	载重汽车 5t	台班	0.047	0.047	0.047
	870199011	笔记本电脑	台班	0.200	0.200	0.200

2. 配电自动化子站设备

工作内容：1. GPS 时钟安装、调试：开箱检查、清洁、安装、固定、接地、安装天线、通电检查、性能测试、对时等。

2. 配电自动化子站柜（也称中压监控单元）：开箱检查、清洁、安装、固定、接地、软件安装等。

3. 配电自动化子站柜调试：技术准备、屏幕显示及打印制表测试、遥测量采集及显示试验，状态量采集及显示告警试验、事件顺序记录分辨率测试、遥控功能测试、画面响应时间测试等。

计量单位：见表

编号				4-2-117	4-2-118	4-2-119
项目				GPS 时钟	配电自动化子站柜安装	配电自动化子站柜调试
单位				套	台	系统
名称			单位	消耗量		
人工	000203000	综合二类工	工日	8.067	2.699	11.564
材料	092705004	碎布	kg	0.500	0.500	—
	290901010	铜接线端子 20A	个	2.000	—	—
	280301015	铜芯塑料绝缘电线 BV-3 × $2.5mm^2$	m	3.000	1.000	—
	011300002	扁钢（综合）	kg	—	2.000	—
	030103012	半圆头铜螺钉带螺母 M4 × 10	套	—	3.000	—
	031301007	低碳钢焊条（综合）	kg	—	1.250	—
	850103006	其他材料费（占材料费）	%	1.800	1.800	1.800
机械	990401020	载重汽车 5t	台班	0.150	0.140	—
	870199011	笔记本电脑	台班	0.400	—	0.400
	873138001	网络测试仪	台班	1.500	—	1.402
	873150072	误码率测试仪	台班	0.700	—	0.935
	990904030	直流弧焊机 20kV · A	台班	—	0.250	—

3. 配电自动化主站系统设备

工作内容： 服务器、工作站等主站设备安装调试：开箱检查、清洁、定位安装、互联、接口检查、设备加电、本体调试；操作系统、应用软件等安装检测，包括数据库软件、人机交互软件、通信软件、配电监控、管理应用软件等。 **计量单位：** 见表

编 号				4-2-120	4-2-121	4-2-122
项 目				服务器及系统软件	前置服务器	工作站及系统软件
单 位				系统	台	系统
名 称			单位	消 耗 量		
人工	000203000	综合二类工	工日	3.488	2.652	3.141
材料	290901017	铜接线端子 DT-2.5mm^2	个	4.000	4.000	4.000
	280001007	绝缘导线	m	3.000	3.000	3.000
	340799001	脱脂棉	kg	0.040	0.040	0.020
	850103006	其他材料费（占材料费）	%	1.800	1.800	1.800
机械	990401020	载重汽车 5t	台班	0.047	0.047	—
	870699132	综合测试仪	台班	0.350	0.320	0.340
	870199011	笔记本电脑	台班	0.200	0.200	0.200

工作内容： 1. 安全隔离装置安装、物理防火墙安装、调试：技术准备、开箱检查、清洁、定位安装、互联、接口检查，设备加电调试、安全策略设置、功能检查等。
2. 调制解调器安装调试：技术准备、开箱检查、清洁、定位安装、互联、接口检查，设备加电调试、安全策略设置、功能调试等。 **计量单位：** 见表

编 号				4-2-123	4-2-124	4-2-125
项 目				安全隔离装置、防火墙	公共安全接入装置	调制解调器
单 位				系统	台	系统
名 称			单位	消 耗 量		
人工	000203000	综合二类工	工日	2.601	3.436	1.368
材料	290901017	铜接线端子 DT-2.5mm^2	个	4.000	4.000	2.000
	280001007	绝缘导线	m	3.000	3.000	2.000
	340799001	脱脂棉	kg	0.040	0.040	0.020
	850103006	其他材料费（占材料费）	%	1.800	1.800	1.800
机械	990401020	载重汽车 5t	台班	—	0.047	—
	873138001	网络测试仪	台班	1.300	1.500	—
	870699132	综合测试仪	台班	0.250	0.340	0.054
	870199011	笔记本电脑	台班	0.200	0.200	0.200

工作内容：安装调试：技术准备、开箱检查、清洁、定位安装、互联、接口检查，设备加电调试、安全策略设置、功能调试等。　　**计量单位**：见表

编号				4-2-126	4-2-127	4-2-128	4-2-129
项目				路由器	数字透传设备	多计算机切换器	KVM 延长器
单位				台			对
名称			单位	消耗量			
人工	000203000	综合二类工	工日	1.745	3.551	4.956	1.183
材料	340799001	脱脂棉	kg	0.040	0.020	0.020	0.020
	290901017	铜接线端子 DT-2.5mm^2	个	2.000	4.000	4.000	3.000
	280001007	绝缘导线	m	2.000	3.000	3.000	2.000
	850103006	其他材料费（占材料费）	%	1.800	1.800	1.800	1.800
机械	990401020	载重汽车 5t	台班	0.022	0.022	0.021	0.022
	870199011	笔记本电脑	台班	0.327	0.200	0.180	—
	873138001	网络测试仪	台班	3.260	—	0.560	—
	870699132	综合测试仪	台班	0.520	—	—	—
	873150072	误码率测试仪	台班	—	0.460	—	—

工作内容：安装调试：技术准备、开箱检查、清洁、定位安装、互联、接口检查，设备加电调试、安全策略设置、功能调试等。

计量单位：见表

编号				4-2-130	4-2-131	4-2-132	4-2-133
项目				双机切换装置设备	局域网交换机	配电自动化主站系统本体调试	通道箱
单位				台		系统	台
名称			单位	消耗量			
人工	000203000	综合二类工	工日	1.242	2.454	55.833	1.993
材料	340799001	脱脂棉	kg	0.020	0.040	0.200	0.100
	290901017	铜接线端子 DT-2.5mm^2	个	4.000	4.000	10.000	—
	280001007	绝缘导线	m	2.600	3.000	8.000	—
	290901030	铜接线端子 DT-6mm^2	个	—	—	—	2.000
	280001010	塑料绝缘导线	m	—	—	—	3.000
	031303022	松香焊锡丝 ϕ2.3	kg	—	—	—	0.050
	143303001	酒精	kg	—	—	—	0.500
	850103006	其他材料费（占材料费）	%	1.800	1.800	1.800	1.800
机械	990401020	载重汽车 5t	台班	0.025	0.064	—	—
	870199011	笔记本电脑	台班	0.561	0.561	28.037	—
	873138001	网络测试仪	台班	0.467	0.487	13.619	—
	873150072	误码率测试仪	台班	0.467	—	13.619	—
	870699132	综合测试仪	台班	—	—	0.566	0.400
	873150013	PCM 数字通道分析仪	台班	—	—	—	0.500
	873150040	数据分析仪	台班	—	—	—	0.500

工作内容： 安装调试：技术准备、开箱检查、清洁、定位安装、互联、接口检查，设备加电调试、安全策略设置、功能调试等。

计量单位： 见表

编号				4-2-134	4-2-135	4-2-136	4-2-137	4-2-138
项目				通道板	终端服务器	磁盘阵列	磁带存储	光盘存储
单位				块	台			
名称			单位	消耗量				
人工	000203000	综合二类工	工日	1.247	2.628	2.499	4.333	4.725
材料	290901022	铜接线端子 DT-16mm²	个	—	—	2.000	2.000	2.000
	290901030	铜接线端子 DT-6mm²	个	2.000	2.000	2.000	2.000	2.000
	280001010	塑料绝缘导线	m	3.000	3.000	6.000	6.000	6.000
	143303001	酒精	kg	0.200	0.100	0.200	0.200	0.200
	340799001	脱脂棉	kg	0.300	0.200	0.360	0.360	0.300
	850103006	其他材料费（占材料费）	%	1.800	1.800	1.800	1.800	1.800
机械	873150013	PCM 数字通道分析仪	台班	0.200	—	—	—	—
	873150040	数据分析仪	台班	—	0.500	—	—	—
	870699132	综合测试仪	台班	—	1.200	0.260	0.350	0.130
	873174005	存储器测试仪	台班	—	—	—	1.000	0.800

4. 电 能 表

工作内容： 技术准备、开箱检查、清洁、安装、固定、柜（箱）内校接线、挂牌、通电初步检查、载波通信、继电器控制功能测试等。

计量单位： 块

编号				4-2-139	4-2-140	4-2-141
项目				单相电度表	三相电度表	关口电度表
名称			单位	消耗量		
人工	000203000	综合二类工	工日	0.502	0.695	1.744
材料	092705004	碎布	kg	0.100	0.100	0.050
	021301001	尼龙扎带（综合）	根	10.000	18.000	18.000
	341304003	标志牌 塑料扁形	个	1.000	1.000	1.000
	341304006	铅标志牌	个	3.000	4.000	4.000
	850103006	其他材料费（占材料费）	%	1.800	1.800	1.800
机械	870699013	电能表校验仪	台班	0.030	0.030	0.070
	873138001	网络测试仪	台班	0.080	0.140	0.180
	870699136	现场测试仪 PLT301A	台班	0.280	0.374	0.674

5. 抄表采集系统

工作内容： 1. 技术准备、开箱检查、清洁、安装、固定、通电测试、功能性能测试等。
2. 采集器的调试：通电初步检查、装置参数检查、测量功能、自动功能、通信功能检测等。

计量单位： 见表

编号				4-2-142	4-2-143
项目				中间继电器	电表采集器
单位				块	台
名称			单位	消耗量	
人工	000203000	综合二类工	工日	0.386	0.463
材料	092705004	碎布	kg	0.100	0.200
	021301001	尼龙扎带（综合）	根	5.000	4.000
	340509001	记号笔	支	0.200	0.200
	341304007	塑料号牌	个	2.200	2.200
	850103006	其他材料费（占材料费）	%	1.800	1.800
机械	870699021	继电器检验仪	台班	0.100	—
	870699076	微机继电保护测试仪	台班	0.093	—
	870199011	笔记本电脑	台班	—	0.187
	870699136	现场测试仪 PLT301A	台班	—	0.187
	873138001	网络测试仪	台班	—	0.093
	873150072	误码率测试仪	台班	—	0.187

工作内容： 1. 技术准备、开箱检查、清洁、安装、固定、通电测试、功能性能测试等。
2. 集中器的调试：通电初步检查、装置参数检查、测量功能、自动功能、通信功能检测等。
3. 服务器、工作站等主站设备安装调试：技术准备、开箱检查、清洁、定位安装、互联、接口检查，设备加电、本体测试；操作系统、应用软件安装检测等。

计量单位： 台

编号				4-2-144	4-2-145	4-2-146	4-2-147
项目				数据集中器	无线中继器	通信前置机	数据库服务器
名称			单位	消耗量			
人工	000203000	综合二类工	工日	1.234	1.879	2.236	5.473
材料	092705004	碎布	kg	0.200	—	—	—
	021301001	尼龙扎带（综合）	根	6.000	6.000	10.000	10.000
	340509001	记号笔	支	0.200	0.200	0.200	0.200
	341304007	塑料号牌	个	1.200	2.000	2.000	3.000
	271703003	聚氯乙烯相色带 红、黄、绿、黑	卷	—	0.300	0.300	0.400
	340799001	脱脂棉	kg	—	0.100	0.100	0.200
	850103006	其他材料费（占材料费）	%	1.800	1.800	1.800	1.800
机械	870199011	笔记本电脑	台班	0.935	0.320	0.467	3.364
	870699136	现场测试仪 PLT301A	台班	0.467	—	—	—
	873150072	误码率测试仪	台班	0.635	0.180	0.561	0.122
	870699076	微机继电保护测试仪	台班	0.187	—	—	—
	873138001	网络测试仪	台班	—	0.220	1.121	0.421
	990305010	叉式起重机 3t	台班	—	—	0.093	0.087

工作内容： 1. 技术准备、开箱检查、清洁、安装、固定、通电测试、功能性能测试等。
2. 服务器、工作站等主站设备安装调试：技术准备、开箱检查、清洁、定位安装、互联、接口检查，设备加电、本体测试；操作系统、应用软件安装检测等。

计量单位： 台

编　号				4-2-148	4-2-149	4-2-150	4-2-151	4-2-152
项　目				系统运行管理工作站	集抄管理工作站	台变监控工作站	远程工作站	WEB服务器
名　称			单位	消　耗　量				
人工	000203000	综合二类工	工日	1.465	1.426	1.426	1.388	1.543
材料	021301001	尼龙扎带（综合）	根	10.000	10.000	10.000	10.000	10.000
	340509001	记号笔	支	0.200	0.200	0.200	0.200	0.200
	271703003	聚氯乙烯相色带 红、黄、绿、黑	卷	0.300	0.250	0.250	0.250	0.250
	340799001	脱脂棉	kg	0.100	0.100	0.100	0.100	0.100
	341304007	塑料号牌	个	4.000	4.000	5.000	5.000	5.000
	850103006	其他材料费（占材料费）	%	1.800	1.800	1.800	1.800	1.800
机械	990305010	叉式起重机 3t	台班	0.093	—	—	—	—
	873150072	误码率测试仪	台班	0.748	—	—	—	—
	990304004	汽车式起重机 8t	台班	—	0.047	0.047	0.047	0.047
	870199011	笔记本电脑	台班	0.561	0.467	0.561	0.748	0.467
	873138001	网络测试仪	台班	1.402	1.121	0.221	0.221	0.374

6. 用电监控设备

工作内容： 开箱检查、清洁、安装、固定、通电测试、性能测试等。

计量单位： 台

编　号				4-2-153	4-2-154
项　目				负荷管理终端	配变监测计量终端
名　称			单位	消　耗　量	
人工	000203000	综合二类工	工日	2.170	2.363
材料	280001010	塑料绝缘导线	m	3.000	3.000
	290901017	铜接线端子 DT-2.5mm^2	个	2.000	2.000
	340509001	记号笔	支	0.100	0.100
	340799001	脱脂棉	kg	0.100	0.100
	341304007	塑料号牌	个	2.000	2.000
	850103006	其他材料费（占材料费）	%	1.800	1.800
机械	870199011	笔记本电脑	台班	0.234	0.234
	873138001	网络测试仪	台班	0.132	0.132

第三章

绝缘子、母线安装工程

说　明

一、本章内容包括绝缘子、穿墙套管、软母线、矩形母线、槽形母线、管型母线、共箱母线、低压封闭式插接母线槽、重型母线、母线绝缘热缩安装等内容。

二、相关说明：

1. 项目中不包括支架、铁构件的制作与安装。

2. 组合软母线安装项目不包括两端铁构件制作与安装及支持瓷瓶、矩形母线的安装。母线跨距是按照项目跨距综合编制的，如实际安装跨距与项目不符时，执行项目时不做调整。

3. 软母线安装项目是按照单串绝缘子编制的，如设计为双串绝缘子，项目人工乘以系数 1.14。耐张绝缘子串的安装与调整已包含在软母线安装项目内。

4. 软母线引下线、跳线、经终端耐张线夹引下（不经过 T 型线夹或并沟线夹引下）与设备连接部分的导线应按照导线截面分别执行项目。软母线跳线安装项目综合考虑了耐张线夹的连接方式，执行项目时不做调整。

5. 矩形钢母线安装执行铜母线安装项目，矩形铝母线安装执行铜母线安装项目时乘以系数 0.70；矩形母线引下线安装按照相应规格执行铜母线安装项目，矩形母线材质应按设计所用材质按实计算。

6. 矩形母线伸缩节头和铜过渡板安装项目是按照成品安装编制，项目不包括加工配制及主材费。

7. 矩形母线、槽形母线、管形母线安装项目不包括支持绝缘子安装和钢构件配置安装。

8. 高压共箱母线和低压封闭式插接母线槽安装项目是按照成品安装编制，项目不包括加工配制及主材费，包括接地安装及材料费。

工程量计算规则

一、悬垂绝缘子安装是指垂直或V型安装的提挂导线、跳线、引下线、设备连线或设备所用的绝缘子串安装，根据工艺布置，按照设计图示数量，分别以“串”为计量单位。V型串按照两串计算工程量。

二、支持绝缘子安装，根据工艺布置和安装固定孔数，按照设计图示数量，分别以“个”为计量单位。

三、穿墙套管安装不分水平、垂直安装，按照设计图示数量，分别以“个”为计量单位。

四、软母线安装是指直接由耐张绝缘子串悬挂安装，根据母线形式和截面面积或根数，按照设计布置，分别以“跨/三相”为计量单位。

五、软母线引下线是指由T型线夹或并沟线夹从软母线引向设备的连线，其安装根据导线截面面积，按照设计布置，分别以“组/三相”为计量单位。

六、两跨软母线间的跳线、引下线安装，根据工艺布置，按照设计图示数量，分别以“组/三相”为计量单位。

七、设备连接线是指两设备间的连线。其安装根据工艺布置和导线截面面积，按照设计图示安装数量，分别以“组/三相”为计量单位。

八、软母线及引下线、连接线安装预留长度按照设计规定计算，设计无规定时按照下表规定计算。

软母线安装预留长度表

单位：m/根

项　目	耐张	跳线	引下线	设备连接线
预留长度	2.50	0.80	0.60	0.60

九、绝缘子安装、穿墙套管安装及软母线安装的绝缘子、穿墙套管、导线和金具，应按照安装数量加损耗量另行计算主材费，导线的预留长度作为计算导线损耗量的基数。

十、矩形与管形母线及母线引下线安装，根据母线材质及每相片数、截面面积或直径，按照设计图示数量，分别以“m/单相”为计量单位。计算长度时，应考虑母线挠度和连接需要增加的工程量，不计算安装损耗量。母线和母线金具按照安装数量加损耗量另行计算主材费。

十一、矩形母线伸缩节安装，根据母线材质和伸缩节安装片数，按照设计图示安装数量，分别以“个”为计量单位；矩形母线过渡板安装，按照设计图示数量，分别以“块”为计量单位。

十二、槽形母线安装，根据母线根数与规格，按照设计图示数量，分别以“m/单相”为计量单位。计算长度时，应考虑母线挠度和连接需要增加的工程量，不计算安装损耗量。母线和固定母线金具应按照安装数量加损耗量另行计算主材费。

十三、槽形母线与设备连接，根据连接的设备与接头数量及槽形母线规格，按照设计连接设备数量，分别以“台”或“组”为计量单位。

十四、共箱母线安装，根据箱体断面及导体截面面积和每相片数规格，按照设计图示安装轴线长度，分别以“m”为计量单位，不计算安装损耗量。

十五、低压（电压等级小于或等于380V）封闭式插接母线槽安装，根据每相电流容量，按照设计图示安装轴线长度，分别以“m”为计量单位。计算长度时，不计算安装损耗量。母线槽及母线槽专用配件按照安装数量计算主材费。分线箱、始端箱安装根据电流容量，按照设计图示数量，分别以“台”为计量单位。

十六、重型母线安装，根据母线材质及截面面积或用途，按照设计图示安装成品重量，分别以“t”

为计量单位。计算重量时，不计算安装损耗量。母线、固定母线金具、绝缘配件应按照安装数量加损耗量另行计算主材费。

十七、重型母线伸缩节制作与安装，根据重型母线截面面积，按照设计图示数量，分别以“个”为计量单位。铜带、伸缩节螺栓、垫板等单独计算主材费。

十八、重型母线导板制作与安装，根据材质与极性，按照设计图示数量，分别以“束”为计量单位。铜带、导板等单独计算主材费。

十九、重型铝母线接触面加工是指对铸造件接触面的加工，根据重型铝母线接触面加工断面，按照实际加工数量，分别以“片/单相”为计量单位。

二十、硬母线安装预留长度按照设计规定计算，设计无规定时按照下表规定计算。

硬母线安装预留长度表　　单位：m/根

序号	项　目	预留长度	说明
1	矩形、槽形、管形母线终端	0.30	从最后一个支持点算起
2	矩形、槽形管形、母线与分支线连接	0.50	分支线预留
3	矩形、槽形母线与设备连接	0.50	从设备端子接口算起
4	多片重型母线与设备连接	1.00	从设备端子接口算起

一、绝缘子安装

工作内容：开箱检查、清扫、绝缘测试、组合安装、固定、刷漆等。　　　　**计量单位：**见表

编号				4-3-1	4-3-2	4-3-3	4-3-4
项目				悬式绝缘子	户内式支持绝缘子		
					1孔固定	2孔固定	4孔固定
单位				串	个		
名称			单位	消耗量			
人工	000203000	综合二类工	工日	0.153	0.056	0.116	0.148
材料	271105001	悬式绝缘子串	串	(1.015)	—	—	—
	271113001	支持绝缘子	个	—	(1.015)	(1.015)	(1.015)
	092705004	碎布	kg	0.040	—	—	—
	143511013	酚醛树脂稀释剂	kg	0.020	0.020	0.020	0.020
	011303001	镀锌扁钢（综合）	kg	—	1.260	1.260	1.260
	022703003	白布	kg	—	0.010	0.020	0.030
	031301007	低碳钢焊条（综合）	kg	—	0.070	0.070	0.070
	031541003	钢锯条	条	—	0.200	0.200	0.200
	130115006	酚醛调和漆	kg	—	0.003	0.003	0.003
	850103006	其他材料费（占材料费）	%	1.800	1.800	1.800	1.800
机械	870699092	YDQ充气式试验变压器	台班	0.019	0.009	0.009	0.009
	870699096	高压试验变压器配套操作箱、调压器	台班	0.019	0.009	0.009	0.009
	990904030	直流弧焊机 20kV·A	台班	—	0.014	0.014	0.014

工作内容：开箱检查、清扫、绝缘测试、组合安装、固定、刷漆等。　　　　**计量单位：**个

编号				4-3-5	4-3-6	4-3-7
项目				户外式支持绝缘子		
				1孔固定	2孔固定	4孔固定
名称			单位	消耗量		
人工	000203000	综合二类工	工日	0.060	0.122	0.154
材料	271113001	支持绝缘子	个	(1.015)	(1.015)	(1.015)
	011303001	镀锌扁钢（综合）	kg	1.550	1.550	1.550
	092705004	碎布	kg	0.010	0.030	0.030
	031301007	低碳钢焊条（综合）	kg	0.095	0.095	0.095
	031541003	钢锯条	条	0.200	0.200	0.200
	130115006	酚醛调和漆	kg	0.004	0.004	0.004
	143511013	酚醛树脂稀释剂	kg	0.030	0.030	0.030
	850103006	其他材料费（占材料费）	%	1.800	1.800	1.800
机械	990904030	直流弧焊机 20kV·A	台班	0.019	0.019	0.019
	870699092	YDQ充气式试验变压器	台班	0.009	0.009	0.009
	870699096	高压试验变压器配套操作箱、调压器	台班	0.009	0.009	0.009

二、穿墙套管安装

工作内容：开箱检查、清扫、安装、固定、接地、防腐刷漆、绝缘检测等。　　计量单位：个

编　　号				4-3-8
项　　目				穿墙套管
名　　称			单位	消　耗　量
人工	000203000	综合二类工	工日	0.211
材料	271307001	穿墙套管	个	（1.015）
	011303001	镀锌扁钢（综合）	kg	2.650
	022703003	白布	kg	0.030
	031301007	低碳钢焊条（综合）	kg	0.465
	031541003	钢锯条	条	0.100
	031102005	铁砂布 0#～2#	张	0.100
	130115006	酚醛调和漆	kg	0.040
	130505001	防锈漆	kg	0.040
	143511013	酚醛树脂稀释剂	kg	0.100
	142123001	电力复合脂	kg	0.010
	203107002	钢垫板 δ1～2	kg	0.500
	850103006	其他材料费（占材料费）	%	1.800
机械	990904030	直流弧焊机 20kV·A	台班	0.093
	870699092	YDQ 充气式试验变压器	台班	0.093
	870699096	高压试验变压器配套操作箱、调压器	台班	0.009

三、软母线安装

1. 单　导　线

工作内容： 检查下料、压接、金具及绝缘子组装、悬挂、调整弛度、紧固、绝缘子及金具检测等。

计量单位： 跨/三相

编　　号				4-3-9	4-3-10	4-3-11
项　　目				导线截面（mm^2）		
				≤ 150	≤ 240	≤ 400
名　　称			单位	消　耗　量		
人工	000203000	综合二类工	工日	3.643	3.797	4.263
材料	031507009	镀锌铁丝 ϕ0.7～0.9	kg	0.100	0.100	0.100
	014303001	铝包带 1 × 10	m	0.200	0.200	0.200
	092705004	碎布	kg	0.200	0.300	0.400
	031101012	尼龙砂轮片 ϕ400	片	0.300	0.300	0.300
	130113005	酚醛磁漆	kg	0.050	0.050	0.060
	130505001	防锈漆	kg	0.200	0.200	0.200
	143511013	酚醛树脂稀释剂	kg	0.100	0.100	0.120
	142123001	电力复合脂	kg	0.100	0.100	0.150
	850103006	其他材料费（占材料费）	%	1.800	1.800	1.800
机械	990304004	汽车式起重机 8t	台班	0.009	0.019	0.028
	990401020	载重汽车 5t	台班	0.009	0.019	0.028
	870699092	YDQ 充气式试验变压器	台班	0.112	0.112	0.112
	870699096	高压试验变压器配套操作箱、调压器	台班	0.112	0.112	0.112
	990764020	液压压接机 200t	台班	—	0.280	0.561

2. 组 合 母 线

工作内容： 检查下料、压接、组装、悬挂紧固、调整驰度、横联装置安装、绝缘子及金具检测等。

计量单位： 组/三相

编 号				4-3-12	4-3-13	4-3-14	4-3-15
项 目				母线（根）			
				2	6	10	14
名 称			单位	消 耗 量			
人工	000203000	综合二类工	工日	6.075	11.725	19.106	24.531
材料	031507009	镀锌铁丝 ϕ0.7～0.9	kg	0.150	0.300	0.400	0.500
	014303001	铝包带 1×10	m	1.500	3.000	6.700	9.400
	092705004	碎布	kg	0.150	0.175	0.200	0.300
	031101012	尼龙砂轮片 ϕ400	片	0.400	0.900	1.200	1.400
	031102005	铁砂布 $0^{\#}$～$2^{\#}$	张	1.000	1.500	2.000	2.000
	130113005	酚醛磁漆	kg	0.090	0.210	0.450	0.630
	130115006	酚醛调和漆	kg	0.200	0.300	0.300	0.300
	130505001	防锈漆	kg	0.180	0.315	0.420	0.540
	143511013	酚醛树脂稀释剂	kg	0.100	0.300	0.700	1.000
	142123001	电力复合脂	kg	0.200	0.350	0.500	0.600
	850103006	其他材料费（占材料费）	%	1.800	1.800	1.800	1.800
机械	990304004	汽车式起重机 8t	台班	0.019	0.042	0.093	0.131
	990401020	载重汽车 5t	台班	0.019	0.042	0.093	0.131
	990764020	液压压接机 200t	台班	1.121	1.823	2.336	2.748
	870699092	YDQ 充气式试验变压器	台班	0.112	0.112	0.112	0.112
	870699096	高压试验变压器配套操作箱、调压器	台班	0.112	0.112	0.112	0.112

工作内容：检查下料、压接、组装、悬挂紧固、调整驰度、横联装置安装、绝缘子及金具检测等。

计量单位：组/三相

编号				4-3-16	4-3-17
项目				母线（根）	
				18	26
名称			单位	消耗量	
人工	000203000	综合二类工	工日	28.907	35.976
材料	031507009	镀锌铁丝 ϕ0.7～0.9	kg	0.600	0.700
	014303001	铝包带 1×10	m	12.000	17.400
	092705004	碎布	kg	0.300	0.400
	031101012	尼龙砂轮片 ϕ400	片	1.800	2.000
	031102005	铁砂布 0#～2#	张	3.000	3.000
	130113005	酚醛磁漆	kg	0.810	1.170
	130115006	酚醛调和漆	kg	0.400	0.500
	130505001	防锈漆	kg	0.660	0.900
	143511013	酚醛树脂稀释剂	kg	1.500	2.000
	142123001	电力复合脂	kg	0.700	1.000
	850103006	其他材料费（占材料费）	%	1.800	1.800
机械	990304004	汽车式起重机 8t	台班	0.168	0.243
	990401020	载重汽车 5t	台班	0.168	0.243
	990764020	液压压接机 200t	台班	3.533	5.103
	870699092	YDQ 充气式试验变压器	台班	0.112	0.112
	870699096	高压试验变压器配套操作箱、调压器	台班	0.112	0.112

3. 软母线引下线、跳线、设备连线

工作内容：测量、下料、压接、安装连接、调整弛度等。

计量单位：组/三相

编号				4-3-18	4-3-19	4-3-20
项目				导线截面（mm^2）		
				≤150	≤240	≤400
名称			单位	消耗量		
人工	000203000	综合二类工	工日	1.048	1.096	1.221
材料	031507009	镀锌铁丝 ϕ0.7～0.9	kg	0.100	0.100	0.100
	092705004	碎布	kg	0.100	0.100	0.100
	031101012	尼龙砂轮片 ϕ400	片	0.150	0.200	0.300
	031305003	焊锡膏	kg	0.070	0.080	0.090
	031303019	焊锡丝（综合）	kg	0.400	0.500	0.550
	031102005	铁砂布 0#～2#	张	0.500	0.500	1.000
	130505001	防锈漆	kg	0.200	0.200	0.200
	143511010	醇酸稀释剂	kg	0.100	0.100	0.100
	142123001	电力复合脂	kg	0.060	0.100	0.500
	850103006	其他材料费（占材料费）	%	1.800	1.800	1.800
机械	990727010	立式钻床 25mm	台班	0.140	0.234	0.234
	990764020	液压压接机 200t	台班	0.050	0.140	0.187

四、矩形母线安装

1. 矩形铜母线

工作内容：平直、下料、打孔、煨弯、母线安装、接头、刷分相漆等。　　**计量单位：**m/单相

编号				4-3-21	4-3-22	4-3-23	4-3-24
项目				每相一片截面（mm²）			
				≤ 360	≤ 800	≤ 1000	≤ 1250
名称			单位	消耗量			
人工	000203000	综合二类工	工日	0.113	0.158	0.182	0.203
材料	280115004	矩形铜母线	m·单片	（1.020）	（1.020）	（1.020）	（1.020）
	092705004	碎布	kg	0.005	0.006	0.007	0.007
	030103021	沉头螺钉 M16×25	10个	0.071	0.071	0.071	0.071
	031303010	铜氩弧焊丝	kg	0.065	0.080	0.095	0.110
	031541003	钢锯条	条	0.070	0.100	0.120	0.150
	031102005	铁砂布 0#～2#	张	0.050	0.080	0.100	0.120
材料	130113005	酚醛磁漆	kg	0.035	0.045	0.055	0.066
	143511013	酚醛树脂稀释剂	kg	0.032	0.040	0.050	0.050
	142123001	电力复合脂	kg	0.002	0.002	0.003	0.003
	142911001	氩气	m³	0.182	0.224	0.266	0.308
	340101003	铈钨棒	g	0.364	0.448	0.532	0.616
	850103006	其他材料费（占材料费）	%	1.800	1.800	1.800	1.800
机械	990727010	立式钻床 25mm	台班	0.004	0.004	0.004	0.004
	990778010	万能母线煨弯机	台班	0.066	0.093	0.099	0.106
	990912010	氩弧焊机 500A	台班	0.013	0.016	0.019	0.022

工作内容：平直、下料、打孔、煨弯、母线安装、接头、刷分相漆等。　　**计量单位：**m/单相

编号				4-3-25	4-3-26
项目				每相两片截面（mm²）	
				≤ 1000	≤ 1250
名称			单位	消耗量	
人工	000203000	综合二类工	工日	0.329	0.366
材料	280115004	矩形铜母线	m·单片	（2.040）	（2.040）
	092705004	碎布	kg	0.014	0.014
	030103021	沉头螺钉 M16×25	10个	0.071	0.071
	031303010	铜氩弧焊丝	kg	0.185	0.225
	031541003	钢锯条	条	0.240	0.300
	031102005	铁砂布 0#～2#	张	0.150	0.180
	130113005	酚醛磁漆	kg	0.066	0.079
	143511013	酚醛树脂稀释剂	kg	0.070	0.084
	142123001	电力复合脂	kg	0.006	0.006
	142911001	氩气	m³	0.518	0.630
	203501009	间隔垫 MJG 1～4	套	0.810	0.810
	340101003	铈钨棒	g	1.036	1.260
	311931001	油浸薄纸 8开	张	0.008	0.009
	850103006	其他材料费（占材料费）	%	1.800	1.800
机械	990727010	立式钻床 25mm	台班	0.007	0.007
	990778010	万能母线煨弯机	台班	0.189	0.202
	990912010	氩弧焊机 500A	台班	0.037	0.045

工作内容：平直、下料、打孔、煨弯、母线安装、接头、刷分相漆等。　　**计量单位：**m/单相

编号				4-3-27	4-3-28	4-3-29	4-3-30
项目				每相三片截面（mm²）		每相四片截面（mm²）	
				≤ 1000	≤ 1250	≤ 1000	≤ 1250
名称			单位	消耗量			
人工	000203000	综合二类工	工日	0.473	0.587	0.611	0.689
材料	280115004	矩形铜母线	m·单片	（3.060）	（3.060）	（4.080）	（4.080）
	092705004	碎布	kg	0.021	0.021	0.028	0.028
	030103021	沉头螺钉 M16×25	10个	0.071	0.071	0.071	0.071
	031303010	铜氩弧焊丝	kg	0.280	0.335	0.375	0.450
	031541003	钢锯条	条	0.360	0.450	0.400	0.500
	031102005	铁砂布 0#～2#	张	0.225	0.270	0.290	0.360
	130113005	酚醛磁漆	kg	0.079	0.086	0.089	0.092
	140301003	汽油 92#	kg	0.090	0.100	0.100	0.110
	142123001	电力复合脂	kg	0.009	0.009	0.012	0.012
	142911001	氩气	m³	0.784	0.938	1.050	1.261
	203501009	间隔垫 MJG 1～4	套	1.620	1.620	2.420	2.420
	340101003	铈钨棒	g	1.568	1.876	2.101	2.522
	311931001	油浸薄纸 8开	张	0.010	0.012	0.013	0.015
	850103006	其他材料费（占材料费）	%	1.800	1.800	1.800	1.800
机械	990727010	立式钻床 25mm	台班	0.011	0.011	0.015	0.015
	990778010	万能母线煨弯机	台班	0.279	0.298	0.368	0.394
	990912010	氩弧焊机 500A	台班	0.056	0.067	0.075	0.090

2. 矩形母线伸缩节

工作内容：钻孔、挫面、挂锡、安装等。　　　　计量单位：个

编　号				4-3-31	4-3-32	4-3-33	4-3-34
项　目				铜母线伸缩节			
				每相 1 片	每相 2 片	每相 3 片	每相 4 片
名　称			单位	消　耗　量			
人工	000203000	综合二类工	工日	0.338	0.460	0.591	0.753
材料	291509001	铜母线伸缩节	个	（1.000）	（2.000）	（3.000）	（4.000）
	092705004	碎布	kg	0.020	0.020	0.030	0.030
	031541003	钢锯条	条	1.000	1.200	1.400	1.600
	031305003	焊锡膏	kg	0.040	0.050	0.060	0.070
	031303019	焊锡丝（综合）	kg	0.220	0.260	0.350	0.350
	031102005	铁砂布 $0^{\#}\sim2^{\#}$	张	2.000	2.400	2.800	3.200
	142123001	电力复合脂	kg	0.020	0.020	0.030	0.030
	850103006	其他材料费（占材料费）	%	1.800	1.800	1.800	1.800
机械	990727010	立式钻床 25mm	台班	0.028	0.037	0.047	0.047

3. 过　渡　板

工作内容：钻孔、挫面、挂锡、安装等。　　　　计量单位：块

编　号				4-3-35
项　目				过渡板
名　称			单位	消　耗　量
人工	000203000	综合二类工	工日	0.367
材料	291505001	过渡板	个	（1.020）
	092705004	碎布	kg	0.010
	031541003	钢锯条	条	1.000
	031305003	焊锡膏	kg	0.030
	031303019	焊锡丝（综合）	kg	0.200
	031102005	铁砂布 $0^{\#}\sim2^{\#}$	张	1.000
	142123001	电力复合脂	kg	0.020
	850103006	其他材料费（占材料费）	%	1.800
机械	990727010	立式钻床 25mm	台班	0.047

五、槽形母线安装

1. 槽 形 母 线

工作内容：平直、下料、煨弯、锯头、钻孔、对口、焊接、安装固定、刷分相漆等。 **计量单位：**m/单相

编 号				4-3-36	4-3-37
项 目				2 根	
				规格（mm）	
				≤ 100 × 45 × 5	≤ 150 × 65 × 7
名 称			单位	消 耗 量	
人工	000203000	综合二类工	工日	0.282	0.331
材料	280121001	槽形母线	M·单相	（2.040）	（2.040）
	092705004	碎布	kg	0.004	0.005
	031303010	铜氩弧焊丝	kg	0.092	0.120
	031541003	钢锯条	条	0.200	0.250
	143511013	酚醛树脂稀释剂	kg	0.200	0.300
	130113005	酚醛磁漆	kg	0.100	0.150
	142123001	电力复合脂	kg	0.001	0.001
	142911001	氩气	m^3	0.258	0.336
	203501009	间隔垫 MJG 1～4	套	1.620	1.620
	340101005	钍钨棒	g	0.516	0.672
	850103006	其他材料费（占材料费）	%	1.800	1.800
机械	990723010	牛头刨床 650mm	台班	0.028	0.028
	990727010	立式钻床 25mm	台班	0.009	0.009
	990912010	氩弧焊机 500A	台班	0.023	0.030

工作内容：平直、下料、煨弯、锯头、钻孔、对口、焊接、安装固定、刷分相漆等。　**计量单位：**m/单相

编号				4-3-38	4-3-39
项目				2根	
				规格（mm）	
				≤200×90×12	≤250×115×12.5
名称			单位	消耗量	
人工	000203000	综合二类工	工日	0.408	0.509
材料	280121001	槽形母线	M·单相	（2.040）	（2.040）
	092705004	碎布	kg	0.006	0.007
	031303010	铜氩弧焊丝	kg	0.148	0.188
	031541003	钢锯条	条	0.300	0.400
	143511013	酚醛树脂稀释剂	kg	0.400	0.500
	130113005	酚醛磁漆	kg	0.200	0.250
	142123001	电力复合脂	kg	0.002	0.002
	142911001	氩气	m³	0.414	0.526
	203501009	间隔垫 MJG 1～4	套	1.620	1.620
	340101005	钍钨棒	g	0.828	1.052
	850103006	其他材料费（占材料费）	%	1.800	1.800
机械	990723010	牛头刨床 650mm	台班	0.033	0.033
	990727010	立式钻床 25mm	台班	0.019	0.019
	990912010	氩弧焊机 500A	台班	0.037	0.047

2. 槽形母线与设备连接

（1）与发电机连接

工作内容：平直、下料、煨弯、钻孔、挫面、连接固定等。　**计量单位：**台

编号				4-3-40	4-3-41
项目				6个接头，2根	
				规格（mm）	
				≤100×45×5	≤150×65×7
名称			单位	消耗量	
人工	000203000	综合二类工	工日	7.302	9.662
材料	092705004	碎布	kg	0.100	0.150
	031305003	焊锡膏	kg	0.100	0.120
	031303019	焊锡丝（综合）	kg	1.200	1.400
	142123001	电力复合脂	kg	0.050	0.080
	850103006	其他材料费（占材料费）	%	1.800	1.800
机械	990723010	牛头刨床 650mm	台班	0.093	0.140
	990727010	立式钻床 25mm	台班	0.234	0.280

工作内容：平直、下料、煨弯、钻孔、挫面、连接固定等。 计量单位：台

编号				4-3-42	4-3-43
项目				6个接头，2根	
				规格（mm）	
				≤200×90×12	≤250×115×12.5
名称			单位	消耗量	
人工	000203000	综合二类工	工日	12.242	13.109
材料	092705004	碎布	kg	0.200	0.200
	031305003	焊锡膏	kg	0.150	0.150
	031303019	焊锡丝（综合）	kg	1.500	2.000
	142123001	电力复合脂	kg	0.100	0.120
	850103006	其他材料费（占材料费）	%	1.800	1.800
机械	990723010	牛头刨床 650mm	台班	0.187	0.234
	990727010	立式钻床 25mm	台班	0.327	0.374

（2）与变压器连接

工作内容：平直、下料、煨弯、钻孔、挫面、连接固定等。 计量单位：台

编号				4-3-44	4-3-45
项目				3个接头，2根	
				规格（mm）	
				≤100×45×5	≤150×65×7
名称			单位	消耗量	
人工	000203000	综合二类工	工日	6.169	8.215
材料	092705004	碎布	kg	0.050	0.080
	031305003	焊锡膏	kg	0.050	0.060
	031303019	焊锡丝（综合）	kg	0.600	0.700
	142123001	电力复合脂	kg	0.030	0.050
	850103006	其他材料费（占材料费）	%	1.800	1.800
机械	990723010	牛头刨床 650mm	台班	0.056	0.093
	990727010	立式钻床 25mm	台班	0.140	0.187

工作内容：平直、下料、煨弯、钻孔、挫面、连接固定等。 计量单位：台

编号				4-3-46	4-3-47
项目				3个接头，2根	
				规格（mm）	
				≤200×90×12	≤250×115×12.5
名称			单位	消耗量	
人工	000203000	综合二类工	工日	11.411	12.322
材料	092705004	碎布	kg	0.100	0.120
	031305003	焊锡膏	kg	0.080	0.100
	031303019	焊锡丝（综合）	kg	0.800	1.000
	142123001	电力复合脂	kg	0.080	0.100
	850103006	其他材料费（占材料费）	%	1.800	1.800
机械	990723010	牛头刨床 650mm	台班	0.121	0.187
	990727010	立式钻床 25mm	台班	0.234	0.280

（3）与断路器、隔离开关连接

工作内容： 平直、下料、煨弯、钻孔、挫面、连接固定等。　　**计量单位：** 组

编　号				4-3-48	4-3-49
项　目				3个接头，2根	
				规格（mm）	
				≤100×45×5	≤150×65×7
名　称			单位	消 耗 量	
人工	000203000	综合二类工	工日	7.304	9.361
材料	092705004	碎布	kg	0.150	0.200
	031305003	焊锡膏	kg	0.120	0.150
	031303019	焊锡丝（综合）	kg	1.500	1.800
	142123001	电力复合脂	kg	0.080	0.100
	850103006	其他材料费（占材料费）	%	1.800	1.800
机械	990723010	牛头刨床 650mm	台班	0.093	0.140
	990727010	立式钻床 25mm	台班	0.280	0.327

工作内容： 平直、下料、煨弯、钻孔、挫面、连接固定等。　　**计量单位：** 组

编　号				4-3-50	4-3-51
项　目				3个接头，2根	
				规格（mm）	
				≤200×90×12	≤250×115×12.5
名　称			单位	消 耗 量	
人工	000203000	综合二类工	工日	12.322	13.462
材料	092705004	碎布	kg	0.250	0.300
	031305003	焊锡膏	kg	0.180	0.200
	031303019	焊锡丝（综合）	kg	2.200	2.500
	142123001	电力复合脂	kg	0.120	0.150
	850103006	其他材料费（占材料费）	%	1.800	1.800
机械	990723010	牛头刨床 650mm	台班	0.187	0.234
	990727010	立式钻床 25mm	台班	0.374	0.421

六、管形母线安装

1. 管形母线

工作内容： 平直、下料、煨弯、锯头、对口、焊接、安装固定、刷分相漆等。 **计量单位：** m/单相

编号				4-3-52	4-3-53	4-3-54	4-3-55
项目				铝管（直径 mm）			
				≤ 80	≤ 120	≤ 168	≤ 200
		名称	单位	消耗量			
人工	000203000	综合二类工	工日	0.075	0.088	0.150	0.216
材料	280125001	管形母线	m·单相	（1.020）	（1.020）	（1.020）	（1.020）
	092705004	碎布	kg	0.013	0.017	0.033	0.055
	031303015	铝焊丝 丝 301（综合）	kg	0.068	0.112	0.188	0.256
	031102003	砂布	张	0.110	0.165	0.220	0.275
	031101007	砂轮切割片 ϕ400	片	0.022	0.033	0.055	0.110
	130113002	醇酸磁漆	kg	0.028	0.042	0.055	0.077
	143511011	醇酸漆稀释剂	kg	0.011	0.011	0.022	0.033
	142911001	氩气	m^3	0.190	0.314	0.526	0.717
	340101003	铈钨棒	g	0.380	0.628	1.052	1.434
	850103006	其他材料费（占材料费）	%	1.800	1.800	1.800	1.800
机械	990304016	汽车式起重机 16t	台班	0.014	0.014	0.019	0.023
	990912010	氩弧焊机 500A	台班	0.017	0.028	0.047	0.064

2. 管形母线引下线

工作内容： 测量、下料、煨弯、安装固定、刷分相漆等。 **计量单位：** m/单相

编号				4-3-56	4-3-57	4-3-58	4-3-59
项目				铝管（直径 mm）			
				≤ 80	≤ 120	≤ 168	≤ 200
		名称	单位	消耗量			
人工	000203000	综合二类工	工日	0.670	0.992	1.341	1.744
材料	280125001	管形母线	m·单相	（1.020）	（1.020）	（1.020）	（1.020）
	031303015	铝焊丝 丝 301（综合）	kg	0.069	0.114	0.189	0.257
	130113005	酚醛磁漆	kg	0.025	0.044	0.057	0.078
	143511013	酚醛树脂稀释剂	kg	0.013	0.023	0.029	0.039
	142911001	氩气	m^3	0.193	0.319	0.529	0.072
	290901013	铜接线端子 400A	个	6.000	—	—	—
	340101003	铈钨棒	g	0.386	0.638	1.058	1.439
	290901014	铜接线端子 1000A	个	—	6.000	—	—
	290901015	铜接线端子 1500A	个	—	—	6.000	—
	290901016	铜接线端子 2000A	个	—	—	—	6.000
	850103006	其他材料费（占材料费）	%	1.800	1.800	1.800	1.800
机械	990513020	汽车式高空作业车 21m	台班	0.187	0.234	0.281	0.327
	990718020	普通车床 400 × 2000mm	台班	0.187	0.327	0.468	0.608
	990912010	氩弧焊机 500A	台班	0.017	0.029	0.047	0.064

七、共箱母线安装

1. 铜 母 线

工作内容：配合基础铁件安装、清点检查、吊装、调整箱体、连接固定、接地、刷漆、配合试验等。

计量单位：m

编 号				4-3-60	4-3-61
项 目				箱体 900 × 500（mm）	箱体 1000 × 550（mm）
				导体 3 相单片 100 × 8（mm）	导体 3 相单片 100 × 10（mm）
名 称			单位	消 耗 量	
人工	000203000	综合二类工	工日	1.463	1.522
材料	280115003	共箱铜母线	m	（1.000）	（1.000）
	011303001	镀锌扁钢（综合）	kg	2.021	2.021
	142911001	氩气	m^3	1.274	1.274
	142909001	氧气	m^3	0.040	0.040
	142907002	乙炔气	kg	0.015	0.015
	340101003	铈钨棒	g	2.548	2.548
	031507017	镀锌铁丝 ϕ2.5～4.0	kg	0.120	0.120
	092705004	碎布	kg	0.120	0.120
	031301007	低碳钢焊条（综合）	kg	0.610	0.610
	031303010	铜氩弧焊丝	kg	0.490	0.490
	031541003	钢锯条	条	0.300	0.300
	031102005	铁砂布 0#～2#	张	0.200	0.200
	130115006	酚醛调和漆	kg	0.200	0.200
	130100001	喷漆	kg	1.073	1.100
	140301003	汽油 92#	kg	0.250	0.250
	142123001	电力复合脂	kg	0.070	0.070
	143511013	酚醛树脂稀释剂	kg	1.273	1.301
	203107002	钢垫板 δ1～2	kg	2.200	2.400
	850103006	其他材料费（占材料费）	%	1.800	1.800
机械	990401020	载重汽车 5t	台班	0.031	0.036
	990904030	直流弧焊机 20kV · A	台班	0.122	0.122
	991003020	电动空气压缩机 0.6m^3/min	台班	0.346	0.365
	990912010	氩弧焊机 500A	台班	0.098	0.098
	990304004	汽车式起重机 8t	台班	0.152	0.170

工作内容：配合基础铁件安装、清点检查、吊装、调整箱体、连接固定、接地、刷漆、配合试验等。

计量单位：m

编号				4-3-62	4-3-63
项目				箱体 1100×600（mm） 导体 3 相 2 片 100×10（mm）	箱体 1200×650（mm） 导体 3 相 3 片 100×10（mm）
名称			单位	消耗量	
人工	000203000	综合二类工	工日	1.741	1.943
材料	280115003	共箱铜母线	m	（1.000）	（1.000）
	011303001	镀锌扁钢（综合）	kg	2.021	2.021
	142911001	氩气	m^3	2.038	2.139
	142909001	氧气	m^3	0.040	0.050
	142907002	乙炔气	kg	0.015	0.019
	340101003	铈钨棒	g	4.076	4.278
	031507017	镀锌铁丝 ϕ2.5～4.0	kg	0.150	0.150
	092705004	碎布	kg	0.150	0.150
	031301007	低碳钢焊条（综合）	kg	0.610	0.610
	031303010	铜氩弧焊丝	kg	0.784	0.786
	031541003	钢锯条	条	0.300	0.300
	031102005	铁砂布 0#～2#	张	0.250	0.250
	130115006	酚醛调和漆	kg	0.200	0.200
	130100001	喷漆	kg	1.150	1.295
	140301003	汽油 92#	kg	0.300	0.300
	142123001	电力复合脂	kg	0.075	0.080
	143511013	酚醛树脂稀释剂	kg	1.350	1.495
	203107002	钢垫板 δ1～2	kg	2.538	2.638
	850103006	其他材料费（占材料费）	%	1.800	1.800
机械	990401020	载重汽车 5t	台班	0.036	0.036
	990904030	直流弧焊机 20kV·A	台班	0.122	0.122
	991003020	电动空气压缩机 0.6m^3/min	台班	0.657	0.658
	990912010	氩弧焊机 500A	台班	0.157	0.157
	990304004	汽车式起重机 8t	台班	0.170	0.170

2. 铝 母 线

工作内容：配合基础铁件安装、清点检查、吊装、调整箱体、连接固定、接地、刷漆、配合试验等。

计量单位：m

编 号				4-3-64	4-3-65
项 目				箱体 900 × 500（mm） 导体 3 相单片 120 × 10（mm）	箱体 1000 × 550（mm） 导体 3 相 2 片 120 × 10（mm）
名 称			单位	消 耗 量	
人工	000203000	综合二类工	工日	1.398	1.490
材料	280117003	共箱铝母线	m	（1.000）	（1.000）
	031507017	镀锌铁丝 ϕ2.5～4.0	kg	0.120	0.120
	011303001	镀锌扁钢（综合）	kg	2.021	2.021
	092705004	碎布	kg	0.120	0.120
	031301007	低碳钢焊条（综合）	kg	0.136	0.143
	031303015	铝焊丝 丝 301（综合）	kg	0.244	0.439
	031541003	钢锯条	条	0.200	0.200
	031102005	铁砂布 $0^{\#}$～$2^{\#}$	张	0.250	0.250
	130115006	酚醛调和漆	kg	0.150	0.170
	130100001	喷漆	kg	1.073	1.150
	143511013	酚醛树脂稀释剂	kg	0.250	0.250
	142123001	电力复合脂	kg	0.070	0.075
	143511001	稀释剂	kg	1.992	2.050
	142911001	氩气	m^3	0.683	1.229
	142909001	氧气	m^3	0.040	0.040
	142907002	乙炔气	kg	0.015	0.015
	340101003	铈钨棒	g	1.366	2.458
	203107002	钢垫板 δ1～2	kg	2.200	2.400
	850103006	其他材料费（占材料费）	%	1.800	1.800
机械	990304004	汽车式起重机 8t	台班	0.152	0.164
	990401020	载重汽车 5t	台班	0.031	0.033
	990912010	氩弧焊机 500A	台班	0.061	0.088
	990904030	直流弧焊机 20kV · A	台班	0.027	0.029
	991003020	电动空气压缩机 0.6m^3/min	台班	0.186	0.334

工作内容：配合基础铁件安装、清点检查、吊装、调整箱体、连接固定、接地、刷漆、配合试验等。

计量单位：m

编号				4-3-66	4-3-67
项目				箱体 1100×600（mm）	箱体 1200×650（mm）
				导体 3 相 3 片 120×10（mm）	导体 3 相 4 片 120×10（mm）
名称			单位	消耗量	
人工	000203000	综合二类工	工日	1.604	1.738
材料	280117003	共箱铝母线	m	（1.000）	（1.000）
	031507017	镀锌铁丝 ϕ2.5～4.0	kg	0.150	0.150
	011303001	镀锌扁钢（综合）	kg	2.021	2.021
	092705004	碎布	kg	0.150	0.150
	031301007	低碳钢焊条（综合）	kg	0.143	0.143
	031303015	铝焊丝 丝 301（综合）	kg	0.615	0.791
	031541003	钢锯条	条	0.300	0.300
	031102005	铁砂布 0#～2#	张	0.250	0.300
	130115006	酚醛调和漆	kg	0.180	0.200
	130100001	喷漆	kg	1.200	1.295
	143511013	酚醛树脂稀释剂	kg	0.300	0.300
	142123001	电力复合脂	kg	0.085	0.100
	143511001	稀释剂	kg	2.278	2.590
	142911001	氩气	m^3	1.722	2.215
	142909001	氧气	m^3	0.050	0.050
	142907002	乙炔气	kg	0.019	0.019
	340101003	铈钨棒	g	3.444	4.430
	203107002	钢垫板 δ1～2	kg	2.538	2.638
	850103006	其他材料费（占材料费）	%	1.800	1.800
机械	990304004	汽车式起重机 8t	台班	0.170	0.170
	990401020	载重汽车 5t	台班	0.036	0.036
	990912010	氩弧焊机 500A	台班	0.153	0.198
	990904030	直流弧焊机 20kV·A	台班	0.029	0.029
	991003020	电动空气压缩机 0.6m^3/min	台班	0.468	0.602

八、低压封闭式插接母线槽安装

1. 低压封闭式插接母线槽

工作内容： 开箱检查、接头清洗处理、绝缘测试、吊装就位、母线槽连接、配件连接、固定、接地、补漆等。

计量单位：m

编　号				4-3-68	4-3-69	4-3-70
项　目				每相电流（A）		
				≤ 400	≤ 800	≤ 1250
名　称			单位	消　耗　量		
人工	000203000	综合二类工	工日	0.169	0.227	0.284
材料	290500002	母线槽	m	（1.000）	（1.000）	（1.000）
	031507017	镀锌铁丝 ϕ2.5～4.0	kg	0.030	0.030	0.030
	011303001	镀锌扁钢（综合）	kg	0.330	0.460	1.200
	092705004	碎布	kg	0.040	0.040	0.040
	031101012	尼龙砂轮片 ϕ400	片	0.010	0.025	0.035
	031301007	低碳钢焊条（综合）	kg	0.395	0.395	0.395
	031102005	铁砂布 0#～2#	张	0.100	0.200	0.250
	130115006	酚醛调和漆	kg	0.013	0.016	0.020
	143511013	酚醛树脂稀释剂	kg	0.007	0.008	0.010
	142123001	电力复合脂	kg	0.010	0.010	0.015
	280317010	铜芯塑料绝缘软电线 BVR-35mm^2	m	0.244	0.244	0.244
	290901027	铜接线端子 DT-35mm^2	个	0.812	0.812	0.812
	850103006	其他材料费（占材料费）	%	1.800	1.800	1.800
机械	990305020	叉式起重机 5t	台班	0.010	0.013	0.018
	990904030	直流弧焊机 20kV·A	台班	0.079	0.079	0.079

工作内容：开箱检查、接头清洗处理、绝缘测试、吊装就位、母线槽连接、配件连接、固定、接地、补漆等。

计量单位：m

编 号				4-3-71	4-3-72	4-3-73
项 目				每相电流（A）		
				≤2000	≤4000	≤5000
名 称			单位	消 耗 量		
人工	000203000	综合二类工	工日	0.423	0.581	0.707
材料	290500002	母线槽	m	（1.000）	（1.000）	（1.000）
	031507017	镀锌铁丝 ϕ2.5～4.0	kg	0.030	0.030	0.030
	011303001	镀锌扁钢（综合）	kg	2.100	2.900	3.530
	092705004	碎布	kg	0.060	0.060	0.073
	031101012	尼龙砂轮片 ϕ400	片	0.045	0.053	0.065
	031301007	低碳钢焊条（综合）	kg	0.395	0.395	0.395
	031102005	铁砂布 $0^{\#}$～$2^{\#}$	张	0.300	0.400	0.500
	130115006	酚醛调和漆	kg	0.025	0.030	0.037
	143511013	酚醛树脂稀释剂	kg	0.013	0.015	0.019
	142123001	电力复合脂	kg	0.015	0.020	0.024
	280317010	铜芯塑料绝缘软电线 BVR-35mm^2	m	0.244	0.244	0.244
	290901027	铜接线端子 DT-35mm^2	个	0.812	0.812	0.812
	850103006	其他材料费（占材料费）	%	1.800	1.800	1.800
机械	990305020	叉式起重机 5t	台班	0.020	0.026	0.031
	990904030	直流弧焊机 20kV·A	台班	0.079	0.079	0.097

2. 封闭母线槽线箱

工作内容： 开箱检查、接头清洗处理、绝缘测试、吊装就位、线槽连接、固定、接地、补漆等。

计量单位： 台

编号				4-3-74	4-3-75	4-3-76	4-3-77	4-3-78
项目				分线箱（电流 A）				始端箱（电流 A）
				≤ 100	≤ 300	≤ 600	≤ 1000	≤ 400
名称			单位	消耗量				
人工	000203000	综合二类工	工日	0.426	0.649	0.729	0.912	0.950
材料	291115001	分线箱	个	（1.000）	（1.000）	（1.000）	（1.000）	—
	022703003	白布	kg	0.100	0.100	0.150	0.150	—
	143511013	酚醛树脂稀释剂	kg	0.008	0.009	0.011	0.013	0.300
	130115006	酚醛调和漆	kg	0.015	0.018	0.022	0.026	0.050
材料	031541003	钢锯条	条	1.050	1.050	1.500	2.100	1.050
	031102005	铁砂布 0#～2#	张	0.500	0.500	1.000	1.000	1.000
	140301003	汽油 92#	kg	0.200	0.200	0.200	0.200	—
	142123001	电力复合脂	kg	0.010	0.010	0.010	0.010	0.100
	280317010	铜芯塑料绝缘软电线 BVR-35mm²	m	0.620	0.620	0.620	0.620	0.610
	290901027	铜接线端子 DT-35mm²	个	2.030	2.030	2.030	2.030	2.030
	290505001	始端箱	台	—	—	—	—	（1.000）
	020711001	橡胶片 δ3	kg	—	—	—	—	1.168
	092705004	碎布	kg	—	—	—	—	0.100
	031101012	尼龙砂轮片 ϕ400	片	—	—	—	—	0.200
	850103006	其他材料费（占材料费）	%	1.800	1.800	1.800	1.800	1.800

工作内容： 开箱检查、接头清洗处理、绝缘测试、吊装就位、线槽连接、固定、接地、补漆等。

计量单位： 台

编号				4-3-79	4-3-80	4-3-81	4-3-82	4-3-83
项目				始端箱（电流 A）				
				≤ 800	≤ 1250	≤ 2000	≤ 4000	≤ 5000
名称			单位	消耗量				
人工	000203000	综合二类工	工日	1.046	1.100	1.273	1.711	2.591
材料	290505001	始端箱	台	（1.000）	（1.000）	（1.000）	（1.000）	（1.000）
	020711001	橡胶片 δ3	kg	1.168	1.168	1.168	1.557	1.557
	092705004	碎布	kg	0.100	0.150	0.150	0.200	0.200
	031101012	尼龙砂轮片 ϕ400	片	0.200	0.250	0.300	0.350	0.350
	031541003	钢锯条	条	1.050	2.100	2.100	3.150	3.150
	031102005	铁砂布 0#～2#	张	1.000	1.500	1.500	2.000	2.500
	130115006	酚醛调和漆	kg	0.050	0.100	0.100	0.150	0.150
	143511013	酚醛树脂稀释剂	kg	0.300	0.350	0.350	0.400	0.450
	142123001	电力复合脂	kg	0.100	0.150	0.150	0.200	0.200
	280317010	铜芯塑料绝缘软电线 BVR-35mm²	m	0.610	0.610	0.610	0.610	0.610
	290901027	铜接线端子 DT-35mm²	个	2.030	2.030	2.030	2.030	2.030
	850103006	其他材料费（占材料费）	%	1.800	1.800	1.800	1.800	1.800

九、重型母线安装

1. 重型铜母线

工作内容：平直、下料、煨弯、钻孔、接触面搪锡、焊接、组合、安装等。 计量单位：t

编号				4-3-84	4-3-85	4-3-86	4-3-87
项目				截面（mm²）			
				≤ 2500	≤ 3500	≤ 5000	≤ 7500
		名称	单位	消耗量			
人工	000203000	综合二类工	工日	22.295	19.872	16.964	16.140
材料	280119001	重型铜母线	t	（1.005）	（1.005）	（1.005）	（1.005）
	022303001	石墨块	kg	5.290	4.500	4.270	4.180
	022703003	白布	kg	1.500	1.200	1.100	1.000
	031303010	铜氩弧焊丝	kg	20.465	29.580	35.325	39.250
	031305003	焊锡膏	kg	1.080	1.190	1.221	12.230
	031303019	焊锡丝（综合）	kg	10.800	11.900	12.212	12.231
	140303001	机油（综合）	kg	1.000	0.900	0.720	0.700
	142123001	电力复合脂	kg	0.200	0.220	0.262	0.283
	340101001	电极棒	根	1.730	1.830	3.555	3.980
	340101003	钍钨棒	g	114.604	165.648	197.820	219.800
	142911001	氩气	m³	57.302	82.824	98.910	109.900
	341107001	木炭	kg	60.000	44.000	19.800	20.000
	850103006	其他材料费（占材料费）	%	1.800	1.800	1.800	1.800
机械	990304012	汽车式起重机 12t	台班	0.280	0.748	2.052	2.280
	990746010	弓锯床 250mm	台班	0.505	1.860	1.893	2.187
	990912010	氩弧焊机 500A	台班	4.093	5.916	7.065	7.850

2. 重型铝母线

工作内容：平直、下料、煨弯、钻孔、接触面搪锡、焊接、组合、安装等。　　**计量单位：**t

编　　号				4-3-88	4-3-89	4-3-90
项　　目				电解铝母线	电解镁母线	电解石墨母线
名　　称			单位	消　耗　量		
人工	000203000	综合二类工	工日	14.056	19.872	33.442
材料	280119002	重型母线	t	（1.005）	（1.005）	（1.005）
	022303001	石墨块	kg	0.630	4.450	1.050
	022703003	白布	kg	0.800	1.200	1.600
材料	031303015	铝焊丝 丝301（综合）	kg	3.440	12.560	16.372
	140303001	机油（综合）	kg	0.500	0.700	1.100
	142123001	电力复合脂	kg	0.250	0.300	0.300
	142911001	氩气	m^3	9.632	35.168	45.842
	340101003	铈钨棒	g	19.264	70.336	91.683
	340101001	电极棒	根	1.000	3.310	1.930
	341107001	木炭	kg	4.600	15.000	25.800
	850103006	其他材料费（占材料费）	%	1.800	1.800	1.800
机械	990304012	汽车式起重机 12t	台班	0.355	0.607	1.206
	990746010	弓锯床 250mm	台班	0.355	0.794	1.785
	990912010	氩弧焊机 500A	台班	0.860	3.140	4.093

3. 重型母线伸缩器制作与安装

工作内容：加工制作、焊接、组装、安装等。　　**计量单位：**个

编　　号				4-3-91	4-3-92	4-3-93	4-3-94
项　　目				铜母线伸缩器（面积 mm^2）			
				3000	5000	7500	10000
名　　称			单位	消　耗　量			
人工	000203000	综合二类工	工日	1.291	1.348	1.568	1.786
材料	022303001	石墨块	kg	0.620	0.620	0.620	0.630
	022703003	白布	kg	0.100	0.100	0.100	0.200
	031303010	铜氩弧焊丝	kg	0.750	0.935	1.170	1.400
	031102005	铁砂布 0#～2#	张	0.400	0.400	0.400	0.500
	142911001	氩气	m^3	2.100	2.618	3.276	3.920
	340101003	铈钨棒	g	4.200	5.236	6.552	7.840
	142123001	电力复合脂	kg	0.100	0.120	0.130	0.150
	340101001	电极棒	根	0.200	0.200	0.200	0.600
	850103006	其他材料费（占材料费）	%	1.800	1.800	1.800	1.800
机械	990732030	剪板机 20×2000mm	台班	0.252	0.318	0.393	0.468
	990912010	氩弧焊机 500A	台班	0.150	0.187	0.234	0.280

4. 重型母线导板制作与安装

工作内容：加工制作、焊接、组装、安装等。 **计量单位：**束

编号				4-3-95	4-3-96	4-3-97	4-3-98
项目				铜导板		铝导板	
				阳极	阴极	阳极	阴极
名称			单位	消耗量			
人工	000203000	综合二类工	工日	0.500	0.609	0.822	0.899
材料	022303001	石墨块	kg	2.470	1.660	1.930	1.430
	022703003	白布	kg	0.200	0.200	0.100	0.100
	031303010	铜氩弧焊丝	kg	1.310	1.215	—	—
	142911001	氩气	m^3	3.668	3.402	3.136	2.307
	340101003	铈钨棒	g	7.336	6.804	6.272	4.614
	031102005	铁砂布 0#～2#	张	0.500	0.500	0.500	0.500
	340101001	电极棒	根	0.450	0.250	0.600	0.500
	031303015	铝焊丝 丝301（综合）	kg	—	—	1.120	0.824
	850103006	其他材料费（占材料费）	%	1.800	1.800	1.800	1.800
机械	990732030	剪板机 20×2000mm	台班	0.019	0.028	0.075	0.075
	990912010	氩弧焊机 500A	台班	0.262	0.243	0.280	0.206
	990778010	万能母线煨弯机	台班	—	0.131	—	0.131

5. 重型铝母线接触面加工

工作内容：接触面清洁、光洁度处理等。 **计量单位：**片/单相

编号				4-3-99	4-3-100	4-3-101
项目				加工面积（mm^2）		
				≤170×160	≤350×35	≤350×40
名称			单位	消耗量		
人工	000203000	综合二类工	工日	0.355	0.525	0.663
材料	092705004	碎布	kg	0.060	0.100	0.100
	140303001	机油（综合）	kg	0.200	0.400	0.400
	143505005	洗涤剂	kg	0.030	0.050	0.050
	850103006	其他材料费（占材料费）	%	1.800	1.800	1.800
机械	990723010	牛头刨床 650mm	台班	0.280	0.280	0.280

工作内容：接触面清洁、光洁度处理等。　　**计量单位**：片/单相

编　号				4-3-102	4-3-103	4-3-104
项　目				加工面积（mm^2）		
				≤ 400 × 40	≤ 350 × 140	≤ 550 × 180
名　称			单位	消　耗　量		
人工	000203000	综合二类工	工日	0.559	0.752	1.360
材料	092705004	碎布	kg	0.100	0.100	0.140
	140303001	机油（综合）	kg	0.400	0.400	0.500
	143505005	洗涤剂	kg	0.050	0.050	0.070
	850103006	其他材料费（占材料费）	%	1.800	1.800	1.800
机械	990723010	牛头刨床 650mm	台班	0.280	—	—
	990725020	卧式铣床 400 × 1600mm	台班	—	0.467	0.673

十、母线绝缘热缩安装

工作内容：清除母线毛刺、尖角、清洁母线、切割热缩管、母线套入、加热套管；热缩盒安装固定等。

计量单位：见表

编　号				4-3-105	4-3-106	4-3-107
项　目				截面（mm^2）		绝缘热缩盒
				≤ 800	≤ 1400	
单　位				m		个
名　称			单位	消　耗　量		
人工	000203000	综合二类工	工日	0.072	0.093	0.052
材料	182907001	热缩管（综合）	m	（1.030）	（1.030）	—
	182907006	热缩套（包）管	套	—	—	（1.030）
	092705004	碎布	kg	0.300	0.400	0.250
	143303001	酒精	kg	0.240	0.450	0.200
	020323003	自粘性橡胶带 25mm × 20m	卷	0.500	0.700	0.300
	850103006	其他材料费（占材料费）	%	1.800	1.800	1.800

第四章

配电控制、保护、直流装置安装工程

说　明

一、本章内容包括控制与保护屏、控制台、控制箱、端子箱、端子板及端子板外部接线、接线端子等内容。

二、相关说明：

1. 控制设备安装项目包括屏、柜、台、箱设备本体及其辅助设备安装，即标签框、光字牌、信号灯、附加电阻、连接片等。项目不包括支架制作与安装、二次喷漆及喷字、设备干燥、焊（压）接线端子、端子板外部二次接线、基础槽（角）钢制作与安装、设备上开孔。

2. 接线端子定额只适用于导线，电力电缆终端头制作安装项目中包括压接线端子，控制电缆终端头制作安装项目中包括终端头制作及接线至端子板，不得重复计算。

工程量计算规则

一、控制设备安装，根据设备性能和规格，按照设计图示数量，分别以“台”为计量单位。

二、端子板外部接线，根据设备外部接线图，按照设计图示接线数量，分别以“个”为计量单位。

三、保护装置、自动装置调试，应区分保护项目，按照设计图示数量，分别以“套”为计量单位。

一、控制、保护屏安装

工作内容：开箱、检查、安装、电器、表计及继电器等附件的拆装、送交试验、盘内整理及一次校线、接线、补漆、接地等。　　计量单位：台

编　号				4-4-1	4-4-2
项　目				控制屏	保护屏
名　称			单位	消　耗　量	
人工	000203000	综合二类工	工日	2.292	2.659
材料	011303001	镀锌扁钢（综合）	kg	1.500	1.500
材料	031301007	低碳钢焊条（综合）	kg	0.150	0.150
材料	130115006	酚醛调和漆	kg	0.100	0.100
材料	142123001	电力复合脂	kg	0.050	0.050
材料	172709003	塑料软管 *De*5	m	1.200	1.500
材料	172500036	异型塑料管 ϕ2.5～5	m	6.000	6.000
材料	271799001	电气绝缘胶带 18mm × 10m × 0.13mm	卷	0.050	0.050
材料	021301001	尼龙扎带（综合）	根	20.000	20.000
材料	203107002	钢垫板 δ1～2	kg	0.200	0.200
材料	850103006	其他材料费（占材料费）	%	1.800	1.800
机械	990304004	汽车式起重机 8t	台班	0.070	0.070
机械	990401015	载重汽车 4t	台班	0.120	0.120
机械	990904030	直流弧焊机 20kV · A	台班	0.030	0.030

二、控制台、控制箱安装

工作内容：开箱、检查、安装、各种电器、表计等附件的拆装，送交试验，盘内整理，一次接线、补漆、接地等。

计量单位：台

编号				4-4-3	4-4-4	4-4-5	4-4-6
项目				控制台（宽度 m）		集中控制台（宽度 m）	同期小屏控制箱
				≤1	≤2	≤4	
名称			单位	消耗量			
人工	000203000	综合二类工	工日	2.716	4.584	8.529	0.919
材料	011303001	镀锌扁钢（综合）	kg	3.000	4.500	6.000	1.000
	031301007	低碳钢焊条（综合）	kg	0.200	0.300	0.500	0.100
	130113005	酚醛磁漆	kg	0.030	0.050	0.100	0.010
	130115006	酚醛调和漆	kg	0.100	0.200	0.800	0.030
材料	172709003	塑料软管 *De*5	m	0.500	1.500	2.000	0.500
	172500036	异型塑料管 ϕ2.5～5	m	6.000	12.000	18.000	5.000
	021301001	尼龙扎带（综合）	根	20.000	40.000	60.000	10.000
	203107002	钢垫板 δ1～2	kg	0.300	0.600	1.200	0.150
	850103006	其他材料费（占材料费）	%	1.800	1.800	1.800	1.800
机械	990304004	汽车式起重机 8t	台班	0.056	0.093	0.140	0.047
	990401015	载重汽车 4t	台班	0.056	0.093	0.186	0.047
	990904030	直流弧焊机 20kV · A	台班	0.040	0.060	0.100	0.020

三、端子箱、端子板安装及端子板外部接线

1. 端子箱、端子板

工作内容：开箱、检查、安装、表计拆装、试验、校线、套绝缘管、压焊端子、接线、补漆；送交试验等。

计量单位：见表

编号				4-4-7	4-4-8	4-4-9
项目				户外端子箱	户内端子箱	端子板
单位				台		组
名称			单位	消耗量		
人工	000203000	综合二类工	工日	1.248	1.049	0.038
材料	011303001	镀锌扁钢（综合）	kg	3.000	1.500	—
	012100002	角钢（综合）	kg	9.000	2.000	—
	022703003	白布	kg	0.200	0.200	0.100
	031301007	低碳钢焊条（综合）	kg	0.200	0.500	—
	031541003	钢锯条	条	0.500	1.000	—
	130115006	酚醛调和漆	kg	0.200	0.300	—
	280307006	铜芯橡皮花线 BXH2 × 16/0.15mm^2	m	2.000	1.500	—
	203107002	钢垫板 δ1～2	kg	0.300	—	—
	031102005	铁砂布 0#～2#	张	—	0.500	0.500
	130505002	防锈漆 C53-1	kg	—	0.150	—
	140103001	清油	kg	—	0.150	—
	030103010	半圆头螺钉 M10 × 100	10套	—	—	0.410
	850103006	其他材料费（占材料费）	%	1.800	1.800	1.800
机械	990904030	直流弧焊机 20kV·A	台班	0.040	0.100	—

2. 端子板外部接线

工作内容： 开箱、检查、安装、表计拆装、试验、校线、套绝缘管、压焊端子、接线、补漆；送交试验等。

计量单位： 个

编 号				4-4-10	4-4-11	4-4-12	4-4-13
项 目				无端子外部接线（mm²）		有端子外部接线（mm²）	
				≤2.5	≤6	≤2.5	≤6
名 称			单位	消 耗 量			
人工	000203000	综合二类工	工日	0.009	0.015	0.015	0.021
材料	022703003	白布	kg	0.010	0.010	0.015	0.015
	031102005	铁砂布 $0^{\#}\sim2^{\#}$	张	0.100	0.100	0.100	0.100
	172709004	塑料软管 *De*6	m	0.100	0.100	0.100	0.100
	172500036	异型塑料管 $\phi2.5\sim5$	m	0.025	0.025	0.025	0.025
	271707001	黄腊带 20mm×10m	卷	0.252	0.252	0.252	0.252
	031305003	焊锡膏	kg	—	—	0.001	0.001
	031303019	焊锡丝（综合）	kg	—	—	0.005	0.005
	140301003	汽油 92#	kg	—	—	0.010	0.020
	290901017	铜接线端子 DT-2.5mm²	个	—	—	1.015	—
	290901030	铜接线端子 DT-6mm²	个	—	—	—	1.015
	850103006	其他材料费（占材料费）	%	1.800	1.800	1.800	1.800

四、接 线 端 子

1. 焊铜接线端子

工作内容：削线头、焊接头、包缠绝缘带等。　　　　计量单位：个

编号				4-4-14	4-4-15	4-4-16	4-4-17
项目				导线截面（mm²）			
				≤16	≤35	≤70	≤120
名称			单位	消耗量			
人工	000203000	综合二类工	工日	0.016	0.020	0.029	0.037
材料	022703003	白布	kg	0.020	0.030	0.035	0.040
	031541003	钢锯条	条	0.015	0.020	0.025	0.030
	031305003	焊锡膏	kg	0.002	0.002	0.006	0.008
	031303019	焊锡丝（综合）	kg	0.015	0.025	0.060	0.080
	031102005	铁砂布 0#～2#	张	0.050	0.100	0.120	0.150
	140301003	汽油 92#	kg	0.040	0.060	0.080	0.100
	271799001	电气绝缘胶带 18mm×10m×0.13mm	卷	0.030	0.040	0.060	0.070
材料	271707001	黄腊带 20mm×10m	卷	0.030	0.040	0.050	0.060
	142123001	电力复合脂	kg	0.001	0.002	0.003	0.004
	290901019	铜接线端子 DT-10mm²	个	0.508	—	—	—
	290901022	铜接线端子 DT-16mm²	个	0.508	—	—	—
	290901025	铜接线端子 DT-25mm²	个	—	0.508	—	—
	290901027	铜接线端子 DT-35mm²	个	—	0.508	—	—
	290901029	铜接线端子 DT-50mm²	个	—	—	0.508	—
	290901031	铜接线端子 DT-70mm²	个	—	—	0.508	—
	290901032	铜接线端子 DT-95mm²	个	—	—	—	0.508
	290901020	铜接线端子 DT-120mm²	个	—	—	—	0.508
	850103006	其他材料费（占材料费）	%	1.800	1.800	1.800	1.800

工作内容：削线头、焊接头、包缠绝缘带等。 计量单位：个

编号				4-4-18	4-4-19	4-4-20	4-4-21
项目				导线截面（mm²）			
				≤185	≤240	≤300	≤400
名称			单位	消耗量			
人工	000203000	综合二类工	工日	0.042	0.053	0.070	0.088
材料	022703003	白布	kg	0.045	0.050	0.055	0.060
	031541003	钢锯条	条	0.032	0.035	0.040	0.045
	031305003	焊锡膏	kg	0.010	0.012	0.018	0.020
	031303019	焊锡丝（综合）	kg	0.100	0.120	0.160	0.200
	031102005	铁砂布 0#～2#	张	0.180	0.200	0.220	0.250
	140301003	汽油 92#	kg	0.120	0.140	0.160	0.180
	271799001	电气绝缘胶带 18mm×10m×0.13mm	卷	0.900	0.100	0.120	0.130
	271707001	黄腊带 20mm×10m	卷	0.080	0.100	0.150	0.170
	142123001	电力复合脂	kg	0.005	0.006	0.008	0.009
	290901021	铜接线端子 DT-150mm²	个	0.508	—	—	—
	290901023	铜接线端子 DT-185mm²	个	0.508	—	—	—
	290901024	铜接线端子 DT-240mm²	个	—	1.016	—	—
	290901026	铜接线端子 DT-300mm²	个	—	—	1.016	—
	290901028	铜接线端子 DT-400mm²	个	—	—	—	1.016
	850103006	其他材料费（占材料费）	%	1.800	1.800	1.800	1.800

2. 压铜接线端子

工作内容：削线头、套绝缘管、压接头、包缠绝缘带等。 计量单位：个

编号				4-4-22	4-4-23	4-4-24	4-4-25
项目				导线截面（mm²）			
				≤16	≤35	≤70	≤120
名称			单位	消耗量			
人工	000203000	综合二类工	工日	0.025	0.035	0.080	0.127
材料	022703003	白布	kg	0.020	0.030	0.035	0.040
	031541003	钢锯条	条	0.015	0.020	0.025	0.030
	031102005	铁砂布 0#～2#	张	0.080	0.100	0.130	0.150
	140301003	汽油 92#	kg	0.020	0.030	0.035	0.040
	271799001	电气绝缘胶带 18mm×10m×0.13mm	卷	0.030	0.040	0.060	0.070
	271707001	黄腊带 20mm×10m	卷	0.030	0.040	0.050	0.060
	142123001	电力复合脂	kg	0.002	0.003	0.005	0.007
	290901019	铜接线端子 DT-10mm²	个	0.508	—	—	—
	290901022	铜接线端子 DT-16mm²	个	0.508	—	—	—
	290901025	铜接线端子 DT-25mm²	个	—	0.508	—	—
	290901027	铜接线端子 DT-35mm²	个	—	0.508	—	—
	290901029	铜接线端子 DT-50mm²	个	—	—	0.508	—
	290901031	铜接线端子 DT-70mm²	个	—	—	0.508	—
	290901032	铜接线端子 DT-95mm²	个	—	—	—	0.508
	290901020	铜接线端子 DT-120mm²	个	—	—	—	0.508
	850103006	其他材料费（占材料费）	%	1.800	1.800	1.800	1.800

工作内容：削线头、套绝缘管、压接头、包缠绝缘带等。　　计量单位：个

编号				4-4-26	4-4-27	4-4-28	4-4-29
项目				导线截面（mm²）			
				≤185	≤240	≤300	≤400
名称			单位	消耗量			
人工	000203000	综合二类工	工日	0.148	0.170	0.191	0.212
材料	022703003	白布	kg	0.045	0.050	0.055	0.060
	031541003	钢锯条	条	0.032	0.035	0.040	0.045
	031102005	铁砂布 0#～2#	张	0.180	0.200	0.220	0.250
	140301003	汽油 92#	kg	0.045	0.050	0.060	0.065
	271799001	电气绝缘胶带 18mm×10m×0.13mm	卷	0.090	0.100	0.120	0.130
	271707001	黄腊带 20mm×10m	卷	0.080	0.100	0.150	0.170
	142123001	电力复合脂	kg	0.010	0.013	0.020	0.028
	290901021	铜接线端子 DT-150mm²	个	0.508	—	—	—
	290901023	铜接线端子 DT-185mm²	个	0.508	—	—	—
	290901024	铜接线端子 DT-240mm²	个	—	1.016	—	—
	290901026	铜接线端子 DT-300mm²	个	—	—	1.016	—
	290901028	铜接线端子 DT-400mm²	个	—	—	—	1.016
	031599012	接头专用枪子弹	发	—	—	1.015	1.015
	850103006	其他材料费（占材料费）	%	1.800	1.800	1.800	1.800

五、励磁、灭磁、切换屏安装

工作内容： 开箱、检查、安装、电器、表计及继电器等附件的拆装、送交试验、盘内整理及一次接线、补漆等。

计量单位：台

编号				4-4-30	4-4-31	4-4-32	4-4-33
项目				自动调节励磁屏	励磁灭磁屏	事故照明切换屏	屏边
名称			单位	消耗量			
人工	000203000	综合二类工	工日	2.490	3.099	1.741	0.084
材料	011303001	镀锌扁钢（综合）	kg	1.500	3.000	1.500	—
	031301007	低碳钢焊条（综合）	kg	0.150	0.150	0.150	—
	142123001	电力复合脂	kg	0.010	0.010	0.020	—
	271799001	电气绝缘胶带 18mm × 10m × 0.13mm	卷	0.050	0.050	0.050	—
	203107002	钢垫板 δ1～2	kg	0.200	0.300	0.300	—
	031507011	镀锌铁丝 ϕ1.2～1.6	kg	0.020	0.020	—	—
	021915002	尼龙绳 ϕ0.5～1	kg	0.030	0.010	—	—
	031599026	明角片	m^2	0.010	0.010	—	—
	130113005	酚醛磁漆	kg	0.010	0.010	0.020	—
	172500036	异型塑料管 ϕ2.5～5	m	0.800	0.200	—	—
	250107001	电珠 2.5V	个	0.200	0.200	—	—
	340517001	道林纸	张	0.100	0.100	—	—
	340115001	电池	节	0.500	0.500	—	—
	341304003	标志牌 塑料扁形	个	1.000	1.000	—	—
	031541003	钢锯条	条	—	1.000	—	—
	031102005	铁砂布 0#～2#	张	—	0.500	1.000	—
	140303001	机油（综合）	kg	—	0.050	—	—
	022703003	白布	kg	—	—	0.100	—
	130115006	酚醛调和漆	kg	—	—	0.050	0.200
	172709003	塑料软管 *De*5	m	—	—	0.500	—
	850103006	其他材料费（占材料费）	%	1.800	1.800	1.800	1.800
机械	990304004	汽车式起重机 8t	台班	0.037	0.037	0.056	—
	990401015	载重汽车 4t	台班	0.037	0.037	0.056	—
	990904030	直流弧焊机 20kV · A	台班	0.030	0.030	0.030	—

六、单 体 调 试

1. 保护装置调试

工作内容： 1. 自动装置及各附属单元调试。
2. 盘内查线。
3. 定值整定。
4. 功能校验等。

计量单位：套

编号				4-4-34	4-4-35	4-4-36	4-4-37	4-4-38
项目				发电机保护	变压器保护	母线保护		小电流接地保护
						400V	10kV	
	名称		单位	消耗量				
人工	000203000	综合二类工	工日	11.600	6.301	0.200	2.370	18.400
材料	031305002	焊锡	kg	0.070	0.081	0.068	0.086	0.090
	142127001	松香	kg	0.080	0.081	0.068	0.086	0.090
	144303006	绝缘胶带 20mm×20m	卷	0.700	0.810	0.855	0.855	0.828
	850103006	其他材料费（占材料费）	%	1.800	1.800	1.800	1.800	1.800
机械	870699206	变送器校验装置	台班	0.800	0.610	—	—	—
	871640025	多功能校验仪	台班	0.800	0.270	—	0.100	1.650
	870699076	微机继电保护测试仪	台班	4.200	0.890	0.100	1.360	1.080

2. 自动装置调试

工作内容： 1. 自动装置及各附属单元调试。
2. 盘内查线。
3. 定值整定。
4. 功能校验等。

计量单位：套

编号				4-4-39	4-4-40	4-4-41	4-4-42	4-4-43
项目				同期装置	变送器屏	励磁装置	ECMS测控装置	备自投装置
								400V
	名称		单位	消耗量				
人工	000203000	综合二类工	工日	26.000	16.000	25.501	11.301	0.901
材料	144303006	绝缘胶带 20mm×20m	卷	0.810	0.810	0.810	0.810	0.810
	142127001	松香	kg	0.081	0.081	0.081	0.081	0.081
	031305002	焊锡	kg	0.081	0.081	0.081	0.081	0.081
	850103006	其他材料费（占材料费）	%	1.800	1.800	1.800	1.800	1.800
机械	870699076	微机继电保护测试仪	台班	5.400	3.900	5.400	2.600	0.231
	871640025	多功能校验仪	台班	4.620	3.450	4.620	2.300	—
	873110003	标准信号发生器	台班	5.130	—	—	—	—

工作内容： 1. 自动装置及各附属单元调试。
2. 盘内查线。
3. 定值整定。
4. 功能校验等。

计量单位：套

编号				4-4-44	4-4-45	4-4-46	4-4-47	4-4-48
项目				备自投装置		变频装置		故障录波装置
				10kV（慢切）	10kV（快切）	400V	10kV	
名称			单位	消耗量				
人工	000203000	综合二类工	工日	10.530	18.000	2.460	6.720	16.200
材料	144303006	绝缘胶带 20mm×20m	卷	0.810	0.810	0.810	0.810	0.810
	142127001	松香	kg	0.081	0.081	0.081	0.081	0.081
	031305002	焊锡	kg	0.081	0.081	0.081	0.081	0.081
	850103006	其他材料费（占材料费）	%	1.800	1.800	1.800	1.800	1.800
机械	870699076	微机继电保护测试仪	台班	1.500	2.980	—	—	2.890
	871640025	多功能校验仪	台班	—	—	—	—	3.240

七、补充项目

1. 电机干燥

工作内容： 接电源及干燥前的准备，安装加热装置及保温设施，加热干燥及值班，检查绝缘情况，拆除清理。

计量单位：台

编号				4-4-49	4-4-50	4-4-51	4-4-52	4-4-53
项目				小型电机干燥				
				功率（kW）				
				≤3	≤13	≤30	≤100	≤220
名称			单位	消耗量				
人工	000203000	综合二类工	工日	1.764	2.863	3.755	5.846	7.056
材料	341103001	电	kW·h	48.000	94.000	185.000	324.000	600.000
	271701001	黑胶布 20mm×20m	卷	0.160	0.280	0.400	0.500	0.600
	250101004	红外线灯泡 220V 1000W	个	0.240	0.420	0.600	0.800	1.000
	150111001	石棉布 δ2.5	m²	0.160	0.280	0.400	0.500	0.600
	280307003	铝芯橡皮绝缘电线 BLX-16mm²	m	—	—	20.000	22.000	24.000
	280307008	铜芯橡皮绝缘电线 BX-2.5mm²	m	8.000	—	—	—	—
	280307011	橡皮绝缘线 BX-6mm²	m	—	14.000	—	—	—
	850103006	其他材料费（占材料费）	%	2.000	2.000	2.000	2.000	2.000

工作内容：接电源及干燥前的准备，安装加热装置及保温设施，加热干燥及值班，检查绝缘情况，拆除清理。

计量单位：台

编　号				4-4-54	4-4-55	4-4-56	4-4-57	4-4-58
项　目				中型电机干燥				大型电机干燥
				重量（t/台以下）				平均每 t
				≤ 5	≤ 10	≤ 20	≤ 30	
名　称			单位	消　耗　量				
人工	000203000	综合二类工	工日	7.761	11.340	16.178	24.293	0.716
材料	341103001	电	kW · h	982.000	2340.000	4500.000	6900.000	220.000
	271701001	黑胶布 20mm × 20m	卷	0.650	0.760	0.950	1.200	0.040
	150111001	石棉布 δ2.5	m^2	0.400	0.500	0.600	0.700	0.020
	092705001	破布	kg	0.400	0.500	0.700	1.000	0.030
	280303001	铜芯绝缘导线 BVR-25mm^2	m	24.000	—	—	—	—
	022702002	白纱布带 20mm × 20m	卷	0.300	0.500	0.600	0.800	0.020
	280317010	铜芯塑料绝缘软电线 BVR-35mm^2	m	—	28.000	32.000	36.000	—
	280303002	铜芯绝缘导线 BVR-70mm^2	m	—	—	—	—	1.200
	850103006	其他材料费（占材料费）	%	2.000	2.000	2.000	2.000	2.000

第五章

交直流电源安装工程

说　明

一、本章内容包括蓄电池防振支架、免维护蓄电池安装、蓄电池组充放电、高频开关电源、电池屏、UPS、太阳能电池安装等内容。

二、相关说明：

1. 本章项目适用电压等级小于或等于 220V 各种容量的固定型蓄电池安装。项目不包括蓄电池抽头连接用电缆及电缆保护管的安装，工程实际发生时，执行相应项目。

2. 蓄电池防振支架安装定额是按照地坪打孔、膨胀螺栓固定编制，工程实际采用其他形式安装时，执行项目时不做调整。

3. 蓄电池防振支架、电极连接条、紧固螺栓、绝缘垫按照设备供货编制。

4. 蓄电池充放电项目包括充电消耗的电量，不分电池类型均按照其电压和容量执行相应项目。

5. 电池屏、直流馈电屏安装不单独计算单体调试，其费用综合在分系统调试中。

6. UPS 不间断电源安装项目分单相（单相输入/单相输出）、三相（三相输入/三相输出），三相输入单相输出设备安装执行三相项目。EPS 应急电源安装根据容量执行相应的 UPS 安装项目。

7. 太阳能电池安装项目不包括小区路灯柱安装、太阳能电池板钢架混凝土地面与混凝土基础及地基处理、太阳能电池板钢架支柱与支架、防雷接地。

工程量计算规则

一、蓄电池防振支架安装，根据设计布置形式，按照设计图示安装成品长度，分别以“m”为计量单位。

二、免维护蓄电池安装，根据电压等级及蓄电池容量，按照设计图示数量，分别以“组件”为计量单位。

三、蓄电池充放电，根据蓄电池容量，按照设计图示数量，分别以“组”为计量单位。

四、高频开关电源安装，根据设备电流容量，按照设计图示数量，分别以“台”为计量单位。

五、UPS 安装，根据单台设备容量及输入与输出相数，按照设计图示数量，分别以“台”为计量单位。

六、太阳能电池板钢架安装，根据安装的位置，按实际安装太阳能电池板和预留安装太阳能电池板面积之和计算，分别以“m^2”为计量单位。不计算设备支架、不同高度与不同斜面太阳能电池板支撑架的面积；设备支架按照设计图示重量，分别以“t”为计量单位，执行本册第七章金属构件相应项目。

七、小区路灯柱上安装太阳能电池，根据路灯柱高度，分别以“块”为计量单位。

八、太阳能电池组装与安装，根据设计布局，分别以“组”为计量单位；功率小于 500Wp 按照 500Wp 计算，功率小于或等于 1500Wp 按照每组电池输出功率计算，功率大于 1500Wp 时每增加 500Wp 计算一组增加工程量。

九、太阳能电池与控制屏联测，根据设计布置，按照设计图示安装单方阵数量，分别以“组”为计量单位。

十、光伏逆变器安装，根据额定交流输出功率，按照设计图示数量，分别以“台”为计量单位。功率大于 1000kW 光伏逆变器根据组合安装方式，分解成若干台设备计算工程量。

十一、太阳能控制器安装，根据额定系统电压，按照设计图示数量，分别以“台”为计量单位。当控制器与逆变器组合为复合电气逆变器时，控制器不单独计算安装工程量。

一、蓄电池防震支架安装

工作内容：打眼、固定、组装、焊接、刷漆等。　　**计量单位**：m

编　号				4-5-1	4-5-2	4-5-3	4-5-4
项　目				单层支架		双层支架	
				单排	双排	单排	双排
名　称			单位	消　耗　量			
人工	000203000	综合二类工	工日	0.268	0.446	0.688	1.193
材料	031301007	低碳钢焊条（综合）	kg	0.110	0.220	0.265	0.539
	130523001	耐酸漆	kg	0.250	0.300	0.400	0.600
	140509006	油漆溶剂油	kg	0.060	0.120	0.180	0.200
	850103006	其他材料费（占材料费）	%	1.800	1.800	1.800	1.800
机械	990904030	直流弧焊机 20kV·A	台班	0.022	0.044	0.053	0.178

二、免维护蓄电池安装

工作内容：搬运、开箱、检查、支架固定、蓄电池就位、整理检查、连接与接线、护罩安装、标志标号等。　　**计量单位**：组件

编　号				4-5-5	4-5-6	4-5-7	4-5-8	4-5-9
项　目				蓄电池电压/容量［(V/(A·h)］				
				12/100	12/200	12/290	12/500	12/570
名　称			单位	消　耗　量				
人工	000203000	综合二类工	工日	0.199	0.221	0.258	0.323	0.391
材料	021303002	三色塑料带 20mm×40m	m	0.128	0.137	0.155	0.137	0.202
	022703003	白布	kg	0.035	0.038	0.040	0.050	0.055
	212909003	肥皂水	kg	0.233	0.250	0.280	0.375	0.367
	031541003	钢锯条	条	0.350	0.375	0.415	0.500	0.550
	142123001	电力复合脂	kg	0.012	0.013	0.015	0.025	0.018
	850103006	其他材料费（占材料费）	%	1.800	1.800	1.800	1.800	1.800
机械	990304004	汽车式起重机 8t	台班	0.005	0.005	0.009	0.009	0.010
	990401020	载重汽车 5t	台班	0.005	0.005	0.009	0.009	0.010

工作内容：搬运、开箱、检查、支架固定、蓄电池就位、整理检查、连接与接线、护罩安装、标志标号等。

计量单位：组件

编号				4-5-10	4-5-11	4-5-12	4-5-13
项目				蓄电池电压/容量［(V/(A·h)］			
				2/390	2/820	2/980	2/1070
	名称		单位	消耗量			
人工	000203000	综合二类工	工日	0.098	0.157	0.163	0.176
材料	021303002	三色塑料带 20mm×40m	m	0.018	0.018	0.018	0.183
	022703003	白布	kg	0.005	0.007	0.007	0.007
	212909003	肥皂水	kg	0.033	0.050	0.050	0.050
	031541003	钢锯条	条	0.050	0.067	0.067	0.067
	142123001	电力复合脂	kg	0.002	0.003	0.003	0.003
	850103006	其他材料费（占材料费）	%	1.800	1.800	1.800	1.800
机械	990304004	汽车式起重机 8t	台班	0.005	0.009	0.009	0.009
	990401020	载重汽车 5t	台班	0.005	0.009	0.009	0.009

三、蓄电池组充放电

工作内容：直流回路检查、放电设施准备、初充电、放电、再充电、测量、记录技术数据等。**计量单位**：组

编号				4-5-14	4-5-15	4-5-16	4-5-17
项目				220V 以下蓄电池容量（A·h）			
				≤400	≤800	≤1200	≤2000
	名称		单位	消耗量			
人工	000203000	综合二类工	工日	3.404	3.404	3.404	3.404
材料	022703003	白布	kg	4.500	4.500	4.500	4.500
	143173001	碳酸氢钠	kg	3.000	3.000	3.000	3.000
	271799001	电气绝缘胶带 18mm×10m×0.13mm	卷	0.750	0.750	0.750	0.750
	341103001	电	kW·h	1022.000	2044.000	3066.000	5111.000
	850103006	其他材料费（占材料费）	%	1.800	1.800	1.800	1.800
机械	873127017	蓄电池放电仪	台班	1.000	1.000	1.000	1.000
	873127025	蓄电池特性容量检测仪	台班	1.500	3.000	4.500	8.000

四、高频开关电源安装

工作内容：开箱检查、清洁搬运、划线定位、安装固定、调整垂直与水平、安装附件，绝缘测试、通电前检查、单机主要电气性能调试等。

计量单位：台

编　　号				4-5-18	4-5-19	4-5-20
项　　目				电流（A）		
				≤ 50	≤ 100	≤ 200
名　　称			单位	消　耗　量		
人工	000203000	综合二类工	工日	2.391	3.814	5.559
材料	092705004	碎布	kg	0.200	0.200	0.200
	280109006	硬铜绞线 TJ-35mm²	m	5.000	5.000	5.000
	290901012	铜接线端子 100A	个	4.000	4.000	4.000
	850103006	其他材料费（占材料费）	%	1.800	1.800	1.800
机械	870622064	高压绝缘电阻测试仪	台班	0.935	0.935	0.935

五、电池屏、馈电屏安装

工作内容：开箱、检查、安装、电器、表计及继电器等附件的拆装、送交试验、盘内整理及一次接线、补漆、接地等。

计量单位：台

编　　号				4-5-21	4-5-22
项　　目				蓄电池屏（柜）	直流馈电屏
名　　称			单位	消　耗　量	
人工	000203000	综合二类工	工日	3.752	2.032
材料	011303001	镀锌扁钢（综合）	kg	1.500	1.500
	031301007	低碳钢焊条（综合）	kg	0.150	0.150
	142123001	电力复合脂	kg	0.050	0.050
	271799001	电气绝缘胶带 18mm × 10m × 0.13mm	卷	0.050	0.050
	203107002	钢垫板 δ1～2	kg	0.300	0.200
	031541003	钢锯条	条	1.800	1.200
	031102005	铁砂布 0#～2#	张	1.000	1.000
	140301003	汽油 92#	kg	0.100	0.050
	031507011	镀锌铁丝 ϕ1.2～1.6	kg	0.020	0.020

续前

编号				4-5-21	4-5-22
项目				蓄电池屏（柜）	直流馈电屏
名称			单位	消耗量	
材料	021915002	尼龙绳 ϕ0.5～1	kg	0.010	—
	130113005	酚醛磁漆	kg	0.010	0.020
	172500036	异型塑料管 ϕ2.5～5	m	0.200	—
	341304003	标志牌 塑料扁形	个	1.000	—
	031599026	明角片	m^2	—	0.020
	140303001	机油（综合）	kg	—	0.050
	143337001	天那水	kg	—	0.020
	250107001	电珠 2.5V	个	—	0.100
	340517001	道林纸	张	—	0.020
	340115001	电池	节	—	0.200
	850103006	其他材料费（占材料费）	%	1.800	1.800
机械	990304004	汽车式起重机 8t	台班	0.037	0.037
	990401015	载重汽车 4t	台班	0.037	0.037
	990904030	直流弧焊机 20kV·A	台班	0.030	0.030

六、UPS 安装

工作内容：开箱、检查、安装底座、接线、接地、动作试验等。 **计量单位：**台

编号				4-5-23	4-5-24	4-5-25	4-5-26
项目				单相不间断电源（kV·A）	三相不间断电源（kV·A）		
				≤ 30	≤ 100	≤ 500	> 500
名称			单位	消耗量			
人工	000203000	综合二类工	工日	2.582	4.985	6.153	8.616
材料	172529001	热塑管	m	0.310	0.440	0.572	0.870
	280109006	硬铜绞线 TJ-35mm²	m	1.950	3.550	5.550	8.750
	290901012	铜接线端子 100A	个	3.300	6.600	8.580	12.700
	850103006	其他材料费（占材料费）	%	1.800	1.800	1.800	1.800
机械	990401020	载重汽车 5t	台班	0.040	0.040	0.050	0.100
	990305020	叉式起重机 5t	台班	—	0.040	0.050	0.100

七、太阳能电池安装

1. 太阳能电池板钢架

工作内容：开箱检查、清洁搬运、起吊安装组件，调整方位和俯视角，测试，记录，钢架简易基础砌筑、钢架固定等。

计量单位：m^2

编　号				4-5-27	4-5-28	4-5-29
项　目				钢架安装		
				在地面上	在墙面、屋面上	在支架、支柱上
名　称			单位	消　耗　量		
人工	000203000	综合二类工	工日	0.271	0.541	0.434
材料	022703003	白布	kg	0.030	0.030	0.040
	031301007	低碳钢焊条（综合）	kg	0.320	0.320	0.410
	031541003	钢锯条	条	0.210	0.210	0.180
	040100001	水泥（综合）	kg	0.505	0.505	—
	040300003	砂子	m^3	0.001	0.001	—
	041301002	标准砖 240×115×53	块	4.200	2.100	—
	130115001	调和漆	kg	0.060	0.050	0.060
	130505001	防锈漆	kg	0.090	0.080	0.090
	140509006	油漆溶剂油	kg	0.030	0.030	0.040
	341101001	水	m^3	0.001	0.001	—
	850103006	其他材料费（占材料费）	%	1.800	1.800	1.800
机械	990503020	电动单筒慢速卷扬机 30kN	台班	0.100	0.200	—
	990904030	直流弧焊机 20kV·A	台班	0.064	0.064	0.082
	990513020	汽车式高空作业车 21m	台班	—	—	0.105

2. 太阳能电池板

计量单位：块

编　号				4-5-30	4-5-31	4-5-32
项　目				路灯柱上安装		
				柱高 ≤ 5m	柱高 ≤ 12m	柱高 ≤ 20m
名　称			单位	消　耗　量		
人工	000203000	综合二类工	工日	0.152	0.227	0.303
材料	022703003	白布	kg	0.500	0.500	0.500
	271799001	电气绝缘胶带 18mm×10m×0.13mm	卷	0.200	0.200	0.200
	280307008	铜芯橡皮绝缘电线 BX-2.5mm^2	m	0.220	0.220	0.220
	850103006	其他材料费（占材料费）	%	1.800	1.800	1.800
机械	990513020	汽车式高空作业车 21m	台班	0.047	0.056	0.075
	870613023	手持式万用表	台班	0.060	0.060	0.060

3. 太阳能电池组装、安装

计量单位：组

编号				4-5-33	4-5-34	4-5-35	4-5-36
项目				组装、安装（Wp）			
				500	1000	1500	1500 以上每增加 500
名称			单位	消耗量			
人工	000203000	综合二类工	工日	2.708	3.169	4.022	1.219
材料	022703003	白布	kg	0.200	0.400	0.600	0.200
	271799001	电气绝缘胶带 18mm × 10m × 0.13mm	卷	0.200	0.200	0.250	0.100
	280307008	铜芯橡皮绝缘电线 BX-2.5mm²	m	0.220	0.300	0.400	0.200
	850103006	其他材料费（占材料费）	%	1.800	1.800	1.800	1.800
机械	990513020	汽车式高空作业车 21m	台班	0.040	0.040	0.050	0.030
	870613023	手持式万用表	台班	0.050	0.050	0.060	0.040
	870622064	高压绝缘电阻测试仪	台班	0.100	0.100	0.150	0.100

4. 太阳能电池与控制屏联测

计量单位：方阵组

编号				4-5-37
项目				太阳能电池与控制屏联测
名称			单位	消耗量
人工	000203000	综合二类工	工日	1.354
材料	022703003	白布	kg	0.100
	271799001	电气绝缘胶带 18mm × 10m × 0.13mm	卷	0.100
	280307008	铜芯橡皮绝缘电线 BX-2.5mm²	m	0.500
	850103006	其他材料费（占材料费）	%	1.800
机械	870199011	笔记本电脑	台班	0.500
	870699076	微机继电保护测试仪	台班	0.300
	990513020	汽车式高空作业车 21m	台班	0.050
	870613023	手持式万用表	台班	0.080
	870622064	高压绝缘电阻测试仪	台班	0.500

5. 光伏逆变器

工作内容：开箱检查、清洁搬运，安装底座，设备安装，接地，单体调试等。 **计量单位：**台

编号				4-5-38	4-5-39	4-5-40	4-5-41	4-5-42
项目				额定交流输出功率（kW）				
				功率 ≤ 10	功率 ≤ 100	功率 ≤ 250	功率 ≤ 500	功率 ≤ 1000
名称			单位	消耗量				
人工	000203000	综合二类工	工日	3.438	4.994	8.801	10.996	18.994
材料	012300001	型钢（综合）	kg	24.700	28.600	34.100	42.900	74.100
	011303001	镀锌扁钢（综合）	kg	3.040	3.520	5.500	11.000	19.000
	031541003	钢锯条	条	0.950	1.100	2.200	2.200	3.800
	031301007	低碳钢焊条（综合）	kg	0.285	0.330	1.430	2.200	3.800
	031305003	焊锡膏	kg	0.019	0.044	0.088	0.110	0.190
	031303019	焊锡丝（综合）	kg	0.095	0.220	0.440	0.550	0.950
	031102005	铁砂布 0#～2#	张	0.950	2.200	4.400	6.600	11.400
	130115006	酚醛调和漆	kg	0.190	0.220	0.330	0.550	0.950
	130505002	防锈漆 C53-1	kg	0.190	0.220	0.330	0.550	0.950
	140301003	汽油 92#	kg	0.190	0.220	0.550	0.550	0.950
	140303001	机油（综合）	kg	0.095	0.110	0.110	0.110	0.190
	142123001	电力复合脂	kg	0.048	0.088	0.132	0.165	0.285
	170100008	钢管 *D*32	kg	4.560	5.280	6.930	6.930	11.970
	203107002	钢垫板 δ1～2	kg	0.950	1.100	4.400	4.730	8.170
	554301002	交流变压器	台	（0.240）	（0.278）	（0.278）	（0.278）	（0.479）
	850103006	其他材料费（占材料费）	%	1.800	1.800	1.800	1.800	1.800
机械	990904030	直流弧焊机 20kV · A	台班	0.057	0.066	0.286	0.440	0.760
	870622064	高压绝缘电阻测试仪	台班	0.479	0.555	0.555	0.555	0.959
	870699096	高压试验变压器配套操作箱、调压器	台班	0.240	0.278	0.278	0.278	0.479
	870699164	TPFRC 电容分压器交直流高压测量系统	台班	0.240	0.278	0.278	0.278	0.479
	990304004	汽车式起重机 8t	台班	—	—	0.062	0.103	0.178
	990401020	载重汽车 5t	台班	—	—	0.062	0.103	0.178

6. 太阳能控制器

工作内容： 开箱检查、清洁搬运，设备安装，测试，记录，接地，单体调试等。 **计量单位：** 台

编号				4-5-43	4-5-44
项目				电压等级（V）	
				≤96	≤110
		名称	单位	消耗量	
人工	000203000	综合二类工	工日	0.500	0.732
材料	011303001	镀锌扁钢（综合）	kg	1.650	2.420
	031541003	钢锯条	条	0.375	0.550
	031301007	低碳钢焊条（综合）	kg	0.113	0.165
	031305003	焊锡膏	kg	0.023	0.033
	031303019	焊锡丝（综合）	kg	0.113	0.165
	031102005	铁砂布 $0^{\#}$～$2^{\#}$	张	0.150	0.220
	130115006	酚醛调和漆	kg	0.075	0.110
	130505002	防锈漆 C53-1	kg	0.075	0.110
	140301003	汽油 92#	kg	0.038	0.055
	142123001	电力复合脂	kg	0.045	0.066
	203107002	钢垫板 δ1～2	kg	0.225	0.330
	554301002	交流变压器	台	（0.114）	（0.167）
	850103006	其他材料费（占材料费）	%	1.800	1.800
机械	990904030	直流弧焊机 20kV·A	台班	0.023	0.033
	870622064	高压绝缘电阻测试仪	台班	0.227	0.333
	870699096	高压试验变压器配套操作箱、调压器	台班	0.114	0.167
	870699164	TPFRC 电容分压器交直流高压测量系统	台班	0.114	0.167

第六章

发电机、电动机检查接线工程

说　明

一、本章内容包括发电机、直流发电机检查接线及直流电动机、交流电动机、大（中）型电动机、微型电动机、变频机组、电磁调速电动机检查接线及空负荷试运转等内容。

二、相关说明：

1. 发电机检查接线项目包括发电机干燥。电动机检查接线项目不包括电动机干燥，工程实际发生时，执行本册相应项目。

2. 电机空转电源是按照施工电源编制的，项目中包括空转所消耗的电量及6000V电机空转所需的电压转换设施费用。空转时间按照安装规范综合考虑，工程实际施工与项目不同时不做调整。当工程采用永久电源进行空转时，应根据项目中的电量进行费用调整。

3. 电动机根据重量分为大型、中型、小型。单台重量小于或等于3t电动机为小型电动机，单台重量大于3t且小于或等于30t电动机为中型电动机，单台重量大于30t电动机为大型电动机。小型电动机安装按照电动机类别和功率大小执行相应项目；大、中型电动机安装不分交、直流电动机，按照电动机重量执行相应项目。

4. 微型电机包括驱动微型电机、控制微型电机、电源微型电机三类。驱动微型电机是指微型异步电机、微型同步电机、微型交流换向器电机、微型直流电机等；控制微型电机是指自整角机、旋转变压器、交直流测速发电机、交/直流伺服电动机、步进电动机、力矩电动机等；电源微型电机是指微型电动发电机组和单枢变流机等。

5. 功率小于或等于0.75kW电机检查接线均执行微型电机检查接线项目。设备出厂时电动机带出线的，不计算电动机检查接线费用（如：排风机、电风扇等）。

6. 电机检查接线项目不包括控制装置的安装和接线。

7. 电机接地材质是按照镀锌扁钢编制的，如采用铜接地时，可以调整接地材料费，但安装人工和机械不变。

8. 本章项目不包括发电机与电动机的安装。包括电动机空载试运转所消耗的电量，工程实际与项目不同时，不做调整。

9. 电动机控制箱安装执行本册第二章中“成套配电箱”相应项目。

工程量计算规则

一、发电机、电动机检查接线，根据设备容量，按照设计图示数量，分别以“台”为计量单位。单台电动机重量在30t以上时，按照重量计算检查接线工程量。

二、电动机检查接线项目中，每台电动机按照0.824m计算金属软管材料费。电机电源线为导线时，其接线端子应区分导线截面面积，分别以“个”计算工程量，执行本册第四章“配电控制、保护、直流装置安装工程”相应项目。

三、电机干燥应区分设备容量，按照设计图示数量，分别以“台”为计量单位。

一、发电机检查接线

工作内容： 检查定子、转子、研磨电刷和滑环、安装电刷、测量轴承绝缘、配合密封试验、接地、干燥、整修整流子及清理等。

计量单位：台

编号				4-6-1	4-6-2	4-6-3	4-6-4
项目				单机容量（kW）			
				≤6	≤15	≤25	≤35
名称			单位	消耗量			
人工	000203000	综合二类工	工日	27.540	30.881	33.385	36.492
材料	011303001	镀锌扁钢（综合）	kg	20.000	23.000	25.000	28.000
	340203005	聚四氟乙烯带	kg	0.500	0.600	0.700	0.800
	031301007	低碳钢焊条（综合）	kg	0.500	0.500	0.500	0.500
	031305003	焊锡膏	kg	0.100	0.120	0.140	0.160
	031303019	焊锡丝（综合）	kg	0.500	0.600	0.700	0.800
	130115006	酚醛调和漆	kg	0.500	0.500	1.200	1.200
	130105008	绝缘清漆	kg	0.500	0.500	1.200	1.200
	140301003	汽油 92#	kg	0.500	0.500	2.500	2.500
	142123001	电力复合脂	kg	0.450	0.500	0.600	0.750
	023503008	无石棉纸	kg	0.450	0.550	1.000	1.250
	271799001	电气绝缘胶带 18mm×10m×0.13mm	卷	1.000	1.250	1.500	1.750
	272501002	青壳纸 δ0.1～1.0	kg	0.500	0.600	0.800	1.000
	280301013	铜芯塑料绝缘电线 BV-120mm²	m	10.000	10.000	10.000	10.000
	022702002	白纱布带 20mm×20m	卷	0.900	1.000	1.000	1.100
	341103001	电	kW·h	1315.000	3310.000	5490.000	6271.000
	850103006	其他材料费（占材料费）	%	1.800	1.800	1.800	1.800
机械	990904030	直流弧焊机 20kV·A	台班	0.100	0.100	0.100	0.100
	991003020	电动空气压缩机 0.6m³/min	台班	0.467	0.467	0.467	0.467

二、直流发电机检查接线

计量单位：台

编号				4-6-5	4-6-6	4-6-7	4-6-8
项目				单机容量（kW）			
				≤3	≤13	≤30	≤55
名称			单位	消耗量			
人工	000203000	综合二类工	工日	1.392	1.916	2.240	2.710
材料	011303001	镀锌扁钢（综合）	kg	1.500	2.400	2.400	2.400
	031301007	低碳钢焊条（综合）	kg	0.100	0.100	0.100	0.100
	031305003	焊锡膏	kg	0.100	0.100	0.100	0.100
	031303019	焊锡丝（综合）	kg	0.202	0.202	0.202	0.202
	031102005	铁砂布 0#～2#	张	2.024	4.048	6.072	8.096
	022703002	白布	m	0.304	0.506	0.607	0.810
	140301003	汽油 92#	kg	0.202	0.304	0.405	0.405
	140303001	机油（综合）	kg	0.304	0.304	0.607	0.607
	250101004	红外线灯泡 220V 1000W	个	0.304	0.304	0.405	0.506
	271799001	电气绝缘胶带 18mm×10m×0.13mm	卷	2.126	2.631	2.834	3.340
	022702002	白纱布带 20mm×20m	卷	0.506	0.506	0.506	0.506
	341103001	电	kW·h	12.260	17.692	44.721	61.963
	850103006	其他材料费（占材料费）	%	1.800	1.800	1.800	1.800
机械	990904030	直流弧焊机 20kV·A	台班	0.020	0.020	0.020	0.020
	991003010	电动空气压缩机 0.3m³/min	台班	0.123	0.123	0.123	0.164
	870622064	高压绝缘电阻测试仪	台班	0.235	0.283	0.356	0.438
	870699088	交直流高压分压器（100kV）	台班	0.043	0.058	0.072	0.086

计量单位：台

编　　号				4-6-9	4-6-10	4-6-11
项　　目				单机容量（kW）		
				≤ 120	≤ 200	≤ 300
名　　称			单位	消　耗　量		
人工	000203000	综合二类工	工日	3.323	4.674	6.791
材料	011303001	镀锌扁钢（综合）	kg	2.400	2.400	2.400
	031301007	低碳钢焊条（综合）	kg	0.100	0.100	0.100
	031305003	焊锡膏	kg	0.100	0.100	0.100
	031303019	焊锡丝（综合）	kg	0.304	0.354	0.405
	031102005	铁砂布 0#～2#	张	8.096	10.120	10.120
	022703002	白布	m	1.012	1.012	1.012
	140301003	汽油 92#	kg	0.506	0.810	1.012
	140303001	机油（综合）	kg	1.012	1.518	1.720
	250101004	红外线灯泡 220V 1000W	个	0.607	0.708	0.810
	271799001	电气绝缘胶带 18mm × 10m × 0.13mm	卷	3.946	4.959	5.971
	022702002	白纱布带 20mm × 20m	卷	0.506	0.506	0.506
	341103001	电	kW · h	111.623	142.087	200.926
	850103006	其他材料费（占材料费）	%	1.800	1.800	1.800
机械	990904030	直流弧焊机 20kV · A	台班	0.020	0.020	0.020
	991003010	电动空气压缩机 $0.3m^3/min$	台班	0.164	0.411	0.411
	870622064	高压绝缘电阻测试仪	台班	0.525	0.608	0.822
	870699088	交直流高压分压器（100kV）	台班	0.113	0.152	0.206

三、直流电动机检查接线

工作内容：检查定子、转子和轴承、吹扫、调整和研磨电刷、金属软管安装、测量空气间隙、手动盘车检查电机转动情况、接地、空载试运转等。 **计量单位：台**

编号				4-6-12	4-6-13	4-6-14	4-6-15	4-6-16
项目				功率（kW）				
				≤ 3	≤ 13	≤ 30	≤ 100	≤ 200
名称			单位	消耗量				
人工	000203000	综合二类工	工日	0.720	1.377	2.152	3.437	4.524
材料	011303001	镀锌扁钢（综合）	kg	1.500	2.400	2.400	2.400	2.400
	031301007	低碳钢焊条（综合）	kg	0.100	0.100	0.100	0.100	0.100
	031305003	焊锡膏	kg	0.040	0.040	0.040	0.060	0.080
	031303019	焊锡丝（综合）	kg	0.200	0.200	0.200	0.300	0.400
	140301003	汽油 92#	kg	0.200	0.300	0.400	0.800	1.000
	142123001	电力复合脂	kg	0.020	0.030	0.040	0.060	0.080
	171900009	金属软管 *D*50	m	—	—	—	0.824	0.824
	290661010	金属软管活接头 *DN*50	套	—	—	—	2.040	2.040
	271799001	电气绝缘胶带 18mm × 10m × 0.13mm	卷	0.150	0.200	0.250	0.500	0.700
	271707001	黄腊带 20mm × 10m	卷	1.720	2.120	2.400	3.200	4.000
	341103001	电	kW · h	2.000	6.000	12.000	30.000	60.000
	171900007	金属软管 *D*25	m	0.824	0.824	—	—	—
	290661008	金属软管活接头 *DN*25	套	2.040	2.040	—	—	—
	171900008	金属软管 *D*40	m	—	—	0.824	—	—
	290661009	金属软管活接头 *DN*40	套	—	—	2.040	—	—
	850103006	其他材料费（占材料费）	%	1.800	1.800	1.800	1.800	1.800
机械	990904030	直流弧焊机 20kV · A	台班	0.020	0.020	0.020	0.020	0.020
	991003020	电动空气压缩机 0.6m³/min	台班	0.093	0.093	0.121	0.121	0.121

四、交流电动机检查接线

工作内容： 检查定子、转子和轴承、吹扫、测量空气间隙、调整和研磨电刷、手动盘车检查电机转动情况、接地、空载试运转等。　　**计量单位：** 台

编号				4-6-17	4-6-18	4-6-19	4-6-20	4-6-21
项目				功率（kW）				
				≤3	≤13	≤30	≤100	≤200
名称			单位	消耗量				
人工	000203000	综合二类工	工日	0.961	1.830	2.868	4.254	5.604
材料	011303001	镀锌扁钢（综合）	kg	1.500	2.400	2.400	2.400	2.400
	031301007	低碳钢焊条（综合）	kg	0.100	0.100	0.100	0.100	0.100
	031305003	焊锡膏	kg	0.020	0.040	0.050	0.050	0.070
	031303019	焊锡丝（综合）	kg	0.100	0.180	0.260	0.260	0.360
	140301003	汽油 92#	kg	0.160	0.270	0.390	0.780	1.300
	142123001	电力复合脂	kg	0.020	0.030	0.040	0.060	0.080
	171900007	金属软管 *D*25	m	0.824	0.824	—	—	—
	290661008	金属软管活接头 *DN*25	套	2.040	2.040	—	—	—
	271799001	电气绝缘胶带 18mm × 10m × 0.13mm	卷	0.200	0.260	0.325	0.650	0.910
	271707001	黄腊带 20mm × 10m	卷	1.120	1.960	2.800	2.800	2.800
	341103001	电	kW · h	2.000	6.000	12.000	30.000	60.000
	171900008	金属软管 *D*40	m	—	—	0.824	—	—
	290661009	金属软管活接头 *DN*40	套	—	—	2.040	—	—
	171900009	金属软管 *D*50	m	—	—	—	0.824	0.824
	290661010	金属软管活接头 *DN*50	套	—	—	—	2.040	2.040
	850103006	其他材料费（占材料费）	%	1.800	1.800	1.800	1.800	1.800
机械	990904030	直流弧焊机 20kV · A	台班	0.020	0.020	0.020	0.020	0.020
	991003020	电动空气压缩机 0.6m³/min	台班	0.093	0.093	0.121	0.121	0.121

五、大中型电动机检查接线

工作内容：检查定子、转子、吹扫、调整和研磨电刷、测量空气间隙、用机械盘车检查电机转动情况、接地、空载试运转等。 **计量单位：**见表

编号				4-6-22	4-6-23	4-6-24	4-6-25	4-6-26
项目				电动机重量（t/台）				
				≤5	≤10	≤20	≤30	30t 以上 每增加 1t
单位				台				t
		名称	单位	消耗量				
人工	000203000	综合二类工	工日	6.395	9.039	13.114	17.128	0.716
材料	011303001	镀锌扁钢（综合）	kg	5.000	5.000	5.000	5.000	0.150
	340203005	聚四氟乙烯带	kg	0.300	0.420	0.700	0.850	0.030
	031301007	低碳钢焊条（综合）	kg	0.100	0.100	0.100	0.100	0.010
	031305003	焊锡膏	kg	0.080	0.100	0.120	0.140	0.010
	031303019	焊锡丝（综合）	kg	0.400	0.500	0.600	0.700	0.020
	142123001	电力复合脂	kg	0.100	0.200	0.250	0.300	0.010
	171900011	金属软管 *D*100	m	—	0.824	1.648	2.472	0.090
	290661012	金属软管活接头 *DN*100	套	—	2.040	4.080	6.120	0.200
	271799001	电气绝缘胶带 18mm × 10m × 0.13mm	卷	0.500	0.750	1.000	1.250	0.040
	341103001	电	kW · h	105.000	270.000	640.000	1000.000	35.000
	171900010	金属软管 *D*75	m	0.824	—	—	—	—
	290661011	金属软管活接头 *DN*75	套	2.040	—	—	—	—
	850103006	其他材料费（占材料费）	%	1.800	1.800	1.800	1.800	1.800
机械	990304008	汽车式起重机 10t	台班	0.467	0.935	1.402	1.869	0.056
	990904030	直流弧焊机 20kV · A	台班	0.020	0.020	0.020	0.020	0.002
	991003020	电动空气压缩机 0.6m³/min	台班	0.467	0.935	1.402	1.869	0.056

六、微型电机、变频机组检查接线

工作内容：检查定子、转子和轴承、测量空气间隙、手动盘车检查电机转动情况、接地、空载试运转等。

计量单位：台

编号				4-6-27	4-6-28	4-6-29	4-6-30	4-6-31
项目				微型电机	变频机组（功率 kW）			
					≤4	≤8	≤15	≤20
名称			单位	消耗量				
人工	000203000	综合二类工	工日	0.326	1.877	1.951	2.277	2.921
材料	031305003	焊锡膏	kg	0.010	0.020	0.040	0.060	0.060
	031303019	焊锡丝（综合）	kg	0.050	0.100	0.200	0.300	0.300
	022703003	白布	kg	0.200	0.500	0.600	0.700	0.800
	142123001	电力复合脂	kg	0.010	0.020	0.040	0.060	0.060
	171900006	金属软管 *D*20	m	0.824	0.824	—	—	—
	290661007	金属软管活接头 *DN*20	套	2.040	2.040	—	—	—
	271799001	电气绝缘胶带 18mm × 10m × 0.13mm	卷	0.100	0.250	0.500	0.600	0.600
	271707001	黄腊带 20mm × 10m	卷	0.300	1.500	2.000	2.320	3.000
	280103004	镀锡裸铜软绞线 TJRX 6～10mm^2	kg	0.300	—	—	—	—
	341103001	电	kW · h	1.000	2.500	5.000	7.000	10.000
	011303001	镀锌扁钢（综合）	kg	—	2.400	2.400	2.400	2.400
	031301007	低碳钢焊条（综合）	kg	—	0.100	0.100	0.100	0.100
	171900007	金属软管 *D*25	m	—	—	0.824	0.824	0.824
	290661008	金属软管活接头 *DN*25	套	—	—	2.040	2.040	2.040
	850103006	其他材料费（占材料费）	%	1.800	1.800	1.800	1.800	1.800
机械	990904030	直流弧焊机 20kV · A	台班	—	0.020	0.020	0.020	0.020
	991003020	电动空气压缩机 0.6m^3/min	台班	—	0.093	0.093	0.093	0.093

七、电磁调速电动机检查接线

工作内容：检检查定子、转子和轴承、吹扫、测量空气间隙、手动盘车检查电机转动情况、接地、空载试运转等。

计量单位：台

编号				4-6-32	4-6-33	4-6-34	4-6-35	4-6-36
项目				功率（kW）				
				≤ 2.2kW	≤ 10	≤ 15	≤ 30	≤ 45
名称			单位	消耗量				
人工	000203000	综合二类工	工日	1.636	2.342	3.220	3.722	4.424
材料	011303001	镀锌扁钢（综合）	kg	2.400	2.400	2.400	2.400	2.400
	031301007	低碳钢焊条（综合）	kg	0.100	0.100	0.100	0.100	0.100
	031305003	焊锡膏	kg	0.020	0.030	0.030	0.040	0.040
	031303019	焊锡丝（综合）	kg	0.100	0.150	0.150	0.200	0.200
	022703003	白布	kg	0.200	0.300	0.300	0.400	0.500
	140301003	汽油 92#	kg	0.200	0.300	0.300	0.400	0.500
	142123001	电力复合脂	kg	0.020	0.030	0.030	0.040	0.040
	171900008	金属软管 *D*40	m	—	—	—	0.824	0.824
	290661009	金属软管活接头 *DN*40	套	—	—	—	2.040	2.040
	271799001	电气绝缘胶带 18mm × 10m × 0.13mm	卷	0.100	0.125	0.150	0.175	0.200
	271707001	黄腊带 20mm × 10m	卷	1.800	2.320	2.320	2.760	3.240
	341103001	电	kW · h	2.000	5.000	7.000	12.000	20.000
	171900007	金属软管 *D*25	m	0.824	0.824	0.824	—	—
	290661008	金属软管活接头 *DN*25	套	2.040	2.040	2.040	—	—
	850103006	其他材料费（占材料费）	%	1.800	1.800	1.800	1.800	1.800
机械	990904030	直流弧焊机 20kV · A	台班	0.020	0.020	0.020	0.020	0.020
	991003020	电动空气压缩机 0.6m³/min	台班	0.093	0.093	0.093	0.093	0.093

第七章

金属构件、穿墙套板安装工程

说 明

一、本章内容包括金属构件、穿墙板、金属围网、网门的制作与安装等内容。

二、相关说明：

1. 电缆桥架支撑架制作与安装适用于电缆桥架的立柱、托臂现场制作与安装，如果生产厂家成套供货时，只计算安装费。

2. 铁构件制作与安装项目适用于本册范围内除电缆桥架支撑架、沿墙支架以外的各种支架、构件的制作与安装。

3. 铁构件制作项目不包括镀锌、镀锡、镀铬、喷塑等其他金属防护费用，工程实际发生时，执行相应项目另行计算。

4. 轻型铁构件是指铁构件的主体结构厚度小于或等于 3mm 的铁构件。单件重量大于 100kg 的铁构件制作安装执行第三册《静止设备与工艺金属结构制作安装工程》相应项目。

5. 穿墙套板制作与安装项目综合考虑了板的规格与安装高度，执行项目时不做调整。项目中不包括电木板、环氧树脂板的主材，应按照安装用量加损耗量另行计算主材费。

6. 金属围网、网门制作与安装项目包括网或门的边柱、立柱制作与安装。

7. 金属构件制作项目中包括除锈、刷油漆费用。

工程量计算规则

一、基础槽钢、角钢制作与安装，根据设备布置，按照设计图示长度，分别以“m”为计量单位。

二、电缆桥架支撑架、沿墙支架、铁构件的制作与安装，按照设计图示安装成品重量，分别以“t”为计量单位。计算重量时，计算制作螺栓及连接件重量，不计算制作与安装损耗量、焊条重量。

三、金属箱、盒制作，按照设计图示安装成品重量，分别以“kg”为计量单位。计算重量时，计算制作螺栓及连接件重量，不计算制作损耗量、焊条重量。

四、穿墙套板制作与安装，根据工艺布置和套板材质，按照设计图示数量，分别以“块”为计量单位。

五、围网、网门制作与安装，根据工艺布置，按照设计图示安装成品面积，分别以“m^2”为计量单位。计算面积时，围网长度按照中心线计算，围网高度按照实际高度计算，不计算围网底至地面的高度。

一、金属构件制作与安装

1. 基础槽钢、角钢

工作内容：平直、下料、钻孔、安装、接地、油漆等。　　**计量单位**：m

编号				4-7-1	4-7-2
项目				基础槽钢	基础角钢
名称			单位	消耗量	
人工	000203000	综合二类工	工日	0.106	0.080
材料	011901015	基础槽（角）钢	m	（1.010）	（1.010）
	010100007	钢筋 ϕ10 以内	kg	0.411	0.411
	011303001	镀锌扁钢（综合）	kg	0.237	0.237
	012900002	钢板（综合）	kg	0.100	0.050
	031101006	砂轮片 ϕ400	片	0.010	0.010
	031301007	低碳钢焊条（综合）	kg	0.066	0.055
	130115006	酚醛调和漆	kg	0.010	0.010
	850103006	其他材料费（占材料费）	%	1.800	1.800
机械	990904030	直流弧焊机 20kV·A	台班	0.013	0.011

2. 桥架支撑架

工作内容：工作内容：平直、下料、钻孔、焊接、安装、接地、油漆等。　　**计量单位**：t

编号				4-7-3	4-7-4
项目				制作	安装
名称			单位	消耗量	
人工	000203000	综合二类工	工日	34.786	20.241
材料	012100003	角钢（综合）	kg	（1050.000）	—
	031101006	砂轮片 ϕ400	片	1.500	0.010
	031301007	低碳钢焊条（综合）	kg	12.600	16.200
	031102005	铁砂布 $0^{\#}$～$2^{\#}$	张	22.500	—
	050500009	胶木板	kg	2.523	0.841
	022703003	白布	kg	—	1.800
	031541003	钢锯条	条	—	9.000
	130115006	酚醛调和漆	kg	—	1.800
	130505002	防锈漆 C53-1	kg	—	2.700
	140509006	油漆溶剂油	kg	—	0.900
	850103006	其他材料费（占材料费）	%	1.800	1.800
机械	990904030	直流弧焊机 20kV·A	台班	2.520	3.240

3. 铁构件

工作内容：制作、平直、划线、下料、钻孔、组对、焊接、刷油（喷漆）、安装、补刷油等。 **计量单位：**t

编号				4-7-5	4-7-6	4-7-7	4-7-8
项目				一般铁构件		轻型铁构件	
				制作	安装	制作	安装
名称			单位	消耗量			
人工	000203000	综合二类工	工日	25.894	18.826	29.808	21.962
材料	012100003	角钢（综合）	kg	（1050.000）	—	—	—
	010900003	圆钢（综合）	kg	（80.000）	—	—	—
	011300003	扁钢（综合）	kg	（220.000）	—	—	—
	012901007	热轧薄钢板 δ1.0～1.5	kg	—	—	（1040.000）	—
	022703003	白布	kg	1.000	2.000	2.000	2.000
	031101006	砂轮片 ϕ400	片	1.500	0.010	1.500	0.010
	031301007	低碳钢焊条（综合）	kg	14.000	8.000	12.000	6.000
	031541003	钢锯条	条	—	10.000	—	10.000
	031102005	铁砂布 0#～2#	张	25.000	—	15.000	—
	130505002	防锈漆 C53-1	kg	3.000	0.300	3.700	0.300
	050500009	胶木板	kg	2.804	0.935	—	—
	130115006	酚醛调和漆	kg	2.000	0.200	2.000	0.200
	140509006	油漆溶剂油	kg	1.000	—	1.000	—
	850103006	其他材料费（占材料费）	%	1.800	1.800	1.800	1.800
机械	990738010	扳边机 2×1500mm	台班	—	—	2.336	—
	990904030	直流弧焊机 20kV·A	台班	2.800	1.600	2.400	1.200
	991003020	电动空气压缩机 0.6m³/min	台班	—	—	3.738	—

工作内容：制作、平直、划线、下料、钻孔、组对、焊接、刷油（喷漆）、安装、补刷油等。 **计量单位：**kg

编号				4-7-9
项目				金属箱、盒制作
名称			单位	消耗量
人工	000203000	综合二类工	工日	0.237
材料	012100003	角钢（综合）	kg	（0.050）
	012901007	热轧薄钢板 δ1.0～1.5	kg	（1.040）
	022703003	白布	kg	0.002
	031101006	砂轮片 ϕ400	片	0.001
	031301007	低碳钢焊条（综合）	kg	0.015
	031541003	钢锯条	条	0.020
	031102005	铁砂布 0#～2#	张	0.030
	040905007	石膏粉	kg	0.007
	130100001	喷漆	kg	0.032
材料	130505002	防锈漆 C53-1	kg	0.036
	850103006	其他材料费（占材料费）	%	1.800
机械	990738010	扳边机 2×1500mm	台班	0.004
	990904030	直流弧焊机 20kV·A	台班	0.003
	991003020	电动空气压缩机 0.6m³/min	台班	0.006

二、穿墙板制作与安装

工作内容：穿通板平直、下料、制作、焊接、打洞、安装、接地、油漆等。 **计量单位：**块

编号				4-7-10	4-7-11	4-7-12	4-7-13
项目				塑料板	电木板	环氧树脂板	钢板
名称			单位	消耗量			
人工	000203000	综合二类工	工日	0.846	1.726	1.918	0.907
材料	050500010	胶木板	kg	—	（5.119）	—	—
	051705002	环氧树脂板	块	—	—	（1.050）	—
	011303001	镀锌扁钢（综合）	kg	1.580	2.400	2.400	1.550
	012100002	角钢（综合）	kg	8.000	17.000	17.000	9.150
	021101001	聚氯乙烯板（综合）	kg	5.220	—	—	—
	022703003	白布	kg	0.100	0.100	0.100	0.100
	031301007	低碳钢焊条（综合）	kg	0.280	0.350	0.350	0.330
	031541003	钢锯条	条	2.000	2.000	2.000	2.000
	031102005	铁砂布 0#～2#	张	0.100	0.100	0.100	0.100
	130115006	酚醛调和漆	kg	0.110	0.250	0.250	0.300
	130505002	防锈漆 C53-1	kg	0.130	0.080	0.080	0.400
	092705004	碎布	kg	—	0.010	—	—
	140103001	清油	kg	—	0.050	—	—
	012900002	钢板（综合）	kg	—	—	—	12.360
	142909001	氧气	m^3	—	—	—	0.520
	142907002	乙炔气	kg	—	—	—	0.200
	850103006	其他材料费（占材料费）	%	1.800	1.800	1.800	1.800
机械	990727010	立式钻床 25mm	台班	0.028	—	—	0.009
	990904030	直流弧焊机 20kV·A	台班	0.056	0.070	0.070	0.066

三、金属围网、网门制作与安装

工作内容： 制作、平直、划线、下料、钻孔、组对、焊接、刷油（漆）、安装、补刷油等。 **计量单位：** m^2

编号				4-7-14	4-7-15	4-7-16	4-7-17
项目				金属围网		金属网门	
				制作	安装	制作	安装
名称			单位	消耗量			
人工	000203000	综合二类工	工日	0.252	0.134	0.280	0.149
材料	012100003	角钢（综合）	kg	（31.000）	—	（26.900）	—
	031505006	镀锌钢丝网 $\phi 1.6 \times 20 \times 20$	m^2	（1.100）	—	（1.100）	—
	030301005	门锁及五金	套	—	—	（0.625）	—
	170100005	钢管（综合）	kg	—	—	（6.800）	—
	013503001	紫铜板（综合）	kg	0.070	—	0.070	—
	031101006	砂轮片 $\phi 400$	片	0.010	—	0.015	—
	031301007	低碳钢焊条（综合）	kg	0.030	0.030	0.030	0.030
	031541003	钢锯条	条	0.300	0.200	0.300	0.200
	031102005	铁砂布 0#～2#	张	1.500	—	1.500	—
	130115006	酚醛调和漆	kg	0.070	0.030	0.070	0.030
	130505002	防锈漆 C53-1	kg	0.070	0.030	0.070	0.030
	140103001	清油	kg	0.100	—	0.100	—
	031507017	镀锌铁丝 $\phi 2.5$～4.0	kg	—	0.200	—	0.200
	022703003	白布	kg	—	0.100	—	0.100
	030309001	合页	副	—	2.000	—	2.000
	850103006	其他材料费（占材料费）	%	1.800	1.800	1.800	1.800
机械	990904030	直流弧焊机 20kV·A	台班	0.006	0.006	0.006	0.006

第八章

滑触线安装工程

说　明

一、本章内容包括轻型滑触线、安全节能型滑触线、型钢类滑触线、滑触线支架的安装及滑触线拉紧装置、挂式支持器的制作与安装，以及移动软电缆安装等内容。

二、相关说明：

1. 滑触线及滑触线支架安装项目包括下料、除锈、刷防锈漆与防腐漆，伸缩器、坐式电车绝缘子支持器安装。项目不包括预埋铁件与螺栓、辅助母线安装。

2. 滑触线及支架安装项目是按照安装高度小于或等于 10m 编制，若安装高度大于 10m 时，超出部分的安装工程量，按照相应项目人工乘以系数 1.10。

3. 安全节能型滑触线安装项目不包括滑触线导轨、支架、集电器及其附件等材料，安全节能型滑触线为三相式时，执行单相滑触线安装相应项目乘以系数 2.00。

4. 移动软电缆安装项目不包括轨道安装及滑轮制作。

工程量计算规则

一、滑触线安装根据材质及性能要求，按照设计图示安装成品尺寸，分别以“m/单相”为计量单位，计算长度时，应考虑滑触线挠度和连接需要增加的工程量，不计算下料、安装损耗量。滑触线另行计算主材费，滑触线安装预留长度按照设计规定计算，设计无规定时按照下表规定计算。

滑触线安装附加和预留长度表

单位：m/根

序号	项　目	预留长度	说　明
1	圆钢、铜母线与设备连接	0.20	从设备接线端子接口起算
2	圆钢、铜滑触线终端	0.50	从最后一个固定点起算
3	角钢滑触线终端	1.00	从最后一个支持点起算
4	扁钢滑触线终端	1.30	从最后一个固定点起算
5	扁钢母线分支	0.50	分支线预留
6	扁钢母线与设备连接	0.50	从设备接线端子接口起算
7	工字钢、槽钢、轻轨滑触线终端	0.80	从最后一个支持点起算
8	安全节能及其他滑触线终端	0.50	从最后一个固定点起算

二、滑触线支架、拉紧装置、挂式支持器安装，根据构件形式及材质，按照设计图示安装成品数量，分别以“副”或“套”为计量单位，三相一体为 1 副或 1 套。

三、沿钢索移动软电缆，应区分每根电缆长度，分别以“套”为计量单位，不足每根长度按照 1 套计算；沿轨道移动软电缆应区分电缆截面面积，分别以“m”为计量单位。

一、轻型滑触线安装

工作内容：平直、除锈、刷油、支架、滑触线、补偿器安装等。　　**计量单位：**10m/单相

编号				4-8-1	4-8-2	4-8-3
项目				铜质Ⅰ型	铜钢组合	沟型
名称			单位	消耗量		
人工	000203000	综合二类工	工日	5.902	5.800	1.229
材料	284303002	滑触线	m	(10.050)	(10.050)	(10.050)
	012300001	型钢（综合）	kg	0.681	2.212	—
	022703003	白布	kg	0.085	0.085	0.085
	031301007	低碳钢焊条（综合）	kg	0.340	1.021	0.255
	031541003	钢锯条	条	0.425	0.425	0.170
	031305003	焊锡膏	kg	0.043	0.017	0.009
	031303019	焊锡丝（综合）	kg	0.357	0.136	0.017
	031102005	铁砂布 0#～2#	张	0.851	0.851	0.425
	130115006	酚醛调和漆	kg	0.511	0.681	0.085
	140301003	汽油 92#	kg	0.085	0.085	0.085
	142909001	氧气	m^3	0.170	0.043	0.030
	142907002	乙炔气	kg	0.442	0.111	0.077
	280109010	硬铜绞线 TJ-95mm²	kg	0.204	0.145	—
	290901032	铜接线端子 DT-95mm²	个	0.170	0.170	—
	850103006	其他材料费（占材料费）	%	1.800	1.800	1.800
机械	990304004	汽车式起重机 8t	台班	0.200	0.095	—
	990749010	型钢剪断机 500mm	台班	0.147	0.053	—
	990904030	直流弧焊机 20kV·A	台班	0.041	0.124	0.031

二、安全节能型滑触线安装

工作内容：开箱、检查、测位划线、组装、调直、固定、安装导电器及滑触线等。 **计量单位：**10m/单相

编号				4-8-4	4-8-5	4-8-6	4-8-7	4-8-8	4-8-9
项目				电流（A）					
				≤ 100	≤ 200	≤ 320	≤ 500	≤ 800	≤ 1250
名称			单位	消耗量					
人工	000203000	综合二类工	工日	1.609	1.913	2.022	2.263	2.613	2.815
材料	284303002	滑触线	m	（10.050）	（10.050）	（10.050）	（10.050）	（10.050）	（10.050）
	012300001	型钢（综合）	kg	0.545	0.613	0.681	0.766	0.885	0.953
	022703003	白布	kg	0.043	0.043	0.060	0.060	0.077	0.077
	031301007	低碳钢焊条（综合）	kg	0.681	0.766	0.851	0.936	1.106	1.191
	031541003	钢锯条	条	0.170	0.170	0.255	0.255	0.340	0.340
	031305003	焊锡膏	kg	0.009	0.009	0.009	0.009	0.009	0.009
	031303019	焊锡丝（综合）	kg	0.017	0.026	0.026	0.026	0.034	0.034
	031102005	铁砂布 0#～2#	张	0.511	0.511	0.596	0.596	0.681	0.681
	130115006	酚醛调和漆	kg	0.204	0.230	0.255	0.289	0.332	0.357
	140301003	汽油 92#	kg	0.068	0.068	0.068	0.085	0.085	0.085
	142909001	氧气	m^3	0.046	0.052	0.056	0.062	0.072	0.079
	142907002	乙炔气	kg	0.119	0.136	0.145	0.162	0.187	0.204
	280109010	硬铜绞线 TJ-95mm^2	kg	0.085	0.094	0.102	0.119	0.136	0.145
	290901032	铜接线端子 DT-95mm^2	个	0.170	0.170	0.170	0.170	0.170	0.170
	850103006	其他材料费（占材料费）	%	1.800	1.800	1.800	1.800	1.800	1.800
机械	990304004	汽车式起重机 8t	台班	0.074	0.084	0.095	0.116	0.126	0.137
	990904030	直流弧焊机 20kV·A	台班	0.083	0.093	0.103	0.114	0.134	0.145

三、型钢类滑触线安装

1. 角钢滑触线

工作内容：平直、下料、除锈、刷漆、安装、连接伸缩器、装拉紧装置等。　　**计量单位：**10m/单相

编号				4-8-10	4-8-11	4-8-12	4-8-13
项目				规格			
				40 × 4	50 × 5	63 × 6	75 × 8
		名称	单位	消耗量			
人工	000203000	综合二类工	工日	0.832	1.073	1.213	1.399
材料	284303002	滑触线	m	(10.400)	(10.400)	(10.400)	(10.400)
	012100002	角钢（综合）	kg	0.545	0.817	1.353	1.889
	022703003	白布	kg	0.128	0.128	0.128	0.128
	031101006	砂轮片 ϕ400	片	0.002	0.002	0.003	0.003
	031301007	低碳钢焊条（综合）	kg	0.204	0.332	0.485	1.021
	031102005	铁砂布 0#～2#	张	0.511	0.511	0.681	0.681
	130505001	防锈漆	kg	0.187	0.230	0.272	0.349
	140509006	油漆溶剂油	kg	0.043	0.060	0.068	0.085
	142123001	电力复合脂	kg	0.051	0.068	0.085	0.102
	292701003	滑触线伸缩器	套	0.085	0.085	0.085	0.085
	850103006	其他材料费（占材料费）	%	1.800	1.800	1.800	1.800
机械	990904030	直流弧焊机 20kV · A	台班	0.025	0.040	0.059	0.124

2. 扁钢滑触线

工作内容：平直、下料、除锈、刷漆、安装、连接伸缩器、装拉紧装置等。　　**计量单位：**10m/单相

编号				4-8-14	4-8-15	4-8-16
项目				规格		
				40 × 4	50 × 5	60 × 6
		名称	单位	消耗量		
人工	000203000	综合二类工	工日	0.366	0.466	0.567
材料	284303002	滑触线	m	(10.300)	(10.300)	(10.300)
	011303001	镀锌扁钢（综合）	kg	0.417	0.613	0.893
	022703003	白布	kg	0.085	0.085	0.085
	031301007	低碳钢焊条（综合）	kg	0.136	0.213	0.289
	031541003	钢锯条	条	0.170	0.170	0.170
	031102005	铁砂布 0#～2#	张	0.255	0.255	0.340
	130505001	防锈漆	kg	0.090	0.110	0.130
	140509006	油漆溶剂油	kg	0.017	0.026	0.026
	142123001	电力复合脂	kg	0.026	0.034	0.034
	292701003	滑触线伸缩器	套	0.085	0.085	0.085
	291713002	滑触线拉紧装置	套	0.170	0.170	0.170
	850103006	其他材料费（占材料费）	%	1.800	1.800	1.800
机械	990904030	直流弧焊机 20kV · A	台班	0.017	0.026	0.035

3. 槽钢滑触线

工作内容：平直、下料、除锈、刷漆、安装、连接伸缩器、装拉紧装置等。 **计量单位：**10m/单相

编号				4-8-17	4-8-18	4-8-19	4-8-20
项目				规格			
				65×40	80×43	100×48	120×53
	名称		单位	消耗量			
人工	000203000	综合二类工	工日	1.299	1.422	1.548	1.625
材料	284303002	滑触线	m	(10.300)	(10.300)	(10.300)	(10.300)
	011900002	槽钢（综合）	kg	1.549	1.889	2.289	2.842
	022703003	白布	kg	0.034	0.034	0.034	0.034
	031301007	低碳钢焊条（综合）	kg	0.638	0.766	0.910	1.098
	031541003	钢锯条	条	0.298	0.298	0.374	0.374
	031102005	铁砂布 0#～2#	张	0.596	0.672	0.672	0.749
	130505001	防锈漆	kg	0.281	0.332	0.391	0.451
	130115001	调和漆	kg	0.264	0.340	0.408	0.468
	140301003	汽油 92#	kg	0.068	0.085	0.094	0.111
	142123001	电力复合脂	kg	0.060	0.068	0.077	0.085
	850103006	其他材料费（占材料费）	%	1.800	1.800	1.800	1.800
机械	990904030	直流弧焊机 20kV·A	台班	0.078	0.093	0.111	0.133

4. 工字钢滑触线

工作内容：平直、下料、除锈、刷漆、安装、连接伸缩器、装拉紧装置等。 **计量单位：**10m/单相

编号				4-8-21	4-8-22	4-8-23	4-8-24
项目				规格			
				8.5	10	12.6	14
	名称		单位	消耗量			
人工	000203000	综合二类工	工日	1.664	2.263	3.157	3.367
材料	284303002	滑触线	m	(10.300)	(10.300)	(10.300)	(10.300)
	022703003	白布	kg	0.085	0.085	0.102	0.128
	031301007	低碳钢焊条（综合）	kg	1.515	1.702	2.008	2.127
	031301025	紫铜电焊条 T107 ϕ3.2	kg	0.026	0.026	0.026	0.026
	031541003	钢锯条	条	0.170	0.170	0.170	0.170
	031305003	焊锡膏	kg	0.009	0.009	0.009	0.009
	031303019	焊锡丝（综合）	kg	0.017	0.017	0.017	0.017
	031102005	铁砂布 0#～2#	张	0.213	0.340	0.587	0.766
	130505001	防锈漆	kg	0.647	0.681	0.740	0.766
	130115006	酚醛调和漆	kg	0.647	0.681	0.740	0.766
	140509006	油漆溶剂油	kg	0.238	0.255	0.272	0.298
	040329001	硼砂	kg	0.009	0.009	0.009	0.009
	142909001	氧气	m^3	0.092	0.111	0.150	0.170
	142907002	乙炔气	kg	0.238	0.289	0.391	0.442
	280109002	硬铜绞线 TJ-10mm²	kg	0.043	0.043	0.043	0.043
	203107002	钢垫板 δ1～2	kg	3.701	4.339	5.343	5.701
	850103006	其他材料费（占材料费）	%	1.800	1.800	1.800	1.800
机械	990304004	汽车式起重机 8t	台班	0.063	0.063	0.063	0.074
	990904030	直流弧焊机 20kV·A	台班	0.187	0.210	0.247	0.262

5. 圆钢滑触线

工作内容：平直、下料、除锈、刷漆、安装、连接伸缩器、装拉紧装置等。 计量单位：10m/单相

编号				4-8-25	4-8-26
项目				规格	
				ϕ8	ϕ10
名称			单位	消耗量	
人工	000203000	综合二类工	工日	0.241	0.257
材料	284303002	滑触线	m	（10.400）	（10.400）
	010101017	热轧圆盘条 ϕ10 以内	kg	0.170	0.213
	022703003	白布	kg	0.009	0.009
	031301007	低碳钢焊条（综合）	kg	0.111	0.145
	031541003	钢锯条	条	0.255	0.255
	031102005	铁砂布 0#～2#	张	0.170	0.213
	291713002	滑触线拉紧装置	套	0.170	0.170
	850103006	其他材料费（占材料费）	%	1.800	1.800
机械	990904030	直流弧焊机 20kV·A	台班	0.014	0.018

四、滑触线支架安装

工作内容：测位、放线、支架及支架器安装、底板钻眼、指示灯安装等。 计量单位：副

编号				4-8-27	4-8-28	4-8-29	4-8-30
项目				3 横架式支架		6 横架式支架	
				螺栓固定	焊接固定	螺栓固定	焊接固定
名称			单位	消耗量			
人工	000203000	综合二类工	工日	0.164	0.164	0.244	0.244
材料	292701006	滑触线支架	副	（1.005）	（1.005）	（1.005）	（1.005）
	022703003	白布	kg	0.043	0.043	0.085	0.085
	292701004	滑触线支持器	套	2.550	2.550	5.100	5.100
	031301007	低碳钢焊条（综合）	kg	—	0.149	—	0.213
	130115006	酚醛调和漆	kg	—	0.017	—	0.026
	850103006	其他材料费（占材料费）	%	1.800	1.800	1.800	1.800
机械	990904030	直流弧焊机 20kV·A	台班	—	0.018	—	0.026

工作内容： 测位、放线、支架及支架器安装、底板钻眼、指示灯安装等。 **计量单位：** 副

编号				4-8-31	4-8-32
项目				工字钢、轻轨支架	指示灯安装（套）
名称			单位	消耗量	
人工	000203000	综合二类工	工日	0.460	0.118
材料	292701006	滑触线支架	副	（1.005）	—
	022703003	白布	kg	0.128	0.170
	031301007	低碳钢焊条（综合）	kg	0.425	0.085
	130115006	酚醛调和漆	kg	0.034	—
	142909001	氧气	m^3	0.033	—
	142907002	乙炔气	kg	0.085	—
	292701004	滑触线支持器	套	5.100	—
	012900002	钢板（综合）	kg	—	0.383
	052305001	圆木台 （63～138）×22	块	—	2.550
	250101003	彩色灯泡 220V 35W	个	—	2.550
	256115001	座灯头	个	—	2.550
	553111001	绕线电阻 300Ω 15W	个	—	2.550
	850103006	其他材料费（占材料费）	%	1.800	1.800
机械	990304004	汽车式起重机 8t	台班	0.056	—
	990904030	直流弧焊机 20kV·A	台班	0.052	0.010

五、滑触线拉紧装置及挂式支持器制作与安装

工作内容： 划线、下料、钻孔、刷油、绝缘子灌注螺栓、组装、固定、拉紧装置成套组装及安装。 **计量单位：** 套

编号				4-8-33	4-8-34	4-8-35	4-8-36
项目				滑触线拉紧装置			挂式滑触线支持器
				扁钢	圆钢	软滑线	
名称			单位	消耗量			
人工	000203000	综合二类工	工日	0.093	0.108	0.448	0.031
材料	031507017	镀锌铁丝 ϕ2.5～4.0	kg	0.085	0.111	0.170	—
	012100002	角钢（综合）	kg	2.125	1.955	0.978	0.209
	022703003	白布	kg	0.255	0.255	0.255	0.034
	031561002	索具螺旋扣 M14×150	套	0.867	0.867	—	—
材料	031561003	索具螺旋扣 M14×270	套	0.867	0.867	—	—
	130505001	防锈漆	kg	0.043	0.043	0.043	—
	130115006	酚醛调和漆	kg	0.051	0.051	0.051	—
	271109002	拉紧绝缘子 J-4.5	个	0.867	—	—	—
	850103006	其他材料费（占材料费）	%	1.800	1.800	1.800	1.800
	271109001	拉紧绝缘子 J-2	个	—	0.867	—	—
	031561004	索具螺旋扣 M16×250	套	—	—	0.867	—
	040100006	水泥 42.5	kg	—	—	—	0.053
	271117001	电车绝缘子 WX-01	个	—	—	—	0.876
	272501002	青壳纸 δ0.1～1.0	kg	—	—	—	0.044
机械	990726010	台式钻床 16mm	台班	—	—	—	0.007

六、移动软电缆安装

1. 沿　钢　索

工作内容：配钢索、装拉紧装置、吊挂、滑轮及托架、电缆敷设、接线等。　　**计量单位：**套

编　号				4-8-37	4-8-38	4-8-39
项　目				每根长度（m）		
				≤ 10	≤ 20	≤ 30
名　称			单位	消　耗　量		
人工	000203000	综合二类工	工日	0.560	0.840	1.121
材料	280008011	软电缆	套	（1.010）	（1.010）	（1.010）
	010501005	钢丝绳 ϕ4.5	m	10.200	20.400	30.600
	010501008	钢丝绳 ϕ8.4	m	8.500	17.000	25.500
	022703003	白布	kg	0.085	0.128	0.128
	031541003	钢锯条	条	0.425	0.425	0.850
	291713001	钢索拉紧装置	套	0.850	0.850	0.850
	292509002	镀锌电缆吊挂 3.0 × 50	套	5.100	9.350	13.600
	850103006	其他材料费（占材料费）	%	1.800	1.800	1.800

2. 沿　轨　道

工作内容：配钢索、装拉紧装置、吊挂、滑轮及托架、电缆敷设、接线等。　　**计量单位：**10m

编　号				4-8-40	4-8-41	4-8-42	4-8-43
项　目				电缆截面（mm²）			
				≤ 16	≤ 35	≤ 70	≤ 120
名　称			单位	消　耗　量			
人工	000203000	综合二类工	工日	0.156	0.179	0.211	0.241
材料	280008011	软电缆	套	（10.100）	（10.100）	（10.100）	（10.100）
	010501005	钢丝绳 ϕ4.5	m	8.509	8.509	8.509	8.509
	022703003	白布	kg	0.017	0.017	0.026	0.026
	031541003	钢锯条	条	0.128	0.128	0.170	0.170
	292509002	镀锌电缆吊挂 3.0 × 50	套	2.808	2.808	2.808	2.808
	850103006	其他材料费（占材料费）	%	1.800	1.800	1.800	1.800

第九章

配电、输电电缆敷设工程

说　明

一、本章内容包括直埋电缆辅助设施、电缆保护管铺设、电缆桥架与槽盒安装、电力电缆敷设、电力电缆头制作与安装、控制电缆敷设、控制电缆终端头制作与安装、电缆防火设施安装、电缆分支箱安装、电力电缆试验等内容。

二、相关说明：

1. 直埋电缆辅助设施项目包括开挖与修复路面、沟槽挖填、铺砂与保护、揭或盖或移动盖板等内容。

（1）直埋电缆辅助设施项目不包括电缆沟与电缆井的砌砖或浇筑混凝土、隔热层与保护层制作与安装，工程实际发生时，执行相应项目。

（2）开挖路面、修复路面项目包括安装警戒设施的搭拆、开挖、回填、路面修复、路缘石安装、余物外运、场地清理工作内容。项目中不包括施工场地的手续办理、秩序维护、临时通行设施搭拆等。

（3）开挖路面项目综合考虑了人工开挖、机械开挖，执行时不因施工组织与施工技术的不同而调整。

（4）修复路面项目综合考虑了不同材质的制备，执行时不做调整。

（5）沟槽挖填项目包括土石方开挖、回填、余土外运等，适用于电缆保护管土石方施工。沟槽挖填项目是按照人工施工考虑的，工程实际采用机械施工时，执行人工施工项目不做调整。

（6）揭、盖、移动盖板项目综合考虑了不同的工序，执行项目时不因工序的多少而调整。

（7）项目中实际发生外运，执行《陕西省房屋建筑与装饰工程消耗量定额（2025）》相应项目。

2. 电缆保护管铺设定额分为地下铺设、地上铺设两个部分。入室后需要敷设电缆保护管时，执行本册第十二章“配管工程”相应项目。

（1）地下铺设不分人工或机械铺设、铺设深度，均执行相应项目，不做调整。

（2）地下顶管、拉管项目不包括入口、出口施工，应根据施工措施方案另行计算。

（3）地上铺设保护管项目不分角度与方向，综合考虑了不同壁厚与长度，执行时不做调整。

（4）多孔梅花管安装参照相应的塑料复合管项目执行。

3. 本章桥架安装项目适用于输电、配电及用电工程电力电缆与控制电缆的桥架安装。通信、热工及仪器仪表、建筑智能等弱电工程控制电缆桥架安装，根据其相关说明执行相应桥架安装项目。

4. 桥架安装项目包括组对、焊接、桥架开孔、隔板与盖板安装、接地、附件安装、修理等。项目中不包括桥架支撑架安装，执行本册第七章金属构件相应项目。项目综合考虑了螺栓、焊接和膨胀螺栓三种桥架固定方式，执行时不做调整。

（1）梯式桥架安装项目是按照不带盖考虑的，若梯式桥架带盖，则执行相应的槽式桥架项目。

（2）钢制桥架主结构设计厚度大于3mm时，应执行相应安装项目，其人工、机械乘以系数1.20。

（3）不锈钢桥架安装，应执行相应的钢制桥架安装项目乘以系数1.10。

（4）电缆桥架安装项目是按照厂家供应成品安装编制的，若现场需要制作桥架时，应执行本册第七章金属构件相应项目。

（5）槽盒安装，根据材质与规格，执行相应的槽式桥架安装项目，其人工、机械乘以系数1.08。

5. 电力电缆敷设项目包括输电电缆敷设与配电电缆敷设，根据敷设环境执行相应项目。电力电缆敷设项目综合了裸包电缆、铠装电缆、屏蔽电缆等电缆类型，凡是电压等级小于或等于10kV电力电缆和控制电缆敷设不分结构形式和型号，一律按照相应的电缆截面和芯数执行相应项目。

（1）输电电力电缆敷设环境分为直埋式，电缆沟（隧）道内、排管内、街码金具上。输电电力电缆起点为电源点或变（配）电站，终点为用户端配电站。

（2）配电电力电缆敷设环境分为室内、竖井通道内。配电电力电缆起点为用户端配电站，终点为用电设备。室内敷设电力电缆项目综合考虑了用户区内室外电缆沟、室内电缆沟，室内桥架、室内支架、室内线槽、室内管道等不同环境敷设，执行时不做调整。

（3）预制分支电缆、控制电缆敷设项目综合考虑了不同的敷设环境，执行时不做调整。

（4）柔性矿物绝缘电力电缆根据电缆敷设环境与电缆截面，执行电力电缆敷设与电缆头相应项目，刚性矿物绝缘电缆与电缆头执行本章补充相应项目。

（5）电缆敷设项目中综合考虑了电缆布放费用，当电缆布放穿过高度大于20m的竖井时，需要计算电缆布放增加费。电缆布放增加费按照穿过竖井电缆长度计算工程量，执行竖井通道内敷设电缆相应项目乘以系数0.3。

（6）竖井通道内敷设电缆项目适用于单段高度大于3.6m的竖井。在单段高度小于或等于3.6m的竖井内敷设电缆时，应执行“室内电力电缆敷设”相应项目。

（7）预制分支电缆敷设项目中，包括电缆吊具、每个长度小于或等于10m分支电缆安装；不包括分支电缆头的制作安装，应根据设计图示数量与规格执行相应的电缆接头项目；每个长度大于10m分支电缆，应根据超出的数量与规格及敷设的环境执行相应的电缆敷设项目。

6. 室外电力电缆敷设项目是按照平原地区施工条件编制的，未考虑在积水区、水底、深井下等特殊条件下的电缆敷设。电缆在一般山地、丘陵地区敷设时，其人工乘以系数1.30。该地段施工所需的额外材料（如：固定桩、夹具等）应根据施工组织设计另行计算。

7. 电力电缆敷设、电力电缆中间头制作安装、电力电缆终端头制作安装是按铜芯编制，如为铝芯时，其人工、机械乘以调整系数0.90。五芯电缆头制作、安装按同截面三芯电缆头制作、安装项目乘以系数1.20。

8. 电力电缆敷设项目是按照三芯（包括三芯连地）编制的，电缆每增加一芯相应项目增加15%。单芯电力电敷设按照同截面电缆敷设项目乘以系数0.7，两芯电缆按照三芯电缆项目执行。截面$400mm^2$以上至$800mm^2$的单芯电力电缆敷设，按照$400mm^2$电力电缆敷设项目乘以系数1.35。截面$800mm^2$以上至$1600mm^2$的单芯电力电缆敷设，按照$400mm^2$电力电缆敷设项目乘以系数1.85。

9. 电缆敷设需要钢索及拉紧装置安装时，应执行本册第十三章“配线工程”相应项目。

10. 电缆头制作安装项目中包括镀锡裸铜线、扎索管、螺栓等消耗性材料，但不包括终端盒、中间盒、保护盒、插接式成品头、铅套管主材及支架安装。

11. 双屏蔽电缆头制作安装执行相应项目，其人工乘以系数1.05。若接线端子为异型端子，需要单独加工时，应另行计算加工费。

12. 电缆防火设施安装不分规格、材质，执行项目时不做调整。

13. 阻燃槽盒安装项目按照单件槽盒2.05m长度考虑，项目中包括槽盒、接头部件的安装，包括接头防火处理。执行时不得因阻燃槽盒的材质、壁厚、单件长度而调整。

14. 电敷敷设项目中不包括支架的制作与安装，工程应用时，执行本册第七章金属构件相应项目。

15. 铝合金电缆敷设及其附件安装根据规格执行相应的铝芯电缆敷设相关说明。

16. 电缆沟盖板采用金属盖板时，根据设计图纸要求分别执行相应项目，属于电气安装专业设计范围的电缆沟金属盖板制作与安装，执行本册第七章金属构件相应项目乘系数0.60。

17. 电缆分支箱包括高压、低压电缆分支箱的安装。

18. 电力电缆包括了电力电缆绝缘摇测、直流耐压试验、交流耐压试验、电阻比试验、电缆局放试验。

19. 本章项目是按照区域内（含厂区、站区、生活区等）施工考虑，当工程在区域外施工时，按相应项目乘以系数1.065。

20. 电缆沟道、隧道、工井工程，根据项目施工地点分别执行《陕西省房屋建筑与装饰工程消耗量定额（2025）》或《陕西省市政工程消耗量定额（2025）》相应项目。

（1）项目施工地点在区城内（含厂区、站区、生活区等）的工程，执行《陕西省房屋建筑与装饰工程消耗量定额（2025）》相应项目。

（2）项目施工地点在区域外且城市内（含市区、郊区、开发区）的工程，执行《陕西省市政工程消耗量定额（2025）》相应项目。

（3）项目施工地点在区域外且城市外的工程，执行《陕西省房屋建筑与装饰工程消耗量定额（2025）》相应项目乘以系数1.05，所有材料按照第十一章“电压等级≤10kV架空线路输电工程”计算工地运输费。

工程量计算规则

一、开挖路面、修复路面，根据混凝土、沥青混凝土、砂石碎石、人行道预制块、花岗岩路面材质与厚度，结合施工组织设计，按照实际开挖的面积，分别以“m^2”为计量单位。钢筋混凝土路面开挖执行混凝土路面相应项目乘以系数 1.18。修复路面根据实际路面种类，分别以“m^2”为计量单位，路缘石以“m”为计量单位。需要单独计算渣土外运工作量时，按照路面开挖厚度乘以开挖面积计算，不考虑松散系数。

二、直埋电缆沟槽挖填，根据电缆敷设路径，除特殊要求外，按照下表规定以“m^3”为计量单位。沟槽开挖长度按照电缆敷设路径长度计算。

直埋电缆沟槽土石方挖填计算表

项　目	电缆根数	
	1～2	每增一根
每米沟长挖方量（m^3）	0.45	0.153

注：1. 两根以内电缆沟，按照上口宽度 600mm、下口宽度 400mm、深 900mm 计算常规土方量（深度按规范的最低定额）。

2. 每增加一根电缆，其宽度增加 170mm。

3. 土石方量从自然地坪挖起，若挖深 > 900mm 时，按照开挖尺寸另行计算。

4. 挖淤泥、流砂按照上表数量乘以系数 1.50。

5. 需要单独计算余土（余石）外运工程量时按照直埋电缆沟槽挖填量 12.50%计算。

三、电缆沟揭、盖、移动盖板，根据施工组织设计，以揭一次与盖一次或者移出一次与移回一次为计算基础，按照实际揭与盖或移出与移回的次数乘以其长度，分别以“m”为计量单位。

四、电缆保护管铺设，根据电缆敷设路径，应区别不同敷设方式、敷设位置、管材材质、规格，按照设计图示敷设长度，分别以“m”为计量单位。计算电缆保护管长度时，设计无规定者按照以下规定增加保护管长度。

1. 横穿马路时，按照路基宽度两端各增加 2m。

2. 保护管需要出地面时，弯头管口距地面增加 2m。

3. 穿过建（构）筑物外墙时，从基础外缘起增加 1m。

4. 穿过沟（隧）道时，从沟（隧）道壁外缘起增加 1m。

五、电缆保护管地下敷设，其土石方量，按照设计图纸要求，设计图纸无要求的，沟深按照 0.90m 计算，沟宽按照保护管边缘每边各增加 0.30m 工作面计算。

六、电缆桥架安装，根据桥架材质与规格按照设计图示长度，分别以“m”为计量单位。

七、组合式桥架安装，按照设计图示数量，分别以“片”为计量单位；复合支架安装按照设计图示数量，分别以“副”为计量单位。

八、电缆敷设，根据电缆敷设环境与规格，按照设计图示单根敷设长度，分别以“m”为计量单位。不计算电缆敷设损耗量。

1. 竖井通道内敷设电缆长度，按照电缆敷设在竖井通道垂直高度以延长米计算工程量。

2. 预制分支电缆敷设长度，按照敷设主电缆长度计算工程量，不计算分支电缆长度；电缆分支箱接出的分支电缆不属于预制分支电缆。

3. 计算电缆敷设长度时，应考虑因波形敷设、弛度、电缆绕梁（柱）所增加的长度以及电缆与设备连接、电缆接头等必要的预留长度。预留长度按照设计规定计算，设计无规定时按照下表规定计算。

电缆敷设附加长度计算表

序号	项　　目	预留长度（附加）	说　　明
1	电缆敷设弛度、波形弯度、交叉	2.50%	按电缆全长计算
2	电缆进入建筑物	2.00m	规范规定最小值
3	电缆进入沟内或吊架时引上（下）预留	1.50m	规范规定最小值
4	变电所进线、出线	1.50m	规范规定最小值
5	电力电缆终端头	1.50m	检修余量最小值
6	电缆中间接头盒	两端各留 2.00m	检修余量最小值
7	电缆进控制、保护屏及模拟盘等	高 + 宽	按盘面尺寸
8	高压开关柜及低压配电盘、柜	2.00m	盘下进出线
9	电缆至电动机	0.50m	从电机接线盒算起
10	厂用变压器	3.00m	从地坪起算
11	电缆绕过梁柱等增加长度	按实计算	按被绕物的断面情况计算增加长度
12	电梯电缆与电缆架固定点	每处 0.50m	范围最小值

九、电缆头制作与安装，根据电压等级与电缆头形式及电缆截面，按照设计图示单根电缆接头数量，分别以“个”为计量单位。

1. 电力电缆和控制电缆均按照一根电缆有两个终端头计算。

2. 电力电缆中间头按照设计规定计算；设计没有规定的以单根长度 400m 为定额，每增加 400m 计算一个中间头，增加长度小于 400m 时计算一个中间头。

十、电缆防火设施安装，根据防火设施的类型及材料，按照设计用量分别按定额规定计量单位计算工程量。

十一、10kV 高压电缆分支箱，区分回路数量，分别以“台”为计量单位，1kV 低压电缆分支箱不分规格以“台”为计量单位。

十二、电力电缆试验绝缘遥测预试验，按“盘”为计量单位；交接试验以“回路”为计量单位，在同一地点做两路及以上试验时，从第二回路起按 60%计算。

一、直埋电缆辅助设施

1. 开挖与修复路面

（1）开挖路面

工作内容：测量、划线、路面切割、路基挖掘、挖掘物堆放、渣土清理运输等。 **计量单位：**m^2

编号				4-9-1	4-9-2	4-9-3	4-9-4
项目				混凝土路面开挖		沥青混凝土路面开挖	
				厚度（mm）			
				≤180	≤300	≤70	≤150
名称			单位	消耗量			
人工	000103000	综合一类工	工日	0.249	0.383	0.064	0.111
机械	990401020	载重汽车 5t	台班	0.037	0.073	0.020	0.029
	991003070	电动空气压缩机 $10m^3/min$	台班	0.040	0.143	0.027	0.061

工作内容：测量、划线、路面切割、路基挖掘、挖掘物堆放、渣土清理运输等。 **计量单位：**m^2

编号				4-9-5	4-9-6	4-9-7	4-9-8	4-9-9
项目				砂石路面开挖		预制块人行道开挖		花岗岩路面开挖
				厚度（mm）				
				≤100	≤300	≤60	≤120	
名称			单位	消耗量				
人工	000103000	综合一类工	工日	0.079	0.108	0.046	0.179	0.595
机械	990401020	载重汽车 5t	台班	0.025	0.050	0.014	0.030	0.600
	991003070	电动空气压缩机 $10m^3/min$	台班	0.050	0.080	0.013	0.016	0.023

（2）修复路面

工作内容：清理、过滤原碎石、回填、夯实、铺面层、养护、标识等。 **计量单位：**m^2

编号				4-9-10	4-9-11	4-9-12	4-9-13
项目				混凝土路面修复		沥青混凝土路面修复	
				厚度（mm）			
				≤180	≤300	≤70	≤150
名称			单位	消耗量			
人工	000103000	综合一类工	工日	0.920	1.012	0.401	0.441
材料	040501014	碎石 30～50	m^3	（0.128）	（0.213）	（0.102）	（0.213）
	802101006	混凝土 C25	m^3	（0.168）	（0.281）	—	—
	802503002	中粒式沥青混凝土	m^3	—	—	（0.065）	（0.140）
	031501007	圆钉	kg	0.011	0.011	—	—
	031509001	铁件（综合）	kg	0.312	0.312	—	—
	050401003	板枋材	m^3	0.003	0.003	—	—
	341101001	水	m^3	0.584	0.584	—	—
	140305002	柴油	kg	—	—	0.003	0.003
	341111001	木柴	kg	—	—	14.144	14.144
	850103006	其他材料费（占材料费）	%	1.800	1.800	1.800	1.800
机械	990110040	轮胎式装载机 $2m^3$	台班	0.072	0.072	—	—
	990120040	钢轮内燃压路机 15t	台班	0.012	0.021	0.009	0.010
	990121010	轮胎压路机 9t	台班	0.002	0.002	0.002	0.002
	990616010	混凝土振动台 1.5×6m	台班	0.106	0.118	—	—
	990120020	钢轮内燃压路机 8t	台班	—	—	0.015	0.016

工作内容：测量、划线、路面切割、路基挖掘、挖掘物堆放、渣土清理运输等。 **计量单位：**m^2

编号				4-9-14	4-9-15	4-9-16	4-9-17
项目				砂石路面修复		预制块人行道修复	
				厚度（mm）			
				≤100	≤300	≤60	≤120
名称			单位	消耗量			
人工	000103000	综合一类工	工日	0.382	0.419	0.075	0.083
材料	040301002	中砂	m^3	（0.108）	（0.323）	（0.039）	（0.039）
	040501014	碎石 30～50	m^3	（0.131）	（0.131）	—	—
	041501002	混凝土预制块	块	—	—	（14.025）	（14.025）
	341101001	水	m^3	0.329	0.329	0.026	0.026
	850103006	其他材料费（占材料费）	%	1.800	1.800	1.800	1.800
机械	990101025	履带式推土机 105kW	台班	0.006	0.006	—	—
	990122050	钢轮振动压路机 15t	台班	0.024	0.027	—	—
	990120030	钢轮内燃压路机 12t	台班	—	—	0.003	0.003
	990406010	机动翻斗车 1t	台班	—	—	0.002	0.002
	990760030	空气锤 400kg	台班	—	—	0.048	0.053

工作内容：测量、划线、路面切割、路基挖掘、挖掘物堆放、渣土清理运输等。 **计量单位：**见表

编号				4-9-18	4-9-19	4-9-20
项目				花岗岩路面	路缘石	
					安砌侧石	安砌平石
单位				m^2	m	
名称			单位	消耗量		
人工	000103000	综合一类工	工日	0.194	0.139	0.055
材料	800100007	水泥砂浆 1∶3	m^3	（0.019）	—	—
	801103005	素水泥浆	m^3	（0.001）	—	—
	800100002	水泥砂浆 1∶1	m^3	（0.006）	—	—
	040501014	碎石 30～50	m^3	（0.051）	—	—
	080703002	碎花岗岩	m^2	（1.020）	—	—
	802101013	预拌混凝土 C20	m^3	（0.085）	—	—
	800101005	砌筑水泥砂浆 M10	m^3	—	（0.003）	（0.003）
	360713002	混凝土立缘石	m	—	（1.030）	—
	800100005	水泥砂浆 1∶2.5	m^3	—	—	（0.003）
	360711003	混凝土连接型侧平石	m	—	—	（1.030）
	341101001	水	m^3	0.026	0.014	0.015
	850103006	其他材料费（占材料费）	%	1.800	1.800	1.800
机械	990120030	钢轮内燃压路机 12t	台班	0.003	—	—
	990760030	空气锤 400kg	台班	0.080	—	—
	990406010	机动翻斗车 1t	台班	0.002	—	—
	990772010	岩石切割机 3kW	台班	0.001	—	—

2. 人工沟槽挖填

工作内容：测量、划线、挖掘、回填土、夯实、余土（余石）清理运输等。 **计量单位：**m^3

编号				4-9-21	4-9-22	4-9-23	4-9-24	4-9-25	4-9-26
项目				普通土	坚土	淤泥、流砂	冻土	松砂石	岩石
名称			单位	消耗量					
人工	000103000	综合一类工	工日	0.307	0.377	0.399	0.786	0.605	0.944
材料	040905002	生石灰	kg	0.128	0.128	0.128	0.128	0.128	—
	340307001	火雷管	个	—	—	—	—	—	1.461
	340313002	导火索	m	—	—	—	—	—	1.461
	340303001	硝铵炸药 2#	kg	—	—	—	—	—	0.533
	341109001	焦炭	kg	—	—	—	—	—	1.675
	850103006	其他材料费（占材料费）	%	1.800	1.800	1.800	1.800	1.800	1.800
机械	990401020	载重汽车 5t	台班	0.030	0.030	0.030	0.030	0.030	0.030

3. 机械沟槽挖填

工作内容：测量、划线、开挖、修整、回填、清理、机械及工器具移运等。 **计量单位：**m^3

编号				4-9-27	4-9-28
项目				土方	松砂石
名称			单位	消耗量	
人工	000103000	综合一类工	工日	0.049	0.055
材料	040905002	生石灰	kg	0.128	0.128
	850103006	其他材料费（占材料费）	%	1.800	1.800
机械	990401020	载重汽车 5t	台班	0.003	0.030
	990106010	履带式单斗液压挖掘机 $0.6m^3$	台班	0.018	0.025
	990403010	平板拖车组 10t	台班	0.001	0.001
	990101020	履带式推土机 90kW	台班	—	0.001

4. 铺砂、保护板

工作内容：调整电缆间距、铺砂、盖保护板、敷设警示带、埋设标示桩（安装标示牌）、清理等。 **计量单位：**10m

编号				4-9-29	4-9-30
项目				铺砂、盖保护板	
				电缆 1～2 根	每增加 1 根电缆
名称			单位	消耗量	
人工	000103000	综合一类工	工日	0.261	0.073
材料	042725005	混凝土保护板 300 × 250 × 30	块	（37.037）	—
	362115002	警示带	m	（10.500）	—
	042725003	混凝土保护板 300 × 150 × 30	块	—	（37.037）
	040301001	中砂	m^3	0.825	0.306
	042709006	混凝土标桩 1200 × 100 × 100	个	0.340	—
	850103006	其他材料费（占材料费）	%	1.800	1.800

5. 揭、盖、移动电缆沟盖板

工作内容：盖板揭起、堆放、盖板覆盖、调整、清理、工器具移运等。 **计量单位：**10m

编号				4-9-31	4-9-32	4-9-33
项目				盖板长度（mm）		
				≤ 500	≤ 1000	≤ 1500
名称			单位	消耗量		
人工	000103000	综合一类工	工日	0.984	1.591	2.234

二、电缆保护管铺设

1. 地 下 敷 设

（1）钢管铺设

工作内容：沟底夯实、锯管、弯管、打喇叭口、接口、敷设、管卡固定、刷漆、堵管口、金属管接地等。　　**计量单位：**10m

编　号				4-9-34	4-9-35	4-9-36	4-9-37	4-9-38
项　目				直径（mm）				
				≤ 50	≤ 100	≤ 150	≤ 200	≤ 300
名　称			单位	消 耗 量				
人工	000203000	综合二类工	工日	0.587	0.633	0.690	0.779	0.874
材料	170100002	钢管（综合）	m	（10.300）	（10.300）	（10.300）	（10.300）	（10.300）
	031507007	镀锌铁丝（综合）	kg	0.596	0.766	0.936	1.106	1.276
	012900002	钢板（综合）	kg	0.170	0.255	0.426	0.851	1.276
	031301007	低碳钢焊条（综合）	kg	0.340	0.425	0.511	0.596	0.681
	130105009	沥青清漆	kg	0.851	1.021	1.362	1.702	2.042
	142909001	氧气	m^3	0.065	0.075	0.089	0.098	0.108
	142907002	乙炔气	kg	0.170	0.196	0.230	0.255	0.281
	850103006	其他材料费（占材料费）	%	1.800	1.800	1.800	1.800	1.800
机械	990744010	半自动切割机 100mm	台班	0.200	0.200	0.020	0.020	0.020
	990904030	直流弧焊机 20kV · A	台班	0.041	0.052	0.062	0.072	0.083

（2）塑料复合（CPVC、UPVC、PVC、MPP、玻璃钢）管铺设

工作内容：沟底夯实、锯管、弯管、接口、敷设、堵管口等。　　**计量单位：**10m

编　号				4-9-39	4-9-40	4-9-41	4-9-42	4-9-43
项　目				直径（mm）				
				≤ 50	≤ 100	≤ 150	≤ 200	≤ 300
名　称			单位	消 耗 量				
人工	000203000	综合二类工	工日	0.156	0.195	0.296	0.335	0.436
材料	172500002	塑料管（综合）	m	（10.300）	（10.300）	（10.300）	（10.300）	（10.300）
	031541002	锯条（综合）	根	0.170	0.170	0.170	0.170	0.170
	031101020	金刚石砂轮片 ϕ400	片	0.005	0.007	0.010	0.012	0.015
	040301001	中砂	m^3	0.017	0.017	0.026	0.034	0.051
	850103006	其他材料费（占材料费）	%	1.800	1.800	1.800	1.800	1.800
机械	990797010	台式砂轮机	台班	0.020	0.020	0.030	0.030	0.030

（3）波纹管铺设

工作内容：沟底夯实、锯管、弯管、接口、敷设、堵管口等。 **计量单位：**10m

编　号				4-9-44	4-9-45	4-9-46	4-9-47	4-9-48
项　目				直径（mm）				
				≤ 50	≤ 100	≤ 150	≤ 200	≤ 300
名　称			单位	消　耗　量				
人工	000203000	综合二类工	工日	0.169	0.207	0.306	0.344	0.443
材料	172523001	塑料波纹管	m	（10.300）	（10.300）	（10.300）	（10.300）	（10.300）
	031541002	锯条（综合）	根	0.170	0.170	0.170	0.170	0.170
	031101020	金刚石砂轮片 $\phi400$	片	0.005	0.007	0.010	0.012	0.015
	040301001	中砂	m^3	0.017	0.017	0.026	0.034	0.051
	850103006	其他材料费（占材料费）	%	1.800	1.800	1.800	1.800	1.800
机械	990797010	台式砂轮机	台班	0.020	0.020	0.030	0.030	0.030

（4）塑料矩形套管铺设

工作内容：沟底夯实、锯管、弯管、接口、敷设、堵管口等。 **计量单位：**10m

编　号				4-9-49	4-9-50	4-9-51
项　目				外轮廓截面（m^2）		
				≤ 0.05	≤ 0.1	＞ 0.1
名　称			单位	消　耗　量		
人工	000203000	综合二类工	工日	0.346	0.450	0.498
材料	172500002	塑料管（综合）	m	（10.300）	（10.300）	（10.300）
	031101020	金刚石砂轮片 $\phi400$	片	0.005	0.010	0.014
	040301001	中砂	m^3	0.034	0.051	0.060
	850103006	其他材料费（占材料费）	%	1.800	1.800	1.800
机械	990797010	台式砂轮机	台班	0.030	0.040	0.050

（5）混凝土（水泥）管铺设

工作内容：沟底夯实、锯管、接口、敷设、堵管口等。 **计量单位：**10m

编　号				4-9-52	4-9-53
项　目				直径（mm）	
				≤ 150	≤ 200
名　称			单位	消　耗　量	
人工	000203000	综合二类工	工日	0.482	1.029
材料	172901002	钢筋混凝土管（综合）	m	（10.500）	（10.500）
	341101001	水	m^3	0.031	0.037
	040100003	水泥 32.5	kg	8.509	9.359
	850103006	其他材料费（占材料费）	%	1.800	1.800

（6）地下顶管

工作内容：钢管刷油、下管、装机具、顶管、接管、清理、扫管、临时封堵管口等。　　**计量单位：**10m

编号				4-9-54	4-9-55	4-9-56	4-9-57
项目				钢管直径 ≤ 150mm		钢管直径 ≤ 300mm	
				顶管距离（m）			
				≤ 10	> 10	≤ 10	> 10
		名称	单位	消耗量			
人工	000203000	综合二类工	工日	7.353	7.353	8.452	8.452
材料	170100002	钢管（综合）	m	（10.250）	（10.250）	（10.250）	（10.250）
	012903002	中厚钢板（综合）	kg	4.212	2.110	4.841	2.425
	031301007	低碳钢焊条（综合）	kg	0.034	0.034	0.034	0.034
	050109005	枕木 2500mm × 200mm × 160mm	根	1.931	0.970	1.931	0.970
	130105009	沥青清漆	kg	2.978	2.978	3.429	3.429
	142909001	氧气	m^3	0.259	0.259	0.298	0.298
	142907002	乙炔气	kg	0.672	0.672	0.774	0.774
	170201038	无缝钢管 $D159 \times 6$	kg	4.365	3.642	—	—
	341101001	水	m^3	32.332	31.481	37.182	36.204
	170201042	无缝钢管 $D219 \times 6$	kg	—	—	8.049	6.705
	850103006	其他材料费（占材料费）	%	1.800	1.800	1.800	1.800
机械	990316010	立式油压千斤顶 100t	台班	4.563	4.350	4.775	4.563
	990401020	载重汽车 5t	台班	2.971	1.984	2.971	1.984
	990504010	电动双筒慢速卷扬机 30kN	台班	2.281	2.175	2.387	2.281
	990801010	电动单级离心清水泵 50mm	台班	1.984	1.984	1.984	1.984
	990805010	污水泵 70mm	台班	2.971	2.483	3.417	3.417
	990811010	高压油泵 50MPa	台班	2.281	2.175	2.387	2.281
	990904030	直流弧焊机 20kV · A	台班	0.149	0.149	0.149	0.149

（7）拉管（非开挖水平钻定向穿越）

工作内容：准备、测量定位、钻机锚固，水、电源接头等拆装、机具就（退）位、泥浆池挖填、造浆、钻孔、扩孔、注浆加固、清孔、导管装拆、接管、清理、临时堵管口等。

计量单位：10m

编号				4-9-58	4-9-59
项目				直径（mm）	
				≤ 200	≤ 300
		名称	单位	消耗量	
人工	000203000	综合二类工	工日	6.134	6.600
材料	172513009	HDPE 实壁管（综合）	m	（10.300）	（10.300）
	362901002	回扩器 $DN250$	只	0.102	—
	362901004	回扩器 $DN350$	只	—	0.102
	341101001	水	m^3	32.332	36.898
	850103006	其他材料费（占材料费）	%	1.800	1.800
机械	990230020	水平定向钻机 中型	台班	0.180	0.200
	990806010	泥浆泵 50mm	台班	0.150	0.170
	990401020	载重汽车 5t	台班	1.370	1.480
	990801010	电动单级离心清水泵 50mm	台班	1.872	1.981
	990805010	污水泵 70mm	台班	0.730	0.840
	871137002	导向仪	台班	0.013	0.017
	990911030	热熔对接焊机 630mm	台班	0.030	0.041

2. 地 上 铺 设

工作内容：锯断、钢管煨管、打喇叭口、上抱箍、固定、刷油、堵管口等。 **计量单位：**根

编号				4-9-60	4-9-61	4-9-62	4-9-63
项目				沿电杆敷设			
				钢管直径（mm）		硬塑料管直径（mm）	
				≤80	>80	≤80	>80
名称			单位	消耗量			
人工	000203000	综合二类工	工日	0.619	0.847	0.343	0.520
材料	170100018	焊接钢管（综合）	kg	（23.680）	（41.410）	—	—
	172505014	硬塑料管 $\phi70$	m	—	—	（2.270）	—
	172505015	硬塑料管 $\phi150$	m	—	—	—	（2.270）
	022901001	麻绳（综合）	kg	0.510	0.765	0.510	0.765
	130105009	沥青清漆	kg	0.255	0.255	—	—
	292113002	镀锌抱箍 U形	套	1.709	1.709	1.709	1.709
	800109002	防水水泥砂浆 1：2	m^3	0.043	0.043	0.043	0.043
	850103006	其他材料费（占材料费）	%	1.800	1.800	1.800	1.800
机械	990744010	半自动切割机 100mm	台班	0.005	0.005	—	—
	990756010	钢材电动煨弯机 500mm以内	台班	0.023	0.023	—	—
	990797010	台式砂轮机	台班	—	—	0.004	0.005

3. 入室密封电缆保护管

工作内容：下料、法兰制作、焊接、敷设、密封、紧固、刷油等。 **计量单位：**根

编号				4-9-64	4-9-65	4-9-66	4-9-67
项目				钢管直径（mm）			
				≤50	≤100	≤150	≤200
名称			单位	消耗量			
人工	000203000	综合二类工	工日	0.404	0.574	0.717	1.356
材料	170101012	焊接钢管 *DN*50	kg	（10.420）	—	—	—
	170101020	焊接钢管 *DN*100	kg	—	（27.158）	—	—
	170101027	焊接钢管 *DN*150	kg	—	—	（40.020）	—
	170101030	焊接钢管 *DN*200	kg	—	—	—	（61.630）
	012900002	钢板（综合）	kg	3.740	6.460	10.030	12.155
	022901001	麻绳（综合）	kg	0.425	0.595	0.765	0.935
	031301007	低碳钢焊条（综合）	kg	0.111	0.230	0.357	0.451
	130105009	沥青清漆	kg	0.340	0.680	1.020	1.360
	142909001	氧气	m^3	0.021	0.041	0.060	0.072
	142907002	乙炔气	kg	0.055	0.106	0.157	0.187
	800109001	防水水泥砂浆 1：1	m^3	0.043	0.043	0.043	0.043
	850103006	其他材料费（占材料费）	%	1.800	1.800	1.800	1.800
机械	990744010	半自动切割机 100mm	台班	0.026	0.026	0.034	0.043
	990756010	钢材电动煨弯机 500mm以内	台班	0.017	0.022	0.026	0.034
	990904030	直流弧焊机 20kV·A	台班	0.014	0.028	0.043	0.055

三、电缆桥架安装

1. 钢 制 桥 架

工作内容：组对、焊接或螺栓固定、弯头、三通或四通、盖板、隔板、附件安装、接地跨接，桥架修理等。

计量单位：10m

编 号				4-9-68	4-9-69	4-9-70	4-9-71
项 目				钢制槽式桥架（宽 + 高 mm）			
				≤ 200	≤ 400	≤ 600	≤ 800
名 称			单位	消 耗 量			
人工	000203000	综合二类工	工日	0.887	1.478	2.364	3.198
材料	290100002	电缆桥架	m	（10.100）	（10.100）	（10.100）	（10.100）
	092705004	碎布	kg	0.026	0.043	0.085	0.102
	031101002	砂轮片 ϕ100	片	0.009	0.009	0.017	0.017
	031101006	砂轮片 ϕ400	片	0.009	0.009	0.017	0.017
	130505007	酚醛防锈漆	kg	0.085	0.102	0.128	0.128
	140301003	汽油 92#	kg	0.068	0.085	0.170	0.255
	280317008	铜芯塑料绝缘软电线 BVR-6mm^2	m	1.914	1.914	1.914	1.872
	031301007	低碳钢焊条（综合）	kg	—	—	0.085	0.145
	850103006	其他材料费（占材料费）	%	1.800	1.800	1.800	1.800
机械	990401030	载重汽车 8t	台班	0.010	0.019	0.029	0.038
	990744010	半自动切割机 100mm	台班	0.010	0.010	0.010	0.010
	990904030	直流弧焊机 20kV · A	台班	—	—	0.010	0.018
	990304016	汽车式起重机 16t	台班	—	—	—	0.019

工作内容： 组对、焊接或螺栓固定、弯头、三通或四通、盖板、隔板、附件安装、接地跨接，桥架修理等。

计量单位： 10m

编号				4-9-72	4-9-73	4-9-74
项目				钢制槽式桥架（宽＋高 mm）		
				≤1000	≤1200	≤1500
名称			单位	消耗量		
人工	000203000	综合二类工	工日	4.070	4.846	5.457
材料	290100002	电缆桥架	m	(10.100)	(10.100)	(10.100)
	092705004	碎布	kg	0.128	0.170	0.213
	031101002	砂轮片 ϕ100	片	0.026	0.026	0.028
	031101006	砂轮片 ϕ400	片	0.026	0.034	0.039
	130505007	酚醛防锈漆	kg	0.170	0.213	0.271
	140301003	汽油 92#	kg	0.340	0.425	0.501
	280317008	铜芯塑料绝缘软电线 BVR-6mm^2	m	1.600	1.446	1.446
	031301007	低碳钢焊条（综合）	kg	0.230	0.281	0.350
	850103006	其他材料费（占材料费）	%	1.800	1.800	1.800
机械	990401030	载重汽车 8t	台班	0.057	0.067	0.077
	990744010	半自动切割机 100mm	台班	0.019	0.019	0.021
	990904030	直流弧焊机 20kV·A	台班	0.028	0.034	0.043
	990304016	汽车式起重机 16t	台班	0.029	0.048	0.057

工作内容： 组对、焊接或螺栓固定、弯头、三通或四通、盖板、隔板、附件安装、接地跨接，桥架修理等。

计量单位： 10m

编号				4-9-75	4-9-76	4-9-77	4-9-78
项目				钢制梯式桥架（宽＋高 mm）			
				≤200	≤400	≤600	≤800
名称			单位	消耗量			
人工	000203000	综合二类工	工日	0.746	1.379	1.919	2.475
材料	290100002	电缆桥架	m	(10.100)	(10.100)	(10.100)	(10.100)
	092705004	碎布	kg	0.026	0.068	0.085	0.102
	031101002	砂轮片 ϕ100	片	0.009	0.009	0.009	0.009
	031101006	砂轮片 ϕ400	片	0.009	0.009	0.011	0.017
	031301007	低碳钢焊条（综合）	kg	—	0.136	0.150	0.170
	130505007	酚醛防锈漆	kg	0.085	0.102	0.115	0.128
	140301003	汽油 92#	kg	0.068	0.085	0.182	0.255
	280317008	铜芯塑料绝缘软电线 BVR-6mm^2	m	1.914	1.914	1.872	1.872
	850103006	其他材料费（占材料费）	%	1.800	1.800	1.800	1.800
机械	990304016	汽车式起重机 16t	台班	—	—	—	0.010
	990401030	载重汽车 8t	台班	0.010	0.019	0.024	0.029
	990744010	半自动切割机 100mm	台班	0.010	0.010	0.010	0.010
	990904030	直流弧焊机 20kV·A	台班	—	0.017	0.018	0.021

工作内容：组对、焊接或螺栓固定、弯头、三通或四通、盖板、隔板、附件安装、接地跨接，桥架修理等。

计量单位：10m

编　号				4-9-79	4-9-80	4-9-81
项　目				钢制梯式桥架（宽＋高 mm）		
				≤ 1000	≤ 1200	≤ 1500
名　称			单位	消　耗　量		
人工	000203000	综合二类工	工日	3.516	3.974	4.432
材料	290100002	电缆桥架	m	（10.100）	（10.100）	（10.100）
	092705004	碎布	kg	0.128	0.170	0.213
	031101002	砂轮片 ϕ100	片	0.017	0.017	0.017
	031101006	砂轮片 ϕ400	片	0.026	0.026	0.028
	031301007	低碳钢焊条（综合）	kg	0.238	0.425	0.542
	130505007	酚醛防锈漆	kg	0.170	0.213	0.253
	140301003	汽油 92#	kg	0.340	0.425	0.486
	280317008	铜芯塑料绝缘软电线 BVR-6mm²	m	1.600	1.446	1.446
	850103006	其他材料费（占材料费）	%	1.800	1.800	1.800
机械	990304016	汽车式起重机 16t	台班	0.029	0.048	0.057
	990401030	载重汽车 8t	台班	0.038	0.057	0.067
	990744010	半自动切割机 100mm	台班	0.010	0.010	0.010
	990904030	直流弧焊机 20kV · A	台班	0.029	0.052	0.059

工作内容：组对、焊接或螺栓固定、弯头、三通或四通、盖板、隔板、附件安装、接地跨接，桥架修理等。

计量单位：10m

编　号				4-9-82	4-9-83	4-9-84	4-9-85
项　目				钢制托盘式桥架（宽＋高 mm）			
				≤ 200	≤ 400	≤ 600	≤ 800
名　称			单位	消　耗　量			
人工	000203000	综合二类工	工日	0.834	1.373	2.187	2.932
材料	290100002	电缆桥架	m	（10.100）	（10.100）	（10.100）	（10.100）
	092705004	碎布	kg	0.017	0.017	0.026	0.043
	031101002	砂轮片 ϕ100	片	0.009	0.009	0.009	0.009
	031101006	砂轮片 ϕ400	片	—	—	—	0.170
	031301007	低碳钢焊条（综合）	kg	—	—	—	0.111
	130505007	酚醛防锈漆	kg	0.043	0.043	0.085	0.128
	140301003	汽油 92#	kg	0.043	0.068	0.085	0.170
	280317008	铜芯塑料绝缘软电线 BVR-6mm²	m	1.914	1.914	1.914	1.872
	850103006	其他材料费（占材料费）	%	1.800	1.800	1.800	1.800
机械	990304016	汽车式起重机 16t	台班	—	—	0.010	0.019
	990401030	载重汽车 8t	台班	0.010	0.019	0.019	0.029
	990744010	半自动切割机 100mm	台班	0.010	0.010	0.010	0.010
	990904030	直流弧焊机 20kV · A	台班	—	—	—	0.014

工作内容：组对、焊接或螺栓固定、弯头、三通或四通、盖板、隔板、附件安装、接地跨接，桥架修理等。 计量单位：10m

编号				4-9-86	4-9-87	4-9-88
项目				钢制托盘式桥架（宽＋高 mm）		
				≤ 1000	≤ 1200	≤ 1500
名称			单位	消耗量		
人工	000203000	综合二类工	工日	3.612	3.989	4.345
材料	290100002	电缆桥架	m	（10.100）	（10.100）	（10.100）
	092705004	碎布	kg	0.051	0.085	0.102
	031101002	砂轮片 ϕ100	片	0.017	0.017	0.019
	031101006	砂轮片 ϕ400	片	0.255	0.321	0.373
	031301007	低碳钢焊条（综合）	kg	0.170	0.213	0.373
	130505007	酚醛防锈漆	kg	0.170	0.213	0.253
	140301003	汽油 92#	kg	0.340	0.425	0.486
	280317008	铜芯塑料绝缘软电线 BVR-6mm^2	m	1.600	1.446	1.446
	850103006	其他材料费（占材料费）	%	1.800	1.800	1.800
机械	990304016	汽车式起重机 16t	台班	0.029	0.038	0.047
	990401030	载重汽车 8t	台班	0.029	0.038	0.048
	990744010	半自动切割机 100mm	台班	0.181	0.219	0.247
	990904030	直流弧焊机 20kV·A	台班	0.021	0.026	0.045

2. 玻璃钢桥架

工作内容：组对、螺栓固定、弯头、三通或四通、盖板、隔板、附件安装、桥架修理等。 计量单位：10m

编号				4-9-89	4-9-90	4-9-91	4-9-92
项目				玻璃钢槽式桥架（宽＋高 mm）			
				≤ 200	≤ 400	≤ 600	≤ 800
名称			单位	消耗量			
人工	000203000	综合二类工	工日	0.879	1.366	2.106	3.531
材料	290100002	电缆桥架	m	（10.100）	（10.100）	（10.100）	（10.100）
	092705004	碎布	kg	0.017	0.026	0.043	0.085
	031101002	砂轮片 ϕ100	片	0.009	0.009	0.009	0.017
	031101006	砂轮片 ϕ400	片	0.009	0.009	0.009	0.017
	850103006	其他材料费（占材料费）	%	1.800	1.800	1.800	1.800
机械	990304004	汽车式起重机 8t	台班	—	—	0.010	0.019
	990401030	载重汽车 8t	台班	0.010	0.010	0.019	0.038
	990744010	半自动切割机 100mm	台班	0.010	0.010	0.010	0.010

工作内容：组对、螺栓固定、弯头、三通或四通、盖板、隔板、附件安装、桥架修理等。　计量单位：10m

编　号				4-9-93	4-9-94	4-9-95
项　目				玻璃钢槽式桥架（宽＋高 mm）		
				≤1000	≤1200	≤1500
名　称			单位	消　耗　量		
人工	000203000	综合二类工	工日	3.922	4.121	4.352
材料	290100002	电缆桥架	m	(10.100)	(10.100)	(10.100)
	092705004	碎布	kg	0.170	0.204	0.231
	031101002	砂轮片 $\phi100$	片	0.026	0.031	0.035
	031101006	砂轮片 $\phi400$	片	0.017	0.020	0.023
	850103006	其他材料费（占材料费）	%	1.800	1.800	1.800
机械	990304004	汽车式起重机 8t	台班	0.029	0.029	0.029
	990401030	载重汽车 8t	台班	0.057	0.059	0.060
	990744010	半自动切割机 100mm	台班	0.019	0.020	0.021

工作内容：组对、螺栓固定、弯头、三通或四通、盖板、隔板、附件安装、桥架修理等。　计量单位：10m

编　号				4-9-96	4-9-97	4-9-98	4-9-99
项　目				玻璃钢梯式桥架（宽＋高 mm）			
				≤200	≤400	≤600	≤800
名　称			单位	消　耗　量			
人工	000203000	综合二类工	工日	0.666	1.127	1.659	2.528
材料	290100002	电缆桥架	m	(10.100)	(10.100)	(10.100)	(10.100)
	092705004	碎布	kg	0.020	0.020	0.051	0.102
	031101002	砂轮片 $\phi100$	片	0.010	0.010	0.010	0.020
	031101006	砂轮片 $\phi400$	片	0.010	0.010	0.010	0.020
	850103006	其他材料费（占材料费）	%	1.800	1.800	1.800	1.800
机械	990401030	载重汽车 8t	台班	0.010	0.010	0.019	0.038
	990744010	半自动切割机 100mm	台班	0.010	0.010	0.010	0.010
	990304016	汽车式起重机 16t	台班	—	—	0.010	0.019

工作内容：组对、螺栓固定、弯头、三通或四通、盖板、隔板、附件安装、桥架修理等。　计量单位：10m

编　号				4-9-100	4-9-101	4-9-102
项　目				玻璃钢梯式桥架（宽＋高 mm）		
				≤1000	≤1200	≤1500
名　称			单位	消　耗　量		
人工	000203000	综合二类工	工日	3.065	3.664	4.124
材料	290100002	电缆桥架	m	(10.100)	(10.100)	(10.100)
	092705004	碎布	kg	0.204	0.288	0.326
	031101002	砂轮片 $\phi100$	片	0.031	0.041	0.052
	031101006	砂轮片 $\phi400$	片	0.020	0.022	0.022
	850103006	其他材料费（占材料费）	%	1.800	1.800	1.800
机械	990401030	载重汽车 8t	台班	0.048	0.052	0.063
	990744010	半自动切割机 100mm	台班	0.019	0.020	0.021
	990304016	汽车式起重机 16t	台班	0.029	0.029	0.029

工作内容：组对、螺栓固定、弯头、三通或四通、盖板、隔板、附件安装、桥架修理等。 计量单位：10m

编号				4-9-103	4-9-104	4-9-105	4-9-106
项目				玻璃钢托盘式桥架（宽＋高 mm）			
				≤300	≤400	≤600	≤800
名称			单位	消耗量			
人工	000203000	综合二类工	工日	1.273	1.788	2.459	3.073
材料	290100002	电缆桥架	m	（10.100）	（10.100）	（10.100）	（10.100）
	092705004	碎布	kg	0.026	0.043	0.068	0.085
	031101002	砂轮片 $\phi100$	片	0.009	0.009	0.014	0.017
	031101006	砂轮片 $\phi400$	片	0.009	0.009	0.014	0.017
	850103006	其他材料费（占材料费）	%	1.800	1.800	1.800	1.800
机械	990304016	汽车式起重机 16t	台班	—	0.010	0.013	0.019
	990401030	载重汽车 8t	台班	0.010	0.019	0.027	0.038
	990744010	半自动切割机 100mm	台班	0.010	0.010	0.010	0.010

工作内容：组对、螺栓固定、弯头、三通或四通、盖板、隔板、附件安装、桥架修理等。 计量单位：10m

编号				4-9-107	4-9-108	4-9-109
项目				玻璃钢托盘式桥架（宽＋高 mm）		
				≤1000	≤1200	≤1500
名称			单位	消耗量		
人工	000203000	综合二类工	工日	3.775	4.423	4.821
材料	290100002	电缆桥架	m	（10.100）	（10.100）	（10.100）
	092705004	碎布	kg	0.170	0.210	0.260
	031101002	砂轮片 $\phi100$	片	0.026	0.026	0.026
	031101006	砂轮片 $\phi400$	片	0.017	0.019	0.021
	850103006	其他材料费（占材料费）	%	1.800	1.800	1.800
机械	990304016	汽车式起重机 16t	台班	0.029	0.029	0.029
	990401030	载重汽车 8t	台班	0.057	0.060	0.063
	990744010	半自动切割机 100mm	台班	0.019	0.200	0.210

3. 铝合金桥架

工作内容：组对、螺栓固定、弯头、三通或四通、盖板、隔板、附件安装、
接地跨接，桥架修理等。 计量单位：10m

编号				4-9-110	4-9-111	4-9-112	4-9-113
项目				铝合金槽式桥架（宽＋高 mm）			
				≤200	≤400	≤600	≤800
名称			单位	消耗量			
人工	000203000	综合二类工	工日	0.620	0.952	1.936	2.970
材料	290100002	电缆桥架	m	（10.100）	（10.100）	（10.100）	（10.100）
	092705004	碎布	kg	0.017	0.026	0.043	0.085
	031101002	砂轮片 $\phi100$	片	0.009	0.009	0.009	0.017
	031101006	砂轮片 $\phi400$	片	0.009	0.009	0.009	0.017
	280317008	铜芯塑料绝缘软电线 BVR-6mm^2	m	1.914	1.914	1.914	1.872
	850103006	其他材料费（占材料费）	%	1.800	1.800	1.800	1.800
机械	990744010	半自动切割机 100mm	台班	0.010	0.010	0.010	0.010
	990401015	载重汽车 4t	台班	—	0.010	0.010	0.019
	990304004	汽车式起重机 8t	台班	—	—	—	0.010

工作内容：组对、螺栓固定、弯头、三通或四通、盖板、隔板、附件安装、接地跨接，桥架修理等。

计量单位：10m

编　号				4-9-114	4-9-115	4-9-116
项　目				铝合金槽式桥架（宽＋高 mm）		
				≤1000	≤1200	≤1500
名　称			单位	消　耗　量		
人工	000203000	综合二类工	工日	3.553	4.231	4.943
材料	290100002	电缆桥架	m	(10.100)	(10.100)	(10.100)
	092705004	碎布	kg	0.170	0.210	0.290
	031101002	砂轮片 ϕ100	片	0.026	0.026	0.026
	031101006	砂轮片 ϕ400	片	0.017	0.021	0.026
	280317008	铜芯塑料绝缘软电线 BVR-6mm^2	m	1.600	1.600	1.600
	850103006	其他材料费（占材料费）	%	1.800	1.800	1.800
机械	990744010	半自动切割机 100mm	台班	0.019	0.020	0.021
	990401015	载重汽车 4t	台班	0.029	0.036	0.047
	990304004	汽车式起重机 8t	台班	0.029	0.029	0.029

工作内容：组对、螺栓固定、弯头、三通或四通、盖板、隔板、附件安装、接地跨接，桥架修理等。

计量单位：10m

编　号				4-9-117	4-9-118	4-9-119	4-9-120
项　目				铝合金梯式桥架（宽＋高 mm）			
				≤200	≤400	≤600	≤800
名　称			单位	消　耗　量			
人工	000203000	综合二类工	工日	0.613	0.687	1.470	2.209
材料	290100002	电缆桥架	m	(10.100)	(10.100)	(10.100)	(10.100)
	092705004	碎布	kg	0.043	0.043	0.068	0.085
	031101002	砂轮片 ϕ100	片	0.009	0.009	0.009	0.009
	031101006	砂轮片 ϕ400	片	—	—	0.009	0.017
	280317008	铜芯塑料绝缘软电线 BVR-6mm^2	m	1.914	1.914	1.914	1.872
	850103006	其他材料费（占材料费）	%	1.800	1.800	1.800	1.800
机械	990304004	汽车式起重机 8t	台班	—	—	—	0.010
	990401015	载重汽车 4t	台班	0.010	0.010	0.010	0.019
	990744010	半自动切割机 100mm	台班	0.010	0.010	0.010	0.010

工作内容：组对、螺栓固定、弯头、三通或四通、盖板、隔板、附件安装、接地跨接，桥架修理等。

计量单位：10m

编号				4-9-121	4-9-122	4-9-123
项目				铝合金梯式桥架（宽＋高 mm）		
				≤1000	≤1200	≤1500
名称			单位	消耗量		
人工	000203000	综合二类工	工日	2.955	3.554	4.121
材料	290100002	电缆桥架	m	（10.100）	（10.100）	（10.100）
	092705004	碎布	kg	0.170	0.021	0.029
	031101002	砂轮片 ϕ100	片	0.017	0.021	0.026
	031101006	砂轮片 ϕ400	片	0.017	0.021	0.027
	280317008	铜芯塑料绝缘软电线 BVR-6mm^2	m	1.600	1.600	1.600
	850103006	其他材料费（占材料费）	%	1.800	1.800	1.800
机械	990304004	汽车式起重机 8t	台班	0.019	0.019	0.019
	990401015	载重汽车 4t	台班	0.029	0.036	0.043
	990744010	半自动切割机 100mm	台班	0.019	0.020	0.021

工作内容：组对、螺栓固定、弯头、三通或四通、盖板、隔板、附件安装、接地跨接，桥架修理等。

计量单位：10m

编号				4-9-124	4-9-125	4-9-126	4-9-127
项目				铝合金托盘式桥架（宽＋高 mm）			
				≤200	≤400	≤600	≤800
名称			单位	消耗量			
人工	000203000	综合二类工	工日	0.738	0.820	1.596	2.755
材料	290100002	电缆桥架	m	（10.100）	（10.100）	（10.100）	（10.100）
	092705004	碎布	kg	0.043	0.043	0.068	0.085
	031101002	砂轮片 ϕ100	片	0.009	0.009	0.009	0.009
	031101006	砂轮片 ϕ400	片	0.009	0.009	0.009	0.017
	280317008	铜芯塑料绝缘软电线 BVR-6mm^2	m	1.914	1.914	1.914	1.872
	850103006	其他材料费（占材料费）	%	1.800	1.800	1.800	1.800
机械	990304004	汽车式起重机 8t	台班	—	—	—	0.010
	990401015	载重汽车 4t	台班	0.010	0.010	0.010	0.019
	990744010	半自动切割机 100mm	台班	0.010	0.010	0.010	0.010

工作内容：组对、螺栓固定、弯头、三通或四通、盖板、隔板、附件安装、接地跨接，桥架修理等。

计量单位：10m

编　号				4-9-128	4-9-129	4-9-130
项　目				铝合金托盘式桥架（宽＋高 mm）		
				≤ 1000	≤ 1200	≤ 1500
名　称			单位	消　耗　量		
人工	000203000	综合二类工	工日	3.265	3.942	4.673
材料	290100002	电缆桥架	m	（10.100）	（10.100）	（10.100）
	092705004	碎布	kg	0.170	0.210	0.290
	031101002	砂轮片 ϕ100	片	0.017	0.021	0.026
	031101006	砂轮片 ϕ400	片	0.017	0.021	0.027
	280317008	铜芯塑料绝缘软电线 BVR-6mm²	m	1.600	1.600	0.026
	850103006	其他材料费（占材料费）	%	1.800	1.800	1.800
机械	990304004	汽车式起重机 8t	台班	0.019	0.019	0.019
	990401015	载重汽车 4t	台班	0.029	0.036	0.043
	990744010	半自动切割机 100mm	台班	0.019	0.020	0.021

4. 组合式桥架、复合支架

工作内容：组对、螺栓连接、安装固定、立柱、托臂膨胀螺栓或焊接固定、螺栓固定，桥架修理等。

计量单位：见表

编　号				4-9-131	4-9-132
项　目				组合式桥架	复合支架安装
单　位				片	副
名　称			单位	消　耗　量	
人工	000203000	综合二类工	工日	0.192	0.069
材料	290115002	组合式电缆桥架	片	（1.010）	—
	290209002	桥架支撑	个	—	（2.020）
	092705004	碎布	kg	0.001	—
	031101002	砂轮片 ϕ100	片	0.001	—
	031101006	砂轮片 ϕ400	片	0.001	—
	140301003	汽油 92#	kg	0.002	—
	031541002	锯条（综合）	根	—	0.187
	850103006	其他材料费（占材料费）	%	1.800	1.800
机械	990401015	载重汽车 4t	台班	0.001	—
	990744010	半自动切割机 100mm	台班	0.001	—
	990401020	载重汽车 5t	台班	—	0.001

5. 防火桥架

工作内容： 划线、定位、打眼、槽体清扫、本体固定、配件安装、接地跨接、补漆，桥架修理等。

计量单位： 10m

编号				4-9-133	4-9-134	4-9-135	4-9-136
项目				防火桥架（宽＋高 mm）			
				⩽200	⩽400	⩽600	⩽800
名称			单位	消耗量			
人工	000203000	综合二类工	工日	0.967	1.626	2.608	3.516
材料	290100002	电缆桥架	m	（10.100）	（10.100）	（10.100）	（10.100）
	031101002	砂轮片 $\phi100$	片	0.017	0.017	0.026	0.026
	031101006	砂轮片 $\phi400$	片	0.017	0.017	0.026	0.026
	280317008	铜芯塑料绝缘软电线 BVR-6mm²	m	1.914	1.914	1.914	1.914
	850103006	其他材料费（占材料费）	%	1.800	1.800	1.800	1.800
机械	990401030	载重汽车 8t	台班	0.010	0.019	0.029	0.038
	990744010	半自动切割机 100mm	台班	0.010	0.010	0.010	0.010
	990304016	汽车式起重机 16t	台班	—	—	—	0.019

工作内容： 划线、定位、打眼、槽体清扫、本体固定、配件安装、接地跨接、补漆，桥架修理等。

计量单位： 10m

编号				4-9-137	4-9-138	4-9-139
项目				防火桥架（宽＋高 mm）		
				⩽1000	⩽1200	⩽1500
名称			单位	消耗量		
人工	000203000	综合二类工	工日	4.484	5.334	6.213
材料	290100002	电缆桥架	m	（10.100）	（10.100）	（10.100）
	031101002	砂轮片 $\phi100$	片	0.026	0.034	0.042
	031101006	砂轮片 $\phi400$	片	0.026	0.034	0.047
	280317008	铜芯塑料绝缘软电线 BVR-6mm²	m	1.914	1.914	1.914
	850103006	其他材料费（占材料费）	%	1.800	1.800	1.800
机械	990304016	汽车式起重机 16t	台班	0.029	0.048	0.051
	990401030	载重汽车 8t	台班	0.057	0.067	0.076
	990744010	半自动切割机 100mm	台班	0.019	0.020	0.021

四、电力电缆敷设

1. 直埋式电力电缆敷设

工作内容：开盘、检查、架线盘、敷设、锯断、配合试验、临时封头、挂牌、牵引头安装等。**计量单位：**10m

编号				4-9-140	4-9-141	4-9-142	4-9-143
项目				电缆截面（mm²）			
				≤ 10	≤ 25	≤ 50	≤ 70
名称			单位	消耗量			
人工	000203000	综合二类工	工日	0.202	0.343	0.378	0.410
材料	281100002	电力电缆	m	（10.100）	（10.100）	（10.100）	（10.100）
	031507007	镀锌铁丝（综合）	kg	0.017	0.017	0.014	0.014
	010501001	钢丝绳 ϕ14.1～15	kg	0.068	0.068	0.058	0.072
	014101003	黄铜线（综合）	kg	0.009	0.009	0.007	0.007
	021301009	塑料带 20mm × 40m	卷	0.017	0.017	0.014	0.022
	022703007	棉布 400g/m²	kg	0.017	0.026	0.029	0.036
	290701005	热缩端帽不带气门	个	0.060	0.060	0.051	0.051
	140301004	汽油 95#	kg	0.170	0.170	0.022	0.022
	143339001	硬脂酸	kg	0.009	0.009	0.007	0.007
	021305001	自粘性塑料带 20mm × 20m	卷	0.026	0.043	0.051	0.072
	850103006	其他材料费（占材料费）	%	1.800	1.800	1.800	1.800
机械	990304012	汽车式起重机 12t	台班	0.007	0.007	0.007	0.007
	990401020	载重汽车 5t	台班	0.007	0.007	0.007	0.007

工作内容：开盘、检查、架线盘、敷设、锯断、配合试验、临时封头、挂牌、牵引头安装等。**计量单位：**10m

编号				4-9-144	4-9-145	4-9-146	4-9-147
项目				电缆截面（mm²）			
				≤ 120	≤ 240	≤ 300	≤ 400
名称			单位	消耗量			
人工	000203000	综合二类工	工日	0.571	0.732	0.820	0.917
材料	281100002	电力电缆	m	（10.100）	（10.100）	（10.100）	（10.100）
	031507007	镀锌铁丝（综合）	kg	0.022	0.022	0.022	0.022
	010501001	钢丝绳 ϕ14.1～15	kg	0.108	0.130	0.137	0.145
	014101003	黄铜线（综合）	kg	0.007	0.007	0.007	0.007
	021301009	塑料带 20mm × 40m	卷	0.043	0.043	0.043	0.043
	022703007	棉布 400g/m²	kg	0.043	0.043	0.043	0.043
	290701005	热缩端帽不带气门	个	0.051	0.051	0.051	0.051
	140301004	汽油 95#	kg	0.029	0.029	0.029	0.029
	143339001	硬脂酸	kg	0.007	0.007	0.007	0.007
	021305001	自粘性塑料带 20mm × 20m	卷	0.145	0.145	0.145	0.145
	850103006	其他材料费（占材料费）	%	1.800	1.800	1.800	1.800
机械	990304012	汽车式起重机 12t	台班	0.007	0.013	0.013	0.013
	990401020	载重汽车 5t	台班	0.013	0.013	0.013	0.013
	990401030	载重汽车 8t	台班	0.013	0.013	0.013	0.020
	991253010	电缆输送机 JSD-1	台班	—	0.020	0.033	0.040

2. 电缆沟（隧道）内电力电缆敷设

工作内容： 开盘、检查、架线盘、敷设、锯断、配合试验、临时封头、挂牌、卡固、牵引头安装等。

计量单位： 10m

编号				4-9-148	4-9-149	4-9-150	4-9-151
项目				电缆截面（mm^2）			
				≤10	≤25	≤50	≤70
名称			单位	消耗量			
人工	000203000	综合二类工	工日	0.234	0.317	0.354	0.410
材料	281100002	电力电缆	m	（10.100）	（10.100）	（10.100）	（10.100）
	031507007	镀锌铁丝（综合）	kg	0.017	0.017	0.014	0.014
	010501001	钢丝绳 ϕ14.1～15	kg	0.068	0.068	0.058	0.072
	014101003	黄铜线（综合）	kg	0.009	0.009	0.007	0.007
	021301009	塑料带 20mm×40m	卷	0.017	0.017	0.014	0.022
	022703007	棉布 400g/m^2	kg	0.009	0.009	0.007	0.007
	290701005	热缩端帽不带气门	个	0.060	0.060	0.051	0.051
	140301004	汽油 95#	kg	0.170	0.170	0.022	0.022
	143339001	硬脂酸	kg	0.009	0.009	0.007	0.007
	021305001	自粘性塑料带 20mm×20m	卷	0.026	0.043	0.051	0.072
	850103006	其他材料费（占材料费）	%	1.800	1.800	1.800	1.800
机械	990304012	汽车式起重机 12t	台班	0.007	0.007	0.007	0.007
	990401020	载重汽车 5t	台班	0.007	0.007	0.007	0.007

工作内容： 开盘、检查、架线盘、敷设、锯断、配合试验、临时封头、挂牌、卡固、牵引头安装等。

计量单位： 10m

编号				4-9-152	4-9-153	4-9-154	4-9-155
项目				电缆截面（mm^2）			
				≤120	≤240	≤300	≤400
名称			单位	消耗量			
人工	000203000	综合二类工	工日	0.515	0.659	0.812	0.853
材料	281100002	电力电缆	m	（10.100）	（10.100）	（10.100）	（10.100）
	031507007	镀锌铁丝（综合）	kg	0.022	0.022	0.022	0.022
	010501001	钢丝绳 ϕ14.1～15	kg	0.108	0.130	0.137	0.145
	014101003	黄铜线（综合）	kg	0.007	0.007	0.007	0.007
	021301009	塑料带 20mm×40m	卷	0.043	0.043	0.043	0.043
	022703007	棉布 400g/m^2	kg	0.007	0.007	0.007	0.007
	290701005	热缩端帽不带气门	个	0.051	0.051	0.051	0.051
	140301004	汽油 95#	kg	0.029	0.029	0.029	0.029
	143339001	硬脂酸	kg	0.007	0.007	0.007	0.007
	021305001	自粘性塑料带 20mm×20m	卷	0.145	0.145	0.145	0.145
	850103006	其他材料费（占材料费）	%	1.800	1.800	1.800	1.800
机械	990304012	汽车式起重机 12t	台班	0.007	0.013	0.013	0.013
	990401020	载重汽车 5t	台班	0.013	0.013	0.013	0.013
	990401030	载重汽车 8t	台班	0.013	0.013	0.013	0.020
	991253010	电缆输送机 JSD-1	台班	—	0.026	0.033	0.040

3. 排管内电力电缆敷设

工作内容：开盘、检查、穿引线、架线盘、敷设、锯断、配合试验、临时封头、挂标牌等。**计量单位：**10m

编号				4-9-156	4-9-157	4-9-158	4-9-159
项目				电缆截面（mm²）			
				≤ 10	≤ 25	≤ 50	≤ 70
名称			单位	消耗量			
人工	000203000	综合二类工	工日	0.208	0.385	0.442	0.482
材料	281100002	电力电缆	m	（10.100）	（10.100）	（10.100）	（10.100）
	031507007	镀锌铁丝（综合）	kg	0.017	0.017	0.014	0.014
	010501001	钢丝绳 ϕ14.1～15	kg	0.068	0.068	0.058	0.072
	014101003	黄铜线（综合）	kg	0.009	0.009	0.007	0.007
	021301009	塑料带 20mm × 40m	卷	0.017	0.017	0.014	0.022
	022703007	棉布 400g/m²	kg	0.009	0.009	0.007	0.007
	290701005	热缩端帽不带气门	个	0.060	0.060	0.051	0.051
	140301004	汽油 95#	kg	0.170	0.170	0.022	0.022
	140919001	油脂	kg	0.340	0.425	0.362	0.434
	143339001	硬脂酸	kg	0.009	0.009	0.007	0.007
	021305001	自粘性塑料带 20mm × 20m	卷	0.255	0.425	0.051	0.072
	010901007	圆钢 ϕ8～14	kg	—	—	0.217	0.217
	850103006	其他材料费（占材料费）	%	1.800	1.800	1.800	1.800
机械	990304012	汽车式起重机 12t	台班	0.007	0.007	0.007	0.007
	990401020	载重汽车 5t	台班	0.007	0.007	0.007	0.007

工作内容：开盘、检查、穿引线、架线盘、敷设、锯断、配合试验、临时封头、挂标牌等。**计量单位：**10m

编号				4-9-160	4-9-161	4-9-162	4-9-163
项目				电缆截面（mm²）			
				≤ 120	≤ 240	≤ 300	≤ 400
名称			单位	消耗量			
人工	000203000	综合二类工	工日	0.748	0.982	1.150	1.287
材料	281100002	电力电缆	m	（10.100）	（10.100）	（10.100）	（10.100）
	031507007	镀锌铁丝（综合）	kg	0.022	0.022	0.022	0.022
	010501001	钢丝绳 ϕ14.1～15	kg	0.108	0.130	0.145	0.145
	010901007	圆钢 ϕ8～14	kg	0.231	0.231	0.231	0.231
	014101003	黄铜线（综合）	kg	0.007	0.007	0.007	0.007
	021301009	塑料带 20mm × 40m	卷	0.043	0.043	0.043	0.043
	022703007	棉布 400g/m²	kg	0.007	0.007	0.007	0.007
	290701005	热缩端帽不带气门	个	0.051	0.051	0.051	0.051
	140301004	汽油 95#	kg	0.029	0.029	0.029	0.029
	140919001	油脂	kg	0.579	0.868	1.013	1.157
	143339001	硬脂酸	kg	0.007	0.007	0.007	0.007
	021305001	自粘性塑料带 20mm × 20m	卷	0.145	0.145	0.145	0.145
	850103006	其他材料费（占材料费）	%	1.800	1.800	1.800	1.800
机械	990304012	汽车式起重机 12t	台班	0.013	0.013	0.020	0.020
	990401020	载重汽车 5t	台班	0.013	0.013	0.013	0.013
	990401030	载重汽车 8t	台班	0.013	0.013	0.020	0.020
	991253010	电缆输送机 JSD-1	台班	—	0.013	0.013	0.013

4. 街码金具上电力电缆敷设

工作内容： 开盘、检查、架线盘、敷设、锯断、卡固、配合试验、临时封头、挂标牌等。 **计量单位：** 10m

编号				4-9-164	4-9-165	4-9-166	4-9-167
项目				电缆截面（mm^2）			
				≤10	≤25	≤50	≤70
名称			单位	消耗量			
人工	000203000	综合二类工	工日	0.276	0.395	0.424	0.442
材料	281100002	电力电缆	m	（10.100）	（10.100）	（10.100）	（10.100）
	021301009	塑料带 20mm×40m	卷	0.017	0.017	0.022	0.022
	290701005	热缩端帽不带气门	个	0.060	0.060	0.051	0.051
	140301004	汽油 95#	kg	0.085	0.085	0.072	0.072
	022703007	棉布 400g/m^2	kg	0.009	0.009	0.007	0.007
	014101003	黄铜线（综合）	kg	0.009	0.009	—	—
	140919001	油脂	kg	0.009	0.009	0.007	0.007
	021305001	自粘性塑料带 20mm×20m	卷	0.026	0.043	0.051	0.072
	850103006	其他材料费（占材料费）	%	1.800	1.800	1.800	1.800
机械	990304012	汽车式起重机 12t	台班	0.007	0.007	0.007	0.007
	990401020	载重汽车 5t	台班	0.007	0.007	0.007	0.007

工作内容： 开盘、检查、架线盘、敷设、锯断、卡固、配合试验、临时封头、挂标牌等。 **计量单位：** 10m

编号				4-9-168	4-9-169	4-9-170	4-9-171
项目				电缆截面（mm^2）			
				≤120	≤240	≤300	≤400
名称			单位	消耗量			
人工	000203000	综合二类工	工日	0.812	1.110	1.375	1.769
材料	281100002	电力电缆	m	（10.100）	（10.100）	（10.100）	（10.100）
	021301009	塑料带 20mm×40m	卷	0.043	0.043	0.043	0.043
	290701005	热缩端帽不带气门	个	0.051	0.051	0.051	0.051
	022703007	棉布 400g/m^2	kg	0.007	0.007	0.007	0.007
	140301004	汽油 95#	kg	0.072	0.072	0.108	0.108
	140919001	油脂	kg	0.007	0.007	0.007	0.007
	021305001	自粘性塑料带 20mm×20m	卷	0.145	0.145	0.145	0.145
	850103006	其他材料费（占材料费）	%	1.800	1.800	1.800	1.800
机械	990304012	汽车式起重机 12t	台班	0.007	0.013	0.013	0.013
	990401030	载重汽车 8t	台班	0.013	0.013	0.013	0.020

5. 室内敷设电力电缆（铜芯）

工作内容：开盘、检查、架线盘、敷设、锯断、排列、整理、固定、配合试验、收盘、临时封头、挂牌、电缆敷设设施安装及拆除等。 **计量单位：**10m

编 号				4-9-172	4-9-173	4-9-174	4-9-175
项 目				电缆截面（mm^2）			
				≤10	≤25	≤50	≤70
名 称			单位	消 耗 量			
人工	000203000	综合二类工	工日	0.209	0.378	0.482	0.595
材料	281100002	电力电缆	m	(10.100)	(10.100)	(10.100)	(10.100)
	015305001	封铅 含铅 65% 锡 35%	kg	0.043	0.065	0.087	0.101
	203307023	橡胶垫 δ2	m^2	0.007	0.007	0.007	0.007
	022703003	白布	kg	0.022	0.029	0.036	0.036
	130121003	沥青绝缘漆	kg	0.007	0.007	0.007	0.007
	140301003	汽油 92#	kg	0.036	0.047	0.058	0.058
	143339001	硬脂酸	kg	0.007	0.007	0.007	0.007
	292509002	镀锌电缆吊挂 3.0×50	套	0.369	0.441	0.513	0.513
	290639003	镀锌电缆卡子 2×35	套	1.692	1.692	1.692	1.692
	341304003	标志牌 塑料扁形	个	0.434	0.434	0.434	0.434
	850103006	其他材料费（占材料费）	%	1.800	1.800	1.800	1.800
机械	990304004	汽车式起重机 8t	台班	0.007	0.007	0.007	0.007
	990401020	载重汽车 5t	台班	0.007	0.007	0.007	0.007

工作内容：开盘、检查、架线盘、敷设、锯断、排列、整理、固定、配合试验、收盘、临时封头、挂牌、电缆敷设设施安装及拆除等。 **计量单位：**10m

编 号				4-9-176	4-9-177	4-9-178
项 目				电缆截面（mm^2）		
				≤120	≤240	≤400
名 称			单位	消 耗 量		
人工	000203000	综合二类工	工日	0.708	0.982	1.495
材料	281100002	电力电缆	m	(10.100)	(10.100)	(10.100)
	015305001	封铅 含铅 65% 锡 35%	kg	0.116	0.145	0.203
	203307023	橡胶垫 δ2	m^2	0.007	0.007	0.007
	022703003	白布	kg	0.043	0.058	0.072
	130121003	沥青绝缘漆	kg	0.014	0.014	0.022
	140301003	汽油 92#	kg	0.072	0.072	0.108
	143339001	硬脂酸	kg	0.007	0.007	0.007
	292509002	镀锌电缆吊挂 3.0×50	套	0.485	—	—
	292509003	镀锌电缆吊挂 3.0×100	套	—	0.448	0.629
	290639005	镀锌电缆卡子 3×50	套	1.613	—	—
	290639006	镀锌电缆卡子 3×100	套	—	1.692	2.170
	341304003	标志牌 塑料扁形	个	0.434	0.434	0.608
	292707001	电缆敷设牵引头（综合）	只	0.007	0.007	0.007
	292705001	电缆敷设滚轮（综合）	个	0.014	0.014	0.014
	292705002	电缆敷设转向导轮（综合）	个	0.007	0.007	0.007
	850103006	其他材料费（占材料费）	%	1.800	1.800	1.800
机械	990304004	汽车式起重机 8t	台班	0.007	—	—
	990304008	汽车式起重机 10t	台班	—	0.020	0.046
	990401020	载重汽车 5t	台班	0.007	0.020	0.046

6. 竖井通道内敷设电力电缆（铜芯）

工作内容：开盘、检查、架线盘、敷设、锯断、排列、整理、固定、配合试验、收盘、临时封头、挂牌、电缆敷设设施安装及拆除等。

计量单位：10m

编号				4-9-179	4-9-180	4-9-181	4-9-182
项目				电缆截面（mm²）			
				⩽10	⩽25	⩽50	⩽70
名称			单位	消耗量			
人工	000203000	综合二类工	工日	0.643	0.990	1.448	1.793
材料	281100002	电力电缆	m	（10.100）	（10.100）	（10.100）	（10.100）
	015305001	封铅 含铅65% 锡35%	kg	0.043	0.065	0.087	0.101
	203307023	橡胶垫 δ2	m²	0.007	0.007	0.007	0.007
	022703003	白布	kg	0.022	0.029	0.036	0.036
	130121003	沥青绝缘漆	kg	0.043	0.058	0.072	0.072
	140301003	汽油 92#	kg	0.325	0.434	0.542	0.542
	143339001	硬脂酸	kg	0.022	0.029	0.036	0.036
	292509002	镀锌电缆吊挂 3.0×50	套	5.506	7.508	7.508	7.508
	290639003	镀锌电缆卡子 2×35	套	11.211	11.211	11.211	11.211
	341304003	标志牌 塑料扁形	个	1.802	1.802	1.802	1.802
	850103006	其他材料费（占材料费）	%	1.800	1.800	1.800	1.800
机械	990304004	汽车式起重机 8t	台班	0.007	0.007	0.020	0.033
	990401020	载重汽车 5t	台班	0.007	0.007	0.007	0.007

工作内容：开盘、检查、架线盘、敷设、锯断、排列、整理、固定、配合试验、收盘、临时封头、挂牌、电缆敷设设施安装及拆除等。

计量单位：10m

编号				4-9-183	4-9-184	4-9-185
项目				电缆截面（mm²）		
				⩽120	⩽240	⩽400
名称			单位	消耗量		
人工	000203000	综合二类工	工日	2.099	3.009	4.505
材料	281100002	电力电缆	m	（10.100）	（10.100）	（10.100）
	015305001	封铅 含铅65% 锡35%	kg	0.116	0.145	0.203
	203307023	橡胶垫 δ2	m²	0.007	0.007	0.007
	022703003	白布	kg	0.043	0.058	0.072
	130121003	沥青绝缘漆	kg	0.108	0.145	0.203
	140301003	汽油 92#	kg	0.687	0.752	1.056
	143339001	硬脂酸	kg	0.058	0.072	0.094
	292509002	镀锌电缆吊挂 3.0×50	套	7.007	—	—
	292509003	镀锌电缆吊挂 3.0×100	套	—	0.621	0.871
	290639005	镀锌电缆卡子 3×50	套	11.011	—	—
	290639006	镀锌电缆卡子 3×100	套	—	11.812	12.613
	341304003	标志牌 塑料扁形	个	1.802	1.802	2.402
	292707001	电缆敷设牵引头（综合）	只	0.007	0.007	0.007
	292705001	电缆敷设滚轮（综合）	个	0.014	0.014	0.014
	292705002	电缆敷设转向导轮（综合）	个	0.007	0.007	0.007
	850103006	其他材料费（占材料费）	%	1.800	1.800	1.800
机械	990304004	汽车式起重机 8t	台班	0.046	—	—
	990304008	汽车式起重机 10t	台班	—	0.172	0.430
	990401020	载重汽车 5t	台班	0.007	0.020	0.046

7. 预制分支电缆敷设

工作内容：开盘，检查，架线盘、安装挂具，吊装、收线盘、卡固、敷设、挂标牌等。 **计量单位**：10m

编号				4-9-186	4-9-187	4-9-188	4-9-189	4-9-190
项目				主电缆截面（mm²）				
				≤10	≤25	≤35	≤50	≤70
名称			单位	消耗量				
人工	000203000	综合二类工	工日	0.667	1.287	1.657	1.987	2.317
材料	281100002	电力电缆	m	（10.000）	（10.000）	（10.000）	（10.000）	（10.000）
	203307023	橡胶垫 δ2	m²	0.022	0.022	0.022	0.022	0.022
	140305002	柴油	kg	0.022	0.022	0.022	0.166	0.166
	140301003	汽油 92#	kg	0.166	0.166	0.166	0.340	0.340
	140301001	汽油 89#	kg	0.058	0.058	0.058	0.072	0.072
	290639003	镀锌电缆卡子 2×35	套	7.449	7.449	7.449	7.449	7.449
	341304002	标志牌	个	0.434	0.434	0.434	0.434	0.434
	850103006	其他材料费（占材料费）	%	1.800	1.800	1.800	1.800	1.800
机械	990304004	汽车式起重机 8t	台班	0.007	0.007	0.007	0.007	0.007
	990401020	载重汽车 5t	台班	0.007	0.007	0.007	0.007	0.007

工作内容：开盘，检查，架线盘、安装挂具，吊装、收线盘、卡固、敷设、挂标牌等。 **计量单位**：10m

编号				4-9-191	4-9-192	4-9-193	4-9-194
项目				主电缆截面（mm²）			
				≤95	≤120	≤150	≤185
名称			单位	消耗量			
人工	000203000	综合二类工	工日	3.016	3.717	4.480	4.875
材料	281100002	电力电缆	m	（10.000）	（10.000）	（10.000）	（10.000）
	203307023	橡胶垫 δ2	m²	0.022	0.022	0.022	0.022
	140305002	柴油	kg	0.992	1.099	1.880	2.090
	140301001	汽油 89#	kg	0.072	0.072	0.072	0.072
	290639004	镀锌电缆卡子 3×35	套	7.449	7.449	—	—
	290639006	镀锌电缆卡子 3×100	套	—	—	7.449	7.449
	341304002	标志牌	个	0.434	0.434	0.434	0.434
	850103006	其他材料费（占材料费）	%	1.800	1.800	1.800	1.800
机械	990304004	汽车式起重机 8t	台班	0.007	0.007	—	—
	990304008	汽车式起重机 10t	台班	—	—	0.007	0.013
	990401035	载重汽车 10t	台班	0.046	0.007	0.020	0.020

工作内容：开盘，检查，架线盘、安装挂具，吊装、收线盘、卡固、敷设、挂标牌等。　　**计量单位：**10m

编号				4-9-195	4-9-196	4-9-197
项目				主电缆截面（mm²）		
				≤ 240	≤ 300	≤ 400
名称			单位	消耗量		
人工	000203000	综合二类工	工日	5.277	6.339	7.384
材料	281100002	电力电缆	m	（10.000）	（10.000）	（10.000）
	203307023	橡胶垫 δ2	m²	0.022	0.022	0.022
	140305002	柴油	kg	2.517	4.585	5.012
	140301001	汽油 89#	kg	0.072	0.108	0.108
	290639006	镀锌电缆卡子 3×100	套	7.449	7.449	7.449
	341304002	标志牌	个	0.434	0.434	0.434
	850103006	其他材料费（占材料费）	%	1.800	1.800	1.800
机械	990304008	汽车式起重机 10t	台班	0.013	0.020	0.033
	990401035	载重汽车 10t	台班	0.020	0.046	0.046

五、电力电缆头制作与安装

1. 电力电缆中间头制作安装

（1）1kV 以下干包式铜芯电力电缆

工作内容：定位、量尺寸、锯断、剥保护层及绝缘层、清洗、包缠绝缘、压接线管及接线端子、安装、接线等。　　**计量单位：**个

编号				4-9-198	4-9-199	4-9-200	4-9-201
项目				电缆截面（mm²）			
				≤ 10	≤ 25	≤ 50	≤ 70
名称			单位	消耗量			
人工	000203000	综合二类工	工日	0.301	0.530	0.576	0.722
材料	015305001	封铅 含铅 65% 锡 35%	kg	0.253	0.336	0.445	0.524
	021303001	三色塑料带（综合）	kg	0.204	0.255	0.354	0.453
	022703003	白布	kg	0.245	0.306	0.374	0.442
	031305003	焊锡膏	kg	0.009	0.010	0.014	0.017
	031303019	焊锡丝（综合）	kg	0.026	0.042	0.068	0.085
	140301003	汽油 92#	kg	0.224	0.306	0.476	0.544
	142123001	电力复合脂	kg	0.018	0.024	0.037	0.044
	271799001	电气绝缘胶带 18mm×10m×0.13mm	卷	0.323	0.043	0.595	0.680
	280103006	镀锡裸铜软绞线 TJRX 16mm²	kg	0.213	0.213	0.213	0.213
	291707031	铜压接管 10mm²	个	3.760	—	—	—
	291707033	铜压接管 35mm²	个	—	3.760	—	—
	291707034	铜压接管 50mm²	个	—	—	3.760	—
	291707035	铜压接管 70mm²	个	—	—	—	3.760
	290901019	铜接线端子 DT-10mm²	个	1.020	—	—	—
	290901025	铜接线端子 DT-25mm²	个	—	1.020	—	—
	290901029	铜接线端子 DT-50mm²	个	—	—	1.020	—
	290901031	铜接线端子 DT-70mm²	个	—	—	—	1.020
	850103006	其他材料费（占材料费）	%	1.800	1.800	1.800	1.800

工作内容：定位、量尺寸、锯断、剥保护层及绝缘层、清洗、包缠绝缘、压接线管及接线端子、安装、接线等。

计量单位：个

编 号				4-9-202	4-9-203	4-9-204
项 目				电缆截面（mm²）		
				≤ 120	≤ 240	≤ 400
名 称			单位	消 耗 量		
人工	000203000	综合二类工	工日	0.866	1.126	1.686
材料	015305001	封铅 含铅 65% 锡 35%	kg	0.602	0.724	0.724
	021303001	三色塑料带（综合）	kg	0.553	0.952	0.952
	022703003	白布	kg	0.510	0.816	0.816
	031305003	焊锡膏	kg	0.020	0.041	0.041
	031303019	焊锡丝（综合）	kg	0.102	0.204	0.204
	140301003	汽油 92#	kg	0.612	0.816	0.816
	142123001	电力复合脂	kg	0.051	0.082	0.082
	271799001	电气绝缘胶带 18mm × 10m × 0.13mm	卷	0.765	1.063	1.063
	280103006	镀锡裸铜软绞线 TJRX 16mm²	kg	0.213	0.298	0.298
	291707036	铜压接管 120mm²	个	3.760	—	—
	291707037	铜压接管 240mm²	个	—	3.760	—
	291707038	铜压接管 400mm²	个	—	—	3.760
	290901020	铜接线端子 DT-120mm²	个	1.020	—	—
	290901024	铜接线端子 DT-240mm²	个	—	1.020	—
	290901028	铜接线端子 DT-400mm²	个	—	—	1.020
	850103006	其他材料费（占材料费）	%	1.800	1.800	1.800

（2）1kV 以下热（冷）缩式铜芯电力电缆

工作内容：定位、量尺寸、锯断、剥切清洗、内屏蔽层处理、焊接地线、套热缩管、压接线端子、加热成形、安装等。

计量单位：个

编 号				4-9-205	4-9-206	4-9-207	4-9-208
项 目				电缆截面（mm²）			
				≤ 10	≤ 25	≤ 50	≤ 70
名 称			单位	消 耗 量			
人工	000203000	综合二类工	工日	0.203	0.385	0.568	0.661
材料	290701007	热缩式电缆中间接头	套	（1.020）	（1.020）	（1.020）	（1.020）
	340203005	聚四氟乙烯带	kg	0.150	0.202	0.318	0.376
	021303002	三色塑料带 20mm × 40m	m	0.143	0.188	0.274	0.324
	022703003	白布	kg	0.260	0.347	0.520	0.607
	031305003	焊锡膏	kg	0.006	0.009	0.012	0.014
	031303019	焊锡丝（综合）	kg	0.029	0.043	0.058	0.072
	130121003	沥青绝缘漆	kg	0.506	0.636	0.809	0.918
	140301003	汽油 92#	kg	0.318	0.376	0.491	0.549
	142123001	电力复合脂	kg	0.021	0.026	0.032	0.038
	271799001	电气绝缘胶带 18mm × 10m × 0.13mm	卷	0.145	0.181	0.265	0.349
	280103006	镀锡裸铜软绞线 TJRX 16mm²	kg	0.217	0.217	0.217	0.253
	850103006	其他材料费（占材料费）	%	1.800	1.800	1.800	1.800

工作内容：定位、量尺寸、锯断、剥切清洗、内屏蔽层处理、焊接地线、套热缩管、压接线端子、加热成形、安装等。

计量单位：个

编号				4-9-209	4-9-210	4-9-211
项目				电缆截面（mm²）		
				≤120	≤240	≤400
名称			单位	消耗量		
人工	000203000	综合二类工	工日	0.752	0.973	1.360
材料	290701007	热缩式电缆中间接头	套	（1.020）	（1.020）	（1.020）
	340203005	聚四氟乙烯带	kg	0.434	0.607	0.867
	021303002	三色塑料带 20mm×40m	m	0.374	0.521	0.745
	022703003	白布	kg	0.694	0.867	1.127
	031305003	焊锡膏	kg	0.017	0.035	0.043
	031303019	焊锡丝（综合）	kg	0.087	0.173	0.217
	130121003	沥青绝缘漆	kg	1.012	1.301	1.734
	140301003	汽油 92#	kg	0.607	0.780	0.867
	142123001	电力复合脂	kg	0.043	0.069	0.087
	271799001	电气绝缘胶带 18mm×10m×0.13mm	卷	0.434	0.741	1.120
	280103006	镀锡裸铜软绞线 TJRX 16mm²	kg	0.253	0.253	0.361
	850103006	其他材料费（占材料费）	%	1.800	1.800	1.800

（3）10kV以下热（冷）缩式铜芯电力电缆

工作内容：定位、量尺寸、锯断、剥切清洗、内屏蔽层处理、焊接地线、套热缩管、压接线端子、加热成形、安装等。

计量单位：个

编号				4-9-212	4-9-213	4-9-214	4-9-215
项目				电缆截面（mm²）			
				≤35	≤50	≤70	≤120
名称			单位	消耗量			
人工	000203000	综合二类工	工日	1.019	1.202	1.386	1.573
材料	290701007	热缩式电缆中间接头	套	（1.020）	（1.020）	（1.020）	（1.020）
	340203005	聚四氟乙烯带	kg	0.184	0.225	0.266	0.307
	021303002	三色塑料带 20mm×40m	m	0.307	0.368	0.430	0.491
	022703003	白布	kg	0.368	0.442	0.516	0.590
	031305003	焊锡膏	kg	0.007	0.010	0.012	0.015
	031303019	焊锡丝（综合）	kg	0.037	0.049	0.061	0.074
	130121003	沥青绝缘漆	kg	0.737	0.835	0.933	1.032
	140301003	汽油 92#	kg	0.442	0.491	0.540	0.590
	142123001	电力复合脂	kg	0.022	0.027	0.032	0.037
	271799001	电气绝缘胶带 18mm×10m×0.13mm	卷	0.215	0.295	0.356	0.461
	280103006	镀锡裸铜软绞线 TJRX 16mm²	kg	0.154	0.154	0.184	0.184
	850103006	其他材料费（占材料费）	%	1.800	1.800	1.800	1.800

工作内容： 定位、量尺寸、锯断、剥切清洗、内屏蔽层处理、焊接地线、套热缩管、压接线端子、加热成形、安装等。

计量单位：个

编号				4-9-216	4-9-217
项目				电缆截面（mm^2）	
				≤240	≤400
名称			单位	消耗量	
人工	000203000	综合二类工	工日	2.007	2.812
材料	290701007	热缩式电缆中间接头	套	（1.020）	（1.020）
	340203005	聚四氟乙烯带	kg	0.430	0.614
	021303002	三色塑料带 20mm×40m	m	0.614	0.921
	022703003	白布	kg	0.958	1.105
	031305003	焊锡膏	kg	0.029	0.037
	031303019	焊锡丝（综合）	kg	0.147	0.184
	130121003	沥青绝缘漆	kg	1.327	1.769
	140301003	汽油 92#	kg	0.737	0.884
	142123001	电力复合脂	kg	0.059	0.074
	271799001	电气绝缘胶带 18mm×10m×0.13mm	卷	0.743	1.155
	280103006	镀锡裸铜软绞线 TJRX 16mm^2	kg	0.215	0.307
	850103006	其他材料费（占材料费）	%	1.800	1.800

2. 电力电缆终端头制作安装

（1）1kV以下干包式铜芯电力电缆

工作内容： 定位、量尺寸、锯断、剥保护层及绝缘层、清洗、包缠绝缘、压接线管及接线端子、安装、接线等。

计量单位：个

编号				4-9-218	4-9-219	4-9-220	4-9-221
项目				电缆截面（mm^2）			
				≤10	≤25	≤50	≤70
名称			单位	消耗量			
人工	000203000	综合二类工	工日	0.151	0.285	0.426	0.499
材料	021303002	三色塑料带 20mm×40m	m	0.067	0.107	0.207	0.295
	022703003	白布	kg	0.170	0.275	0.374	0.442
	031305003	焊锡膏	kg	0.006	0.009	0.014	0.017
	031303019	焊锡丝（综合）	kg	0.029	0.459	0.068	0.085
	140301003	汽油 92#	kg	0.170	0.275	0.323	0.340
	142123001	电力复合脂	kg	0.018	0.027	0.037	0.044
	182506006	固定卡子 $\phi 90$	个	0.981	1.576	2.060	2.060
	271799001	电气绝缘胶带 18mm×10m×0.13mm	卷	0.170	0.230	0.255	0.255
	280103006	镀锡裸铜软绞线 TJRX 16mm^2	kg	0.102	0.153	0.235	0.215
	340705004	塑料手套 ST型	个	0.893	1.050	1.050	1.050
	290901019	铜接线端子 DT-10mm^2	个	3.760	—	—	—
	290901025	铜接线端子 DT-25mm^2	个	—	3.760	—	—
	290901029	铜接线端子 DT-50mm^2	个	—	—	3.760	—
	290901031	铜接线端子 DT-70mm^2	个	—	—	—	3.760
	850103006	其他材料费（占材料费）	%	1.800	1.800	1.800	1.800

工作内容：定位、量尺寸、锯断、剥保护层及绝缘层、清洗、包缠绝缘、压接线管及接线端子、安装、接线等。

计量单位：个

编号				4-9-222	4-9-223	4-9-224
项目				电缆截面（mm²）		
				≤120	≤240	≤400
名称			单位	消耗量		
人工	000203000	综合二类工	工日	0.570	0.748	0.823
材料	021303002	三色塑料带 20mm×40m	m	0.383	0.595	0.765
	022703003	白布	kg	0.510	0.816	0.898
	031305003	焊锡膏	kg	0.020	0.041	0.048
	031303019	焊锡丝（综合）	kg	0.102	0.204	0.306
	140301003	汽油 92#	kg	0.357	0.408	0.425
	142123001	电力复合脂	kg	0.051	0.082	0.090
	182506006	固定卡子 $\phi90$	个	2.060	2.060	2.060
	271799001	电气绝缘胶带 18mm×10m×0.13mm	卷	0.340	0.425	0.510
	280103006	镀锡裸铜软绞线 TJRX 16mm²	kg	0.238	0.298	0.327
	340705004	塑料手套 ST 型	个	1.050	1.050	1.050
	290901020	铜接线端子 DT-120mm²	个	3.760	—	—
	290901024	铜接线端子 DT-240mm²	个	—	3.760	—
	290901028	铜接线端子 DT-400mm²	个	—	—	3.760
	850103006	其他材料费（占材料费）	%	1.800	1.800	1.800

（2）1kV 室内热（冷）缩式铜芯电力电缆

工作内容：定位、量尺寸、锯断、剥切清洗、内屏蔽层处理、焊接地线、压接线端子、装热缩管、加热成形、安装、接线等。

计量单位：个

编号				4-9-225	4-9-226	4-9-227	4-9-228
项目				电缆截面（mm²）			
				≤10	≤25	≤50	≤70
名称			单位	消耗量			
人工	000203000	综合二类工	工日	0.142	0.272	0.415	0.492
材料	290701002	户内热缩式电缆终端头	套	（1.020）	（1.020）	（1.020）	（1.020）
	021303002	三色塑料带 20mm×40m	m	0.217	0.325	0.434	0.506
	022703003	白布	kg	0.145	0.234	0.318	0.376
	031305003	焊锡膏	kg	0.029	0.047	0.055	0.058
	031303019	焊锡丝（综合）	kg	0.145	0.234	0.275	0.289
	140301003	汽油 92#	kg	0.289	0.468	0.578	0.636
	142123001	电力复合脂	kg	0.014	0.024	0.032	0.038
	143315001	丙酮	kg	0.246	0.390	0.520	0.607
	182506006	固定卡子 $\phi90$	个	1.488	1.488	2.060	2.060
	271799001	电气绝缘胶带 18mm×10m×0.13mm	卷	0.145	0.195	0.318	0.419
	280103006	镀锡裸铜软绞线 TJRX 16mm²	kg	0.087	0.130	0.145	0.145
	850103006	其他材料费（占材料费）	%	1.800	1.800	1.800	1.800

工作内容： 定位、量尺寸、锯断、剥切清洗、内屏蔽层处理、焊接地线、压接线端子、装热缩管、加热成形、安装、接线等。

计量单位：个

编号				4-9-229	4-9-230	4-9-231
项目				电缆截面（mm²）		
				≤ 120	≤ 240	≤ 400
		名称	单位	消耗量		
人工	000203000	综合二类工	工日	0.567	0.755	1.057
材料	290701002	户内热缩式电缆终端头	套	（1.020）	（1.020）	（1.020）
	021303002	三色塑料带 20mm × 40m	m	0.578	0.723	1.084
	022703003	白布	kg	0.434	0.694	0.867
	031305003	焊锡膏	kg	0.061	0.078	0.087
	031303019	焊锡丝（综合）	kg	0.303	0.390	0.434
	140301003	汽油 92#	kg	0.694	0.867	1.127
	142123001	电力复合脂	kg	0.043	0.069	0.087
	143315001	丙酮	kg	0.694	0.867	1.214
	182506006	固定卡子 $\phi 90$	个	2.060	2.060	2.060
	271799001	电气绝缘胶带 18mm × 10m × 0.13mm	卷	0.520	0.867	1.344
	280103006	镀锡裸铜软绞线 TJRX 16mm²	kg	0.217	0.253	0.361
	850103006	其他材料费（占材料费）	%	1.800	1.800	1.800

（3）10kV 室内热（冷）缩式铜芯电力电缆

工作内容： 定位、量尺寸、锯断、剥切清洗、内屏蔽层处理、焊接地线、压接线端子、装热缩管、加热成形、安装、接线等。

计量单位：个

编号				4-9-232	4-9-233	4-9-234	4-9-235
项目				电缆截面（mm²）			
				≤ 35	≤ 50	≤ 70	≤ 120
		名称	单位	消耗量			
人工	000203000	综合二类工	工日	0.452	0.534	0.615	0.699
材料	290701002	户内热缩式电缆终端头	套	（1.020）	（1.020）	（1.020）	（1.020）
	340203005	聚四氟乙烯带	kg	0.116	0.145	0.173	0.202
	021303002	三色塑料带 20mm × 40m	m	0.397	0.491	0.564	0.636
	022703003	白布	kg	0.260	0.318	0.376	0.434
	031305003	焊锡膏	kg	0.052	0.055	0.058	0.061
	031303019	焊锡丝（综合）	kg	0.260	0.275	0.289	0.303
	140301003	汽油 92#	kg	0.520	0.578	0.636	0.694
	142123001	电力复合脂	kg	0.026	0.032	0.038	0.043
	143315001	丙酮	kg	0.434	0.520	0.607	0.694
	182506006	固定卡子 $\phi 90$	个	1.488	2.060	2.060	2.060
	271799001	电气绝缘胶带 18mm × 10m × 0.13mm	卷	0.253	0.397	0.491	0.592
	280103006	镀锡裸铜软绞线 TJRX 16mm²	kg	0.145	0.145	0.217	0.217
	850103006	其他材料费（占材料费）	%	1.800	1.800	1.800	1.800

工作内容：定位、量尺寸、锯断、剥切清洗、内屏蔽层处理、焊接地线、压接线端子、装热缩管、加热成形、安装、接线等。

计量单位：个

编号				4-9-236	4-9-237
项目				电缆截面（mm^2）	
				≤240	≤400
名称			单位	消耗量	
人工	000203000	综合二类工	工日	0.900	1.267
材料	290701002	户内热缩式电缆终端头	套	(1.020)	(1.020)
	340203005	聚四氟乙烯带	kg	0.289	0.361
	021303002	三色塑料带 20mm×40m	m	0.780	1.149
	022703003	白布	kg	0.694	0.954
	031305003	焊锡膏	kg	0.078	0.087
	031303019	焊锡丝（综合）	kg	0.390	0.434
	140301003	汽油 92#	kg	0.867	1.127
	142123001	电力复合脂	kg	0.069	0.087
	143315001	丙酮	kg	0.867	1.301
	182506006	固定卡子 $\phi 90$	个	2.060	2.060
	271799001	电气绝缘胶带 18mm×10m×0.13mm	卷	1.127	1.777
	280103006	镀锡裸铜软绞线 TJRX 16mm^2	kg	0.253	0.361
	850103006	其他材料费（占材料费）	%	1.800	1.800

（4）10kV 以下室外热（冷）缩式铜芯电力电缆

工作内容：定位、量尺寸、锯断、剥切清洗、内屏蔽层处理、焊接地线、套热缩管、压接线端子、装终端盒、配料浇注、安装、接线等。

计量单位：个

编号				4-9-238	4-9-239	4-9-240	4-9-241
项目				电缆截面（mm^2）			
				≤35	≤50	≤70	≤120
名称			单位	消耗量			
人工	000203000	综合二类工	工日	1.279	1.476	1.674	1.870
材料	290701003	户外热缩式电缆终端头	套	(1.020)	(1.020)	(1.020)	(1.020)
	340203005	聚四氟乙烯带	kg	0.129	0.162	0.194	0.226
	021303002	三色塑料带 20mm×40m	m	0.040	0.048	0.057	0.065
	022703003	白布	kg	0.485	0.581	0.678	0.775
	031305003	焊锡膏	kg	0.010	0.013	0.016	0.019
	031303019	焊锡丝（综合）	kg	0.048	0.065	0.081	0.097
	140301003	汽油 92#	kg	0.775	0.856	0.937	1.017
	142123001	电力复合脂	kg	0.029	0.036	0.042	0.048
	182506006	固定卡子 $\phi 90$	个	1.663	2.060	2.060	2.060
	271799001	电气绝缘胶带 18mm×10m×0.13mm	卷	0.202	0.283	0.363	0.485
	280103006	镀锡裸铜软绞线 TJRX 16mm^2	kg	0.162	0.162	0.202	0.202
	850103006	其他材料费（占材料费）	%	1.800	1.800	1.800	1.800

工作内容：定位、量尺寸、锯断、剥切清洗、内屏蔽层处理、焊接地线、套热缩管、压接线端子、装终端盒、配料浇注、安装、接线等。 **计量单位：**个

编号				4-9-242	4-9-243
项目				电缆截面（mm^2）	
				≤ 240	≤ 400
名称			单位	消耗量	
人工	000203000	综合二类工	工日	2.273	2.947
材料	290701003	户外热缩式电缆终端头	套	（1.020）	（1.020）
	340203005	聚四氟乙烯带	kg	0.323	0.404
	021303002	三色塑料带 20mm × 40m	m	0.081	0.121
	022703003	白布	kg	0.969	1.260
	031305003	焊锡膏	kg	0.039	0.048
	031303019	焊锡丝（综合）	kg	0.194	0.242
	140301003	汽油 92#	kg	1.163	1.454
	142123001	电力复合脂	kg	0.078	0.097
	182506006	固定卡子 ϕ90	个	2.060	2.060
	271799001	电气绝缘胶带 18mm × 10m × 0.13mm	卷	0.828	1.252
	280103006	镀锡裸铜软绞线 TJRX 16mm^2	kg	0.283	0.404
	850103006	其他材料费（占材料费）	%	1.800	1.800

3. 成套型电缆头安装

（1）10kV 以下电缆中间头安装

工作内容：定位、量尺寸、锯断、剥切清洗、内屏蔽层处理、焊接地线、中间头安装等。 **计量单位：**个

编号				4-9-244	4-9-245	4-9-246	4-9-247
项目				电缆截面（mm^2）			
				≤ 35	≤ 50	≤ 70	≤ 120
名称			单位	消耗量			
人工	000203000	综合二类工	工日	0.801	0.944	1.090	1.234
材料	290713002	成套型电缆中间接头	套	（1.020）	（1.020）	（1.020）	（1.020）
	022703003	白布	kg	0.408	0.490	0.571	0.653
	031305003	焊锡膏	kg	0.008	0.011	0.014	0.016
	031303019	焊锡丝（综合）	kg	0.041	0.055	0.068	0.082
	130121003	沥青绝缘漆	kg	4.080	4.080	4.896	5.712
	140301003	汽油 92#	kg	0.490	0.490	0.571	0.653
	142123001	电力复合脂	kg	0.024	0.024	0.033	0.041
	850103006	其他材料费（占材料费）	%	1.800	1.800	1.800	1.800

工作内容：定位、量尺寸、锯断、剥切清洗、内屏蔽层处理、焊接地线、中间头安装等。 **计量单位：**个

编号				4-9-248	4-9-249
项目				电缆截面（mm^2）	
				≤240	≤400
名称			单位	消耗量	
人工	000203000	综合二类工	工日	1.580	2.210
材料	290713002	成套型电缆中间接头	套	（1.020）	（1.020）
	022703003	白布	kg	1.061	1.224
	031305003	焊锡膏	kg	0.033	0.041
	031303019	焊锡丝（综合）	kg	0.163	0.204
	130121003	沥青绝缘漆	kg	7.344	9.792
	140301003	汽油 92#	kg	0.816	0.979
	142123001	电力复合脂	kg	0.065	0.082
	850103006	其他材料费（占材料费）	%	1.800	1.800

（2）10kV以下室内电缆终端头安装

工作内容：定位、量尺寸、锯断、剥切清洗、内屏蔽层处理、焊接地线、安装、接线等。 **计量单位：**个

编号				4-9-250	4-9-251	4-9-252	4-9-253
项目				电缆截面（mm^2）			
				≤35	≤50	≤70	≤120
名称			单位	消耗量			
人工	000203000	综合二类工	工日	0.524	0.621	0.717	0.816
材料	290713004	成套型电缆终端头	套	（1.020）	（1.020）	（1.020）	（1.020）
	022703003	白布	kg	0.245	0.245	0.326	0.408
	031305003	焊锡膏	kg	0.049	0.049	0.057	0.057
	031303019	焊锡丝（综合）	kg	0.245	0.245	0.286	0.286
	140301003	汽油 92#	kg	0.490	0.490	0.571	0.653
	142123001	电力复合脂	kg	0.024	0.033	0.041	0.041
	143315001	丙酮	kg	0.408	0.490	0.571	0.653
	850103006	其他材料费（占材料费）	%	1.800	1.800	1.800	1.800

工作内容：定位、量尺寸、锯断、剥切清洗、内屏蔽层处理、焊接地线、安装、接线等。 **计量单位：**个

编号				4-9-254	4-9-255
项目				电缆截面（mm^2）	
				≤240	≤400
名称			单位	消耗量	
人工	000203000	综合二类工	工日	1.056	1.513
材料	290713004	成套型电缆终端头	套	（1.020）	（1.020）
	022703003	白布	kg	0.653	0.898
	031305003	焊锡膏	kg	0.073	0.082
	031303019	焊锡丝（综合）	kg	0.367	0.408
	140301003	汽油 92#	kg	0.816	1.061
	142123001	电力复合脂	kg	0.065	0.082
	143315001	丙酮	kg	0.816	1.224
	850103006	其他材料费（占材料费）	%	1.800	1.800

（3）10kV 以下室外电缆终端头安装

工作内容：定位、量尺寸、锯断、剥切清洗、内屏蔽层处理、焊接地线、终端盒安装、接线等。**计量单位：**个

编号				4-9-256	4-9-257	4-9-258	4-9-259
项目				电缆截面（mm^2）			
				≤ 35	≤ 50	≤ 70	≤ 120
名称			单位	消耗量			
人工	000203000	综合二类工	工日	1.242	1.438	1.632	1.827
材料	290713004	成套型电缆终端头	套	（1.020）	（1.020）	（1.020）	（1.020）
	022703003	白布	kg	0.408	0.490	0.571	0.653
	031305003	焊锡膏	kg	0.008	0.008	0.016	0.016
	031303019	焊锡丝（综合）	kg	0.408	0.490	0.653	0.816
	140301003	汽油 92#	kg	0.653	0.721	0.789	0.857
	142123001	电力复合脂	kg	0.024	0.024	0.033	0.041
	850103006	其他材料费（占材料费）	%	1.800	1.800	1.800	1.800

工作内容：定位、量尺寸、锯断、剥切清洗、内屏蔽层处理、焊接地线、终端盒安装、接线等。**计量单位：**个

编号				4-9-260	4-9-261
项目				电缆截面（mm^2）	
				≤ 240	≤ 400
名称			单位	消耗量	
人工	000203000	综合二类工	工日	2.217	2.875
材料	290713004	成套型电缆终端头	套	（1.020）	（1.020）
	022703003	白布	kg	0.816	1.061
	031305003	焊锡膏	kg	0.033	0.041
	031303019	焊锡丝（综合）	kg	0.979	1.020
	140301003	汽油 92#	kg	0.979	1.224
	142123001	电力复合脂	kg	0.065	0.024
	850103006	其他材料费（占材料费）	%	1.800	1.800

六、控制电缆敷设

1. 控制电缆敷设

工作内容：开盘、检查、架线盘、敷设、切断、排列整理、固定、收盘、临时封头、挂牌等。**计量单位：**10m

编号				4-9-262	4-9-263	4-9-264	4-9-265	4-9-266
项目				电缆芯数（芯）				
				≤6	≤14	≤24	≤37	≤48
名称			单位	消耗量				
人工	000203000	综合二类工	工日	0.214	0.236	0.244	0.317	0.458
材料	281400002	控制电缆	m	（10.150）	（10.150）	（10.150）	（10.150）	（10.150）
	022703003	白布	kg	0.017	0.026	0.034	0.034	0.043
	031541003	钢锯条	条	0.085	0.085	0.094	0.094	0.094
	140301003	汽油 92#	kg	0.026	0.060	0.068	0.077	0.085
	271799001	电气绝缘胶带 18mm × 10m × 0.13mm	卷	0.009	0.009	0.009	0.009	0.009
	290639003	镀锌电缆卡子 2×35	套	2.342	2.342	2.342	2.342	2.342
	341304003	标志牌 塑料扁形	个	0.601	0.601	0.601	0.601	0.601
	850103006	其他材料费（占材料费）	%	1.800	1.800	1.800	1.800	1.800
机械	990304004	汽车式起重机 8t	台班	—	0.011	0.011	0.011	0.011
	990401020	载重汽车 5t	台班	—	0.011	0.011	0.011	0.011

2. 竖井通道内铜芯控制电缆敷设

工作内容：开盘、检查、架线盘、敷设、切断、排列整理、固定、收盘、临时封头、挂牌等。**计量单位：**10m

编号				4-9-267	4-9-268	4-9-269	4-9-270	4-9-271
项目				电缆芯数（芯）				
				≤6	≤14	≤24	≤37	≤48
名称			单位	消耗量				
人工	000203000	综合二类工	工日	0.319	0.363	0.805	0.982	1.389
材料	281400002	控制电缆	m	（10.150）	（10.150）	（10.150）	（10.150）	（10.150）
	022703003	白布	kg	0.017	0.026	0.034	0.034	0.043
	031541003	钢锯条	条	0.085	0.085	0.094	0.094	0.094
	140301003	汽油 92#	kg	0.026	0.060	0.068	0.077	0.085
	271799001	电气绝缘胶带 18mm × 10m × 0.13mm	卷	0.009	0.009	0.009	0.017	0.017
	290639003	镀锌电缆卡子 2×35	套	11.211	11.211	11.211	11.211	11.211
	341304003	标志牌 塑料扁形	个	1.802	1.802	1.802	1.802	1.802
	850103006	其他材料费（占材料费）	%	1.800	1.800	1.800	1.800	1.800
机械	990304004	汽车式起重机 8t	台班	—	0.011	0.011	0.011	0.053
	990401020	载重汽车 5t	台班	—	0.011	0.011	0.011	0.011

七、控制电缆终端头制作安装

工作内容：定位、量尺寸、锯断、剥切、包缠绝缘、安装、校接线等。　　**计量单位**：个

编　号				4-9-272	4-9-273	4-9-274	4-9-275	4-9-276
项　目				电缆芯数（芯）				
				≤ 6	≤ 14	≤ 24	≤ 37	≤ 48
	名　称		单位	消　耗　量				
人工	000203000	综合二类工	工日	0.217	0.351	0.478	0.695	1.057
材料	021303002	三色塑料带 20mm × 40m	m	0.170	0.425	0.680	0.850	1.275
	022703003	白布	kg	0.170	0.255	0.298	0.340	0.425
	031305003	焊锡膏	kg	0.017	0.026	0.026	0.034	0.043
	031303019	焊锡丝（综合）	kg	0.085	0.128	0.145	0.162	0.204
	140301003	汽油 92#	kg	0.085	0.128	0.153	0.170	0.213
	172709003	塑料软管 *De*5	m	0.034	0.162	0.272	0.485	0.629
	182506003	固定卡子 ϕ40	个	1.030	1.030	1.030	1.030	1.030
	271799001	电气绝缘胶带 18mm × 10m × 0.13mm	卷	0.085	0.170	0.255	0.340	0.383
	021301001	尼龙扎带（综合）	根	10.000	10.000	15.000	15.000	15.000
	280103006	镀锡裸铜软绞线 TJRX $16mm^2$	kg	0.119	0.119	0.119	0.119	0.119
	182909002	套管 KT2 型	个	0.893	0.893	0.893	0.893	0.893
	290909001	端子号牌	个	5.000	12.000	21.000	32.000	41.000
	850103006	其他材料费（占材料费）	%	1.800	1.800	1.800	1.800	1.800

八、电缆防火设施安装

工作内容：清扫、堵洞、安装防火槽盒（隔板）、防火涂料、防火包、防火带、清理现场等。**计量单位**：见表

编　号				4-9-277	4-9-278	4-9-279	4-9-280	4-9-281
项　目				阻燃槽盒（宽 + 高 mm）		防火隔板	防火槽	防火带
				≤ 550	> 550			
单　位				10m		m^2	10m	
	名　称		单位	消　耗　量				
人工	000203000	综合二类工	工日	6.960	10.679	0.844	0.419	0.187
材料	231711002	防火带	m	—	—	—	—	(10.200)
	292513002	阻燃槽盒	m	(10.050)	(10.050)	—	(10.500)	—
	031507031	镀锌铁丝 ϕ4.0	kg	0.383	0.468	—	—	—
	031541002	锯条（综合）	根	6.892	9.359	—	—	—
	231713002	防火隔板	m^2	—	—	(1.080)	—	—
	031541003	钢锯条	条	—	—	1.700	—	—
	850103006	其他材料费（占材料费）	%	1.800	1.800	1.800	1.800	1.800

工作内容：清扫、堵洞、安装防火槽盒（隔板）、防火涂料、防火包、防火带、清理现场等。计量单位：见表

编号				4-9-282	4-9-283	4-9-284	4-9-285
项目				防火墙	防火包	防火堵料	防火涂料
单位				m^2	t		kg
名称			单位	消耗量			
人工	000203000	综合二类工	工日	0.318	13.634	36.979	0.184
材料	231713004	防火墙	m^2	（1.080）	—	—	—
	231709002	防火包	t	—	（1.080）	—	—
	231707002	防火堵料	t	—	—	（1.080）	—
	130501006	防火涂料	kg	—	—	—	（1.080）
	031507007	镀锌铁丝（综合）	kg	—	—	5.100	—
	050401003	板枋材	m^3	—	—	0.128	—
	341101001	水	m^3	—	—	0.170	—
	140301004	汽油 95#	kg	—	—	—	0.298
	850103006	其他材料费（占材料费）	%	1.800	1.800	1.800	1.800

九、电缆分支箱安装

工作内容：开箱、清扫、检查、测位、划线、本体安装、接地等。 计量单位：台

编号				4-9-286	4-9-287	4-9-288	4-9-289
项目				高压电缆分支箱（回路）			低压电缆分支箱
				6	8	10	
名称			单位	消耗量			
人工	000203000	综合二类工	工日	2.043	2.480	2.919	0.922
材料	031507007	镀锌铁丝（综合）	kg	0.383	0.383	0.391	0.255
	031509007	平垫铁（综合）	kg	0.255	0.255	0.255	0.136
	031301007	低碳钢焊条（综合）	kg	0.128	0.128	0.128	—
	130115001	调和漆	kg	0.055	0.055	0.055	—
	280110001	软铜绞线 TJR 7/1.33	kg	0.042	0.042	0.041	0.025
	020323003	自粘性橡胶带 25mm×20m	卷	10.092	10.092	10.092	—
	030113005	垫圈 *M*10～20	10个	—	—	—	0.673
	850103006	其他材料费（占材料费）	%	1.800	1.800	1.800	1.800
机械	990401015	载重汽车 4t	台班	0.060	0.060	0.060	0.040
	990904030	直流弧焊机 20kV·A	台班	0.016	0.016	0.016	—

十、电缆试验

工作内容：试验设备移运及布置、接电及布线，电缆试验、核相、电阻比试验、试验后复位等。

计量单位：见表

编号				4-9-290	4-9-291	4-9-292	4-9-293	4-9-294
项目				绝缘遥测	10kV 电缆试验			
					直流耐压试验	交流耐压试验	电阻比试验	局放试验
单位				盘、回路	回路			
名称			单位	消耗量				
人工	000203000	综合二类工	工日	0.557	2.474	3.249	1.218	4.158
材料	014101004	黄铜丝 $\phi 3$	kg	—	0.213	0.213	—	0.213
	021301009	塑料带 20mm×40m	卷	—	0.765	0.765	—	0.765
	850103006	其他材料费（占材料费）	%	1.800	1.800	1.800	1.800	1.800
机械	871699009	脉冲定位仪	台班	—	—	—	—	0.650
	871699027	振荡波试验设备	台班	—	—	—	—	0.576
	870622064	高压绝缘电阻测试仪	台班	0.280	—	—	—	—
	990401020	载重汽车 5t	台班	—	0.700	—	0.200	—
	870699153	高压试验设备 ZGS-20	台班	—	0.310	—	—	—
	990304004	汽车式起重机 8t	台班	—	—	1.000	—	1.000
	990401030	载重汽车 8t	台班	—	—	1.000	—	1.000
	870699144	高压核相仪	台班	—	—	0.650	—	—
	870699001	调频串联谐振交流耐压试验装置	台班	—	—	1.151	—	—
	873124002	数字直流（双臂）电桥 QJ84	台班	—	—	—	0.130	—

十一、补 充 项 目

1. 矿物绝缘电缆敷设

工作内容：开盘、检查、架线盘、敷设、锯断、固定、整理调直、测绝缘、临时封头、挂牌。**计量单位：**10m

编号				4-9-295	4-9-296	4-9-297	4-9-298
项目				1-2 芯截面积（mm^2）			
				≤ 4	≤ 10	≤ 35	≤ 70
名称			单位	消耗量			
人工	000203000	综合二类工	工日	0.079	0.106	0.292	0.474
材料	280008020	矿物绝缘电缆	m	（10.350）	（10.350）	（10.350）	（10.350）
	031507014	镀锌铁丝 ϕ1.6～1.2	kg	0.031	0.037	0.042	0.056
	022701003	棉纱头	kg	0.001	0.001	0.002	0.003
	030105198	镀锌精制带帽螺栓 2 平垫 1 弹垫 M8 × 100 以内	10 套	0.111	0.111	0.111	0.111
	030107016	膨胀螺栓 M10	10 套	4.200	4.200	4.200	4.200
	031519006	冲击钻头 ϕ10～20	个	0.042	0.042	0.042	0.042
	031541003	钢锯条	条	0.035	0.035	0.056	0.070
	140301004	汽油 95#	kg	0.003	0.007	0.007	0.010
	021305001	自粘性塑料带 20mm × 20m	卷	0.007	0.008	0.010	0.014
	271703005	相色带 20mm × 20m	卷	0.002	0.003	0.004	0.006
	341304003	标志牌 塑料扁形	个	0.210	0.210	0.210	0.210
	850103006	其他材料费（占材料费）	%	2.800	2.800	2.800	2.800
机械	990304002	汽车式起重机 5t	台班	0.002	0.002	0.003	0.005
	990401015	载重汽车 4t	台班	0.001	0.001	0.001	0.001

工作内容：开盘、检查、架线盘、敷设、锯断、固定、整理调直、测绝缘、临时封头、挂牌。**计量单位**：10m

编号				4-9-299	4-9-300	4-9-301	4-9-302
项目				1-2 芯截面积（mm^2）			
				≤ 150	≤ 240	≤ 300	≤ 400
		名称	单位	消耗量			
人工	000203000	综合二类工	工日	0.580	0.743	0.944	1.144
材料	280008020	矿物绝缘电缆	m	（10.350）	（10.350）	（10.350）	（10.350）
	031507014	镀锌铁丝 ϕ1.6～1.2	kg	0.070	0.084	0.105	0.126
	022701003	棉纱头	kg	0.004	0.006	0.007	0.010
	030105198	镀锌精制带帽螺栓 2 平垫 1 弹垫 M8×100 以内	10 套	0.111	0.111	0.111	0.111
	030107016	膨胀螺栓 M10	10 套	4.200	4.200	4.200	4.200
	031519006	冲击钻头 ϕ10～20	个	0.042	0.042	0.042	0.042
	031541003	钢锯条	条	0.105	0.105	0.140	0.140
	140301004	汽油 95#	kg	0.014	0.017	0.021	0.028
	021305001	自粘性塑料带 20mm×20m	卷	0.017	0.021	0.024	0.028
	271703005	相色带 20mm×20m	卷	0.007	0.008	0.010	0.011
	341304003	标志牌 塑料扁形	个	0.210	0.210	0.210	0.210
	850103006	其他材料费（占材料费）	%	2.800	2.800	2.800	2.800
机械	990304002	汽车式起重机 5t	台班	0.006	0.008	0.010	0.011
	990401015	载重汽车 4t	台班	0.002	0.003	0.004	0.005

工作内容：开盘、检查、架线盘、敷设、锯断、固定、整理调直、测绝缘、临时封头、挂牌。**计量单位**：10m

编号				4-9-303	4-9-304	4-9-305	4-9-306
项目				3 芯以上截面积（mm^2）			
				≤ 4	≤ 10	≤ 35	≤ 70
		名称	单位	消耗量			
人工	000203000	综合二类工	工日	0.144	0.192	0.487	0.806
材料	280008020	矿物绝缘电缆	m	（10.350）	（10.350）	（10.350）	（10.350）
	031507014	镀锌铁丝 ϕ1.6～1.2	kg	0.105	0.122	0.140	0.067
	022701003	棉纱头	kg	0.003	0.006	0.007	0.006
	030105198	镀锌精制带帽螺栓 2 平垫 1 弹垫 M8×100 以内	10 套	0.367	0.367	0.367	0.155
	030107016	膨胀螺栓 M10	10 套	—	—	—	4.200
	031519006	冲击钻头 ϕ10～20	个	—	—	—	0.055
	031541003	钢锯条	条	0.035	0.070	0.070	0.140
	140301004	汽油 95#	kg	0.014	0.017	0.021	0.014
	021305001	自粘性塑料带 20mm×20m	卷	0.021	0.028	0.035	0.042
	271703005	相色带 20mm×20m	卷	0.007	0.010	0.014	0.017
	341304003	标志牌 塑料扁形	个	0.420	0.420	0.420	0.210
	030107014	膨胀螺栓 M8	10 套	14.000	14.000	14.000	—
	031519003	冲击钻头 ϕ6～8	个	0.091	0.091	0.091	—
	850103006	其他材料费（占材料费）	%	2.800	2.800	2.800	2.800
机械	990304002	汽车式起重机 5t	台班	0.005	0.010	0.015	0.013
	990401015	载重汽车 4t	台班	0.001	0.002	0.003	0.004

2. 矿物绝缘电缆终端头、中间头

（1）矿物绝缘电缆终端头

工作内容： 定位、固定、剥铜护套、测绝缘、驱潮、终端封闭、套热缩绝缘管、端子安装、接地。

计量单位：个

编号				4-9-307	4-9-308	4-9-309	4-9-310
项目				单芯截面积（mm^2）			
				≤4	≤10	≤35	≤70
名称			单位	消耗量			
人工	000203000	综合二类工	工日	0.054	0.081	0.106	0.134
材料	290705002	矿物绝缘电缆终端头	套	（1.020）	（1.020）	（1.020）	（1.020）
	022701003	棉纱头	kg	0.009	0.009	0.009	0.017
	030105190	镀锌六角带帽螺栓 M8×40～45	套	0.170	0.170	0.170	0.170
	031102004	铁砂布（综合）	张	0.085	0.128	0.170	0.255
	031541003	钢锯条	条	0.170	0.255	0.340	0.425
	140301004	汽油 95#	kg	0.043	0.043	0.043	0.051
	271703005	相色带 20mm×20m	卷	0.003	0.004	0.006	0.007
	341304003	标志牌 塑料扁形	个	0.850	0.850	0.850	0.850
	280103001	裸铜线 $16mm^2$	m	0.425	0.425	—	—
	280103002	裸铜线 $25mm^2$	M	—	—	0.680	0.680
	290901022	铜接线端子 DT-$16mm^2$	个	1.717	1.717	—	—
	290901025	铜接线端子 DT-$25mm^2$	个	—	—	2.020	2.020
	290901027	铜接线端子 DT-$35mm^2$	个	—	—	0.867	—
	290901031	铜接线端子 DT-$70mm^2$	个	—	—	—	1.020
	850103006	其他材料费（占材料费）	%	2.800	2.800	2.800	2.800

工作内容：定位、固定、剥铜护套、测绝缘、驱潮、终端封闭、套热缩绝缘管、端子安装、接地。　　**计量单位：**个

编　号				4-9-311	4-9-312	4-9-313	4-9-314
项　目				单芯截面积（mm^2）			
				≤ 150	≤ 240	≤ 300	≤ 400
	名　称		单位	消　耗　量			
人工	000203000	综合二类工	工日	0.161	0.186	0.214	0.241
材料	290705002	矿物绝缘电缆终端头	套	（1.020）	（1.020）	（1.020）	（1.020）
	022701003	棉纱头	kg	0.017	0.026	0.030	0.034
	030105190	镀锌六角带帽螺栓 M8×40～45	套	0.170	0.170	0.170	0.170
	031102004	铁砂布（综合）	张	0.255	0.340	0.383	0.425
	031541003	钢锯条	条	0.510	0.595	0.680	0.850
	140301004	汽油 95#	kg	0.051	0.060	0.064	0.068
	271703005	相色带 20mm×20m	卷	0.008	0.009	0.013	0.017
	341304003	标志牌 塑料扁形	个	0.850	0.850	0.850	0.850
	280103003	裸铜线 $35mm^2$	m	0.680	0.680	1.020	1.190
	182506003	固定卡子 $\phi40$	个	0.876	0.876	—	—
	182506004	固定卡子 $\phi50$	个	—	—	0.876	—
	182506005	固定卡子 $\phi80$	个	—	—	—	1.030
	290901027	铜接线端子 DT-$35mm^2$	个	2.020	2.020	—	—
	290901029	铜接线端子 DT-$50mm^2$	个	—	—	2.020	2.020
	290901021	铜接线端子 DT-$150mm^2$	个	1.020	—	—	—
	290901024	铜接线端子 DT-$240mm^2$	个	—	1.020	—	—
	290901026	铜接线端子 DT-$300mm^2$	个	—	—	1.020	—
	290901028	铜接线端子 DT-$400mm^2$	个	—	—	—	1.020
	850103006	其他材料费（占材料费）	%	2.800	2.800	2.800	2.800

工作内容： 定位、固定、剥铜护套、测绝缘、驱潮、终端封闭、套热缩绝缘管、端子安装、接地。

计量单位：个

编号				4-9-315	4-9-316	4-9-317	4-9-318
项目				多芯以下截面积（mm^2）			
				≤4	≤10	≤35	≤70
名称			单位	消耗量			
人工	000203000	综合二类工	工日	0.161	0.186	0.241	0.350
材料	290705002	矿物绝缘电缆终端头	套	（1.020）	（1.020）	（1.020）	（1.020）
	022701003	棉纱头	kg	0.043	0.051	0.060	0.017
	030105190	镀锌六角带帽螺栓 M8×40～45	套	0.170	0.170	0.170	0.170
	031102004	铁砂布（综合）	张	0.085	0.085	0.128	0.663
	031541003	钢锯条	条	0.425	0.680	0.850	1.156
	140301004	汽油 95#	kg	0.085	0.128	0.170	0.112
	271703005	相色带 20mm×20m	卷	0.085	0.085	0.128	0.018
	280103001	裸铜线 16mm^2	m	0.425	0.510	—	—
	280103002	裸铜线 25mm^2	M	—	—	0.680	0.680
	290901022	铜接线端子 DT-16mm^2	个	1.717	1.717	1.717	—
	290901025	铜接线端子 DT-25mm^2	个	—	—	4.040	2.020
	290901031	铜接线端子 DT-70mm^2	个	—	—	—	1.020
	341304003	标志牌 塑料扁形	个	0.850	0.850	0.850	0.850
	182506003	固定卡子 ϕ40	个	0.876	0.876	0.876	—
	850103006	其他材料费（占材料费）	%	2.800	2.800	2.800	2.800

（2）矿物绝缘电缆中间头

工作内容： 校直、套进附件、剥铜护套、测绝缘、驱潮、两端密封、套瓷管、线芯对接、装连接管。

计量单位：个

编号				4-9-319	4-9-320	4-9-321	4-9-322
项目				单芯截面积（mm^2）			
				≤4	≤10	≤35	≤70
名称			单位	消耗量			
人工	000203000	综合二类工	工日	0.115	0.154	0.191	0.230
材料	290705001	矿物绝缘电缆中间头	套	（1.020）	（1.020）	（1.020）	（1.020）
	022701003	棉纱头	kg	0.009	0.009	0.013	0.017
	031102004	铁砂布（综合）	张	0.170	0.255	0.340	0.510
	031541003	钢锯条	条	0.340	0.510	0.680	0.850
	140301004	汽油 95#	kg	0.085	0.085	0.128	0.128
	271703005	相色带 20mm×20m	卷	0.005	0.009	0.013	0.013
	341304003	标志牌 塑料扁形	个	0.850	0.850	0.850	0.850
	850103006	其他材料费（占材料费）	%	2.800	2.800	2.800	2.800

工作内容：校直、套进附件、剥铜护套、测绝缘、驱潮、两端密封、套瓷管、线芯对接、装连接管。

计量单位：个

编　号				4-9-323	4-9-324	4-9-325	4-9-326
项　目				单芯截面积（mm²）			
				≤150	≤240	≤300	≤400
名　称			单位	消 耗 量			
人工	000203000	综合二类工	工日	0.269	0.306	0.345	0.384
材料	290705001	矿物绝缘电缆中间头	套	（1.020）	（1.020）	（1.020）	（1.020）
	022701003	棉纱头	kg	0.021	0.026	0.030	0.034
	031102004	铁砂布（综合）	张	0.680	0.850	0.850	0.850
	031541003	钢锯条	条	1.020	1.190	1.360	1.530
	140301004	汽油 95#	kg	0.128	0.170	0.170	0.170
	271703005	相色带 20mm×20m	卷	0.026	0.030	0.034	0.051
	341304003	标志牌 塑料扁形	个	0.850	0.850	0.850	0.850
	850103006	其他材料费（占材料费）	%	2.800	2.800	2.800	2.800

工作内容：校直、套进附件、剥铜护套、测绝缘、驱潮、两端密封、套瓷管、线芯对接、装连接管。

计量单位：个

编　号				4-9-327	4-9-328	4-9-329	4-9-330
项　目				多芯截面积（mm²）			
				≤4	≤10	≤35	≤70
名　称			单位	消 耗 量			
人工	000203000	综合二类工	工日	0.269	0.306	0.384	0.600
材料	290705001	矿物绝缘电缆中间头	套	（1.020）	（1.020）	（1.020）	（1.020）
	022701003	棉纱头	kg	0.068	0.085	0.128	0.044
	031102004	铁砂布（综合）	张	0.340	0.680	0.850	1.122
	031541003	钢锯条	条	0.850	1.275	1.275	2.312
	140301004	汽油 95#	kg	0.128	0.128	0.255	0.273
	271703005	相色带 20mm×20m	卷	0.128	0.170	0.213	0.033
	341304003	标志牌 塑料扁形	个	0.850	0.850	0.850	0.850
	850103006	其他材料费（占材料费）	%	2.800	2.800	2.800	2.800

第十章

防雷与接地装置安装工程

说　明

一、本章内容包括避雷针制作与安装、避雷引下线敷设，避雷网安装、接地极（板）制作与安装、接地母线敷设、接地跨接线安装、桩承台接地、设备防雷装置安装、阴极保护接地、等电位装置安装及接地系测试等内容。

二、相关说明：

1. 本章项目适用于建（构）筑物的防雷接地、变配电系统接地、设备接地以及避雷针（塔）接地装置安装。

2. 接地极安装与接地母线敷设项目不包括采用爆破法施工、接地电阻率高的土质换土、接地电阻测定工作，工程实际发生时，执行相应项目。

3. 避雷针制作、安装项目不包括避雷针底座及埋件的制作与安装，工程实际发生时，应根据设计划分，分别执行相应项目。

4. 避雷针安装项目综合考虑了高空作业因素，执行时不做调整。避雷针安装在木杆和水泥杆上时，包括了其避雷引下线安装。

5. 独立避雷针安装项目包括避雷针塔架、避雷引下线安装，不包括基础浇筑。塔架制作执行本册第七章金属构件制作项目。

6. 利用建筑结构钢筋作为接地引下线安装项目是按照每根柱子内焊接两根主筋编制的，当焊接主筋超过两根时，可按照比例调整项目安装费。防雷均压环是利用建筑物梁内主筋作为防雷接地连接线考虑的，每一梁内按焊接两根主筋编制，当焊接主筋数超过两根时，可按比例调整项目安装费。如果采用单独扁钢或圆钢明敷设作为均压环时，可执行户内接地母线敷设相应项目。

7. 利用铜绞线作为接地引下线时，其配管、穿铜绞线，执行同规格相应项目。

8. 高层建筑物屋顶防雷接地装置安装，应执行避雷网安装项目。避雷网安装沿折板支架敷设项目中包括了支架制作与安装，不得另行计算。电缆支架的接地线安装执行“户内接地母线敷设”项目。

9. 利用基础梁内两根主筋焊接连通作为接地母线时，执行“均压环敷设”项目。

10. 户外接地母线敷设项目，是按照室外整平标高和一般土质综合编制的，包括地沟挖填土和夯实。户外接地沟挖深为 0.75m，每米沟长土方量为 $0.34m^3$。如设计要求埋设深度与项目不同时，应按照实际土方量调整。如遇有石方、矿渣、积水、障碍物等情况时应另行计算。

11. 利用建（构）筑物梁、柱、桩承台等接地时，柱内主筋与梁、柱内主筋与桩承台跨接不另行计算，其工作量已经综合在相应项目中。

12. 阴极保护接地等项目，适用于接地电阻率高的土质地区接地施工。包括挖接地井、安装接地电极、安装接地模块，换填降阻剂、安装电解质离子接地极等。

13. 本章项目不包括固定防雷接地设施所用的预制混凝土块制作（或购置混凝上块）与安装费用。工程实际发生时，执行陕西省工程建设标准《房屋建筑与装饰工程消耗量标准》DB 61/T 5129—2025 相应项目。

工程量计算规则

一、避雷针制作，根据材质及针长，按照设计图示安装成品数量，分别以“根”为计量单位。

二、避雷针、避雷小短针安装，根据安装地点及针长，按照设计图示安装成品数量，分别以“根”为计量单位。

三、独立避雷针安装，根据安装高度，按照设计图示安装成品数量，分别以“基”为计量单位。

四、避雷引下线敷设，根据引下线采取的方式，按照设计图示敷设长度，分别以“m”为计量单位。

五、断接卡子制作与安装，按照设计规定装设的断接卡子数量，分别以“套”为计量单位。检查井内接地的断接卡子安装按照每井一套计算。

六、均压环敷设长度，按照设计需要作为均压接地梁的中心线长度，分别以“m”为计量单位。

七、接地极制作与安装，根据材质与土质，按照设计图示数量，分别以“根”为计量单位。接地极长度按照设计长度计算，设计无规定时，每根按照 2.50m 计算。

八、避雷网、接地母线敷设，按照设计图示敷设长度，分别以“m”为计量单位。计算长度时，按照设计图示水平和垂直规定长度增加 3.90%附加长度（包括转弯、上下波动、避绕障碍物、搭接头等长度），当设计有规定时，按照设计规定计算。

九、接地跨接线安装，根据跨接线位置，结合规程规定，按照设计图示跨接数量，分别以“处”为计量单位。户外配电装置构架按照设计要求需要接地时，每组构架计算一处；钢窗、铝合金窗按照设计要求需要接地时，每一金属窗计算一处。

十、桩承台接地，根据桩连接根数，按照设计图示数量，分别以“基”为计量单位。

十一、电子设备防雷接地装置安装，根据需要避雷的设备，分别以“个”为计量单位。

十二、阴极保护接地，根据设计采取的措施，按照设计用量以规定计量单位计算。

十三、等电位装置安装，根据接地系统布置，按照安装数量以“套”为计量单位。

十四、独立接地装置，应按设计图示数量，分别以“组”为计量单位，每组根数 ≤ 6 根。

十五、接地网测试按，照设计图纸要求，分别以“系统”为计量单位。

1. 工程项目连成一个母网时，按照一个系统计算测试工程量；单项工程或单位工程自成母网而不与工程项目母网相连的独立接地网，单独计算一个系统测试工程量。

2. 工厂、车间、大型建筑群各自有独立的接地网（按照设计要求），在最后将各接地网连在一起时需要根据具体的测试情况计算系统测试工程量。

十六、绝缘垫安装项目，不分规格按照设计图示敷设面积，分别以“m^2”为计量单位。

一、避雷针制作与安装

1. 避雷针制作

工作内容：下料、针尖针体加工、挂锡、校正、组焊、刷漆等（不包括底座加工）。 计量单位：根

编号				4-10-1	4-10-2	4-10-3	4-10-4
项目				钢管避雷针			
				针长（m）			
				≤2	≤5	≤7	≤10
		名称	单位	消耗量			
人工	000203000	综合二类工	工日	0.353	0.888	0.983	1.125
材料	270503001	避雷针	根	（1.000）	（1.000）	（1.000）	（1.000）
	012903003	中厚钢板（综合）	kg	（0.700）	（6.500）	（11.100）	（25.100）
	031301007	低碳钢焊条（综合）	kg	0.145	0.196	0.247	0.298
	031305003	焊锡膏	kg	0.170	0.170	0.170	0.170
	031303019	焊锡丝（综合）	kg	0.170	0.170	0.170	0.170
	130505001	防锈漆	kg	0.009	0.026	0.040	0.040
	130903001	酚醛银粉漆	kg	0.009	0.026	0.034	0.034
	140301003	汽油 92#	kg	0.196	0.196	0.213	0.213
	850103006	其他材料费（占材料费）	%	1.800	1.800	1.800	1.800
机械	990904030	直流弧焊机 20kV·A	台班	0.018	0.024	0.030	0.036

工作内容：下料、针尖针体加工、挂锡、校正、组焊、刷漆等（不包括底座加工）。 计量单位：根

编号				4-10-5	4-10-6	4-10-7
项目				钢管避雷针		圆钢避雷针
				针长（m）		
				≤12	≤14	≤2
		名称	单位	消耗量		
人工	000203000	综合二类工	工日	1.277	1.443	0.308
材料	270503001	避雷针	根	（1.000）	（1.000）	（1.000）
	012903003	中厚钢板（综合）	kg	（35.400）	—	—
	012300002	型钢（综合）	kg	—	（47.900）	（0.500）
	010900003	圆钢（综合）	kg	—	—	（4.980）
	031301007	低碳钢焊条（综合）	kg	0.357	0.434	—
	031305003	焊锡膏	kg	0.170	0.170	0.170
	031303019	焊锡丝（综合）	kg	0.170	0.170	0.170
	130505001	防锈漆	kg	0.050	0.050	—
	130903001	酚醛银粉漆	kg	0.043	0.043	—
	140301003	汽油 92#	kg	0.221	0.221	—
	850103006	其他材料费（占材料费）	%	1.800	1.800	1.800
机械	990904030	直流弧焊机 20kV·A	台班	0.043	0.053	—

2. 避雷针安装

工作内容：配合预埋铁件、螺栓或支架；安装固定、补漆等。 **计量单位：**根

编号				4-10-8	4-10-9	4-10-10	4-10-11	4-10-12	4-10-13
项目				装在烟囱上					
				安装高度（m）					
				≤25	≤50	≤75	≤100	≤150	≤250
名称			单位	消耗量					
人工	000203000	综合二类工	工日	0.615	1.492	2.007	2.469	3.452	6.451
材料	031301007	低碳钢焊条（综合）	kg	0.145	0.213	0.255	0.298	0.408	0.731
	130505001	防锈漆	kg	0.017	0.017	0.017	0.017	0.017	0.017
	140505001	铅油（厚漆）	kg	0.017	0.017	0.017	0.017	0.017	0.017
	140103001	清油	kg	0.009	0.009	0.009	0.009	0.009	0.009
	850103006	其他材料费（占材料费）	%	1.800	1.800	1.800	1.800	1.800	1.800
机械	990904030	直流弧焊机 20kV·A	台班	0.018	0.018	0.018	0.018	0.018	0.018

工作内容：配合预埋铁件、螺栓或支架；安装固定、补漆等。 **计量单位：**根

编号				4-10-14	4-10-15	4-10-16	4-10-17	4-10-18	4-10-19
项目				装在平屋面上					
				针长（m）					
				≤2	≤5	≤7	≤10	≤12	≤14
名称			单位	消耗量					
人工	000203000	综合二类工	工日	0.396	0.455	0.606	0.708	0.876	1.003
材料	031301007	低碳钢焊条（综合）	kg	0.476	0.476	0.476	0.476	0.476	0.476
	330121002	钢板底座 300×300×6	kg	3.825	3.825	3.825	3.825	3.825	3.825
	350113001	钢肋板 6	kg	3.536	3.536	3.536	3.536	3.536	3.536
	850103006	其他材料费（占材料费）	%	1.800	1.800	1.800	1.800	1.800	1.800
机械	990904030	直流弧焊机 20kV·A	台班	0.058	0.058	0.058	0.058	0.058	0.058

工作内容：配合预埋铁件、螺栓或支架；安装固定、补漆等。 **计量单位：**根

编号				4-10-20	4-10-21	4-10-22	4-10-23	4-10-24	4-10-25
项目				装在墙上					
				针长（m）					
				≤2	≤5	≤7	≤10	≤12	≤14
名称			单位	消耗量					
人工	000203000	综合二类工	工日	0.391	0.487	0.633	0.762	0.907	1.085
材料	012100002	角钢（综合）	kg	20.230	20.230	20.230	20.230	20.230	20.230
	031301007	低碳钢焊条（综合）	kg	0.102	0.102	0.102	0.102	0.102	0.102
	850103006	其他材料费（占材料费）	%	1.800	1.800	1.800	1.800	1.800	1.800
机械	990904030	直流弧焊机 20kV·A	台班	0.012	0.012	0.012	0.012	0.012	0.012

工作内容：配合预埋铁件、螺栓或支架；安装固定、补漆等。 **计量单位：**根

编号				4-10-26	4-10-27	4-10-28	4-10-29
项目				装在金属容器顶上		装在金属容器壁上	
				针长（m）			
				⩽3	⩽7	⩽3	⩽7
名称			单位	消耗量			
人工	000203000	综合二类工	工日	0.654	0.876	0.391	0.606
材料	012900002	钢板（综合）	kg	3.358	3.358	—	—
	031301007	低碳钢焊条（综合）	kg	0.238	0.238	0.238	0.238
	140505001	铅油（厚漆）	kg	0.034	0.034	0.017	0.017
	130505001	防锈漆	kg	0.034	0.034	0.017	0.017
	140103001	清油	kg	0.017	0.017	0.009	0.009
	142909001	氧气	m^3	0.065	0.065	—	—
	142907002	乙炔气	kg	0.170	0.170	—	—
	850103006	其他材料费（占材料费）	%	1.800	1.800	1.800	1.800
机械	990904030	直流弧焊机 20kV·A	台班	0.029	0.029	0.029	0.029

工作内容：配合预埋铁件、螺栓或支架；安装固定、补漆等。 **计量单位：**见表

编号				4-10-30	4-10-31	4-10-32
项目				装在构筑物上		拉线安装
				水泥杆上	金属构架上	3 根拉线
单位				根		组
名称			单位	消耗量		
人工	000203000	综合二类工	工日	0.843	0.291	0.886
材料	010101017	热轧圆盘条 ϕ10 以内	kg	8.186	—	—
	012900002	钢板（综合）	kg	14.459	—	—
	031301007	低碳钢焊条（综合）	kg	0.114	0.238	—
	140505001	铅油（厚漆）	kg	0.051	0.017	—
	130505001	防锈漆	kg	0.051	0.017	—
	140103001	清油	kg	0.026	0.009	—
	142909001	氧气	m^3	0.082	—	—
	142907002	乙炔气	kg	0.213	—	—
	372335012	镀锌扁钢抱箍 40×4	副	1.709	—	—
	031507017	镀锌铁丝 ϕ2.5～4.0	kg	—	—	2.040
	292111007	拉环	套	—	—	2.550
	031561001	索具螺旋扣（综合）	套	—	—	2.550
	292111008	拉扣	只	—	—	2.550
	850103006	其他材料费（占材料费）	%	1.800	1.800	1.800
机械	990904030	直流弧焊机 20kV·A	台班	0.014	0.029	—

3. 独立避雷针塔

工作内容： 组装、焊接、吊装、找正、固定、补漆等。　　**计量单位：** 基

编号				4-10-33	4-10-34	4-10-35	4-10-36
项目				安装高度（m）			
				≤18	≤24	≤30	≤40
名称			单位	消耗量			
人工	000203000	综合二类工	工日	4.132	4.664	5.137	5.835
材料	010101017	热轧圆盘条 ϕ10 以内	kg	28.475	28.475	28.475	28.475
	031507017	镀锌铁丝 ϕ2.5～4.0	kg	2.125	2.975	4.250	5.525
	031301007	低碳钢焊条（综合）	kg	0.850	1.063	1.275	1.700
	130115006	酚醛调和漆	kg	0.425	0.850	0.850	0.850
	203107002	钢垫板 δ1～2	kg	5.100	5.100	5.100	5.100
	850103006	其他材料费（占材料费）	%	1.800	1.800	1.800	1.800
机械	990304004	汽车式起重机 8t	台班	0.291	0.291	—	—
	990401020	载重汽车 5t	台班	0.194	0.194	0.194	0.291
	990904030	直流弧焊机 20kV·A	台班	0.103	0.129	0.155	0.207
	990304012	汽车式起重机 12t	台班	—	—	0.291	—
	990304016	汽车式起重机 16t	台班	—	—	—	0.291

4. 避雷小短针

工作内容： 下料、针尖针体加工、挂锡、校正、组焊、刷漆等；预埋铁件、螺栓或支架、安装固定、补漆等。　　**计量单位：** 根

编号				4-10-37	4-10-38
项目				制作	在避雷网上安装
名称			单位	消耗量	
人工	000203000	综合二类工	工日	0.065	0.054
材料	010903002	镀锌圆钢（综合）	kg	(0.250)	—
	031305003	焊锡膏	kg	0.034	—
	031303019	焊锡丝（综合）	kg	0.034	—
	010101017	热轧圆盘条 ϕ10 以内	kg	—	0.331
	031301007	低碳钢焊条（综合）	kg	—	0.117
	031541003	钢锯条	条	—	0.085
	140505001	铅油（厚漆）	kg	—	0.003
	130505001	防锈漆	kg	—	0.005
	140103001	清油	kg	—	0.003
	850103006	其他材料费（占材料费）	%	1.800	1.800
机械	990904030	直流弧焊机 20kV·A	台班	—	0.014

二、避雷引下线敷设

工作内容：平直、下料、测位、打眼、埋卡子、焊接、固定、刷漆等。　　**计量单位**：见表

编　号				4-10-39	4-10-40	4-10-41	4-10-42
项　目				利用金属构件引下	沿建筑物、构筑物引下	利用建筑结构钢筋引下	断接卡子制作安装
单　位				m			套
名　称			单位	消 耗 量			
人工	000203000	综合二类工	工日	0.010	0.050	0.043	0.193
材料	270507001	避雷线	m	—	（1.050）	—	—
	031301007	低碳钢焊条（综合）	kg	0.013	0.043	0.060	—
	140505001	铅油（厚漆）	kg	0.002	0.006	—	—
	130505001	防锈漆	kg	0.004	0.012	—	—
	140103001	清油	kg	0.001	0.003	—	—
	182509002	镀锌扁钢卡子 25×4	kg	0.044	0.044	—	—
	170100007	钢管 *D*25	kg	—	0.088	—	—
	010101017	热轧圆盘条 *ϕ*10 以内	kg	—	—	0.085	—
	031541003	钢锯条	条	—	—	0.013	0.085
	011303001	镀锌扁钢（综合）	kg	—	—	—	0.400
	850103006	其他材料费（占材料费）	%	1.800	1.800	1.800	1.800
机械	990904030	直流弧焊机 20kV·A	台班	0.002	0.005	0.007	—
	990726010	台式钻床 16mm	台班	—	—	—	0.002

三、避雷网安装

工作内容：平直、下料、测位、打眼、埋卡子、焊接、固定、刷漆、拉拔试验等。　　**计量单位：**见表

编号				4-10-43	4-10-44	4-10-45	4-10-46
项目				沿混凝土块敷设	沿折板支架敷设	均压环敷设 利用圈梁钢筋	柱主筋与圈梁钢筋焊接
单位				m			处
	名称		单位	消耗量			
人工	000203000	综合二类工	工日	0.058	0.117	0.018	0.162
材料	010903010	镀锌圆钢 $\phi16$	m	（1.050）	（1.050）	—	—
	031301007	低碳钢焊条（综合）	kg	0.021	0.085	0.028	0.170
	040100003	水泥 32.5	kg	0.066	—	—	—
	040301001	中砂	m^3	0.001	—	—	—
	140505001	铅油（厚漆）	kg	0.002	0.003	—	—
	130505001	防锈漆	kg	0.003	0.004	—	—
	140103001	清油	kg	0.001	0.001	—	—
	182509001	扁钢卡子 25×4	kg	0.116	0.043	—	—
	031541003	钢锯条	条	—	0.170	—	0.170
	011303010	镀锌扁钢支架 40×3	kg	—	0.238	—	—
	010101017	热轧圆盘条 $\phi10$ 以内	kg	—	—	0.085	—
	010901008	圆钢 $\phi10\sim14$	kg	—	—	—	0.383
	850103006	其他材料费（占材料费）	%	1.800	1.800	1.800	—
机械	990904030	直流弧焊机 20kV·A	台班	0.003	0.010	0.003	0.021

四、接地极（板）制作与安装

工作内容：尖端及加固帽加工、接地极打入地下及埋设、下料、加工、焊接等。　　**计量单位：**根

编号				4-10-47	4-10-48	4-10-49	4-10-50
项目				钢管接地极		角钢接地极	
				普通土	坚土	普通土	坚土
	名称		单位	消耗量			
人工	000203000	综合二类工	工日	0.246	0.279	0.171	0.198
材料	170301010	镀锌钢管 *DN*50	m	2.625	2.625	—	—
	012105003	镀锌角钢（综合）	根	—	—	（1.000）	（1.000）
	011303001	镀锌扁钢（综合）	kg	0.221	0.221	0.221	0.221
	031301007	低碳钢焊条（综合）	kg	0.170	0.170	0.128	0.128
	031541003	钢锯条	条	1.275	1.275	0.850	0.850
	130105009	沥青清漆	kg	0.017	0.017	0.017	0.017
	850103006	其他材料费（占材料费）	%	1.800	1.800	1.800	1.800
机械	990904030	直流弧焊机 20kV·A	台班	0.021	0.021	0.016	0.016

工作内容：尖端及加固帽加工、接地极打入地下及埋设、下料、加工、焊接等。 **计量单位：**见表

编号				4-10-51	4-10-52	4-10-53	4-10-54
项目				圆钢接地极		接地极板	
				普通土	坚土	铜板	钢板
单位				根		块	
名称			单位	消耗量			
人工	000203000	综合二类工	工日	0.124	0.231	1.342	1.431
材料	010903010	镀锌圆钢 $\phi16$	m	（2.625）	（2.625）	—	—
	012927007	接地铜板	块	—	—	（1.050）	—
	012927005	接地钢板	块	—	—	—	（1.050）
	011303001	镀锌扁钢（综合）	kg	0.111	0.111	—	—
	031301007	低碳钢焊条（综合）	kg	0.136	0.136	—	0.255
	031541003	钢锯条	条	0.145	0.145	—	—
	130105009	沥青清漆	kg	0.009	0.009	—	—
	031301025	紫铜电焊条 T107 $\phi3.2$	kg	—	—	0.357	—
	031307002	铜焊粉	kg	—	—	0.102	—
	140301003	汽油 92#	kg	—	—	0.850	0.850
	142909001	氧气	m^3	—	—	0.592	—
	142907002	乙炔气	kg	—	—	1.539	—
	850103006	其他材料费（占材料费）	%	1.800	1.800	1.800	1.800
机械	990904030	直流弧焊机 20kV·A	台班	0.017	0.017	0.043	0.031

五、接地母线敷设

工作内容：挖地沟、接地母线平直、下料、测位、打眼、埋卡子、煨弯、敷设、焊接、回填土夯实、刷漆等。

计量单位：见表

编号				4-10-55	4-10-56	4-10-57	4-10-58
项目				户内接地母线敷设	户外接地母线敷设	户外铜接地绞线敷设	热熔焊接
单位				m			处
名称			单位	消耗量			
人工	000203000	综合二类工	工日	0.074	0.215	0.211	0.194
材料	011303006	镀锌扁钢 40×4	m	（1.050）	（1.050）	—	—
	280001006	接地铜导线	m	—	—	（1.050）	—
	092705004	碎布	kg	0.001	—	—	—
	031301007	低碳钢焊条（综合）	kg	0.018	0.026	—	—
	031541003	钢锯条	条	0.085	0.085	0.085	—
	130115006	酚醛调和漆	kg	0.004	—	—	—
	290601001	钢管保护管 $\phi40\times400$	根	0.085	—	—	—
	130105009	沥青清漆	kg	—	0.005	—	—
	031307002	铜焊粉	kg	—	—	0.002	—
	031102005	铁砂布 $0^{\#}\sim2^{\#}$	张	—	—	0.085	—
	142909001	氧气	m^3	—	—	0.030	—
	142907002	乙炔气	kg	—	—	0.077	—
	340705002	无石棉手套	付	—	—	—	0.109
	143183001	液化气	kg	—	—	—	0.043
	340907006	钢丝刷子	把	—	—	—	0.084
	340923001	机械熔粉	kg	—	—	—	0.220
	350809001	热熔焊接模具	kg	—	—	—	0.400
	850103006	其他材料费（占材料费）	%	1.800	1.800	1.800	1.800
机械	990904030	直流弧焊机 20kV·A	台班	0.002	0.003	—	—
	991230010	喷枪	台班	—	—	—	0.060

六、接地跨接线安装

工作内容：下料、钻孔、煨弯、敷设、挖填土、固定、刷漆。　　　　**计量单位：**处

编号				4-10-59	4-10-60	4-10-61
项目				接地网	构架接地	钢制、铝制窗接地
名称			单位	消耗量		
人工	000203000	综合二类工	工日	0.058	1.239	0.125
材料	011303001	镀锌扁钢（综合）	kg	0.390	6.188	—
	031301007	低碳钢焊条（综合）	kg	0.034	0.111	0.060
	031541003	钢锯条	条	0.085	0.850	0.085
	140505001	铅油（厚漆）	kg	0.002	—	0.003
	130505001	防锈漆	kg	0.003	—	0.007
	140103001	清油	kg	0.001	—	0.002
	130115006	酚醛调和漆	kg	—	0.043	—
	292703007	镀锌接地线板 40×5×120	个	—	0.961	—
	010101017	热轧圆盘条 ϕ10 以内	kg	—	—	0.415
	290907001	镀锌接地端子板 双孔	个	—	—	0.863
	850103006	其他材料费（占材料费）	%	1.800	1.800	1.800
机械	990904030	直流弧焊机 20kV·A	台班	0.004	0.014	0.007

七、桩承台接地

工作内容：下料、煨弯、固定、焊接、补漆等。　　　　**计量单位：**基

编号				4-10-62	4-10-63	4-10-64
项目				根桩连接		
				≤3	≤7	≤10
名称			单位	消耗量		
人工	000203000	综合二类工	工日	1.318	1.860	2.738
材料	011303001	镀锌扁钢（综合）	kg	10.174	14.366	21.149
	031301007	低碳钢焊条（综合）	kg	0.887	1.251	1.843
	031541003	钢锯条	条	1.899	2.682	3.948
	140505001	铅油（厚漆）	kg	0.044	0.063	0.092
	130505001	防锈漆	kg	0.088	0.125	0.184
	140103001	清油	kg	0.026	0.036	0.053
	850103006	其他材料费（占材料费）	%	1.800	1.800	1.800
机械	990904030	直流弧焊机 20kV·A	台班	0.108	0.152	0.224

八、设备防雷装置安装

工作内容：开箱、检查、划线、打孔、安装、固定、接线、检验等。 **计量单位：**个

编号				4-10-65	4-10-66	4-10-67	4-10-68
项目				计算机信号避雷器	总电源避雷器	分电源避雷器	直流电源避雷器
名称			单位	消耗量			
人工	000203000	综合二类工	工日	0.102	0.272	0.272	0.168
材料	092705004	碎布	kg	0.043	0.043	0.043	0.043
	182907003	热缩管 $\phi 50$	m	—	0.128	0.085	0.085
	850103006	其他材料费（占材料费）	%	1.800	1.800	1.800	1.800

九、阴极保护接地

工作内容：1. 井壁钢管配制、焊接、配合钻井，塑料管配制、固定、钻孔、井盖制作、安装、防腐、土方施工等。
2. 下料、电缆安装、铜螺丝安装、电极安装。
3. 钻孔、开挖、高能回填料回填、连接线焊接等。 **计量单位：**见表

编号				4-10-69	4-10-70
项目				阴极保护井	阴极保护镁合金阳极安装
单位				口	套
名称			单位	消耗量	
人工	000203000	综合二类工	工日	34.929	1.505
材料	012900003	钢板（综合）	kg	(87.600)	—
	170100018	焊接钢管（综合）	kg	(223.600)	—
	092705004	碎布	kg	1.683	—
	031101001	砂轮片（综合）	片	0.421	—
	031301007	低碳钢焊条（综合）	kg	9.087	—
	270625001	防偏撑条	付	0.935	—
	040319003	石英砂（综合）	kg	0.716	—
	130505013	环氧沥青漆	kg	7.038	—
	130507025	环氧富锌漆	kg	4.089	—
	140301003	汽油 92#	kg	4.208	—
	142909001	氧气	m^3	0.138	—
	142907002	乙炔气	kg	0.359	—
	172505013	硬塑料管 $\phi 70$	m	1.195	—
	031307001	铝焊粉	kg	—	0.115
	142107001	环氧树脂	kg	—	0.612
	143183001	液化气	kg	—	0.042
	850103006	其他材料费（占材料费）	%	1.800	1.800
机械	990401015	载重汽车 4t	台班	—	0.052
	990904030	直流弧焊机 20kV·A	台班	1.104	—

工作内容：1. 井壁钢管配制、焊接、配合钻井，塑料管配制、固定、钻孔、井盖制作、安装、防腐、土方施工等。
2. 下料、电缆安装、铜螺丝安装、电极安装。
3. 钻孔、开挖、高能回填料回填、连接线焊接等。 **计量单位：**见表

编号				4-10-71	4-10-72
项目				阴极保护测试桩及参比电级安装	阴极保护井电极安装
单位				处	根
名称			单位	消耗量	
人工	000203000	综合二类工	工日	2.257	2.791
材料	031307001	铝焊粉	kg	0.115	—
	142107001	环氧树脂	kg	0.650	—
	143183001	液化气	kg	0.042	—
	021301009	塑料带 20mm × 40m	卷	—	0.252
	021915002	尼龙绳 ϕ0.5～1	kg	—	0.084
	022703002	白布	m	—	0.084
	092705004	碎布	kg	—	0.168
	133101003	石油沥青 10#	kg	—	0.337
	143303001	酒精	kg	—	0.084
	143561001	终端填充剂环氧树脂冷浇剂	kg	—	2.104
	150702006	玻璃丝布（综合）	m^2	—	2.693
	182907002	热缩管 ϕ15	m	—	0.127
	022702002	白纱布带 20mm × 20m	卷	—	0.337
	850103006	其他材料费（占材料费）	%	1.800	1.800
机械	990718020	普通车床 400 × 2000mm	台班	—	0.052
	990401015	载重汽车 4t	台班	0.052	—

工作内容： 1. 井壁钢管配制、焊接、配合钻井，塑料管配制、固定、钻孔、井盖制作、安装、防腐、土方施工等。
2. 下料、电缆安装、铜螺丝安装、电极安装。
3. 钻孔、开挖、高能回填料回填、连接线焊接等。 **计量单位：** 见表

编号				4-10-73	4-10-74	4-10-75
项目				接地模块安装	化学降阻剂铺设	电解质离子接地极
单位				个	kg	套
名称			单位	消耗量		
人工	000203000	综合二类工	工日	1.492	0.014	3.727
材料	372703001	接地模块	块	（1.000）	—	—
	143539001	降阻剂	kg	—	（1.050）	—
	270601001	电解质离子接地极	套	—	—	（1.000）
	012105001	镀锌角钢（综合）	kg	4.250	—	—
	092705004	碎布	kg	0.043	—	0.043
	031301007	低碳钢焊条（综合）	kg	0.213	—	—
	130105009	沥青清漆	kg	0.085	—	—
	012901001	热轧薄钢板（综合）	kg	—	0.007	—
	040901004	黏土	m^3	—	0.009	—
	020701001	橡胶手套	付	—	0.017	—
	341101001	水	m^3	—	0.003	0.026
	031301025	紫铜电焊条 T107 ϕ3.2	kg	—	—	0.850
	031307002	铜焊粉	kg	—	—	0.102
	142909001	氧气	m^3	—	—	0.138
	142907002	乙炔气	kg	—	—	1.539
	850103006	其他材料费（占材料费）	%	1.800	1.800	1.800
机械	990904030	直流弧焊机 20kV·A	台班	0.026	—	0.103
	990401020	载重汽车 5t	台班	—	0.002	—
	991135010	取芯钻孔设备	台班	—	—	0.224

十、等电位装置安装

工作内容：除锈、下料、焊、压接线端子、接线、接地等。　　　　**计量单位：**见表

编　　号				4-10-76	4-10-77
项　　目				等电位末端金属体与绝缘导线连接	等电位端子盒安装
单　　位				处	套
名　　称			单位	消　耗　量	
人工	000203000	综合二类工	工日	0.033	0.065
材料	550905003	等电位端子盒安装	个	—	（1.005）
	030103042	镀锌自攻螺钉　ST4～6×10～16	10个	0.133	—
	031305002	焊锡	kg	0.004	—
	031305003	焊锡膏	kg	0.001	—
	140301003	汽油　92#	kg	0.017	—
	142123001	电力复合脂	kg	0.001	—
	280301005	铜芯塑料绝缘电线 BV-4mm²	m	0.638	0.638
	290901010	铜接线端子　20A	个	0.865	—
	850103006	其他材料费（占材料费）	%	1.800	1.800

十一、接地系统测试

工作内容：除锈、下料、焊接、压接线端子、接线、接地。　　　　**计量单位：**见表

编　　号				4-10-78	4-10-79
项　　目				独立接地装置 ≤6根接地极	接地网
单　　位				组	系统
名　　称			单位	消　耗　量	
人工	000203000	综合二类工	工日	1.773	4.433
材料	143505003	金属清洗剂	kg	0.553	1.173
	022703003	白布	kg	0.238	0.459
	280301005	铜芯塑料绝缘电线 BV-4mm²	m	1.828	4.641
	850103006	其他材料费（占材料费）	%	1.800	1.800
机械	870622055	接地电阻测试仪	台班	1.749	4.374

十二、补 充 项 目

1. 绝缘垫铺设

工作内容：平直、划线下料安装等。 **计量单位：**m^2

编　　号				4-10-80
项　　目				绝缘垫铺设
名　　称			单位	消　耗　量
人工	000203000	综合二类工	工日	0.113
材料	203501008	绝缘垫片 3240 酚醛玻璃布板	m^2	1.030
	850103006	其他材料费（占材料费）	%	3.000

第十一章

电压等级≤10kV 架空线路输电工程

说　明

一、本章内容包括工地运输工程、土石方工程、基础与地基处理工程、杆及塔组立，横担与绝缘子安装、架线工程、杆上变配电设备安装等内容。项目中已包括需要搭拆脚手架的费用，执行时不做调整。

二、地形特征划分：

平地：是指地形比较平坦、开阔，地面土质含水率小于或等于 40%的地带。

丘陵：是指地形有起伏的地貌，水平距离小于或等于 1km，地形起伏小于或等于 50m 的地带。

一般山地：是指一般山岭或沟谷地带、高原台地，水平距离小于或等于 250m，地形起状在 20m～150m 的地带。

泥沼地带：是指经常积水的田地或泥水淤积的地带。沙漠：是指沙漠边缘地带。

高山：是指人力、牲畜攀登困难，水平距离小于或等于 250m，地形起伏在 150m～250m 的地带。

三、本章项目是按照平地施工条件考虑的，如在其他地形条件下施工时，其人工，机械按照下表规定地形系数调整。

地形系数调整表

地形类别	丘陵	一般山地、泥沼地带、沙漠	高山
系数调整	1.20	1.60	2.20

四、地形系数根据工程设计条件和工程实际情况执行。

1. 输电线路全线路径分几种地形时，可按照各种地形线路长度所占比例计算综合系数。

2. 在确定运输地形时，应按照运输路径的实际地形划分。

3. 在西北地区高原台地上建设小于或等于 2km 线路工程时，地形按照一般山地标准计算。

4. 在城市市区建设线路工程时，地形按照丘陵标准计算。城市市区界定按照相应标准执行。

五、相关说明：

1. 工地运输包括材料自存放仓库或集中堆放点运至沿线各杆或塔位的装卸、运输及空载回程等全部工作。项目包括人力运输、汽车运输，船舶运输。

（1）人力运输运距按照卸料点至各杆塔位的实际距离计算；高山地带进行人力工地运输时，运距应以山地垂直高差平均值作为直角边，按照斜长计算，不按照实际运输距离计算。杆上设备如发生人力运输时，参照相应的线材运输项目执行。计算人力运输时，结果保两位小数。

（2）汽车、船舶运输项目综合考虑了车或船的性能与运载能力、路面或水域级别以及一次装、分次卸等因素，执行时不做调整。计算汽车，船舶运输距离时，按照公里计算，运输距离小于 1km 时按照 1km 计算。

（3）汽车利用盘山公路行驶进行工地运输时，其运输地形按照一般山地考虑。

（4）本章工地运输项目中各类材料的含义如下：

混凝土杆：是指以离心式机制的整根及分段混凝土杆等。

混凝土预制品：是指以人工浇制、机械振捣的混凝土制成品或半成品，如底盘、拉盘、卡盘、盖板等。

木杆：是指原木进行防腐加工等处理的电线杆。

线材：是指导线、避雷线、拉线、电缆、光缆。

塔材：是指铁塔钢材，分为角钢塔材和钢管塔材。

钢管杆：是指以钢板压制、焊接形成的整根或分段钢管杆。

金具、绝缘子、零星钢材：是指金具、绝缘子、电杆用的横担、地线支架、拉棒、拉杆、抱箍、连接金具、防振锤、铸铁重锤、接地钢材、基础钢材、地脚螺栓、其他螺栓、垫圈等。

塑料制品：是指采用塑料为主要原料加工而成的用品，包括：塑料保护管（槽）、膨胀螺栓、管箍、弯头等。

其他材料制品：是指除上述以外的材料。

2. 土石方工程项目包括施工定位、杆（塔）位及施工基面平整、基坑人工土方施工、基坑机械土方施工、基坑石方施工、沟槽人工土方施工、沟槽机械土方施工、沟槽石方施工、施工排地下水。

（1）施工定位项目中包括复测桩位、测定基坑与施工基面，厚度小于或等于±300mm 杆（塔）基位及施工基面范围内土石方平整。厚度大于±300mm 土石方量，执行“杆（塔）基位及施工基面平整”项目。

（2）杆（塔）位及施工基面平整、基坑与沟槽土石方施工项目包据土石方开挖、边坡修整、回填、余土外运距离小于或等于 100m 及平整。当余土外运距离大于 100m 时，执行“工地运输工程”相应的项目另行计算费用，项目不包括对原地形与地貌的恢复及保护、施工排水，工程实际发生时，根据有关规定或标准执行相应项目。

（3）土质分类：

普通土：是指种植土、黏砂土、黄土和盐碱土等，主要用锹、铲挖掘，少许用铁镐翻松后即能挖掘的土质。

坚土：是指土质坚硬难挖的红土、板状黏土、重块土、高岭土，必须用铁镐、条锄挖松，再用锹、铲挖掘的土质。

松砂石：是指碎石、卵石和土的混合体，各种不坚实砾岩、叶岩、风化岩，节理较多的岩石（不需要爆破可以开采的岩石），需要用镐、撬棍、大锤、楔子等工具配合才能挖掘的土质。

岩石：是指不能用一般挖据工具进行开挖的各类岩石，必须采用打眼、爆破或部分用风镐打凿才能开挖的土质。

泥水：是指坑周围经常积水，坑的土质松散，如淤泥和沼泽地等，挖掘时因水渗入和浸润而成泥浆，容易坍塌，需要用挡土板和适量排水才能开挖的土质。

流砂：是指坑的土质为砂质或分层砂质，挖掘过程中砂层有上涌现象并容易坍塌的土质，挖掘时需排水和采用挡土板或采取井点设备降水才能开挖的土质。不需要排水使之成为干砂坑。

水坑：是指土质较密实，开挖中坑壁不易坍塌，但有地下水涌出，挖掘过程中需用机械排水才能开挖的土质。

（4）土质类别根据设计地质资料确定，同一坑、槽出现不同土质类别时，分层计算。出现流砂层时，全坑均按照流砂坑计算。

（5）项目包括挖掘过程中因少量坍塌而多挖土方量，或石方爆破过程中因人力不易控制而多爆破石方量，执行时不做调整。

（6）泥水坑、水坑、流砂坑的土方施工定额综合考虑了必要的挡土板安装、拆除，执行时不做调整。施工需要排地下水时，应单独计算。

（7）人工开凿岩石项目适用于受现场地形或客观条件限制，施工组织设计要求不能采用爆破施工的项目。

（8）工程出现冻土厚度大于或等于 300mm 时，冻土层的挖方费用执行坚土挖方定额乘以系数 2.50，其他土层仍按照地质资料执行原项目标准。

3. 基础与地基处理工程项目包括预制基础、现场搅拌混凝土现浇基础、商品混凝土浇制杆塔基础、岩石嵌固基础、钢筋混凝土灌注桩、钢筋混凝土预制桩、钢管桩、桩头处理、钢筋铁件制作与安装、基础与拉线棒防腐、排洪沟与护坡及挡土墙。桩项目中不包括桩基检测费。

（1）工程采用商品混凝土浇筑岩石嵌固基础、灌注混凝土桩时，在综合考虑混凝土搅拌费、运输费、损耗量、材料费、材料价差等因素后，按照价差处理。

（2）浇制杆塔基础项目是按照有筋基础编制的，工程实际若为无筋基础时，执行相应项目乘以系数 0.95。

（3）项目中现场搅拌混凝土用水平均运距是按照 100m 编制的，工程实际运距大于 100m 时，超过部分运距可按照每立方米混凝土 500kg 用水量执行工地运输项目。500kg 用水量定额综合考虑了清洗石子、养护、淋湿模板、清洗机具等用水量。

（4）岩石嵌固基础项目是按照单杆单孔编制的，工程采用双杆单孔时，执行定额乘以系数 1.75。

（5）凡一孔中有不同土质时，应按照设计提供的地质资料分层计算。灌注桩成孔土质分类：砂土、亚黏土：是指亚砂土和中、轻亚黏土。

黏土：是指重亚黏土、黏土和松散黄土。

砂砾土：是指重亚黏土、僵石黏土，并伴有含量大于或等于 20%、粒径小于或等于 15cm 砾石或卵石。

（6）钢筋混凝土灌注桩形孔项目包括机具移动与搬运、形孔、入岩、孔内照明。

（7）灌注桩项目不包括基础防沉台、承台板、承台梁的浇筑，工程实际发生时，执行浇制杆塔基础项目。

（8）灌注桩项目中不包括余土清理，工程实际发生时，执行相应的施工基面平整项目。

（9）钢管桩项目不包括浇制混凝土承台板及垫层，应执行“现浇基础”相应项目。

（10）排洪沟、护坡、挡土墙项目不包括土方施工，应执行“沟槽土方”相应项目。

（11）锥形护坡和挡土墙内侧如需要填土时，可执行沟槽普通土施工项目和相应的工地运输项目。

（12）钢筋加工项目中不包括钢筋热镀锌。

4. 杆、塔组立项目包括木杆组立、混凝土圆杆组立，混凝土方杆组立、钢管杆组立、铁塔组立、拉线制作与安装、接地安装等。杆塔组立项目是按照工程施工电杆大于 5 基考虑的，如果工程施工电杆小于或等于 5 基时，执行本项目的人工、机械乘以系数 1.30。

（1）项目中杆长包括埋入基础部分杆长。

（2）离心杆、钢管杆组立项目中，单基重量系指杆身自重加横担与螺栓等全部杆身组合构件的总重量。

（3）钢管杆组立项目是按照螺栓连接编制的，插入式钢管杆执行项目时人工、机械乘以系数 0.90。

（4）铁塔组立项目中，单基重量系指铁塔总重量，包括铁塔本体型钢、连接板、螺栓、脚钉、爬梯、基座等重量。

（5）拉线制作与安装项目综合考虑了不同材质、规格，执行项目时不做调整。项目是按照单根拉线考虑，当工程实际采用 V 形、Y 形或双拼型拉线时，按照两根计算。

（6）接地安装项目仅适用于铁塔、钢管杆接地以及长距离线路的接地。柱上设备及配电装置的接地执行本册项目第十章“防雷及接地装置安装工程”相应项目。接地安装项目不包括接地槽土方挖填；项目中接地极长度是按照 2.50m 考虑的，工程实际长度大于 2.50m 时，执行项目乘以系数 1.25。

5. 横担与绝缘子安装项目包括横担安装、绝缘子安装、街码金具安装。

（1）横担安装项目包括本体、支撑、支座安装。项目是按照单杆安装横担编制的，工程实际采用双杆安装横担时，执行相应项目乘以系数 2.00。

（2）10kV 横担安装项目是按照单回路架线编制的，当工程实际为单杆双回路架线时，垂直排列挂线执行相应项目乘以系数 2.00；水平排列挂线执行相应项目乘以系数 1.60。

（3）街码金具安装项目适用于沿建（构）筑物外墙架设的输电线路工程。

6. 架线工程项目包括裸铝绞线架设、钢铝芯绞线架设、绝缘铝绞线架设，钢绞线架设、1kV 以下低压电力电缆架设、集束导线架设，导线跨越、进户线架设。

（1）导线架设项目中导线是按照三相交流单回线路编制的，当工程实际为单杆双回路架线时，垂直排列同时挂线执行相应项目材料乘以系数 2.00、人工与机械（仪器仪表）乘以系数 1.80；垂直排列非同时挂线执行相应项目材料乘以系数 2.00、人工与机械（仪器仪表）乘以系数 1.95；水平排列同时挂线执行相应项目材料乘以系数 2.00、人工与机械（仪器仪表）乘以系数 1.70；水平排列非同时挂线执行相应项目材料乘以系数 2.00、人工与机械（仪器仪表）乘以系数 1.90。

（2）导线架设项目综合考虑了耐张杆塔的数量以及耐张终端头制作和挂线、耐张（转角）杆塔的平衡挂线、跳线及跳线串的安装等工作。工程实际与项目不同时不做调整，金具材料费按设计用量加 0.50% 另行计算。

（3）钢绞线架设项目适用于架空电缆承力线架设。

（4）导线跨越项目的计量单位“处”系指在一个挡距内，对一种被跨越物所必须搭设的跨越设施而言。如同一挡距内跨越多种（或多次）跨越物时，应根据跨越物种类分别执行相应项目。

（5）导线跨越项目仅考虑因搭拆跨越设施而消耗的人工、材料和机械。在计算架线工程量时，其跨越挡的长度不予扣除。

（6）导线跨越项目不包括被跨越物产权部门提出的咨询、监护、路基占用等费用，如工程实际需要时，可按照政府或有关部门的规定另行计算。

（7）跨越电气化铁路时，执行跨越铁路项目乘以系数 1.20。

（8）跨越电力线项目是按照停电跨越编制的，如工程实际需要带电跨越，按照下表规定另行计列带电跨越措施人工，如被跨越电力线为双回路、多线（4 线以上）时，措施人工乘以系数 1.50。

带电跨越措施人工表 **单位：元/处**

电压等级	10kV	6kV	380V	220V
增加工日数量（综合二类工）	23	20	7	6

（9）跨越河流项目仅适用于有水的河流、湖泊（水库）的一般跨越。在架线期间，凡属于人能涉水而过的河道，或处于干涸的河流、湖泊（水库）均不计算跨越河流费用。对于通航河道必须采取封航措施或水流湍急施工难度较大的峡谷，其导线跨越可根据审定的施工组织设计采取的措施，另行计算。

（10）导线跨越项目是按照单回路线路建设编制的，若为同杆塔架设双回路线路时，执行相应项目人工、机械乘以系数 1.50。

（11）进户线是指供电线路从杆线或分线箱接出至用户计量表箱间的线路。

7. 杆上变配电设备安装项目包括变压器安装、配电设备安装、接地环安装、绝缘护罩等安装。安装设备所需要的钢支架主材、连引线、线夹、金具等主材应另行计算。

（1）杆上变压器安装项目不包括变压器抽芯与干燥、检修平台与防护栏杆及设备接地装置安装。

（2）杆上配电箱安装项目不包括焊（压）接线端子、带电搭接头措施费。

（3）杆上设备安装包括设备单体调试、配合电气设备试验。

（4）“防鸟刺”“防鸟占位器”安装执行驱鸟器项目。

工程量计算规则

一、工地运输，根据运输距离与运输物品种类，区分人力、汽车、船舶运输方式，按照工程施工组织设计，分别以“t · km”为计量单位。

1. 单位工程汽车运输材料重量不足3t时，按照3t计算。材料运输工程量计算公式如下：材料运输工程量＝施工图用量×(1＋损耗率)＋包装物重量。

其中：材料包括工程施工所用的自然材料、人工材料、构件成品，构件半成品、周转性材料、消耗性材料、线路工程设备等。

损耗量包括材料堆放保管损耗量、运输损耗量、加工损耗量、施工损耗量。工程量转换成材料量时包括施工措施用材量、材料密实量、材料充盈量。

不需要包装的材料不计算包装物重量。

2. 主要材料运输重量按照下表计算。

主要材料运输重量表

材料名称		单位	运输重量（kg）	备注
混凝土制品	人工浇制	m^3	2600	包括钢筋
	离心浇制	m^3	2860	包括钢筋
线材	导线（有线盘）	kg	$w\times1.15$	
	导线（无线盘）	kg	$w\times1.04$	
	光缆（有线盘）	kg	$w\times1.20$	
	电缆	kg	$w+G$	无线盘
木杆材料		m^3	500	包括木横担
商品混凝土		m^3	2560	
土方		m^3	1500	自然方
块石、碎石、卵石		m^3	1600	
石灰		m^3	1200	
黄砂（干中砂）		m^3	1550	
水泥、降阻剂		kg	$w\times1.01$	袋装
水		kg	$w\times1.20$	
金具、绝缘子（瓷、玻璃）		kg	$w\times1.07$	
螺栓、垫圈、脚钉		kg	$w\times1.01$	

注：1. w为理论重量。

2. 未列入的其他材料，按照净重计算。

3. 塔材、钢管杆装卸与运输重量应计算螺栓、脚钉、垫圈等重量。

二、土石方工程量，根据土质类别和开挖条件，区分坑与槽、开挖深度，按照工程设计图示尺寸，分别以“m^3”为计量单位。

1. 杆塔位或施工基面平整根据设计地坪标高与区域布置，按照方格网法或断面法计算工程量。

2. 基坑或沟槽土方开挖起点标高为杆塔位或施工基面整平标高。整平标高以上的土方按照杆塔位施工基面平整工程量计算。

3. 需要放坡开挖的基坑按照棱台体积计算工程量；不放坡开挖的基坑按照矩形柱体积计算工程量。

4. 需要放坡开挖的沟槽按照梯形断面面积乘以开挖长度计算工程量，计算开挖长度时应增加开挖深度乘以放坡系数值；不需要放坡开挖的沟槽按照矩形面积乘以开挖长度计算工程量。

5. 开挖基坑或沟槽深度大于 1.20m 时，各类土质放坡系数按照下表规定计算。

土方开挖放坡系数表

项目名称	普通土坑或槽	坚土坑或槽	松砂石坑或槽	泥水、流砂、岩石坑或槽
2.0m 以内	1：0.35	1：0.25	1：0.3	不放坡
2.0m 以外	1：0.5	1：0.35	1：0.4	不放坡

6. 基础（不包括垫层）施工工作面每边增加宽度：普通土，坚土坑、水坑、松砂石坑为 0.20m；泥水坑、流砂坑、干砂坑为 0.30m；岩石坑支模板为 0.20m，若石坑不支模板为 0.10m。

7. 塔基坑坡道土、石方量计算：挖深小于或等于 1.20m 基坑，每坑计算 0.30m^3；挖深小于或等于 2m 基坑，每坑计算 0.80m^3；挖深大于 2m 基坑，每坑计算 1.50m^3。

8. 带卡盘的基坑，如原计算的尺寸不能满足卡盘安装时，因卡盘超长而增加的土（石）方量另行计。

9. 接地装置需要增加降阻剂时，沟槽开挖宽度按照设计规定计算；当设计无规定时，开挖槽宽可按 0.60m 计算。

10. 特殊情况下余土运输工程量按照下列规定计算。

灌注桩钻孔渣土为：设计整平标高以下桩体积（m^3）× 1.70t/m^3。

现浇和预制基础占基坑土为：混凝土体积（m^3）× 1.50t/m^3 × 58%。

11. 施工排地下水根据排水泵出口直径，按照排水泵实际运行时间，分别以“台班”为计量单位。排水泵运行时间应以现场签证记录为准，连续运行 5h 计算一个台班。

三、预制基础，根据种类和单块重量，按照设计图示安装数量，分别以“块”为计量单位，不计算制作、运输、安装损耗量。计算主材费、材料运输时，应计算相应的损耗量。

四、现浇基础底层、垫层，根据材料种类，按照设计图示尺寸浇筑体积，分别以“m^3”为计量单位。

五、浇制杆塔基础，根据单基混凝土量，按照设计图示尺寸浇筑体积，分别以“m^3”为计量单位。

六、岩石嵌固基础，根据钻孔深度，按照设计图示钻孔数量，分别以“孔”为计量单位。铁塔基础结合腿数计算孔数。

七、钢筋混凝土灌注桩形孔，根据孔深和孔直径，区分土质按照设计图示钻孔深度，分别以“m”为计量单位。钻孔深度从钻孔地面标高计算至桩入岩底标高。

八、计算浇筑桩芯混凝土工程量时，应计算混凝土超灌量。

1. 桩芯混凝土，按照设计成桩体积，分别以“m^3”为计量单位。成桩直径按照设计单桩承载力的直径计算，成桩长度从桩顶标高计算至桩入岩底标高。

2. 灌注柱超灌量，按照设计规定计算，当设计无规定时，按照下列规定计算。

3. 灌注柱超灌量为设计工程量 17%。

4. 岩石嵌固基础超灌量为设计工程量的 7%

九、钢筋混凝土预制桩，根据桩入土方式和设计桩长，按照设计图示打桩体积，分别以“m^3”为计量单位。

1. 打预制桩体积，按照设计桩长乘以桩截面面积计算，不扣除桩尖虚体积。不计算制作、运输、打桩损耗量。计算桩主材费、运输重量时，应计算相应的损耗量。

2. 送桩体积，按照桩截面面积乘以设计桩顶标高至打桩地坪标高另加 0.50m 计算。

十、破桩头根据桩型，按照实际破桩头体积，分别以“m^3”为计量单位。

1. 预制钢筋混凝土管柱、方桩破桩头的高度应小于或等于 0.75m，高度大于 0.75m 时应先截桩后破桩。被截桩断面面积小于或等于 0.20m^2 时，每截一个桩头增加综合二类工 0.358 个工日；被截桩断面面积大 0.20m^2 时，每截一个头增加综合二类工 0.598 个工日，截植头按照被截桩根数计算。

2. 灌注桩破桩头按照超灌长度乘以设计桩截面面积计算，超灌长度按照 0.25m 计算（特殊情况下按照相应规定）；破桩护壁按照实际体积计算，并入破桩头工程量中。

十一、钢筋加工与安装、铁件制作与安装，按照设计成品重量，分别以“t”为计量单位。不计算加工、制作运输、安装损耗量以及焊条、铅丝重量。钢筋成品重量应包括搭接用量。计算钢材主材费、运输重量时应计算相应的损耗量、施工措施量。

十二、排洪沟、护坡、挡土墙，根据材质及结构形式，按照设计图示体积，分别以“m^3”为计量单位。

十三、杆塔组立，根据材质和杆长，区别杆塔组立形式、重量，按照设计图示安装数量，分别以“基”为计量单位。

十四、拉线制作与安装，根据拉线形式与截面面积，按照设计图示安装数量，分别以“根”为计量单位。拉线长度按照设计全根长度计算，当设计无规定时，按照下表规定计算。

拉线长度计算表　　　　**单位**：m/根

项　　目		普通拉线	V（Y）形拉线	弓型拉线
杆高（m）	8	11.47	22.94	9.33
	9	12.61	25.22	10.10
	10	17.74	27.48	10.92
	11	15.10	30.20	11.82
	12	16.14	32.28	12.62
	13	18.69	37.38	13.42
	14	19.68	39.36	15.12
水平拉线		26.47		

十五、接地安装，根据接地组成部分，区分土质、接地线单根敷设长度、降阻接地方式，按照设计图示数量计算工程量。

十六、横担安装，根据材质、安装根数，区分电压等级、杆的位置、导线根数，按照设计图示安装数量，分别以“组”为计量单位。

十七、绝缘子安装，根据绝缘子性质，按照设计图示安装数量，分别以“片”或“只”为计量单位。

十八、街码金具安装，根据电压等级与配线方式，按照设计图示安装数量，分别以“组”为计量单位。

十九、架线工程，按照设计图示单根架设长度，分别以“km”为计量单位。计算架线长度时，应考虑弛度、弧垂，导线与设备连接、导线接头等必要的预留长度，预留长度按照设计规定计算，设计无规定时按照下表规定计算。计算主材费、运输重量时，应计算损耗量。

1. 导线架设应区别导线材质与截面面积计算工程量。

2. 电压等级小于或等于 1kV 电力电缆架设应区别电缆芯数与单芯截面面积计算工程量。

3. 集束导线架设应区别导线芯数与单芯截面面积计算工程量。

导线、电缆、集束导线预留长度表　　　　**单位**：m/根

项目名称		长度
高压	转角	2.50
	分支、终端	2.00
低压	分支、终端	0.50
	交叉跳线转角	1.50
与设备连线		0.50
进户线		2.50

二十、导线跨越，根据被跨越物的种类、规格，按照施工组织设计实际跨越的数量以“处”为计量单位。项目中每个跨越距离按照小于或等于 50m 考虑，当跨越距离每增加 50m 时，计算 1 处跨越，增加距离小于 50m 时按照 1 处计算。

二十一、杆上变配电设备安装，根据安装设备的种类与规格，按照设计图示安装数量，分别以“台、组、个”为计量单位。

一、工地运输

1. 人力运输

工作内容： 线路器材外观检查，绑扎及运送卸至指定地点，运毕返回等。 **计量单位：** t · km

编号				4-11-1	4-11-2	4-11-3	4-11-4	4-11-5
项目				混凝土杆	混凝土预制品	木杆	钢管杆	塔材
名称			单位	消耗量				
人工	000103000	综合一类工	工日	3.676	3.165	2.594	3.309	2.066
机械	990421010	小型工程车	台班	0.067	0.053	0.044	0.061	0.040

工作内容： 线路器材外观检查，绑扎及运送卸至指定地点，运毕返回等。 **计量单位：** t · km

编号				4-11-6	4-11-7	4-11-8	4-11-9	4-11-10
项目				线材	金具、绝缘子、零星钢材	砂、石、石灰、水泥、砖、土、水	塑料制品	其他材料制品
名称			单位	消耗量				
人工	000103000	综合一类工	工日	4.650	1.696	1.410	1.517	1.436
机械	990421010	小型工程车	台班	0.091	0.029	0.024	0.028	0.026

2. 汽车运输

工作内容： 线路器材外观检查，材料在 20m 以内的短距离移运，装车支垫并绑扎稳固，运至指定地点卸车及返回等。 **计量单位：** 见表

编号				4-11-11	4-11-12	4-11-13	4-11-14
项目				混凝土杆装卸	混凝土杆运输	混凝土预制品装卸	混凝土预制品运输
单位				t	t · km	t	t · km
名称			单位	消耗量			
人工	000103000	综合一类工	工日	0.144	0.007	0.186	0.004
材料	010501001	钢丝绳 ϕ14.1～15	kg	0.130	—	—	—
	023301002	草袋	个	0.034	—	0.196	—
	050401003	板枋材	m^3	0.002	—	—	—
	330117003	钢支架、平台及连接件	kg	0.695	—	—	—
	850103006	其他材料费（占材料费）	%	1.800	1.800	1.800	1.800
机械	990304004	汽车式起重机 8t	台班	0.058	—	0.027	—
	990401020	载重汽车 5t	台班	0.036	0.003	0.031	0.003
	990421010	小型工程车	台班	0.042	—	0.038	—

工作内容：线路器材外观检查，材料在 20m 以内的短距离移运，装车支垫并绑扎稳固，运至指定地点卸车及返回等。

计量单位：见表

编号				4-11-15	4-11-16	4-11-17	4-11-18
项目				木杆装卸	木杆运输	钢管杆装卸	钢管杆运输
单位				t	t·km	t	t·km
名称			单位	消耗量			
人工	000103000	综合一类工	工日	0.087	0.006	0.210	0.007
材料	010501001	钢丝绳 ϕ14.1～15	kg	0.089	—	0.145	—
	023301002	草袋	个	0.024	—	0.077	—
	050401003	板枋材	m^3	0.001	—	0.004	—
	330117003	钢支架、平台及连接件	kg	0.464	—	0.083	—
	850103006	其他材料费（占材料费）	%	1.800	1.800	1.800	1.800
机械	990304004	汽车式起重机 8t	台班	0.060	—	—	—
	990401020	载重汽车 5t	台班	0.025	0.003	—	—
	990421010	小型工程车	台班	0.028	—	0.031	—
	990304020	汽车式起重机 20t	台班	—	—	0.065	—
	990403020	平板拖车组 20t	台班	—	—	0.042	0.003

工作内容：线路器材外观检查，材料在 20m 以内的短距离移运，装车支垫并绑扎稳固，运至指定地点卸车及返回等。

计量单位：见表

编号				4-11-19	4-11-20	4-11-21	4-11-22
项目				塔材装卸	塔材运输	线材装卸	线材运输
单位				t	t·km	t	t·km
名称			单位	消耗量			
人工	000103000	综合一类工	工日	0.166	0.008	0.160	0.008
材料	010501001	钢丝绳 ϕ14.1～15	kg	0.085	—	—	—
	050401003	板枋材	m^3	0.001	—	0.001	—
	023301002	草袋	个	—	—	0.077	—
	850103006	其他材料费（占材料费）	%	1.800	1.800	1.800	1.800
机械	990304004	汽车式起重机 8t	台班	0.023	—	0.063	—
	990401020	载重汽车 5t	台班	0.033	0.003	0.039	0.003
	990421010	小型工程车	台班	0.040	—	0.048	—

工作内容：线路器材外观检查，材料在 20m 以内的短距离移运，装车支垫并绑扎稳固，运至指定地点卸车及返回等。

计量单位：见表

编号				4-11-23	4-11-24	4-11-25	4-11-26
项目				金具、绝缘子、零星钢材装卸	金具、绝缘子、零星钢材运输	砂、石、石灰、水泥、砖、土、水装卸	砂、石、石灰、水泥、砖、土、水运输
单位				t	t·km	t	t·km
名称			单位	消耗量			
人工	000103000	综合一类工	工日	0.165	0.007	0.125	0.005
机械	990401020	载重汽车 5t	台班	0.055	0.003	0.044	0.003
	990421010	小型工程车	台班	0.051	—	0.036	—

工作内容：线路器材外观检查，材料在 20m 以内的短距离移运，装车支垫并绑扎稳固，运至指定地点卸车及返回等。

计量单位：见表

编　号				4-11-27	4-11-28	4-11-29	4-11-30
项　目				塑料制品装卸	塑料制品运输	其他材料装卸	其他材料运输
单　位				t · km		t	t · km
名　称			单位	消　耗　量			
人工	000103000	综合一类工	工日	0.145	0.007	0.137	0.005
机械	990401020	载重汽车 5t	台班	0.050	0.003	0.052	0.003
	990421010	小型工程车	台班	0.045	—	0.042	—

3. 船 舶 运 输

工作内容：线路器材外观检查，材料在 20m 以内的短距离移运，装船支垫并绑扎稳固，运至指定地点卸船及返回等。

计量单位：见表

编　号				4-11-31	4-11-32	4-11-33	4-11-34
项　目				混凝土杆装卸	混凝土杆运输	混凝土预制品装卸	混凝土预制品运输
单　位				t	t · km	t	t · km
名　称			单位	消　耗　量			
人工	000103000	综合一类工	工日	0.517	0.006	0.588	0.004
材料	010501001	钢丝绳 ϕ14.1～15	kg	0.057	—	—	—
	050401003	板枋材	m^3	0.001	—	0.001	—
	850103006	其他材料费（占材料费）	%	1.800	1.800	1.800	1.800
机械	990416030	工程驳船 15t	台班	0.100	0.006	—	—
	990421010	小型工程车	台班	0.048	—	0.048	—
	990416020	工程驳船 10t	台班	—	—	0.088	0.007

工作内容：线路器材外观检查，材料在 20m 以内的短距离移运，装船支垫并绑扎稳固，运至指定地点卸船及返回等。

计量单位：见表

编　号				4-11-35	4-11-36	4-11-37	4-11-38
项　目				钢管杆装卸	钢管杆运输	塔材装卸	塔材运输
单　位				t	t · km	t	t · km
名　称			单位	消　耗　量			
人工	000103000	综合一类工	工日	0.775	0.008	0.455	0.007
材料	010501001	钢丝绳 ϕ14.1～15	kg	0.063	—	—	—
	050401003	板枋材	m^3	0.001	—	—	—
	850103006	其他材料费（占材料费）	%	1.800	1.800	1.800	1.800
机械	990416030	工程驳船 15t	台班	0.110	0.006	—	—
	990421010	小型工程车	台班	0.048	—	0.048	—
	990416020	工程驳船 10t	台班	—	—	0.099	0.008

工作内容：线路器材外观检查，材料在20m以内的短距离移运，装船支垫并绑扎稳固，运至指定地点卸船及返回等

计量单位：见表

编号				4-11-39	4-11-40	4-11-41	4-11-42
项目				线材装卸	线材运输	金具、绝缘子、零星钢材装卸	金具、绝缘子、零星钢材运输
单位				t	t · km	t	t · km
名称			单位	消耗量			
人工	000103000	综合一类工	工日	0.997	0.007	0.365	0.007
材料	010501001	钢丝绳 ϕ14.1～15	kg	0.170	—	—	—
	050401003	板枋材	m^3	0.001	—	—	—
	850103006	其他材料费（占材料费）	%	1.800	1.800	—	—
机械	990416030	工程驳船 15t	台班	0.159	0.007	—	—
	990421010	小型工程车	台班	0.048	—	0.048	—
	990416020	工程驳船 10t	台班	—	—	0.093	0.008

工作内容：线路器材外观检查，材料在20m以内的短距离移运，装船支垫并绑扎稳固，运至指定地点卸船及返回等

计量单位：见表

编号				4-11-43	4-11-44	4-11-45	4-11-46
项目				砂、石、石灰、水泥、砖、土、水装卸	砂、石、石灰、水泥、砖、土、水运输	塑料制品装卸	塑料制品运输
单位				t	t · km	t	t · km
名称			单位	消耗量			
人工	000103000	综合一类工	工日	0.202	0.003	0.310	0.005
机械	990416020	工程驳船 10t	台班	0.072	0.007	0.840	0.013
	990421010	小型工程车	台班	0.048	—	—	—

工作内容：线路器材外观检查，材料在20m以内的短距离移运，装船支垫并绑扎稳固，运至指定地点卸船及返回等

计量单位：见表

编号				4-11-47	4-11-48
项目				其他材料制品装卸	其他材料制品运输
单位				t	t · km
名称			单位	消耗量	
人工	000103000	综合一类工	工日	0.280	0.004
机械	990416020	工程驳船 10t	台班	0.083	0.015

二、土石方工程

1. 施 工 定 位

工作内容： 复测桩位及档距，测定坑位、坑界及施工基面，主桩或辅助桩遗失或变动后的恢复，平、断面的校核，工器具移运等。　　　　**计量单位：** 基

编号				4-11-49	4-11-50	4-11-51	4-11-52	4-11-53
项目				单杆	直线双杆	耐张、转角双杆	直线自立塔	耐张、转角自立塔
名称			单位	消耗量				
人工	000103000	综合一类工	工日	0.178	0.255	0.378	0.438	0.657
材料	031501007	圆钉	kg	0.007	0.007	0.007	0.007	0.007
	333101002	木桩	个	3.400	5.100	6.800	8.500	6.800
	053509001	竹桩	个	10.200	17.000	23.800	10.200	10.200
	130113005	酚醛磁漆	kg	0.014	0.014	0.020	0.017	0.020
	850103006	其他材料费（占材料费）	%	1.800	1.800	1.800	1.800	1.800
机械	990421010	小型工程车	台班	0.004	0.006	0.007	0.008	0.012

2. 杆（塔）位及施工基面平整

工作内容： 挖方或爆破，开凿及边坡处理，清理及工器具移运等。　　　　**计量单位：** m^3

编号				4-11-54	4-11-55	4-11-56	4-11-57	4-11-58
项目				普通土	坚土	松砂石	爆破岩石	人工开凿岩石
名称			单位	消耗量				
人工	000103000	综合一类工	工日	0.143	0.185	0.328	0.526	0.958
材料	341109001	焦炭	kg	—	—	—	1.343	2.383
	340309001	电雷管	个	—	—	—	1.691	—
	340311001	导火线 120s/m	m	—	—	—	1.691	—
	340303001	硝铵炸药 2#	kg	—	—	—	0.446	—
	850103006	其他材料费（占材料费）	%	1.800	1.800	1.800	1.800	1.800
机械	990421010	小型工程车	台班	0.001	0.002	0.002	0.007	0.022

3. 基坑人工土方施工

工作内容： 挖方，修整、排水、装拆档土板及回填，工器具移运等。　　　　**计量单位：** m^3

编号				4-11-59	4-11-60	4-11-61	4-11-62	4-11-63	4-11-64
项目				普通土			坚土		
				挖深（m）					
				≤2	≤3	>3	≤2	≤3	>3
名称			单位	消耗量					
人工	000103000	综合一类工	工日	0.286	0.343	0.399	0.356	0.425	0.513
机械	990421010	小型工程车	台班	0.004	0.005	0.006	0.005	0.006	0.007

工作内容：挖方，修整、排水、装拆档土板及回填，工器具移运等。 **计量单位：**m³

编号				4-11-65	4-11-66	4-11-67	4-11-68	4-11-69	4-11-70
项目				泥水坑			水坑		
				挖深（m）					
				≤2	≤3	＞3	≤2	≤3	＞3
名称			单位	消耗量					
人工	000103000	综合一类工	工日	0.443	0.543	0.624	0.367	0.466	0.576
材料	031507007	镀锌铁丝（综合）	kg	0.143	0.143	0.143	—	—	—
	050401003	板枋材	m³	0.014	0.014	0.014	—	—	—
	850103006	其他材料费（占材料费）	%	1.800	1.800	1.800	1.800	1.800	—
机械	990421010	小型工程车	台班	0.013	0.014	0.016	0.006	0.007	0.009
	990805020	污水泵 100mm	台班	0.092	0.107	0.172	0.082	0.100	0.163

工作内容：挖方，修整、排水、装拆档土板及回填，工器具移运等。 **计量单位：**m³

编号				4-11-71	4-11-72	4-11-73	4-11-74	4-11-75	4-11-76
项目				流砂坑			干砂坑		
				挖深（m）					
				≤2	≤3	＞3	≤2	≤3	＞3
名称			单位	消耗量					
人工	000103000	综合一类工	工日	0.781	0.984	1.312	0.608	0.720	0.948
材料	031507007	镀锌铁丝（综合）	kg	0.143	0.143	0.143	0.143	0.143	0.143
	050401003	板枋材	m³	0.014	0.014	0.014	0.014	0.014	0.014
	850103006	其他材料费（占材料费）	%	1.800	1.800	1.800	1.800	1.800	1.800
机械	990421010	小型工程车	台班	0.015	0.017	0.019	0.011	0.014	0.016
	990805020	污水泵 100mm	台班	0.181	0.212	0.244	—	—	—

工作内容：挖方，修整、排水、装拆档土板及回填，工器具移运等。 **计量单位：**m³

编号				4-11-77	4-11-78	4-11-79
项目				松砂石		
				挖深（m）		
				≤2	≤3	＞3
名称			单位	消耗量		
人工	000103000	综合一类工	工日	0.562	0.669	0.805
材料	031507007	镀锌铁丝（综合）	kg	0.143	0.143	0.143
	050401003	板枋材	m³	0.014	0.014	0.014
	850103006	其他材料费（占材料费）	%	1.800	1.800	1.800
机械	990421010	小型工程车	台班	0.007	0.008	0.011

4. 基坑机械土方施工

工作内容：挖土、堆土、推土、修整、排水、回填、清理、工器具移运等。　　**计量单位**：m^3

编号				4-11-80	4-11-81	4-11-82	4-11-83	4-11-84	4-11-85
项目				普通土			坚土		
				挖深（m）					
				≤2	≤3	>3	≤2	≤3	>3
名称			单位	消耗量					
人工	000103000	综合一类工	工日	0.047	0.052	0.060	0.055	0.061	0.072
机械	990421010	小型工程车	台班	0.004	0.004	0.005	0.005	0.006	0.007
	990101015	履带式推土机 75kW	台班	0.001	0.001	0.001	0.001	0.001	0.001
	990106009	履带式单斗液压挖掘机 $0.3m^3$	台班	0.007	0.008	0.011	0.009	0.012	0.014
	990403010	平板拖车组 10t	台班	0.001	0.001	0.001	0.001	0.001	0.001

工作内容：挖方，修整、排水、装拆档土板及回填，工器具移运等。　　**计量单位**：m^3

编号				4-11-86	4-11-87	4-11-88	4-11-89	4-11-90	4-11-91
项目				干砂坑			松砂石		
				挖深（m）					
				≤2	≤3	>3	≤2	≤3	>3
名称			单位	消耗量					
人工	000103000	综合一类工	工日	0.089	0.093	0.103	0.069	0.073	0.083
机械	990421010	小型工程车	台班	0.005	0.006	0.008	0.005	0.006	0.008
	990101015	履带式推土机 75kW	台班	0.002	0.003	0.004	0.001	0.001	0.001
	990106009	履带式单斗液压挖掘机 $0.3m^3$	台班	0.015	0.019	0.023	0.010	0.014	0.018
	990403010	平板拖车组 10t	台班	0.001	0.001	0.001	0.001	0.001	0.001

5. 基坑石方施工

工作内容：挖掘或爆破，修整，回填、夯实、余石清理及工器具移运等。　　**计量单位**：m^3

编号				4-11-92	4-11-93	4-11-94	4-11-95	4-11-96	4-11-97
项目				爆破岩石			人工开凿岩石		
				挖深（m）					
				≤2	≤3	>3	≤2	≤3	>3
名称			单位	消耗量					
人工	000103000	综合一类工	工日	0.974	1.037	1.095	2.159	2.301	2.408
材料	341109001	焦炭	kg	1.927	1.927	1.927	4.888	4.888	4.888
	340309001	电雷管	个	1.680	1.680	1.680	—	—	—
	340311001	导火线 120s/m	m	1.680	1.680	1.680	—	—	—
	340303001	硝铵炸药 2#	kg	0.613	0.629	0.645	—	—	—
	850103006	其他材料费（占材料费）	%	1.800	1.800	1.800	1.800	1.800	1.800
机械	990421010	小型工程车	台班	0.020	0.020	0.020	0.048	0.049	0.050

6. 沟槽人工土方施工

工作内容： 挖掘、修整；回填、夯实；余土清理及工器具移运等。 **计量单位：** m^3

编号				4-11-98	4-11-99	4-11-100	4-11-101	4-11-102
项目				普通土		坚土		泥水沟
				挖深（m）				
				≤1.5	>1.5	≤1.5	>1.5	≤1.5
名称			单位	消耗量				
人工	000103000	综合一类工	工日	0.130	0.234	0.186	0.290	0.304
机械	990421010	小型工程车	台班	0.002	0.004	0.002	0.004	0.004

工作内容： 挖掘、修整；回填、夯实；余土清理及工器具移运等。 **计量单位：** m^3

编号				4-11-103	4-11-104	4-11-105	4-11-106	4-11-107
项目				泥水沟	干砂		松砂石	
				挖深（m）				
				>1.5	≤1.5	>1.5	≤1.5	>1.5
名称			单位	消耗量				
人工	000103000	综合一类工	工日	0.427	0.479	0.597	0.294	0.577
材料	050401003	板枋材	m^3	—	0.014	0.014	—	—
	031507007	镀锌铁丝（综合）	kg	—	0.143	0.143	—	—
	850103006	其他材料费（占材料费）	%	—	1.800	1.800	—	—
机械	990421010	小型工程车	台班	0.004	0.010	0.010	0.004	0.005

7. 沟槽机械土方施工

工作内容： 挖掘、堆土、推土、修整；排水、回填、夯实；余土清理及工器具移运等。 **计量单位：** m^3

编号				4-11-108	4-11-109	4-11-110	4-11-111
项目				普通土		坚土	
				挖深（m）			
				≤1.5	>1.5	≤1.5	>1.5
名称			单位	消耗量			
人工	000103000	综合一类工	工日	0.036	0.051	0.045	0.053
机械	990421010	小型工程车	台班	0.003	0.003	0.004	0.005
	990101015	履带式推土机 75kW	台班	0.001	0.001	0.001	0.001
	990106009	履带式单斗液压挖掘机 $0.3m^3$	台班	0.006	0.007	0.009	0.012
	990403010	平板拖车组 10t	台班	0.001	0.001	0.001	0.001

工作内容： 挖掘、堆土、推土、修整；排水、回填、夯实；余土清理及工器具移运等。 **计量单位：** m^3

编号				4-11-112	4-11-113	4-11-114	4-11-115
项目				干砂		松砂石	
				挖深（m）			
				≤1.5	>1.5	≤1.5	>1.5
名称			单位	消耗量			
人工	000103000	综合一类工	工日	0.078	0.080	0.058	0.072
机械	990421010	小型工程车	台班	0.004	0.005	0.004	0.005
	990101015	履带式推土机 75kW	台班	0.002	0.003	0.001	0.001
	990106009	履带式单斗液压挖掘机 $0.3m^3$	台班	0.015	0.019	0.010	0.014
	990403010	平板拖车组 10t	台班	0.001	0.001	0.001	0.001

8. 沟槽石方施工

工作内容：挖掘或爆破，修整，回填、夯实、余石清理及工器具移运等。　　计量单位：m^3

编号				4-11-116	4-11-117	4-11-118	4-11-119
项目				爆破岩石		人工开凿岩石	
				挖深（m）			
				≤ 1.5	＞ 1.5	≤ 1.5	＞ 1.5
		名称	单位	消耗量			
人工	000103000	综合一类工	工日	0.572	0.863	1.170	1.544
材料	340307001	火雷管	个	2.652	2.321	—	—
	340313002	导火索	m	2.040	1.785	—	—
	340303001	硝铵炸药 2#	kg	1.154	1.011	—	—
	341109001	焦炭	kg	1.469	1.285	1.904	1.785
	850103006	其他材料费（占材料费）	%	1.800	1.800	1.800	1.800
机械	990421010	小型工程车	台班	0.005	0.006	0.015	0.017

9. 施工排地下水

工作内容：安装排水泵及管道；排水设施运行维护；场地清理、工器具及设备移运等。　计量单位：套·天

编号				4-11-120	4-11-121
项目				污水泵	
				出口直径 50mm	出口直径 100mm
		名称	单位	消耗量	
人工	000103000	综合一类工	工日	0.755	0.755
机械	990805010	污水泵 70mm	台班	2.804	—
	990421010	小型工程车	台班	0.004	0.004
	990805020	污水泵 100mm	台班	—	2.804

三、基础与地基处理工程

1. 预 制 基 础

工作内容：底盘与卡盘坑口移动、吊装、找正，底盘基坑操平、四周填土，卡盘螺栓紧固；
拉线盘基坑整理、组装、吊装、调整；工器具移运等。　计量单位：块

编号				4-11-122	4-11-123	4-11-124	4-11-125	4-11-126
项目				底盘安装				
				单块重量（kg）				
				≤ 100	≤ 200	≤ 300	≤ 500	＞ 500
		名称	单位	消耗量				
人工	000203000	综合二类工	工日	0.118	0.182	0.235	0.470	0.764
材料	042725016	预制基础（综合）	块	（1.010）	（1.010）	（1.010）	（1.010）	（1.010）
机械	990421010	小型工程车	台班	0.002	0.003	0.006	0.007	0.009
	990304004	汽车式起重机 8t	台班	—	—	0.005	0.006	0.008

工作内容：底盘与卡盘坑口移动、吊装、找正，底盘基坑操平、四周填土，卡盘螺栓紧固；拉线盘基坑整理、组装、吊装、调整；工器具移运等。

计量单位：块

编号				4-11-127	4-11-128	4-11-129	4-11-130	4-11-131
项目				卡盘安装		拉线盘安装		
				单块重量（kg）				
				≤ 200	＞ 200	≤ 200	≤ 300	＞ 300
名称			单位	消耗量				
人工	000203000	综合二类工	工日	0.095	0.216	0.070	0.126	0.280
材料	042725016	预制基础（综合）	块	（1.010）	（1.010）	（1.010）	（1.010）	（1.010）
机械	990304004	汽车式起重机 8t	台班	—	—	0.003	0.004	0.004
	990421010	小型工程车	台班	0.002	0.003	0.003	0.004	0.007

2. 现浇基础

（1）基础底层、垫层

工作内容：砂、石筛选，坑底铺石或铺石灌浆，铺石加浇混凝土，灰土垫层，操平，工器具转移等。

计量单位：m^3

编号				4-11-132	4-11-133	4-11-134	4-11-135	4-11-136
项目				干铺碎石、块石	碎石灌浆	铺块石灌混凝土	夯填灰土	浇制混凝土
名称			单位	消耗量				
人工	000203000	综合二类工	工日	0.316	0.815	0.443	0.718	1.522
材料	040301002	中砂	m^3	（0.285）	—	—	—	—
	040501003	碎石（综合）	m^3	（0.556）	（1.112）	—	—	—
	041107002	块石	m^3	（0.612）	—	（1.224）	—	—
	800101002	砌筑水泥砂浆 M5.0	m^3	—	（0.284）	—	—	—
	802101002	混凝土 C15	m^3	—	—	（0.303）	—	（1.015）
	040905003	生石灰	kg	—	—	—	（264.500）	—
	040901009	素土	m^3	—	—	—	（1.226）	—
	341101001	水	m^3	—	0.085	0.085	0.174	0.085
	020901003	聚氯乙烯薄膜	m^2	—	—	—	—	2.125
	850103006	其他材料费（占材料费）	%	1.800	1.800	1.800	1.800	1.800
机械	990421010	小型工程车	台班	0.005	0.009	0.007	0.008	—
	990603020	单卧轴式混凝土搅拌机 250L	台班	—	0.028	0.020	—	0.056
	990123010	电动夯实机 250N·m	台班	—	—	—	0.075	—

（2）现场搅拌混凝土浇制杆塔基础

工作内容：模板安装及拆除，筛洗砂石，混凝土搅拌及浇制，捣固，养护，基面抹平，工器具转移等。　　　　计量单位：m^3

	编　　号			4-11-137	4-11-138	4-11-139	4-11-140
	项　　目			杆塔单基混凝土量（m^3）			
				≤ 10	≤ 20	≤ 40	> 40
	名　　称		单位	消　耗　量			
人工	000203000	综合二类工	工日	1.764	1.361	1.332	1.080
材料	802101006	混凝土 C25	m^3	（1.015）	（1.015）	（1.015）	（1.015）
	031507007	镀锌铁丝（综合）	kg	0.488	0.485	0.456	0.430
	020901003	聚氯乙烯薄膜	m^2	1.088	0.893	0.693	0.574
	031501007	圆钉	kg	0.372	0.294	0.251	0.228
	031501001	扒钉	kg	0.331	0.326	0.234	0.201
	050100001	原木（综合）	m^3	0.009	0.007	0.007	0.006
	050401003	板枋材	m^3	0.033	0.031	0.030	0.027
	050109005	枕木 2500mm × 200mm × 160mm	根	0.010	0.009	0.007	0.006
	341101001	水	m^3	0.085	0.085	0.085	0.085
	850103006	其他材料费（占材料费）	%	1.800	1.800	1.800	1.800
机械	990421010	小型工程车	台班	0.047	0.043	0.040	0.039
	990603020	单卧轴式混凝土搅拌机 250L	台班	0.045	0.045	—	—
	990623010	混凝土振捣器 插入式	台班	0.018	0.017	0.016	0.016
	990604010	双卧轴式混凝土搅拌机 350L	台班	—	—	0.056	0.056

（3）商品混凝土浇制杆塔基础

工作内容：模板安装及拆除，混凝土运输浇制，捣固，养护，基面抹平，工器具转移等。　　计量单位：m^3

	编　　号			4-11-141	4-11-142	4-11-143	4-11-144
	项　　目			杆塔单基混凝土量（m^3）			
				≤ 10	≤ 20	≤ 40	> 40
	名　　称		单位	消　耗　量			
人工	000203000	综合二类工	工日	1.543	1.331	1.147	1.070
材料	802101006	混凝土 C25	m^3	（1.015）	（1.015）	（1.015）	（1.015）
	031507007	镀锌铁丝（综合）	kg	0.488	0.485	0.456	0.430
	020901003	聚氯乙烯薄膜	m^2	1.088	0.893	0.693	0.574
	031501007	圆钉	kg	0.372	0.294	0.251	0.228
	031501001	扒钉	kg	0.331	0.326	0.234	0.201
	050100001	原木（综合）	m^3	0.009	0.007	0.007	0.006
	050401003	板枋材	m^3	0.033	0.031	0.030	0.027
	341101001	水	m^3	0.085	0.085	0.085	0.085
	850103006	其他材料费（占材料费）	%	1.800	1.800	1.800	1.800
机械	990421010	小型工程车	台班	0.047	0.043	0.040	0.039
	990623010	混凝土振捣器 插入式	台班	0.018	0.017	0.016	0.016

3. 岩石嵌固基础

工作内容：清基定孔、钻孔、洗孔；安装地脚螺栓及埋件；拌制混凝土、浇筑、密实、养护；基面抹平、工器具移运等。

计量单位：孔

编 号				4-11-145	4-11-146
项 目				孔深（m）	
				≤ 1.5	＞ 1.5
名 称			单位	消 耗 量	
人工	000203000	综合二类工	工日	1.083	1.496
材料	802101006	混凝土 C25	m^3	（0.207）	（0.345）
	012100002	角钢（综合）	kg	1.020	1.020
	341101001	水	m^3	0.017	0.017
	801511001	硫磺胶泥	m^3	0.020	0.020
	850103006	其他材料费（占材料费）	%	1.800	1.800
机械	990787030	岩石钻孔机 ϕ500/800	台班	0.212	0.290
	990421010	小型工程车	台班	0.009	0.014
	990603020	单卧轴式混凝土搅拌机 250L	台班	0.013	0.015
	990901020	交流弧焊机 32kV·A	台班	0.048	0.048

4. 钢筋混凝土灌注桩基础

（1）机械推钻形孔

工作内容：准备、钻台、钻架、水、电源、护筒等装拆、机具就（退）位，泥浆池挖、填，钻孔，供水，出土，造浆，清空，工器具转移等。

计量单位：m

编 号				4-11-147	4-11-148	4-11-149	4-11-150	4-11-151	4-11-152
项 目				孔深 ≤ 10m					
				孔径 ≤ 0.8m			孔径 ≤ 1.2m		
				砂土、亚粘土	粘土	砂砾土	砂土、亚粘土	粘土	砂砾土
名 称			单位	消 耗 量					
人工	000203000	综合二类工	工日	2.084	2.191	5.000	2.915	3.346	6.902
材料	012300001	型钢（综合）	kg	0.269	0.269	0.269	0.374	0.374	0.374
	040901004	黏土	m^3	0.729	0.337	1.196	1.019	0.473	1.675
	341101001	水	m^3	1.955	2.040	1.785	2.295	2.295	2.040
	850103006	其他材料费（占材料费）	%	1.800	1.800	1.800	1.800	1.800	1.800
机械	990209030	回旋钻机 1000mm	台班	0.073	0.101	0.340	0.096	0.143	0.378
	990421010	小型工程车	台班	0.050	0.048	0.070	0.069	0.074	0.109
	990805010	污水泵 70mm	台班	0.080	0.112	0.162	0.107	0.159	0.201
	991267010	机动绞磨 3t	台班	0.205	0.310	0.447	0.205	0.310	0.447

工作内容：准备、钻台、钻架、水、电源、护筒等装拆、机具就（退）位，泥浆池挖、填，钻孔，供水，出土，造浆，清空，工器具转移等。　　　　**计量单位：**m

编　　号				4-11-153	4-11-154	4-11-155	4-11-156	4-11-157	4-11-158
项　　目				孔深 ≤ 15m					
				孔径 ≤ 0.8m			孔径 ≤ 1.2m		
				砂土、亚粘土	粘土	砂砾土	砂土、亚粘土	粘土	砂砾土
名　　称			单位	消　耗　量					
人工	000203000	综合二类工	工日	2.315	2.433	5.553	3.238	3.717	7.669
材料	012300001	型钢（综合）	kg	0.269	0.269	0.269	0.374	0.374	0.374
	040901004	黏土	m^3	0.729	0.337	1.196	1.019	0.473	1.675
	341101001	水	m^3	1.955	2.040	1.785	2.295	2.295	2.040
	850103006	其他材料费（占材料费）	%	1.800	1.800	1.800	1.800	1.800	1.800
机械	990209030	回旋钻机 1000mm	台班	0.080	0.112	0.318	0.107	0.159	0.421
	990421010	小型工程车	台班	0.050	0.048	0.070	0.069	0.074	0.109
	990805010	污水泵 70mm	台班	0.080	0.112	0.162	0.107	0.159	0.201
	991267010	机动绞磨 3t	台班	0.236	0.344	0.496	0.346	0.344	0.496

（2）浇制桩芯混凝土

工作内容：筛洗砂石，混凝土搅拌及浇制（或商品混凝土运输浇制），捣固，养护，基面抹平，工器具转移等。　　　　**计量单位：**m^3

编　　号				4-11-159
项　　目				浇制桩芯混凝土
名　　称			单位	消　耗　量
人工	000203000	综合二类工	工日	1.419
材料	802101006	混凝土 C25	m^3	（1.015）
	031507007	镀锌铁丝（综合）	kg	0.141
	031501001	扒钉	kg	0.085
	050401003	板枋材	m^3	0.005
	341101001	水	m^3	0.128
	850103006	其他材料费（占材料费）	%	1.800
机械	990421010	小型工程车	台班	0.030
	990603020	单卧轴式混凝土搅拌机 250L	台班	0.056

5. 钢筋混凝土预制桩

工作内容： 测量、放桩位线、准备打桩机械、100m 以内的运桩、吊装就位、安卸桩帽、校正、打桩；吊安送桩器、打送桩及拔放送桩器等。

计量单位： m^3

编 号				4-11-160	4-11-161	4-11-162
项 目				打桩		
				桩长（m）		
				⩽8	⩽12	>12
名 称			单位	消 耗 量		
人工	000203000	综合二类工	工日	1.212	0.957	0.702
材料	043113003	预制钢筋混凝土方桩	m^3	（1.010）	（1.010）	（1.010）
	020901003	聚氯乙烯薄膜	m^2	1.080	1.080	0.893
	023301002	草袋	个	0.425	0.468	0.510
	031509001	铁件（综合）	kg	0.255	0.255	0.255
	050401003	板枋材	m^3	0.004	0.004	0.003
	850103006	其他材料费（占材料费）	%	1.800	1.800	1.800
机械	990201010	履带式柴油打桩机 2.5t	台班	0.140	0.112	—
	990201020	履带式柴油打桩机 3.5t	台班	0.105	0.085	0.075
	990304012	汽车式起重机 12t	台班	0.093	0.089	0.075
	990421010	小型工程车	台班	0.075	0.065	0.056

工作内容： 测量、放桩位线、准备打桩机械、100m 以内的运桩、吊装就位、安卸桩帽、校正、打桩；吊安送桩器、打送桩及拔放送桩器等。

计量单位： m^3

编 号				4-11-163	4-11-164	4-11-165	4-11-166
项 目				静力压桩			送桩
				桩长（m）			
				⩽8	⩽12	>12	
名 称			单位	消 耗 量			
人工	000203000	综合二类工	工日	0.358	0.358	0.358	3.511
材料	043113003	预制钢筋混凝土方桩	m^3	（1.010）	（1.010）	（1.010）	—
	020101008	橡胶板 δ3	kg	0.006	0.006	0.006	—
	020901003	聚氯乙烯薄膜	m^2	1.080	1.080	0.893	—
	023301002	草袋	个	0.425	0.468	0.510	—
	031509001	铁件（综合）	kg	0.203	0.203	0.203	—
	050401003	板枋材	m^3	0.011	0.011	0.011	0.004
	850103006	其他材料费（占材料费）	%	1.800	1.800	1.800	1.800
机械	990206010	静力压桩机 1200kN	台班	0.055	0.055	0.055	—
	990304012	汽车式起重机 12t	台班	0.055	0.055	0.055	—
	990421010	小型工程车	台班	0.075	0.065	0.056	0.093
	990201020	履带式柴油打桩机 3.5t	台班	—	—	—	0.187

6. 钢管桩

工作内容： 打桩机具布置、移动打桩机、桩吊装就位、安卸桩帽、校正、打桩；测定标高、桩内排水等。

计量单位： 见表

编号				4-11-167	4-11-168	4-11-169	4-11-170
项目				桩长≤6m	桩径≤500mm	桩长≤6m	桩径≤800mm
				桩径≤500mm	每增加1m	桩径≤800mm	每增加1m
单位				根	m	根	m
名称			单位	消耗量			
人工	000203000	综合二类工	工日	3.510	0.958	5.106	1.148
材料	330107005	钢管桩 直径400mm 长6m	根	(1.005)	(0.168)	(1.005)	(0.168)
	031507007	镀锌铁丝（综合）	kg	4.250	0.850	8.500	1.105
	020901003	聚氯乙烯薄膜	m^2	5.823	0.893	8.721	1.403
	023301002	草袋	个	4.250	0.850	6.800	1.275
	050109001	枕木（综合）	m^3	0.315	0.085	0.400	0.102
	850103006	其他材料费（占材料费）	%	1.800	1.800	1.800	1.800
机械	990201010	履带式柴油打桩机 2.5t	台班	0.138	0.030	0.182	0.040
	990304004	汽车式起重机 8t	台班	0.150	0.020	0.180	0.030
	990421010	小型工程车	台班	0.206	—	0.421	—
	990790010	风割机	台班	0.150	0.020	0.180	0.030

7. 桩头处理

工作内容： 凿桩头、钢筋修整、块体清理；截除钢管、设箍、安装桩帽等。

计量单位： 见表

编号				4-11-171	4-11-172	4-11-173	4-11-174
项目				破预制钢筋混凝土桩头	破灌注混凝土桩头	钢管桩割焊盖帽	
						桩径（mm）	
						≤500	≤800
单位				m^3		个	
名称			单位	消耗量			
人工	000203000	综合二类工	工日	3.255	2.912	0.759	1.149
材料	031301007	低碳钢焊条（综合）	kg	—	—	1.346	2.657
	142909001	氧气	m^3	—	—	0.015	0.018
	142907002	乙炔气	kg	—	—	0.038	0.046
	330129004	钢桩帽 ϕ400	只	—	—	0.850	—
	330129005	钢桩帽 ϕ900	只	—	—	—	0.850
	850103006	其他材料费（占材料费）	%	—	—	1.800	1.800
机械	990421010	小型工程车	台班	0.060	0.050	0.010	0.010
	990302015	履带式起重机 15t	台班	—	—	0.037	0.076
	990797010	台式砂轮机	台班	—	—	0.295	0.393
	990790010	风割机	台班	—	—	0.065	0.131
	990904030	直流弧焊机 20kV·A	台班	—	—	0.164	0.323

8. 钢筋、铁件

工作内容：准备，截割，焊接，制弯，整理，捆扎等。 计量单位：t

编号				4-11-175	4-11-176	4-11-177
项目				钢筋加工		
				直径（mm）		钢筋笼
				≤10	＞10	
名称			单位	消耗量		
人工	000203000	综合二类工	工日	6.257	4.143	6.538
材料	031301007	低碳钢焊条（综合）	kg	—	1.403	4.990
	010100008	钢筋 ϕ10 以内	kg	（1020.000）	—	（210.000）
	010100011	钢筋 ϕ10 以外	kg	—	（1040.000）	（830.000）
	031507010	镀锌铁丝 ϕ0.7～1.2	kg	7.480	1.938	2.482
	850103006	其他材料费（占材料费）	%	1.800	1.800	1.800
机械	990702010	钢筋切断机 40mm	台班	0.120	0.090	0.105
	990702020	钢筋切断机 50mm	台班	0.608	0.246	0.206
	990901020	交流弧焊机 32kV·A	台班	—	0.171	0.606
	990421010	小型工程车	台班	0.045	0.045	0.045

工作内容：准备，截割，焊接，制弯，整理，捆扎等。 计量单位：t

编号				4-11-178	4-11-179
项目				钢筋安装	钢筋笼安装
名称			单位	消耗量	
人工	000203000	综合二类工	工日	2.687	1.832
材料	031301007	低碳钢焊条（综合）	kg	0.918	1.080
	031509022	预埋铁件	kg	5.857	7.582
	850103006	其他材料费（占材料费）	%	1.800	1.800
机械	990304004	汽车式起重机 8t	台班	0.263	—
	990304016	汽车式起重机 16t	台班	—	0.305
	990421010	小型工程车	台班	0.008	0.008
	990401025	载重汽车 6t	台班	0.421	0.376
	990904030	直流弧焊机 20kV·A	台班	0.112	0.131

工作内容：准备，截割，焊接，制弯，整理，捆扎等。　　　　计量单位：t

编号				4-11-180	4-11-181	4-11-182	4-11-183
项目				铁件制作	铁件安装	钢管桩钢筋托盘制作	钢管桩钢筋托盘安装
名称			单位	消耗量			
人工	000203000	综合二类工	工日	11.056	6.414	12.268	4.737
材料	012300002	型钢（综合）	kg	（880.000）	—	（105.000）	—
	010100005	钢筋（综合）	kg	（220.000）	—	（205.000）	—
	011901012	槽钢 16#	kg	—	—	（120.500）	—
	012903006	热轧中厚钢板 δ15 以外	kg	—	—	（649.500）	—
	031301007	低碳钢焊条（综合）	kg	27.880	12.240	40.035	3.426
	142909001	氧气	m^3	0.909	—	0.667	0.124
	142907002	乙炔气	kg	2.363	—	1.734	0.323
	130505001	防锈漆	kg	—	1.838	7.591	—
	140301004	汽油 95#	kg	—	—	2.316	—
	031507031	镀锌铁丝 ϕ4.0	kg	—	—	—	0.013
	850103006	其他材料费（占材料费）	%	1.800	1.800	1.800	1.800
机械	990728020	摇臂钻床 50mm	台班	0.047	—	0.131	—
	990732050	剪板机 40×3100mm	台班	0.002	—	—	—
	990749010	型钢剪断机 500mm	台班	0.010	—	0.103	—
	990904030	直流弧焊机 20kV · A	台班	3.387	1.487	4.864	0.416
	990421010	小型工程车	台班	0.045	0.009	0.045	0.010
	990304004	汽车式起重机 8t	台班	—	0.017	—	—
	990401030	载重汽车 8t	台班	—	0.034	—	—
	990732005	剪板机 6.3×2000mm	台班	—	—	0.019	—
	990733030	板料校平机 16×2500mm	台班	—	—	0.019	—
	990304016	汽车式起重机 16t	台班	—	—	—	0.354
	990401025	载重汽车 6t	台班	—	—	—	0.034

9. 基础、拉线棒防腐

工作内容：涂刷沥青漆，工器具转移；融化沥青，缠绕麻布片，涂刷沥青漆，工器具转移等。计量单位：见表

编号				4-11-184	4-11-185	4-11-186	4-11-187
项目				基础刷沥青漆	基础刷抗渗防腐涂料	拉线棒刷沥青漆	拉线棒涂三油二麻沥青
单位				m^2		根	
名称			单位	消耗量			
人工	000203000	综合二类工	工日	0.033	0.048	0.020	0.095
材料	133101003	石油沥青 10#	kg	0.221	—	—	2.125
	130105009	沥青清漆	kg	—	—	0.157	—
	031507007	镀锌铁丝（综合）	kg	—	—	—	0.051
	022905003	麻袋布 宽 600	m	—	—	—	1.658
	341111001	木柴	kg	—	—	—	8.500
	850103006	其他材料费（占材料费）	%	1.800	1.800	1.800	1.800
机械	990421010	小型工程车	台班	0.001	0.001	0.001	0.001

10. 排洪沟、护坡、挡土墙

工作内容： 制备砂浆、砌筑、勾缝；制备混凝土，安装、拆除模板，浇筑混凝土、密实、养护；安放钢筋；工器具移运等。

计量单位： m^3

编号				4-11-188	4-11-189	4-11-190	4-11-191
项目				排洪沟		护坡、挡土墙	
				干砌石	浆砌石	干砌石	浆砌石
名称			单位	消耗量			
人工	000203000	综合二类工	工日	0.604	0.933	0.772	1.067
材料	040301002	中砂	m^3	(0.294)	—	(0.372)	—
	041103003	毛石（综合）	m^3	(1.204)	(1.173)	(1.173)	(1.125)
	800101002	砌筑水泥砂浆 M5.0	m^3	—	(0.401)	—	(0.393)
	341101001	水	m^3	—	0.067	—	0.067
	850103006	其他材料费（占材料费）	%	1.800	1.800	1.800	1.800
机械	990421010	小型工程车	台班	0.009	0.017	0.009	0.017
	990603020	单卧轴式混凝土搅拌机 250L	台班	—	0.025	—	0.025

工作内容： 制备砂浆、砌筑、勾缝；制备混凝土，安装、拆除模板，浇筑混凝土、密实、养护；安放钢筋；工器具移运等。

计量单位： m^3

编号				4-11-192	4-11-193
项目				浇制钢筋混凝土	浇制素混凝土
名称			单位	消耗量	
人工	000203000	综合二类工	工日	2.524	2.235
材料	802101006	混凝土 C25	m^3	(1.015)	—
	802101004	混凝土 C20	m^3	—	(1.010)
	020901003	聚氯乙烯薄膜	m^2	0.260	0.260
	031501007	圆钉	kg	0.276	0.276
	050401003	板枋材	m^3	0.034	0.068
	341101001	水	m^3	0.170	0.170
	350123002	复合模板	m^2	3.366	—
	850103006	其他材料费（占材料费）	%	1.800	1.800
机械	990304004	汽车式起重机 8t	台班	0.016	0.005
	990406010	机动翻斗车 1t	台班	0.129	0.129
	990421010	小型工程车	台班	0.007	0.007
	990603020	单卧轴式混凝土搅拌机 250L	台班	0.056	0.056
	990706010	木工圆锯机 500mm	台班	0.010	0.010

四、杆、塔组立

1. 木 杆 组 立

工作内容：立杆、找正、绑地横木、根部刷漆、工器具转移等。　　**计量单位：**基

编　号				4-11-194	4-11-195	4-11-196
项　目				杆长（m）		
				≤9	≤11	≤13
名　称			单位	消　耗　量		
人工	000203000	综合二类工	工日	0.282	0.426	0.609
材料	052503001	木杆	根	（1.005）	（1.005）	（1.005）
	031507007	镀锌铁丝（综合）	kg	0.863	0.863	0.863
	130113002	醇酸磁漆	kg	0.017	0.017	0.017
	133101003	石油沥青 10#	kg	0.425	0.425	0.425
	850103006	其他材料费（占材料费）	%	1.800	1.800	1.800
机械	990421010	小型工程车	台班	0.047	0.051	0.056

2. 混凝土圆杆组立

工作内容：电杆排列支垫、立杆、找正、补刷油漆，装拆临时拉线，清场、工器具转移等。　**计量单位：**基

编　号				4-11-197	4-11-198	4-11-199	4-11-200
项　目				整根式杆长（m）			
				10 以内	12 以内	15 以内	18 以内
名　称			单位	消　耗　量			
人工	000203000	综合二类工	工日	2.491	2.818	3.416	3.773
材料	292307001	水泥电杆	根	（1.005）	（1.005）	（1.005）	（1.005）
	031507007	镀锌铁丝（综合）	kg	0.157	0.171	0.196	0.218
	050401003	板枋材	m^3	0.003	0.003	0.003	0.003
	130113005	酚醛磁漆	kg	0.014	0.014	0.015	0.017
	850103006	其他材料费（占材料费）	%	1.800	1.800	1.800	1.800
机械	990401015	载重汽车 4t	台班	0.251	0.273	—	—
	991267010	机动绞磨 3t	台班	0.075	0.085	0.094	0.110
	990421010	小型工程车	台班	0.072	0.084	0.096	0.107
	990401030	载重汽车 8t	台班	—	—	0.296	0.306

工作内容：电杆排列支垫、立杆、找正、补刷油漆，装拆临时拉线，清场、工器具转移等。 计量单位：基

编号				4-11-201	4-11-202	4-11-203	4-11-204
项目				分段式单基重量（t）			
				≤ 2.5	≤ 3.5	≤ 5.0	> 5.0
名称			单位	消耗量			
人工	000203000	综合二类工	工日	3.037	4.615	5.715	6.903
材料	292307001	水泥电杆	根	（1.005）	（1.005）	（1.005）	（1.005）
	031507007	镀锌铁丝（综合）	kg	0.193	0.211	0.229	0.252
	050401003	板枋材	m^3	0.003	0.003	0.004	0.005
	130113005	酚醛磁漆	kg	0.023	0.031	0.040	0.049
	850103006	其他材料费（占材料费）	%	1.800	1.800	1.800	1.800
机械	990401015	载重汽车 4t	台班	0.336	0.493	—	—
	991267010	机动绞磨 3t	台班	0.082	0.092	0.114	0.126
	990421010	小型工程车	台班	0.082	0.136	0.148	0.161
	990401030	载重汽车 8t	台班	—	—	0.543	0.686

3. 混凝土方杆组立

工作内容：电杆排列支垫、立杆、找正、补刷油漆，装拆临时拉线，清场、工器具转移等。 计量单位：基

编号				4-11-205	4-11-206
项目				方杆	
				15 以内	15 以上
名称			单位	消耗量	
人工	000203000	综合二类工	工日	2.371	2.661
材料	292307001	水泥电杆	根	（1.005）	（1.005）
	031507007	镀锌铁丝（综合）	kg	0.265	0.360
	050401003	板枋材	m^3	0.003	0.004
	130113005	酚醛磁漆	kg	0.023	0.031
	850103006	其他材料费（占材料费）	%	1.800	1.800
机械	990421010	小型工程车	台班	0.015	0.168
	990304020	汽车式起重机 20t	台班	0.157	0.188

4. 铁塔组立

工作内容：清点配料，地面支垫，组合，按施工技术措施进行现场布置，吊装，塔身调整，螺栓固定及防松防盗，零星补刷油漆，清场、工器具转移等。

计量单位：基

编号				4-11-207	4-11-208	4-11-209	4-11-210	4-11-211
项目				单基重量（t）				
				≤ 1.5	≤ 3	≤ 5	≤ 7	＞7
名称			单位	消耗量				
人工	000203000	综合二类工	工日	11.177	15.870	22.681	30.794	40.683
材料	291909001	铁塔	基	（1.005）	（1.005）	（1.005）	（1.005）	（1.005）
	031507007	镀锌铁丝（综合）	kg	0.452	0.528	0.590	0.862	1.054
	050401003	板枋材	m^3	0.015	0.016	0.017	0.024	0.032
	130113005	酚醛磁漆	kg	0.835	0.978	1.092	1.556	1.600
	850103006	其他材料费（占材料费）	%	1.800	1.800	1.800	1.800	1.800
机械	990304024	汽车式起重机 25t	台班	—	—	—	—	0.763
	990421010	小型工程车	台班	0.240	0.280	0.300	0.412	0.521
	990401020	载重汽车 5t	台班	0.081	0.106	0.146	0.211	0.237
	991267010	机动绞磨 3t	台班	0.140	0.180	0.286	0.330	0.400
	990304008	汽车式起重机 10t	台班	0.280	0.480	0.580	—	—
	990304012	汽车式起重机 12t	台班	—	—	—	0.678	—

5. 钢管杆组立

工作内容：地面排列、支垫、组合连接、零星补刷油漆，立杆准备，吊装和整理，清场、工器具转移等。

计量单位：基

编号				4-11-212	4-11-213	4-11-214
项目				单杆整根式		
				单基重量（t）		
				≤ 5	≤ 10	＞10
名称			单位	消耗量		
人工	000203000	综合二类工	工日	7.298	9.093	12.741
材料	291905001	钢管杆	根	（1.002）	（1.002）	（1.002）
	031507007	镀锌铁丝（综合）	kg	0.792	0.880	0.968
	050401003	板枋材	m^3	0.016	0.017	0.020
	850103006	其他材料费（占材料费）	%	1.800	1.800	1.800
机械	990304024	汽车式起重机 25t	台班	0.306	—	—
	990401015	载重汽车 4t	台班	0.104	0.125	0.156
	990421010	小型工程车	台班	0.367	0.496	0.749
	990304040	汽车式起重机 50t	台班	—	0.321	0.532

工作内容：地面排列、支垫、组合连接、零星补刷油漆，立杆准备，吊装和整理，清场、工器具转移等。

计量单位：基

编号				4-11-215	4-11-216	4-11-217	4-11-218
项目				单杆分段式			
				单基重量（t）			
				≤5	≤10	≤15	>15
名称			单位	消耗量			
人工	000203000	综合二类工	工日	8.102	10.144	14.040	17.875
材料	291905001	钢管杆	根	（1.002）	（1.002）	（1.002）	（1.002）
	031507007	镀锌铁丝（综合）	kg	0.938	0.938	1.126	1.408
	050401003	板枋材	m^3	0.019	0.019	0.022	0.028
	850103006	其他材料费（占材料费）	%	1.800	1.800	1.800	1.800
机械	990304024	汽车式起重机 25t	台班	0.335	—	—	—
	990304040	汽车式起重机 50t	台班	—	0.355	0.589	0.851
	990401015	载重汽车 4t	台班	0.104	0.125	0.156	0.208
	990421010	小型工程车	台班	0.402	0.498	0.737	0.862

6. 撑杆、钢圈焊接、离心混凝土杆封顶

工作内容：木杆加工、根部刷油、立杆、装抱箍、焊缝间隙轻微调整、挖焊接操作坑、焊接及焊口清理、钢圈防腐防锈处理、工器具转移等。

计量单位：基

编号				4-11-219	4-11-220	4-11-221
项目				木撑杆		
				杆长（m）		
				≤9	≤11	≤13
名称			单位	消耗量		
人工	000203000	综合二类工	工日	0.612	0.768	1.239
材料	052503001	木杆	根	（1.005）	（1.005）	（1.005）
	031507007	镀锌铁丝（综合）	kg	2.483	2.483	2.483
	133101003	石油沥青 10#	kg	0.489	0.489	0.489
	850103006	其他材料费（占材料费）	%	1.800	1.800	1.800
机械	990421010	小型工程车	台班	0.047	0.051	0.056

工作内容：木杆加工、根部刷油、立杆、装抱箍、焊缝间隙轻微调整、挖焊接操作坑、焊接及焊口清理、钢圈防腐防锈处理、工器具转移等。　　计量单位：基

编　号				4-11-222	4-11-223	4-11-224	4-11-225
项　目				混凝土撑杆			
				杆长（m）			
				≤ 8	≤ 10	≤ 12	≤ 15
	名　称		单位	消　耗　量			
人工	000203000	综合二类工	工日	1.729	2.012	2.255	2.504
材料	292307001	水泥电杆	根	（1.005）	（1.005）	（1.005）	（1.005）
	031507007	镀锌铁丝（综合）	kg	0.220	0.220	0.220	0.240
	050401003	板枋材	m^3	0.002	0.003	0.003	0.003
	130113005	酚醛磁漆	kg	0.016	0.017	0.018	0.019
	850103006	其他材料费（占材料费）	%	1.800	1.800	1.800	1.800
机械	990304004	汽车式起重机 8t	台班	0.037	0.037	0.056	0.067
	990421010	小型工程车	台班	0.084	0.089	0.092	0.092
	990401015	载重汽车 4t	台班	0.252	0.262	0.273	0.273
	991267010	机动绞磨 3t	台班	0.084	0.089	0.092	0.092

工作内容：木杆加工、根部刷油、立杆、装抱箍、焊缝间隙轻微调整、挖焊接操作坑、焊接及焊口清理、钢圈防腐防锈处理、工器具转移等。　　计量单位：个

编　号				4-11-226	4-11-227	4-11-228	4-11-229	4-11-230	4-11-231
项　目				电焊钢圈		气焊钢圈		离心混凝土杆封顶	
				钢圈直径（mm）				顶直径（mm）	
				≤ 300	＞300	≤ 300	＞300	≤ 300	＞300
	名　称		单位	消　耗　量					
人工	000203000	综合二类工	工日	0.188	0.293	0.388	0.519	0.125	0.152
材料	130113005	酚醛磁漆	kg	0.113	0.193	0.113	0.193	—	—
	031301007	低碳钢焊条（综合）	kg	1.872	2.836	—	—	—	—
	031301023	碳钢气焊条（综合）	kg	—	—	0.907	1.361	—	—
	130505001	防锈漆	kg	0.283	0.340	0.283	0.340	—	—
	142909001	氧气	m^3	—	—	0.231	0.384	—	—
	142907002	乙炔气	kg	—	—	0.601	0.998	—	—
	031507031	镀锌铁丝 ϕ4.0	kg	—	—	—	—	0.197	0.246
	850103006	其他材料费（占材料费）	%	1.800	1.800	1.800	1.800	1.800	1.800
机械	990421010	小型工程车	台班	0.010	0.010	0.010	0.010	0.010	0.010
	990401015	载重汽车 4t	台班	0.099	0.148	0.291	0.375	0.002	0.003
	990904030	直流弧焊机 20kV·A	台班	0.227	0.345	—	—	—	—

7. 接地设施安装

工作内容：接地极及接地体敷设，降阻剂拌和，接地电阻测定，连接引下线，工器具转移等。

计量单位：见表

编号				4-11-232	4-11-233	4-11-234	4-11-235
项目				电线杆高空接地引下线安装	接地钢结构制作	接地极安装	
						土质地层	砂石土质地层
单位				根	t	根	
	名称		单位	消耗量			
人工	000203000	综合二类工	工日	0.218	17.012	0.144	0.211
材料	270605001	接地引线	m	（11.800）	—	—	—
	012300002	型钢（综合）	kg	—	（1080.000）	—	—
	270601002	接地极	根	—	—	（1.005）	（1.005）
	031507007	镀锌铁丝（综合）	kg	2.444	—	—	—
	031301007	低碳钢焊条（综合）	kg	—	0.635	—	—
	142909001	氧气	m^3	—	0.790	—	—
	142907002	乙炔气	kg	—	2.053	—	—
	850103006	其他材料费（占材料费）	%	1.800	1.800	1.800	1.800
机械	990421010	小型工程车	台班	0.047	0.047	0.003	0.004
	990747010	管子切断机 60mm	台班	—	0.636	—	—
	990749010	型钢剪断机 500mm	台班	—	0.393	—	—
	990904030	直流弧焊机 20kV·A	台班	—	0.073	—	—

工作内容：接地极及接地体敷设，降阻剂拌和，接地电阻测定，连接引下线，工器具转移等。**计量单位：**基

编号				4-11-236	4-11-237	4-11-238
项目				接地线敷设		
				单基长度（m）		
				≤50	≤100	＞100
	名称		单位	消耗量		
人工	000203000	综合二类工	工日	0.395	0.592	0.789
材料	284309002	接地线（综合）	m	（1.050）	（1.050）	（1.050）
	031301007	低碳钢焊条（综合）	kg	0.026	0.031	0.044
	142909001	氧气	m^3	0.040	0.049	0.057
	142907002	乙炔气	kg	0.104	0.127	0.147
	850103006	其他材料费（占材料费）	%	1.800	—	1.800
机械	990421010	小型工程车	台班	0.009	0.011	0.014
	990904030	直流弧焊机 20kV·A	台班	0.003	0.004	0.005

工作内容：接地极及接地体敷设，降阻剂拌和，接地电阻测定，连接引下线，工器具转移等。　　计量单位：见表

编　号				4-11-239	4-11-240	4-11-241	4-11-242
项　目				降阻接地			电阻测试
				换土质	加降阻剂	接地模块	
单　位				m^3	kg	个	基
名　称			单位	消　耗　量			
人工	000203000	综合二类工	工日	0.790	0.014	1.676	0.158
材料	040901009	素土	m^3	（1.190）	—	—	—
	031301007	低碳钢焊条（综合）	kg	—	—	0.256	—
	143539001	降阻剂	kg	—	（1.050）	—	—
	340705004	塑料手套 ST 型	个	—	0.021	—	—
	341101001	水	m^3	—	0.003	—	—
	372703001	接地模块	块	—	—	（1.000）	—
	092705004	碎布	kg	—	—	0.052	—
	130105009	沥青清漆	kg	—	—	0.103	—
	850103006	其他材料费（占材料费）	%	1.800	1.800	1.800	—
机械	990421010	小型工程车	台班	0.008	0.008	0.010	0.050
	990904030	直流弧焊机 20kV·A	台班	—	—	0.031	—
	990123010	电动夯实机 250N·m	台班	0.075	—	—	—

8. 拉线制作与安装

工作内容：拉线长度实测、丈量与截割，上下端头制作，安装及调整，工器具转移等。　　计量单位：根

编　号				4-11-243	4-11-244	4-11-245
项　目				普通拉线		
				截面（mm^2）		
				≤ 35	≤ 70	≤ 120
名　称			单位	消　耗　量		
人工	000203000	综合二类工	工日	0.297	0.361	0.435
材料	292111012	拉线	根	（1.015）	（1.015）	（1.015）
	031507007	镀锌铁丝（综合）	kg	0.225	0.278	0.225
	031541003	钢锯条	条	0.489	0.978	1.466
	130505005	醇酸防锈漆 C53-1	kg	0.049	0.068	0.078
	850103006	其他材料费（占材料费）	%	1.800	1.800	1.800
机械	990421010	小型工程车	台班	0.042	0.042	0.042

工作内容：拉线长度实测、丈量与截割，上下端头制作，安装及调整，工器具转移等。 **计量单位：**根

编号				4-11-246	4-11-247	4-11-248	4-11-249
项目				水平及弓型拉线			拉线保护管
				截面（mm²）			
				≤35	≤70	≤120	
名称			单位	消耗量			
人工	000203000	综合二类工	工日	0.672	0.895	0.987	0.055
材料	292111012	拉线	根	（1.015）	（1.015）	（1.015）	—
	290600003	拉线保护管	根	—	—	—	（1.030）
	031507007	镀锌铁丝（综合）	kg	0.225	0.225	0.225	—
	031541003	钢锯条	条	0.489	0.978	1.466	—
	130505005	醇酸防锈漆 C53-1	kg	0.049	0.068	0.078	—
	850103006	其他材料费（占材料费）	%	1.800	1.800	1.800	1.800
机械	990421010	小型工程车	台班	0.042	0.042	0.042	0.042

五、横担与绝缘子安装

1. 横　　担

（1）10kV 及以下横担

计量单位：组

编号				4-11-250	4-11-251	4-11-252	4-11-253	4-11-254	4-11-255
项目				铁横担		瓷横担		复合型横担	
				单根	双根	直线杆	耐张、转角杆	直线杆	耐张、转角杆
名称			单位	消耗量					
人工	000203000	综合二类工	工日	0.218	0.342	0.145	0.289	0.145	0.289
材料	292300001	横担	根	（1.005）	（2.010）	（1.020）	（2.040）	（1.010）	（1.010）
	092705004	碎布	kg	0.049	0.049	0.049	0.049	0.049	0.049
	031507007	镀锌铁丝（综合）	kg	0.489	0.684	—	—	—	—
	130115001	调和漆	kg	0.020	0.029	—	—	—	—
	850103006	其他材料费（占材料费）	%	1.800	1.800	1.800	1.800	1.800	1.800
机械	990421010	小型工程车	台班	0.010	0.010	0.010	0.010	0.010	0.010

（2）1kV 及以下横担

工作内容：量尺寸、定位、上抱箍、装横担、支撑及顶支座等。 **计量单位：**组

编号				4-11-256	4-11-257	4-11-258	4-11-259	4-11-260
项目				铁横担				
				二线	四线单根	四线双根	六线单根	六线双根
名称			单位	消耗量				
人工	000203000	综合二类工	工日	0.125	0.177	0.284	0.223	0.355
材料	292300001	横担	根	（1.005）	（1.005）	（2.010）	（1.005）	（2.010）
	031507007	镀锌铁丝（综合）	kg	0.391	0.489	0.684	0.489	0.684
	092705004	碎布	kg	0.049	0.049	0.049	0.049	0.049
	130115001	调和漆	kg	0.020	0.020	0.293	0.020	0.029
	850103006	其他材料费（占材料费）	%	1.800	1.800	1.800	1.800	1.800
机械	990421010	小型工程车	台班	0.010	0.010	0.010	0.010	0.010

工作内容：量尺寸、定位、上抱箍、装横担、支撑及顶支座等。 **计量单位：**组

编号				4-11-261	4-11-262
项目				瓷横担	复合型横担
名称			单位	消耗量	
人工	000203000	综合二类工	工日	0.125	0.132
材料	292300001	横担	根	（1.020）	（1.010）
	092705004	碎布	kg	0.049	0.049
	850103006	其他材料费（占材料费）	%	1.800	1.800
机械	990421010	小型工程车	台班	0.010	0.010

（3）进户线横担

工作内容：量尺寸、定位、上抱箍、装横担、支撑及顶支座等。 **计量单位：**组

编号				4-11-263	4-11-264	4-11-265
项目				一端埋设式		
				二线	四线	六线
名称			单位	消耗量		
人工	000203000	综合二类工	工日	0.158	0.243	0.270
材料	292300001	横担	根	（1.005）	（1.005）	（1.005）
	092705004	碎布	kg	0.029	0.049	0.049
	130115001	调和漆	kg	0.020	0.029	0.029
	292313009	镀锌铁拉板 40×4×200～350	块	4.106	8.211	12.317
	850103006	其他材料费（占材料费）	%	1.800	1.800	1.800
机械	990421010	小型工程车	台班	0.010	0.010	0.010

工作内容：量尺寸、定位、上抱箍、装横担、支撑及顶支座等。　　　　**计量单位：**组

编号				4-11-266	4-11-267	4-11-268	4-11-269
项目				两端埋设式			
				二线	四线	六线	八线及以上
名称			单位	消耗量			
人工	000203000	综合二类工	工日	0.218	0.302	0.329	0.432
材料	292300001	横担	根	（1.005）	（1.005）	（1.005）	（1.005）
	092705004	碎布	kg	0.049	0.049	0.049	0.049
	130115001	调和漆	kg	0.020	0.029	0.029	0.029
	292313009	镀锌铁拉板 40×4×200～350	块	4.106	8.211	12.317	16.422
	850103006	其他材料费（占材料费）	%	1.800	1.800	1.800	1.800
机械	990421010	小型工程车	台班	0.100	0.010	0.010	0.010

2. 绝　缘　子

工作内容：清扫、检查、绝缘摇测、组合、安装等。　　　　**计量单位：**见表

编号				4-11-270	4-11-271	4-11-272	4-11-273
项目				耐张绝缘子	普通绝缘子	箍位绝缘子	防雷式绝缘子
单位				片	只		
名称			单位	消耗量			
人工	000203000	综合二类工	工日	0.029	0.027	0.029	0.031
材料	271100002	绝缘子	个	（1.020）	（1.020）	（1.020）	（1.020）
	092705004	碎布	kg	0.010	0.010	0.010	0.010
	850103006	其他材料费（占材料费）	%	1.800	1.800	1.800	1.800
机械	990421010	小型工程车	台班	0.001	0.001	0.001	0.001
	870699096	高压试验变压器配套操作箱、调压器	台班	0.010	0.010	0.010	0.010

六、架 线 工 程

1. 裸铝绞线架设

工作内容：金具安装，挂卸滑车、放线、连接、架线、紧线、调整弧垂、绑扎等。　　**计量单位：**km

编　号				4-11-274	4-11-275	4-11-276
项　目				截面（mm²）		
				≤ 35	≤ 95	≤ 150
名　称			单位	消　耗　量		
人工	000203000	综合二类工	工日	2.819	5.494	8.667
材料	280001002	导线	m	（1013.000）	（1013.000）	（1013.000）
	014303002	铝包带 1 × 10	kg	0.029	0.068	0.068
	014701003	铝绑线 $\phi3.2$	m	—	98.033	104.563
	092705004	碎布	kg	0.049	0.059	0.068
	031541003	钢锯条	条	0.782	0.978	1.466
	130505005	醇酸防锈漆 C53-1	kg	0.049	0.049	0.049
	140301004	汽油 95#	kg	0.049	0.049	0.049
	142123001	电力复合脂	kg	0.020	0.049	0.078
	014701002	铝绑线 $\phi2$	m	78.425	—	—
	850103006	其他材料费（占材料费）	%	1.800	1.800	1.800
机械	990421010	小型工程车	台班	0.093	0.140	0.168
	990764010	液压压接机 100t	台班	0.065	0.084	0.103

工作内容：金具安装，挂卸滑车、放线、连接、架线、紧线、调整弧垂、绑扎等。　　**计量单位：**km

编　号				4-11-277	4-11-278
项　目				截面（mm²）	
				≤ 240	≤ 300
名　称			单位	消　耗　量	
人工	000203000	综合二类工	工日	12.277	17.191
材料	280001002	导线	m	（1013.000）	（1013.000）
	014303002	铝包带 1 × 10	kg	0.088	0.108
	014701003	铝绑线 $\phi3.2$	m	117.632	147.045
	092705004	碎布	kg	0.078	0.088
	031541003	钢锯条	条	1.955	2.444
	130505005	醇酸防锈漆 C53-1	kg	0.049	0.049
	140301004	汽油 95#	kg	0.059	0.068
	142123001	电力复合脂	kg	0.098	0.117
	850103006	其他材料费（占材料费）	%	1.800	1.800
机械	990421010	小型工程车	台班	0.187	0.206
	990764010	液压压接机 100t	台班	0.140	0.178

2. 钢芯铝绞线架设

工作内容：金具安装，挂卸滑车、放线、连接、架线、紧线、调整弧垂、绑扎等。 **计量单位**：km

编 号				4-11-279	4-11-280	4-11-281
项 目				截面（mm²）		
				≤35	≤95	≤150
名 称			单位	消 耗 量		
人工	000203000	综合二类工	工日	3.109	6.222	9.390
材料	280001002	导线	m	（1013.000）	（1013.000）	（1013.000）
	014303002	铝包带 1×10	kg	0.029	0.068	0.068
	014701003	铝绑线 ϕ3.2	m	—	98.033	104.563
	092705004	碎布	kg	0.049	0.059	0.068
	031541003	钢锯条	条	0.978	1.173	1.662
	130505001	防锈漆	kg	0.049	0.049	0.049
	140301004	汽油 95#	kg	0.049	0.049	0.049
	142123001	电力复合脂	kg	0.020	0.049	—
	014701002	铝绑线 ϕ2	m	78.425	—	—
	850103006	其他材料费（占材料费）	%	1.800	1.800	1.800
机械	990421010	小型工程车	台班	0.093	0.140	0.168
	990764010	液压压接机 100t	台班	0.065	0.084	0.103

工作内容：金具安装，挂卸滑车、放线、连接、架线、紧线、调整弧垂、绑扎等。 **计量单位**：km

编 号				4-11-282	4-11-283
项 目				截面（mm²）	
				≤240	≤300
名 称			单位	消 耗 量	
人工	000203000	综合二类工	工日	13.723	19.209
材料	280001002	导线	m	（1013.000）	（1013.000）
	014303002	铝包带 1×10	kg	0.078	0.078
	014701003	铝绑线 ϕ3.2	m	117.632	147.045
	092705004	碎布	kg	0.078	0.088
	031541003	钢锯条	条	2.151	2.639
	130505001	防锈漆	kg	0.049	0.049
	140301004	汽油 95#	kg	0.059	0.068
	142123001	电力复合脂	kg	0.098	0.108
	850103006	其他材料费（占材料费）	%	1.800	1.800
机械	990421010	小型工程车	台班	0.187	0.206
	990764010	液压压接机 100t	台班	0.140	0.178

3. 绝缘铝绞线架设

工作内容：金具安装，挂卸滑车、放线、连接、架线、紧线、调整弧垂、绑扎等。　　**计量单位：**km

编　号				4-11-284	4-11-285	4-11-286
项　目				截面（mm²）		
				≤ 35	≤ 95	≤ 150
名　称			单位	消　耗　量		
人工	000203000	综合二类工	工日	3.109	6.222	9.390
材料	280001002	导线	m	（1018.000）	（1018.000）	（1018.000）
	014701003	铝绑线 ϕ3.2	m	77.418	96.773	103.224
	092705004	碎布	kg	0.039	0.039	0.049
	031541003	钢锯条	条	0.782	0.978	1.466
	130505001	防锈漆	kg	0.049	0.049	0.049
	140301004	汽油 95#	kg	0.039	0.039	0.049
	142123001	电力复合脂	kg	0.020	0.020	0.029
	021305001	自粘性塑料带 20mm × 20m	卷	7.820	15.640	19.550
	850103006	其他材料费（占材料费）	%	1.800	1.800	1.800
机械	990421010	小型工程车	台班	0.093	0.140	0.168
	990764010	液压压接机 100t	台班	0.065	0.084	0.103

工作内容：金具安装，挂卸滑车、放线、连接、架线、紧线、调整弧垂、绑扎等。　　**计量单位：**km

编　号				4-11-287	4-11-288
项　目				截面（mm²）	
				≤ 240	≤ 300
名　称			单位	消　耗　量	
人工	000203000	综合二类工	工日	13.723	19.209
材料	280001002	导线	m	（1018.000）	（1018.000）
	014701003	铝绑线 ϕ3.2	m	116.127	155.872
	092705004	碎布	kg	0.049	0.059
	031541003	钢锯条	条	1.955	2.444
	130505001	防锈漆	kg	0.049	0.049
	140301004	汽油 95#	kg	0.049	0.059
	142123001	电力复合脂	kg	0.039	0.049
	021305001	自粘性塑料带 20mm × 20m	卷	23.460	29.325
	850103006	其他材料费（占材料费）	%	1.800	1.800
机械	990421010	小型工程车	台班	0.187	0.206
	990764010	液压压接机 100t	台班	0.140	0.187

4. 钢绞线架设

工作内容：放线、连接、架线、紧线、调整弧垂、绑扎等。 **计量单位**：km

编号				4-11-289	4-11-290	4-11-291	4-11-292
项目				截面（mm²）			
				≤35	≤70	≤120	≤240
	名称		单位	消耗量			
人工	000203000	综合二类工	工日	2.399	4.702	5.755	8.107
材料	280001002	导线	m	（1013.000）	（1013.000）	（1013.000）	（1013.000）
	014701003	铝绑线 ϕ3.2	m	78.425	82.345	86.460	90.790
	092705004	碎布	kg	0.049	0.049	0.059	0.059
	031541003	钢锯条	条	0.978	1.173	1.369	1.564
	130505001	防锈漆	kg	0.049	0.049	0.049	0.049
	140301004	汽油 95#	kg	0.039	0.039	0.049	0.049
	142123001	电力复合脂	kg	0.020	0.029	0.029	0.029
	850103006	其他材料费（占材料费）	%	1.800	1.800	1.800	1.800
机械	990421010	小型工程车	台班	0.093	0.112	0.140	0.168
	990764010	液压压接机 100t	台班	0.065	0.075	0.084	0.093

5. 1kV 以下低压电力电缆架设

工作内容：开盘、检查、架线盘、敷设、锯断、卡固、绝缘实验、临时封头、挂标牌等。 **计量单位**：km

编号				4-11-293	4-11-294	4-11-295
项目				二芯		
				单芯截面（mm²）		
				≤25	≤50	≤70
	名称		单位	消耗量		
人工	000203000	综合二类工	工日	6.913	10.695	11.570
材料	281100002	电力电缆	m	（1010.000）	（1010.000）	（1010.000）
	021301009	塑料带 20mm×40m	卷	4.888	4.888	4.888
	292509001	电缆挂钩	只	1670.059	1670.059	1670.059
	290727003	终端头卡子 1.5×20	个	39.296	39.296	39.296
	850103006	其他材料费（占材料费）	%	1.800	1.800	1.800
机械	990421010	小型工程车	台班	0.112	0.159	0.215
	990764010	液压压接机 100t	台班	0.075	0.093	0.112

工作内容： 开盘、检查、架线盘、敷设、锯断、卡固、绝缘实验、临时封头、挂标牌等。　**计量单位：** km

编　号				4-11-296	4-11-297	4-11-298
项　目				四芯		
				单芯截面（mm^2）		
				≤ 25	≤ 50	≤ 95
名　称			单位	消　耗　量		
人工	000203000	综合二类工	工日	13.826	21.379	30.055
材料	281100002	电力电缆	m	（1010.000）	（1010.000）	（1010.000）
	021301009	塑料带 20mm × 40m	卷	9.775	9.775	9.775
	292509001	电缆挂钩	只	1670.059	1670.059	1670.059
	290727003	终端头卡子 1.5 × 20	个	39.296	39.296	39.296
	850103006	其他材料费（占材料费）	%	1.800	1.800	1.800
机械	990421010	小型工程车	台班	0.150	0.224	0.280
	990764010	液压压接机 100t	台班	0.093	0.112	0.140

工作内容： 开盘、检查、架线盘、敷设、锯断、卡固、绝缘实验、临时封头、挂标牌等。　**计量单位：** km

编　号				4-11-299	4-11-300
项　目				四芯	
				单芯截面（mm^2）	
				≤ 150	≤ 240
名　称			单位	消　耗　量	
人工	000203000	综合二类工	工日	40.525	57.670
材料	281100002	电力电缆	m	（1010.000）	（1010.000）
	021301009	塑料带 20mm × 40m	卷	9.775	9.775
	292509001	电缆挂钩	只	1670.059	1670.059
	290727003	终端头卡子 1.5 × 20	个	39.296	39.296
	850103006	其他材料费（占材料费）	%	1.800	1.800
机械	990421010	小型工程车	台班	0.336	0.467
	990764010	液压压接机 100t	台班	0.168	0.234

6. 集束导线架设

工作内容： 金具安装，挂卸滑车、放线、连接、架线、紧线、调整弧垂、绑扎等。　**计量单位：** km

编　号				4-11-301	4-11-302	4-11-303
项　目				二芯		
				单芯截面（mm^2）		
				≤ 35	≤ 70	≤ 120
名　称			单位	消　耗　量		
人工	000203000	综合二类工	工日	7.613	15.238	22.997
材料	280001004	集束导线	m	（1018.000）	（1018.000）	（1018.000）
	092705004	碎布	kg	0.049	0.049	0.049
	031541003	钢锯条	条	0.782	0.978	1.466
	130505001	防锈漆	kg	0.049	0.049	0.049
	140301004	汽油 95#	kg	0.049	0.059	0.059
	021305001	自粘性塑料带 20mm × 20m	卷	7.820	15.640	19.550
	850103006	其他材料费（占材料费）	%	1.800	1.800	1.800
机械	990421010	小型工程车	台班	0.093	0.140	0.206
	990764010	液压压接机 100t	台班	0.065	0.093	0.140

工作内容：金具安装，挂卸滑车、放线、连接、架线、紧线、调整弧垂、绑扎等。 计量单位：km

编号				4-11-304	4-11-305	4-11-306
项目				四芝		
				单芯截面（mm²）		
				≤ 35	≤ 70	≤ 120
	名称		单位	消耗量		
人工	000203000	综合二类工	工日	11.471	22.966	34.955
材料	280001004	集束导线	m	（1018.000）	（1018.000）	（1018.000）
	092705004	碎布	kg	0.078	0.078	0.078
	031541003	钢锯条	条	1.173	1.564	1.955
	130505001	防锈漆	kg	0.059	0.059	0.059
	140301004	汽油 95#	kg	0.059	0.068	0.068
	021305001	自粘性塑料带 20mm × 20m	卷	11.730	19.550	24.438
	850103006	其他材料费（占材料费）	%	1.800	1.800	1.800
机械	990421010	小型工程车	台班	0.140	0.187	0.234
	990764010	液压压接机 100t	台班	0.093	0.140	0.178

7. 导 线 跨 越

工作内容：跨越架与安全网搭设、拆除等。 计量单位：处

编号				4-11-307	4-11-308	4-11-309	4-11-310	4-11-311
项目				跨越等级公路、10kV 电力线	低压电力线、通信线	跨越房屋、经济作物	跨越普通铁路	跨越高速公路
	名称		单位	消耗量				
人工	000203000	综合二类工	工日	6.526	5.769	4.650	7.475	10.922
材料	340717001	安全网	m²	3.063	3.063	2.475	4.030	3.793
	031507007	镀锌铁丝（综合）	kg	8.651	7.285	5.982	10.215	14.236
	350317001	脚手杆 ϕ100 × 6000 杉木	根	1.896	1.642	1.471	2.933	3.890
	850103006	其他材料费（占材料费）	%	1.800	1.800	1.800	1.800	1.800
机械	990421010	小型工程车	台班	0.093	0.078	0.079	0.168	0.189

工作内容：跨越架与安全网搭设、拆除等。 计量单位：处

编号				4-11-312	4-11-313	4-11-314	4-11-315	4-11-316	4-11-317
项目				跨越河流（宽度 m）					
				≤ 50		≤ 150		> 150	
				导线截面（mm²）					
				≤ 150	≤ 300	≤ 150	≤ 300	≤ 150	≤ 300
	名称		单位	消耗量					
人工	000203000	综合二类工	工日	3.553	4.211	8.619	10.462	16.121	19.740
机械	990421010	小型工程车	台班	0.069	0.082	0.166	0.201	0.309	0.378
	990416010	工程驳船 5t	台班	1.007	1.005	2.013	2.015	3.020	2.995

8. 进户线架设

工作内容：放线、紧线、压接包头等。　　　　计量单位：m

编　号				4-11-318	4-11-319	4-11-320	4-11-321	4-11-322
项　目				截面（mm²）				
				≤ 35	≤ 95	≤ 150	≤ 240	≤ 300
名　称			单位	消　耗　量				
人工	000203000	综合二类工	工日	0.007	0.015	0.021	0.028	0.039
材料	281100002	电力电缆	m	（1.018）	（1.018）	（1.018）	（1.018）	（1.018）
	014701003	铝绑线 ϕ3.2	m	0.094	0.114	0.122	0.148	0.189
	092705004	碎布	kg	0.001	0.001	0.001	0.001	0.001
	031541003	钢锯条	条	0.010	0.012	0.017	0.022	0.026
	130505001	防锈漆	kg	0.001	0.001	0.001	0.001	0.001
	140301004	汽油 95#	kg	0.001	0.001	0.001	0.001	0.001
	142123001	电力复合脂	kg	0.001	0.001	0.001	0.001	0.001
	850103006	其他材料费（占材料费）	%	1.800	1.800	1.800	1.800	1.800
机械	990421010	小型工程车	台班	0.001	0.001	0.001	0.001	0.001
	990764010	液压压接机 100t	台班	0.001	0.001	0.001	0.001	0.001

七、杆上变配电设备安装

1. 变 压 器

工作内容： 支架、台架及撑铁安装，设备吊装、固定、安装、连引线安装，设备检查、调整、连接、接地、单体调试等。

计量单位： 台

编号				4-11-323	4-11-324	4-11-325	4-11-326
项目				油浸式变压器			
				容量（kV·A）			
				≤50	≤100	≤200	≤315
名称			单位	消耗量			
人工	000203000	综合二类工	工日	7.179	7.881	9.329	10.722
材料	031507007	镀锌铁丝（综合）	kg	3.910	3.910	3.910	4.888
	010903007	镀锌圆钢 ϕ10～25	kg	3.930	3.930	3.930	3.930
	092705004	碎布	kg	0.098	0.098	0.098	0.098
	031541003	钢锯条	条	1.466	1.466	1.466	1.466
	130115001	调和漆	kg	0.489	0.587	0.782	0.978
	130505001	防锈漆	kg	0.196	0.293	0.391	0.489
	140301004	汽油 95#	kg	0.147	0.147	0.147	0.147
	142123001	电力复合脂	kg	0.098	0.098	0.098	0.098
	203107001	钢垫板（综合）	kg	3.988	3.988	3.988	3.988
	850103006	其他材料费（占材料费）	%	1.800	1.800	1.800	1.800
机械	990304004	汽车式起重机 8t	台班	0.280	0.327	0.327	0.374
	990421010	小型工程车	台班	0.467	0.467	0.467	0.467
	870622064	高压绝缘电阻测试仪	台班	0.330	0.330	0.330	0.330
	870622072	变压器直流电阻测试仪	台班	0.990	0.990	0.990	0.990
	870622101	变压器绕组变形测试仪	台班	0.330	0.330	0.330	0.330
	870699092	YDQ 充气式试验变压器	台班	0.330	0.330	0.330	0.330
	870699096	高压试验变压器配套操作箱、调压器	台班	0.660	0.660	0.660	0.660
	870699164	TPFRC 电容分压器交直流高压测量系统	台班	0.330	0.330	0.330	0.330
	871122006	智能型光导抗干扰介损测量仪	台班	0.330	0.330	0.330	0.330
	873112024	直流高压发生器	台班	0.330	0.330	0.330	0.330

工作内容：支架、台架及撑铁安装，设备吊装、固定、安装、连引线安装，设备检查、调整、连接、接地、单体调试等。 **计量单位：**台

编　号				4-11-327	4-11-328	4-11-329
项　目				油浸式变压器		
				容量（kV·A）		
				≤400	≤500	≤630
名　称			单位	消　耗　量		
人工	000203000	综合二类工	工日	11.830	13.262	15.225
材料	031507007	镀锌铁丝（综合）	kg	4.888	5.865	5.865
	010903007	镀锌圆钢 ϕ10～25	kg	3.930	3.930	3.930
	092705004	碎布	kg	0.098	0.098	0.098
	031541003	钢锯条	条	1.466	1.466	1.466
	130115001	调和漆	kg	1.173	1.271	1.369
	130505001	防锈漆	kg	0.587	0.684	0.782
	140301004	汽油 95#	kg	0.147	0.147	0.147
	142123001	电力复合脂	kg	0.098	0.098	0.098
	203107001	钢垫板（综合）	kg	3.988	3.988	3.988
	850103006	其他材料费（占材料费）	%	1.800	1.800	1.800
机械	990304004	汽车式起重机 8t	台班	0.374	0.467	0.467
	990421010	小型工程车	台班	0.467	0.467	0.467
	870622064	高压绝缘电阻测试仪	台班	0.330	0.330	0.330
	870622072	变压器直流电阻测试仪	台班	0.990	0.990	0.990
	870622101	变压器绕组变形测试仪	台班	0.330	0.330	0.330
	870699092	YDQ 充气式试验变压器	台班	0.330	0.330	0.330
	870699096	高压试验变压器配套操作箱、调压器	台班	0.660	0.660	0.660
	870699164	TPFRC 电容分压器交直流高压测量系统	台班	0.330	0.330	0.330
	871122006	智能型光导抗干扰介损测量仪	台班	0.330	0.330	0.330
	873112024	直流高压发生器	台班	0.330	0.330	0.330

工作内容：支架、台架及撑铁安装，设备吊装、固定、安装、连引线安装，设备检查、调整、连接、接地、单体调试等。 **计量单位：**台

编号				4-11-330	4-11-331
项目				单相变压器（容量）	
				容量（kV·A）	
				≤50	>50
名称			单位	消耗量	
人工	000203000	综合二类工	工日	4.715	5.406
材料	031507007	镀锌铁丝（综合）	kg	0.323	0.489
	011303001	镀锌扁钢（综合）	kg	1.466	2.199
	020901004	聚氯乙烯薄膜	kg	0.049	0.068
	092705004	碎布	kg	0.176	0.244
	031101006	砂轮片 ϕ400	片	0.029	0.049
	031301007	低碳钢焊条（综合）	kg	0.098	0.147
	130115001	调和漆	kg	0.293	0.411
	130505001	防锈漆	kg	0.098	0.147
	140301004	汽油 95#	kg	0.098	0.147
	142123001	电力复合脂	kg	0.020	0.024
	203107001	钢垫板（综合）	kg	1.300	1.955
	850103006	其他材料费（占材料费）	%	1.800	1.800
机械	990304004	汽车式起重机 8t	台班	0.016	0.026
	990421010	小型工程车	台班	0.023	0.023
	990904030	直流弧焊机 20kV·A	台班	0.012	0.018
	870622064	高压绝缘电阻测试仪	台班	0.330	0.330
	870622072	变压器直流电阻测试仪	台班	0.990	0.990
	870622101	变压器绕组变形测试仪	台班	0.330	0.330
	870699092	YDQ 充气式试验变压器	台班	0.330	0.330
	870699096	高压试验变压器配套操作箱、调压器	台班	0.660	0.660
	870699164	TPFRC 电容分压器交直流高压测量系统	台班	0.330	0.330
	871122006	智能型光导抗干扰介损测量仪	台班	0.330	0.330
	873112024	直流高压发生器	台班	0.330	0.330

2. 配电设备

工作内容：支架、撑铁安装，设备、绝缘子清扫、检查、配线、接线、接地、单体调试等。**计量单位：**见表

编号				4-11-332	4-11-333	4-11-334	4-11-335
项目				跌落式熔断器	隔离开关	断路器	配电箱
单位				组		台	
名称			单位	消耗量			
人工	000203000	综合二类工	工日	0.808	2.618	5.788	2.577
材料	010903007	镀锌圆钢 ϕ10～25	kg	3.417	3.417	3.417	3.417
	014701003	铝绑线 ϕ3.2	m	3.060	3.060	3.060	3.060
	092705004	碎布	kg	0.085	0.085	0.085	0.085
	031541003	钢锯条	条	0.850	0.850	0.850	0.850
	130115001	调和漆	kg	0.170	0.340	0.425	0.340
	130505001	防锈漆	kg	0.170	0.255	0.340	0.255
	140301004	汽油 95#	kg	0.085	0.085	0.085	0.085
	142123001	电力复合脂	kg	0.043	0.043	0.085	0.085
	011303005	镀锌扁钢 40×4	kg	—	—	—	0.168
	172709005	塑料软管 *De*8	m	—	—	—	14.875
	850103006	其他材料费（占材料费）	%	1.800	1.800	1.800	1.800
机械	990421010	小型工程车	台班	0.028	0.047	0.280	0.187
	870622047	回路电阻测试仪	台班	—	0.270	—	—
	870622064	高压绝缘电阻测试仪	台班	—	0.270	—	—
	870699092	YDQ 充气式试验变压器	台班	—	0.270	—	—
	870699096	高压试验变压器配套操作箱、调压器	台班	—	0.270	0.525	—
	870699164	TPFRC 电容分压器交直流高压测量系统	台班	—	0.270	—	—
	990304004	汽车式起重机 8t	台班	—	—	0.280	—
	870622097	断路器动特性综合测试仪	台班	—	—	0.500	—

工作内容：支架、撑铁安装，设备、绝缘子清扫、检查、配线、接线、接地、单体调试等。**计量单位：**见表

编号				4-11-336	4-11-337	4-11-338
项目				避雷器		负荷开关
				10kV	1kV	
单位				组		台
名称			单位	消耗量		
人工	000203000	综合二类工	工日	2.439	0.728	4.069
材料	010903007	镀锌圆钢 ϕ10～25	kg	3.417	—	3.417
	011303005	镀锌扁钢 40×4	kg	0.168	—	—
	014701003	铝绑线 ϕ3.2	m	3.060	1.700	3.060
	092705004	碎布	kg	0.085	0.043	0.085
	031541003	钢锯条	条	0.850	0.425	0.850
	130115001	调和漆	kg	0.170	0.128	0.425
	130505001	防锈漆	kg	0.170	0.153	0.340
	140301004	汽油 95#	kg	0.085	0.085	0.085
	142123001	电力复合脂	kg	0.043	0.043	0.043
	292703007	镀锌接地线板 40×5×120	个	—	1.224	—
	850103006	其他材料费（占材料费）	%	1.800	1.800	1.800
机械	990421010	小型工程车	台班	0.009	0.005	0.093
	870622064	高压绝缘电阻测试仪	台班	0.800	0.400	0.270
	870699164	TPFRC 电容分压器交直流高压测量系统	台班	0.400	—	0.270
	873112024	直流高压发生器	台班	0.400	0.200	—
	990304004	汽车式起重机 8t	台班	—	—	0.262
	870622047	回路电阻测试仪	台班	—	—	0.270
	870699092	YDQ 充气式试验变压器	台班	—	—	0.270
	870699096	高压试验变压器配套操作箱、调压器	台班	—	—	0.270

工作内容：支架、撑铁安装，设备、绝缘子清扫、检查、配线、接线、接地、单体调试等。　**计量单位：**台

编号				4-11-339	4-11-340	4-11-341	4-11-342
项目				变压器综合监测仪	10kV 无功补偿装置	低压无功补偿装置	户外计量箱 10kV
名称			单位	消耗量			
人工	000203000	综合二类工	工日	1.316	4.786	2.180	1.645
材料	010903007	镀锌圆钢 ϕ10～25	kg	3.417	3.389	3.417	—
材料	014701003	铝绑线 ϕ3.2	m	3.060	3.290	3.060	3.060
材料	092705004	碎布	kg	0.085	0.085	0.085	0.170
材料	031541003	钢锯条	条	0.850	0.850	0.850	0.850
材料	130115001	调和漆	kg	0.340	0.330	0.085	0.425
材料	130505001	防锈漆	kg	0.255	0.250	0.170	0.102
材料	140301004	汽油 95#	kg	0.085	0.085	0.085	0.085
材料	142123001	电力复合脂	kg	0.085	0.051	0.051	0.051
材料	172709005	塑料软管 *De*8	m	10.200	—	10.200	10.200
材料	292703007	镀锌接地线板 40×5×120	个	1.768	1.768	1.768	1.768
材料	011303001	镀锌扁钢（综合）	kg	—	3.519	3.400	4.250
材料	031509007	平垫铁（综合）	kg	—	0.255	0.255	0.255
材料	850103006	其他材料费（占材料费）	%	1.800	1.800	1.800	1.800
机械	990304004	汽车式起重机 8t	台班	0.093	0.284	0.093	0.187
机械	990421010	小型工程车	台班	0.140	0.284	0.140	0.187
机械	870622064	高压绝缘电阻测试仪	台班	—	0.388	—	—
机械	870622072	变压器直流电阻测试仪	台班	—	0.388	0.582	—
机械	870699092	YDQ 充气式试验变压器	台班	—	0.388	0.582	—
机械	870699164	TPFRC 电容分压器交直流高压测量系统	台班	—	0.388	0.582	—
机械	873112024	直流高压发生器	台班	—	0.388	—	—

工作内容：支架、撑铁安装，设备、绝缘子清扫、检查、配线、接线、接地、单体调试等。**计量单位：**见表

编号				4-11-343	4-11-344	4-11-345	4-11-346
项目				户外计量箱 1kV	电压互感器	电流互感器	线路故障指示器
单位				台			只
		名称	单位	消耗量			
人工	000203000	综合二类工	工日	0.480	1.931	1.918	0.059
材料	014701003	铝绑线 $\phi3.2$	m	1.530	1.700	1.700	—
	092705004	碎布	kg	0.085	0.085	0.085	0.051
	031541003	钢锯条	条	0.850	0.850	0.850	—
	130115001	调和漆	kg	0.170	0.085	0.085	—
	130505001	防锈漆	kg	0.102	0.085	0.085	—
	140301004	汽油 95#	kg	0.068	0.085	0.085	—
	142123001	电力复合脂	kg	0.043	0.051	0.051	—
	011303001	镀锌扁钢（综合）	kg	—	3.400	3.400	—
	031301007	低碳钢焊条（综合）	kg	—	0.026	0.026	—
	031509007	平垫铁（综合）	kg	—	0.425	0.255	—
	850103006	其他材料费（占材料费）	%	1.800	1.800	1.800	1.800
机械	990304004	汽车式起重机 8t	台班	0.028	—	—	—
	990421010	小型工程车	台班	0.028	0.028	0.028	0.001
	990904030	直流弧焊机 20kV·A	台班	—	0.003	0.003	—
	870622064	高压绝缘电阻测试仪	台班	—	0.270	0.270	—
	870622072	变压器直流电阻测试仪	台班	—	0.540	0.540	—
	870699043	伏安特性测试仪	台班	—	0.270	0.270	—
	870699092	YDQ 充气式试验变压器	台班	—	0.270	0.270	—
	870699096	高压试验变压器配套操作箱、调压器	台班	—	0.270	0.270	—
	870699164	TPFRC 电容分压器交直流高压测量系统	台班	—	0.270	0.270	—
	870699064	2000A 大电流发生器	台班	—	—	0.270	—

3. 接地环及绝缘护罩

工作内容：检查材料、剥绝缘、安装、恢复绝缘、调整等；检查材料、擦拭磁头、检查紧固接线端子、安装护罩、包裹绝缘、整理引线等。 **计量单位：**见表

编号				4-11-347	4-11-348	4-11-349	4-11-350
项目				接地环	电杆反光膜	驱鸟器	设备绝缘护套
单位				组	套	个	
		名称	单位	消耗量			
人工	000203000	综合二类工	工日	0.132	0.016	0.034	0.023
材料	270603001	接地环	组	（1.000）	—	—	—
	092705004	碎布	kg	0.085	0.009	0.043	0.009
	031541003	钢锯条	条	0.009	—	—	—
	850103006	其他材料费（占材料费）	%	1.800	1.800	1.800	1.800
机械	990421010	小型工程车	台班	0.005	0.005	0.005	0.005

工作内容：检查材料、剥绝缘、安装、恢复绝缘、调整等；检查材料、擦拭磁头、检查紧固接线端子、安装护罩、包裹绝缘、整理引线等。 **计量单位：**见表

编　号				4-11-351	4-11-352	4-11-353	4-11-354
项　目				防震锤	标牌安装	喷涂杆号	跳线的制作安装
单　位				个	块（组）	根	单相
名　称			单位	消　耗　量			
人工	000203000	综合二类工	工日	0.087	0.117	0.107	0.528
材料	014303002	铝包带 1×10	kg	0.019	—	—	—
	092705004	碎布	kg	0.009	0.009	0.009	0.054
	014701003	铝绑线 ϕ3.2	m	—	0.034	—	—
	142123001	电力复合脂	kg	—	—	—	0.016
	140301001	汽油 89#	kg	—	—	—	0.023
	850103006	其他材料费（占材料费）	%	1.800	1.800	1.800	1.800
机械	990421010	小型工程车	台班	0.005	0.005	0.005	0.033
	990764020	液压压接机 200t	台班	—	—	—	0.016
	991267010	机动绞磨 3t	台班	—	—	—	0.041

第十二章

配 管 工 程

说　明

一、本章内容包括套接紧定式镀锌钢导管（JDG）、镀锌钢管、可挠金属套管、塑料管、金属软管、金属线槽的敷设、塑料线槽敷设等内容。

二、相关说明：

1. 配管项目中钢管材质是按照镀锌钢管考虑的，项目不包括采用焊接钢管刷油漆，刷防火漆或防火涂料、管外壁防腐保护以及接线箱、接线盒、支架的制作与安装。焊接钢管刷油漆、刷防火漆或涂防火涂料管外壁防腐保护，应执行第十二册《防腐蚀、绝热工程》相应项目；接线箱、接线盒安装，应执行本册第十三章“配线工程”相应项目；支架的制作与安装，应执行本册第七章金属构件相应项目。防爆钢管敷设项目，应执行钢管敷设项目人工乘以 1.30 系数，其他不变。

2. 工程采用镀锌电线管时，执行镀锌钢管安装项目计算安装费；镀锌电线管主材费按照镀锌钢管用量另行计算。

3. 工程采用扣压式薄壁钢导管（KBG）时，执行套接紧定式镀锌钢导管（JDG）项目计算安装费；扣压式薄壁钢导管（KBG）主材费按照镀锌钢管用量另行计算。计算其管主材费时，应包括管件费用。

4. 塑料管敷设项目中，管子连接采用专用接头抹塑料胶后粘接。塑料管安装适用于阻燃管、半硬质塑料管等其他复合管材安装。

5. 可挠金属套管项目是指普利卡金属管（PULLKA），主要应用于混凝土内埋管及低压室内电气配线管。可挠金属套管规格见下表。

可挠金属套管规格表

规格	10#	12#	15#	17#	24#	30#	38#	50#	63#	76#	83#	101#
内径（mm）	9.20	11.40	14.10	16.60	23.80	29.30	37.10	49.10	62.60	76.00	81.00	100.20
外径（mm）	13.30	16.10	19.00	21.50	28.80	34.90	42.90	54.90	69.10	82.90	88.10	107.30

6. 配管项目是按照各专业间配合施工考虑的，不包括刨沟、剔槽，发生时，应执行第十册《给排水、采暖、燃气安装工程》相应项目。

7. 室外埋设配线管的土石方施工，应执行本册第九章电缆沟沟槽挖填相关项目。

8. 吊顶天棚板内敷设电线管根据管材材质执行“砖、混凝土结构明配”相应项目。

工程量计算规则

一、配管敷设根据配管材质与直径，区别敷设位置、敷设方式，按照设计图示安装长度，分别以“m”为计量单位。计算长度时，不计算安装损耗量，不扣除管路中间的接线箱、接线盒、灯头盒、开关盒、插座盒、管件等所占长度。

二、金属软管敷设根据金属管直径及每根长度，按照设计图示安装长度，分别以“m”为计量单位。计算长度时，不计算安装损耗量。

三、线槽敷设根据线槽材质与规格，按照设计图示安装长度，分别以“m”为计量单位。计算长度时，不计算安装损耗量，不扣除管路中间的接线箱、接线盒、灯头盒、开关盒、插座盒、管件等所占长度。

一、套接紧定式镀锌钢导管（JDG）敷设

1. 砖、混凝土结构明配

工作内容：测位、划线、打眼、埋螺栓、锯管、配管、接地、穿引线。 **计量单位：**10m

编号				4-12-1	4-12-2	4-12-3	4-12-4
项目				外径（mm）			
				20	32	40	50
名称			单位	消耗量			
人工	000203000	综合二类工	工日	0.551	0.593	0.623	0.661
材料	290609001	JDG 管	m	（10.300）	（10.300）	（10.300）	（10.300）
	031507012	镀锌铁丝 ϕ1.2～2.2	kg	0.040	0.040	0.040	0.040
	030103064	木螺钉 $d4\times65$	10 个	2.913	1.732	0.691	0.691
	172500029	塑料胀管 ϕ6～8	个	30.831	18.278	7.267	7.267
	280317007	铜芯塑料绝缘软电线 BVR-4mm^2	m	2.032	2.878	3.764	4.535
	290639012	镀锌电线管塑料护口 *DN*15～20	个	4.124	—	—	—
	290639013	镀锌电线管塑料护口 *DN*25～32	个	—	1.552	—	—
	290639014	镀锌电线管塑料护口 *DN*40～50	个	—	—	1.552	1.552
	290639008	镀锌电线管卡子 20mm	个	14.434	—	—	—
	290639009	镀锌电线管卡子 32mm	个	—	8.559	—	—
	290639010	镀锌电线管卡子 40mm	个	—	—	6.797	—
	290639011	镀锌电线管卡子 50mm	个	—	—	—	6.797
	181609001	镀锌钢管接头管件 *DN*20	个	1.854	—	—	—
	181609004	镀锌钢管接头管件 *DN*32	个	—	1.545	—	—
	181609006	镀锌钢管接头管件 *DN*40	个	—	—	1.545	—
	181609008	镀锌钢管接头管件 *DN*50	个	—	—	—	1.545
	291707005	镀锌地线夹 20	套	8.248	—	—	—
	291707007	镀锌地线夹 32	套	—	8.248	—	—
	291707008	镀锌地线夹 40	套	—	—	8.248	—
	291707009	镀锌地线夹 50	套	—	—	—	8.248
	850103006	其他材料费（占材料费）	%	1.800	1.800	1.800	1.800
机械	990748010	管子切断套丝机 159mm	台班	—	—	—	0.011

2. 砖、混凝土结构暗配

工作内容：测位、划线、打眼、沟槽修整、锯管、配管、接地、穿引线。 **计量单位：**10m

编号				4-12-5	4-12-6	4-12-7	4-12-8
项目				外径（mm）			
				20	32	40	50
名称			单位	消耗量			
人工	000203000	综合二类工	工日	0.245	0.372	0.482	0.512
材料	290609001	JDG 管	m	（10.300）	（10.300）	（10.300）	（10.300）
	031507012	镀锌铁丝 ϕ1.2～2.2	kg	0.060	0.050	0.050	0.060
	280317007	铜芯塑料绝缘软电线 BVR-4mm^2	m	2.032	2.878	3.764	4.535
	290639012	镀锌电线管塑料护口 *DN*15～20	个	4.124	—	—	—
	290639013	镀锌电线管塑料护口 *DN*25～32	个	—	1.552	—	—
	290639014	镀锌电线管塑料护口 *DN*40～50	个	—	—	1.552	1.552
	181609001	镀锌钢管接头管件 *DN*20	个	1.854	—	—	—
	181609004	镀锌钢管接头管件 *DN*32	个	—	1.545	—	—
	181609006	镀锌钢管接头管件 *DN*40	个	—	—	1.545	—
	181609008	镀锌钢管接头管件 *DN*50	个	—	—	—	1.545
	291707005	镀锌地线夹 20	套	8.248	—	—	—
	291707007	镀锌地线夹 32	套	—	8.248	—	—
	291707008	镀锌地线夹 40	套	—	—	8.248	—
	291707009	镀锌地线夹 50	套	—	—	—	8.248
	850103006	其他材料费（占材料费）	%	1.800	1.800	1.800	1.800
机械	990748010	管子切断套丝机 159mm	台班	—	—	—	0.011

3. 钢结构支架配管

工作内容：测位、划线、上卡子、安装支架、锯管、配管、接地、穿引线、固定。 **计量单位：**10m

编号				4-12-9	4-12-10	4-12-11	4-12-12
项目				外径（mm）			
				20	32	40	50
名称			单位	消耗量			
人工	000203000	综合二类工	工日	0.482	0.698	0.797	0.867
材料	290609001	JDG 管	m	（10.300）	（10.300）	（10.300）	（10.300）
	031507012	镀锌铁丝 ϕ1.2～2.2	kg	0.040	0.040	0.040	0.040
	030103003	半圆头螺钉 M6～8×12～30	10 套	2.452	1.692	1.351	1.351
	280317007	铜芯塑料绝缘软电线 BVR-4mm^2	m	2.032	2.878	3.764	4.535
	290639012	镀锌电线管塑料护口 *DN*15～20	个	4.124	—	—	—
	290639013	镀锌电线管塑料护口 *DN*25～32	个	—	1.552	—	—
	290639014	镀锌电线管塑料护口 *DN*40～50	个	—	—	1.552	1.552
	290639008	镀锌电线管卡子 20mm	个	12.372	—	—	—
	290639009	镀锌电线管卡子 32mm	个	—	8.559	—	—
	290639010	镀锌电线管卡子 40mm	个	—	—	6.807	—
	290639011	镀锌电线管卡子 50mm	个	—	—	—	6.807
	181609001	镀锌钢管接头管件 *DN*20	个	1.854	—	—	—
	181609004	镀锌钢管接头管件 *DN*32	个	—	1.545	—	—
	181609006	镀锌钢管接头管件 *DN*40	个	—	—	1.545	—
	181609008	镀锌钢管接头管件 *DN*50	个	—	—	—	1.545
	291707005	镀锌地线夹 20	套	8.248	—	—	—
	291707007	镀锌地线夹 32	套	—	8.248	—	—
	291707008	镀锌地线夹 40	套	—	—	8.248	—
	291707009	镀锌地线夹 50	套	—	—	—	8.248
	850103006	其他材料费（占材料费）	%	1.800	1.800	1.800	1.800
机械	990748010	管子切断套丝机 159mm	台班	—	—	—	0.011

4. 钢索配管

工作内容：测位、划线、上卡子、锯管、配管、接地、穿引线、固定。 **计量单位：**10m

编号				4-12-13	4-12-14
项目				外径（mm）	
				20	32
名称			单位	消耗量	
人工	000203000	综合二类工	工日	0.698	0.853
材料	290609001	JDG 管	m	（10.300）	（10.300）
	031507012	镀锌铁丝 ϕ1.2～2.2	kg	0.040	0.040
	030103003	半圆头螺钉 M6～8×12～30	10 套	1.331	1.021
	280317007	铜芯塑料绝缘软电线 BVR-4mm^2	m	2.032	2.878
	290639012	镀锌电线管塑料护口 *DN*15～20	个	2.252	—
	290639013	镀锌电线管塑料护口 *DN*25～32	个	—	1.552
	181609001	镀锌钢管接头管件 *DN*20	个	1.854	—
	181609004	镀锌钢管接头管件 *DN*32	个	—	1.545
	290639008	镀锌电线管卡子 20mm	个	13.403	—
	290639009	镀锌电线管卡子 32mm	个	—	10.310
	291707005	镀锌地线夹 20	套	8.248	—
	291707007	镀锌地线夹 32	套	—	8.248
	850103006	其他材料费（占材料费）	%	1.800	1.800

二、钢管敷设

1. 砖、混凝土结构明配

工作内容：测位、划线、打眼、埋螺栓、锯管、套丝、煨弯、配管、接地、穿引线、补漆。**计量单位：**10m

编号				4-12-15	4-12-16	4-12-17	4-12-18	4-12-19
项目				公称直径（*DN*）				
				≤20	≤32	≤40	≤50	≤65
		名称	单位	消耗量				
人工	000203000	综合二类工	工日	0.861	1.043	1.309	1.326	2.118
材料	170100002	钢管（综合）	m	（10.300）	（10.300）	（10.300）	（10.300）	（10.300）
	031507012	镀锌铁丝 ϕ1.2～2.2	kg	0.080	0.080	0.080	0.100	0.100
	030103064	木螺钉 *d*4×65	10个	2.503	1.732	0.691	0.701	—
	172500029	塑料胀管 ϕ6～8	个	26.426	18.278	7.267	7.307	—
	130105003	醇酸清漆	kg	0.030	0.050	0.060	0.100	0.100
	140505001	铅油（厚漆）	kg	0.070	0.130	0.150	0.200	0.200
	140509006	油漆溶剂油	kg	0.060	0.090	0.110	0.100	0.200
	280317007	铜芯塑料绝缘软电线 BVR-4mm^2	m	1.592	2.247	2.933	3.504	4.304
	181602004	镀锌钢管接头 20×2.75	个	1.652	—	—	—	—
	181602006	镀锌钢管接头 32×3.25	个	—	1.652	—	—	—
	181602007	镀锌钢管接头 40×3.5	个	—	—	1.652	—	—
	181602008	镀锌钢管接头 50×3.5	个	—	—	—	1.602	—
	181602009	镀锌钢管接头 65×3.75	个	—	—	—	—	1.502
	290639015	镀锌钢管塑料护口 *DN*15～20	个	4.124	—	—	—	—
	290639018	镀锌钢管塑料护口 *DN*32	个	—	1.552	—	—	—
	290639019	镀锌钢管塑料护口 *DN*40	个	—	—	1.552	—	—
	290639020	镀锌钢管塑料护口 *DN*50	个	—	—	—	1.502	—
	290639021	镀锌钢管塑料护口 *DN*65	个	—	—	—	—	1.502
	182513002	镀锌钢管卡子 *DN*20	个	12.372	—	—	—	—
	182513004	镀锌钢管卡子 *DN*32	个	—	8.559	—	—	—
	182513005	镀锌钢管卡子 *DN*40	个	—	—	6.807	—	—
	182513006	镀锌钢管卡子 *DN*50	个	—	—	—	6.807	—
	182513007	镀锌钢管卡子 *DN*65	个	—	—	—	—	5.205
	291707005	镀锌地线夹 20	套	6.396	—	—	—	—
	291707007	镀锌地线夹 32	套	—	6.396	—	—	—
	291707008	镀锌地线夹 40	套	—	—	6.396	—	—
	291707009	镀锌地线夹 50	套	—	—	—	6.406	—
	291707010	镀锌地线夹 65	套	—	—	—	—	6.206
	030109007	镀锌锁紧螺母 *DN*20×1.5	个	4.124	—	—	—	—
	030109012	镀锌锁紧螺母 *DN*32×3	个	—	1.602	—	—	—
	030109013	镀锌锁紧螺母 *DN*40×3	个	—	—	1.602	—	—
	030109015	镀锌锁紧螺母 *DN*50×3	个	—	—	—	2.002	—
	030109016	镀锌锁紧螺母 *DN*65×3	个	—	—	—	—	2.002
	850103006	其他材料费（占材料费）	%	1.800	1.800	1.800	1.800	1.800

续前

编号				4-12-15	4-12-16	4-12-17	4-12-18	4-12-19
项目				公称直径（*DN*）				
				≤ 20	≤ 32	≤ 40	≤ 50	≤ 65
名称			单位	消耗量				
机械	990748010	管子切断套丝机 159mm	台班	—	—	—	0.011	0.011
	990756010	钢材电动煨弯机 500mm 以内	台班	—	—	—	0.011	0.011

工作内容：测位、划线、打眼、埋螺栓、锯管、套丝、煨弯、配管、接地、穿引线、补漆。**计量单位：**10m

编号				4-12-20	4-12-21	4-12-22	4-12-23
项目				公称直径（*DN*）			
				≤ 80	≤ 100	≤ 125	≤ 150
名称			单位	消耗量			
人工	000203000	综合二类工	工日	2.909	3.004	4.202	5.510
材料	170100002	钢管（综合）	m	（10.300）	（10.300）	（10.300）	（10.300）
	031507012	镀锌铁丝 ϕ1.2～2.2	kg	0.100	0.100	0.100	0.100
	130105003	醇酸清漆	kg	0.100	0.100	0.200	0.200
	140505001	铅油（厚漆）	kg	0.200	0.300	0.400	0.440
	140509006	油漆溶剂油	kg	0.200	0.300	0.300	0.380
	280317007	铜芯塑料绝缘软电线 BVR-4mm^2	m	5.105	6.306	2.002	2.432
	030109017	镀锌锁紧螺母 *DN*80 × 3	个	2.002	—	—	—
	030109003	镀锌锁紧螺母 *DN*100 × 3	个	—	2.002	—	—
	290639023	镀锌钢管塑料护口 *DN*80	个	1.502	—	—	—
	290639024	镀锌钢管塑料护口 *DN*100	个	—	1.502	—	—
	181602010	镀锌钢管接头 80 × 4	个	1.502	—	—	—
	181602011	镀锌钢管接头 100 × 4	个	—	1.502	—	—
	181602012	镀锌钢管接头 125 × 4.5	个	—	—	0.801	—
	181602013	镀锌钢管接头 150 × 4.5	个	—	—	—	0.821
	182513008	镀锌钢管卡子 *DN*80	个	5.205	—	—	—
	182513009	镀锌钢管卡子 *DN*100	个	—	5.205	—	—
	182513010	镀锌钢管卡子 *DN*125	个	—	—	2.903	—
	182513011	镀锌钢管卡子 *DN*150	个	—	—	—	2.883
	291707011	镀锌地线夹 80	套	6.206	—	—	—
	291707012	镀锌地线夹 100	套	—	6.206	—	—
	291707013	镀锌地线夹 125	套	—	—	1.602	—
	291707014	镀锌地线夹 150	套	—	—	—	1.652
	850103006	其他材料费（占材料费）	%	1.800	1.800	1.800	1.800
机械	990748010	管子切断套丝机 159mm	台班	0.011	0.011	0.011	0.053
	990756010	钢材电动煨弯机 500mm 以内	台班	0.032	0.032	0.032	0.105

2. 砖、混凝土结构暗配

工作内容：测位、划线、锯管、套丝、煨弯、配管、接地、刷漆　　**计量单位：**10m

编号				4-12-24	4-12-25	4-12-26	4-12-27	4-12-28
项目				公称直径（*DN*）				
				≤20	≤32	≤40	≤50	≤65
名称			单位	消耗量				
人工	000203000	综合二类工	工日	0.448	0.533	0.878	0.982	1.429
材料	170100002	钢管（综合）	m	（10.300）	（10.300）	（10.300）	（10.300）	（10.300）
	031507012	镀锌铁丝 ϕ1.2～2.2	kg	0.100	0.100	0.100	0.100	0.100
	130105003	醇酸清漆	kg	—	0.100	0.100	0.070	0.090
	140505001	铅油（厚漆）	kg	0.100	0.100	0.100	0.180	0.210
	140509006	油漆溶剂油	kg	—	—	0.100	0.060	0.090
	280317007	铜芯塑料绝缘软电线 BVR-4mm^2	m	1.552	2.253	2.903	3.524	4.284
	290639015	镀锌钢管塑料护口 *DN*15～20	个	4.124	—	—	—	—
	290639018	镀锌钢管塑料护口 *DN*32	个	—	1.502	—	—	—
	290639019	镀锌钢管塑料护口 *DN*40	个	—	—	1.502	—	—
	290639020	镀锌钢管塑料护口 *DN*50	个	—	—	—	1.552	—
	290639021	镀锌钢管塑料护口 *DN*65	个	—	—	—	—	1.552
	181602004	镀锌钢管接头 20×2.75	个	1.602	—	—	—	—
	181602006	镀锌钢管接头 32×3.25	个	—	1.602	—	—	—
	181602007	镀锌钢管接头 40×3.5	个	—	—	1.602	—	—
	181602008	镀锌钢管接头 50×3.5	个	—	—	—	1.652	—
	181602009	镀锌钢管接头 65×3.75	个	—	—	—	—	1.552
	291707005	镀锌地线夹 20	套	6.406	—	—	—	—
	291707007	镀锌地线夹 32	套	—	6.406	—	—	—
	291707008	镀锌地线夹 40	套	—	—	6.406	—	—
	291707009	镀锌地线夹 50	套	—	—	—	6.396	—
	291707010	镀锌地线夹 65	套	—	—	—	—	12.372
	030109007	镀锌锁紧螺母 *DN*20×1.5	个	4.124	—	—	—	—
	030109013	镀锌锁紧螺母 *DN*40×3	个	—	—	2.002	—	—
	030109015	镀锌锁紧螺母 *DN*50×3	个	—	—	—	1.602	—
	030109016	镀锌锁紧螺母 *DN*65×3	个	—	—	—	—	1.602
	850103006	其他材料费（占材料费）	%	1.800	1.800	1.800	1.800	1.800
机械	990748010	管子切断套丝机 159mm	台班	—	—	0.010	0.011	0.011
	990756010	钢材电动煨弯机 500mm以内	台班	—	—	—	0.011	0.032

工作内容：测位、划线、锯管、套丝、煨弯、配管、接地、刷漆　　　　**计量单位**：10m

编号				4-12-29	4-12-30	4-12-31	4-12-32
项目				公称直径（*DN*）			
				⩽ 80	⩽ 100	⩽ 125	⩽ 150
名称			单位	消耗量			
人工	000203000	综合二类工	工日	2.118	2.238	2.823	4.013
材料	170100002	钢管（综合）	m	（10.300）	（10.300）	（10.300）	（10.300）
	031507012	镀锌铁丝 ϕ1.2～2.2	kg	0.100	0.100	0.110	0.110
	130105003	醇酸清漆	kg	0.110	0.140	0.170	0.200
	140505001	铅油（厚漆）	kg	0.240	0.310	0.380	0.440
	140509006	油漆溶剂油	kg	0.100	0.130	0.160	0.180
	280317007	铜芯塑料绝缘软电线 BVR-4mm^2	m	5.145	6.296	2.042	2.432
	291707011	镀锌地线夹 80	套	6.186	—	—	—
	291707012	镀锌地线夹 100	套	—	6.186	—	—
	291707013	镀锌地线夹 125	套	—	—	1.652	—
	291707014	镀锌地线夹 150	套	—	—	—	1.652
	181602010	镀锌钢管接头 80 × 4	个	1.552	—	—	—
	181602011	镀锌钢管接头 100 × 4	个	—	1.552	—	—
	181602012	镀锌钢管接头 125 × 4.5	个	—	—	0.821	—
	181602013	镀锌钢管接头 150 × 4.5	个	—	—	—	0.821
	030109017	镀锌锁紧螺母 *DN*80 × 3	个	1.602	—	—	—
	030109003	镀锌锁紧螺母 *DN*100 × 3	个	—	1.602	—	—
	290639023	镀锌钢管塑料护口 *DN*80	个	1.552	—	—	—
	290639024	镀锌钢管塑料护口 *DN*100	个	—	1.552	—	—
	850103006	其他材料费（占材料费）	%	1.800	1.800	1.800	1.800
机械	990748010	管子切断套丝机 159mm	台班	0.011	0.011	0.053	0.053
	990756010	钢材电动煨弯机 500mm 以内	台班	0.032	0.032	0.105	0.105

3. 钢模板暗配

工作内容： 测位、划线、锯管、套丝、煨弯、配管、接地、穿引线、补漆。　　　**计量单位：** 10m

编　号				4-12-33	4-12-34	4-12-35	4-12-36
项　目				公称直径（*DN*）			
				≤20	≤32	≤40	≤50
名　称			单位	消　耗　量			
人工	000203000	综合二类工	工日	0.490	0.638	1.017	1.102
材料	170100002	钢管（综合）	m	（10.300）	（10.300）	（10.300）	（10.300）
	031507012	镀锌铁丝 ϕ1.2～2.2	kg	0.100	0.100	0.100	0.100
	130105003	醇酸清漆	kg	0.030	0.050	0.060	0.070
	140505001	铅油（厚漆）	kg	0.070	0.130	0.150	0.180
	140509006	油漆溶剂油	kg	0.020	0.040	0.050	0.060
	280317007	铜芯塑料绝缘软电线 BVR-4mm^2	m	1.592	2.247	2.933	3.524
	290639015	镀锌钢管塑料护口 *DN*15～20	个	2.252	—	—	—
	290639018	镀锌钢管塑料护口 *DN*32	个	—	1.552	—	—
	290639019	镀锌钢管塑料护口 *DN*40	个	—	—	1.552	—
	290639020	镀锌钢管塑料护口 *DN*50	个	—	—	—	1.552
	291707005	镀锌地线夹 20	套	6.396	—	—	—
	291707007	镀锌地线夹 32	套	—	6.396	—	—
	291707008	镀锌地线夹 40	套	—	—	6.396	—
	291707009	镀锌地线夹 50	套	—	—	—	6.396
	030109008	镀锌锁紧螺母 *DN*20×3	个	2.252	—	—	—
	030109012	镀锌锁紧螺母 *DN*32×3	个	—	1.602	—	—
	030109013	镀锌锁紧螺母 *DN*40×3	个	—	—	1.602	—
	030109015	镀锌锁紧螺母 *DN*50×3	个	—	—	—	1.602
	181602004	镀锌钢管接头 20×2.75	个	1.652	—	—	—
	181602006	镀锌钢管接头 32×3.25	个	—	1.652	—	—
	181602007	镀锌钢管接头 40×3.5	个	—	—	1.652	—
	181602008	镀锌钢管接头 50×3.5	个	—	—	—	1.652
	850103006	其他材料费（占材料费）	%	1.800	1.800	1.800	1.800
机械	990756010	钢材电动煨弯机 500mm 以内	台班	—	0.011	0.011	0.011
	990748010	管子切断套丝机 159mm	台班	—	—	—	0.011

4. 钢结构支架配管

工作内容： 测位、划线、打眼、上卡子、安装支架、锯管、套丝、煨弯、配管、接地、穿引线、补漆。

计量单位： 10m

编号				4-12-37	4-12-38	4-12-39	4-12-40	4-12-41
项目				公称直径（*DN*）				
				≤20	≤32	≤40	≤50	≤65
	名称		单位	消耗量				
人工	000203000	综合二类工	工日	0.618	0.775	1.145	1.240	1.928
材料	170100002	钢管（综合）	m	（10.300）	（10.300）	（10.300）	（10.300）	（10.300）
	031507012	镀锌铁丝 ϕ1.2～2.2	kg	0.080	0.080	0.080	0.080	0.080
	030103003	半圆头螺钉 M6～8×12～30	10套	2.452	1.692	1.351	1.351	1.021
	130105003	醇酸清漆	kg	0.030	0.050	0.060	0.070	0.090
	140505001	铅油（厚漆）	kg	0.070	0.130	0.150	0.190	0.210
	140509006	油漆溶剂油	kg	0.060	0.090	0.110	0.140	0.180
	280317007	铜芯塑料绝缘软电线 BVR-4mm^2	m	1.592	2.247	2.933	3.524	4.284
	182513002	镀锌钢管卡子 *DN*20	个	12.372	—	—	—	—
	182513004	镀锌钢管卡子 *DN*32	个	—	8.559	—	—	—
	182513005	镀锌钢管卡子 *DN*40	个	—	—	6.807	—	—
	182513006	镀锌钢管卡子 *DN*50	个	—	—	—	6.807	—
	182513007	镀锌钢管卡子 *DN*65	个	—	—	—	—	5.155
	290639015	镀锌钢管塑料护口 *DN*15～20	个	4.124	—	—	—	—
	290639018	镀锌钢管塑料护口 *DN*32	个	—	1.552	—	—	—
	290639019	镀锌钢管塑料护口 *DN*40	个	—	—	1.552	—	—
	290639020	镀锌钢管塑料护口 *DN*50	个	—	—	—	1.552	—
	290639021	镀锌钢管塑料护口 *DN*65	个	—	—	—	—	1.552
	291707005	镀锌地线夹 20	套	6.396	—	—	—	—
	291707007	镀锌地线夹 32	套	—	6.396	—	—	—
	291707008	镀锌地线夹 40	套	—	—	6.396	—	—
	291707009	镀锌地线夹 50	套	—	—	—	6.396	—
	291707010	镀锌地线夹 65	套	—	—	—	—	6.186
	181602004	镀锌钢管接头 20×2.75	个	1.652	—	—	—	—
	181602006	镀锌钢管接头 32×3.25	个	—	1.652	—	—	—
	181602007	镀锌钢管接头 40×3.5	个	—	—	1.652	—	—
	181602008	镀锌钢管接头 50×3.5	个	—	—	—	1.652	—
	181602009	镀锌钢管接头 65×3.75	个	—	—	—	—	1.552
	030109008	镀锌锁紧螺母 *DN*20×3	个	4.124	—	—	—	—
	030109012	镀锌锁紧螺母 *DN*32×3	个	—	1.602	—	—	—
	030109013	镀锌锁紧螺母 *DN*40×3	个	—	—	1.602	—	—
	030109015	镀锌锁紧螺母 *DN*50×3	个	—	—	—	1.602	—
	030109016	镀锌锁紧螺母 *DN*65×3	个	—	—	—	—	1.602
	850103006	其他材料费（占材料费）	%	1.800	1.800	1.800	1.800	1.800
机械	990748010	管子切断套丝机 159mm	台班	—	—	—	0.011	0.011
	990756010	钢材电动煨弯机 500mm 以内	台班	—	0.011	0.011	0.011	0.032

工作内容： 测位、划线、打眼、上卡子、安装支架、锯管、套丝、煨弯、配管、接地、穿引线、补漆。

计量单位： 10m

编号				4-12-42	4-12-43	4-12-44	4-12-45
项目				公称直径（*DN*）			
				≤ 80	≤ 100	≤ 125	≤ 150
名称			单位	消耗量			
人工	000203000	综合二类工	工日	2.609	2.823	4.132	5.320
材料	170100002	钢管（综合）	m	（10.300）	（10.300）	（10.300）	（10.300）
	031507012	镀锌铁丝 ϕ1.2～2.2	kg	0.080	0.080	0.080	0.080
	030103003	半圆头螺钉 M6～8 × 12～30	10 套	1.021	1.021	0.571	0.571
	130105003	醇酸清漆	kg	0.110	0.140	0.170	0.200
	140505001	铅油（厚漆）	kg	0.240	0.310	0.380	0.440
	140509006	油漆溶剂油	kg	0.210	0.270	0.330	0.380
	280317007	铜芯塑料绝缘软电线 BVR-4mm^2	m	5.145	6.296	2.042	2.432
	181602010	镀锌钢管接头 80 × 4	个	1.552	—	—	—
	181602011	镀锌钢管接头 100 × 4	个	—	1.552	—	—
	181602012	镀锌钢管接头 125 × 4.5	个	—	—	0.821	—
	181602013	镀锌钢管接头 150 × 4.5	个	—	—	—	0.821
	182513008	镀锌钢管卡子 *DN*80	个	5.155	—	—	—
	182513009	镀锌钢管卡子 *DN*100	个	—	5.155	—	—
	182513010	镀锌钢管卡子 *DN*125	个	—	—	2.843	—
	182513011	镀锌钢管卡子 *DN*150	个	—	—	—	2.843
	291707011	镀锌地线夹 80	套	6.186	—	—	—
	291707012	镀锌地线夹 100	套	—	6.186	—	—
	291707013	镀锌地线夹 125	套	—	—	1.652	—
	291707014	镀锌地线夹 150	套	—	—	—	1.652
	030109017	镀锌锁紧螺母 *DN*80 × 3	个	1.602	—	—	—
	030109003	镀锌锁紧螺母 *DN*100 × 3	个	—	1.602	—	—
	290639023	镀锌钢管塑料护口 *DN*80	个	1.552	—	—	—
	290639024	镀锌钢管塑料护口 *DN*100	个	—	1.552	—	—
	850103006	其他材料费（占材料费）	%	1.800	1.800	1.800	1.800
机械	990748010	管子切断套丝机 159mm	台班	0.011	0.011	0.053	0.053
	990756010	钢材电动煨弯机 500mm 以内	台班	0.032	0.032	0.105	0.105

5. 钢 索 配 管

工作内容：测位、划线、锯管、套丝、煨弯、上卡子、配管、接地、穿引线、补漆。 **计量单位**：10m

编号				4-12-46	4-12-47
项目				公称直径（*DN*）	
				≤20	≤32
名称			单位	消耗量	
人工	000203000	综合二类工	工日	0.835	1.069
材料	170100002	钢管（综合）	m	（10.300）	（10.300）
	031507012	镀锌铁丝 ϕ1.2～2.2	kg	0.080	0.080
	030103003	半圆头螺钉 M6～8×12～30	10套	1.221	1.021
	130105003	醇酸清漆	kg	0.030	0.040
	140505001	铅油（厚漆）	kg	0.070	0.130
	140509006	油漆溶剂油	kg	0.060	0.090
	280317007	铜芯塑料绝缘软电线 BVR-4mm^2	m	1.592	2.247
	181602004	镀锌钢管接头 20×2.75	个	1.652	—
	181602006	镀锌钢管接头 32×3.25	个	—	1.652
	182513002	镀锌钢管卡子 *DN*20	个	12.372	—
	182513004	镀锌钢管卡子 *DN*32	个	—	10.310
	290639015	镀锌钢管塑料护口 *DN*15～20	个	4.124	—
	290639018	镀锌钢管塑料护口 *DN*32	个	—	1.552
	291707005	镀锌地线夹 20	套	6.396	—
	291707007	镀锌地线夹 32	套	—	6.396
	030109008	镀锌锁紧螺母 *DN*20×3	个	4.124	—
	030109012	镀锌锁紧螺母 *DN*32×3	个	—	1.602
	850103006	其他材料费（占材料费）	%	1.800	1.800
机械	990756010	钢材电动煨弯机 500mm以内	台班	—	0.011

6. 埋地敷设

工作内容：测位、锯管、套丝、煨弯、配管、接地、穿引线、补漆。 **计量单位：**10m

编号				4-12-48	4-12-49	4-12-50	4-12-51	4-12-52
项目				公称直径（*DN*）				
				≤20	≤32	≤40	≤50	≤65
名称			单位	消耗量				
人工	000203000	综合二类工	工日	0.380	0.490	0.775	0.835	1.206
材料	170100002	钢管（综合）	m	（10.300）	（10.300）	（10.300）	（10.300）	（10.300）
	031507012	镀锌铁丝 ϕ1.2～2.2	kg	0.040	0.040	0.040	0.040	0.040
	130113002	醇酸磁漆	kg	0.020	0.040	0.050	0.060	0.070
	140505001	铅油（厚漆）	kg	0.060	0.100	0.120	0.150	0.170
	140509006	油漆溶剂油	kg	0.020	0.030	0.040	0.050	0.070
	280317007	铜芯塑料绝缘软电线 BVR-4mm^2	m	1.592	2.247	2.933	3.524	4.284
	181602004	镀锌钢管接头 20×2.75	个	1.652	—	—	—	—
	181602006	镀锌钢管接头 32×3.25	个	—	1.652	—	—	—
	181602007	镀锌钢管接头 40×3.5	个	—	—	1.652	—	—
	181602008	镀锌钢管接头 50×3.5	个	—	—	—	1.652	—
	181602009	镀锌钢管接头 65×3.75	个	—	—	—	—	1.552
	290639016	镀锌钢管塑料护口 *DN*20	个	1.021	—	—	—	—
	290639018	镀锌钢管塑料护口 *DN*32	个	—	0.821	—	—	—
	290639019	镀锌钢管塑料护口 *DN*40	个	—	—	0.821	—	—
	290639020	镀锌钢管塑料护口 *DN*50	个	—	—	—	0.821	—
	290639023	镀锌钢管塑料护口 *DN*80	个	—	—	—	—	0.821
	291707005	镀锌地线夹 20	套	4.845	—	—	—	—
	291707007	镀锌地线夹 32	套	—	4.845	—	—	—
	291707008	镀锌地线夹 40	套	—	—	6.396	—	—
	291707009	镀锌地线夹 50	套	—	—	—	6.396	—
	291707010	镀锌地线夹 65	套	—	—	—	—	6.186
	030109008	镀锌锁紧螺母 *DN*20×3	个	1.021	—	—	—	—
	030109012	镀锌锁紧螺母 *DN*32×3	个	—	0.801	—	—	—
	030109013	镀锌锁紧螺母 *DN*40×3	个	—	—	0.801	—	—
	030109015	镀锌锁紧螺母 *DN*50×3	个	—	—	—	0.801	—
	030109016	镀锌锁紧螺母 *DN*65×3	个	—	—	—	—	0.801
	850103006	其他材料费（占材料费）	%	1.800	1.800	1.800	1.800	1.800
机械	990748010	管子切断套丝机 159mm	台班	—	—	—	0.011	0.011
	990756010	钢材电动煨弯机 500mm 以内	台班	—	0.011	0.011	0.011	0.032

工作内容：测位、锯管、套丝、煨弯、配管、接地、穿引线、补漆。 **计量单位：**10m

编号				4-12-53	4-12-54	4-12-55	4-12-56
项目				公称直径（*DN*）			
				≤ 80	≤ 100	≤ 125	≤ 150
名称			单位	消耗量			
人工	000203000	综合二类工	工日	1.808	1.912	2.686	4.047
材料	170100002	钢管（综合）	m	（10.300）	（10.300）	（10.300）	（10.300）
	031507012	镀锌铁丝 ϕ1.2～2.2	kg	0.040	0.040	0.040	0.040
	130113002	醇酸磁漆	kg	0.090	0.110	0.140	0.160
	140505001	铅油（厚漆）	kg	0.190	0.250	0.300	0.350
	140509006	油漆溶剂油	kg	0.080	0.100	0.130	0.150
	280317007	铜芯塑料绝缘软电线 BVR-4mm^2	m	5.145	6.296	2.042	2.032
	291707011	镀锌地线夹 80	套	6.186	—	—	—
	291707012	镀锌地线夹 100	套	—	6.186	—	—
	291707013	镀锌地线夹 125	套	—	—	1.652	—
	291707014	镀锌地线夹 150	套	—	—	—	1.652
	181602010	镀锌钢管接头 80 × 4	个	1.552	—	—	—
	181602011	镀锌钢管接头 100 × 4	个	—	1.552	—	—
	181602012	镀锌钢管接头 125 × 4.5	个	—	—	0.821	—
	181602013	镀锌钢管接头 150 × 4.5	个	—	—	—	0.821
	030109017	镀锌锁紧螺母 *DN*80 × 3	个	0.801	—	—	—
	030109003	镀锌锁紧螺母 *DN*100 × 3	个	—	0.801	—	—
	290639022	镀锌钢管塑料护口 *DN*70	个	0.821	—	—	—
	290639024	镀锌钢管塑料护口 *DN*100	个	—	0.821	—	—
	850103006	其他材料费（占材料费）	%	1.800	1.800	1.800	1.800
机械	990748010	管子切断套丝机 159mm	台班	0.011	0.011	0.053	0.053
	990756010	钢材电动煨弯机 500mm 以内	台班	0.032	0.032	—	0.105

7. 箱罐容器内照明配管

工作内容：测位、划线、锯管、套丝、煨弯、配管、气密性试验、穿引线、补漆。　　**计量单位：**10m

编　号				4-12-57	4-12-58
项　目				公称直径（*DN*）	
				≤ 20	≤ 25
名　称			单位	消　耗　量	
人工	000203000	综合二类工	工日	1.008	1.085
材料	170100002	钢管（综合）	m	（10.300）	（10.300）
	181625002	防爆活接头	个	（2.580）	（2.580）
	031507012	镀锌铁丝 ϕ1.2～2.2	kg	0.080	0.080
	130115006	酚醛调和漆	kg	0.040	0.050
	130505001	防锈漆	kg	0.040	0.040
	133503014	密封胶	kg	0.090	0.110
	140509006	油漆溶剂油	kg	0.050	0.060
	142123001	电力复合脂	kg	0.060	0.070
	290639015	镀锌钢管塑料护口 *DN*15～20	个	2.252	—
	290639017	镀锌钢管塑料护口 *DN*25	个	—	1.582
	181602004	镀锌钢管接头 20 × 2.75	个	0.821	—
	181602005	镀锌钢管接头 25 × 3.25	个	—	0.821
	182513002	镀锌钢管卡子 *DN*20	个	12.372	—
	182513003	镀锌钢管卡子 *DN*25	个	—	8.559
	850103006	其他材料费（占材料费）	%	1.800	1.800
机械	990756010	钢材电动煨弯机 500mm 以内	台班	0.011	0.011
	990748010	管子切断套丝机 159mm	台班	—	0.011

三、可挠金属套管敷设

1. 砖、混凝土结构暗配

工作内容：测位、划线、沟坑修整、断管、配管、固定、接地、清理、穿引线。 **计量单位：**10m

编号				4-12-59	4-12-60	4-12-61	4-12-62	4-12-63	4-12-64
项目				规格					
				10#	12#	15#	17#	24#	30#
名称			单位	消耗量					
人工	000203000	综合二类工	工日	0.336	0.354	0.362	0.380	0.413	0.430
材料	290629002	可挠性金属套管	m	(10.600)	(10.600)	(10.600)	(10.600)	(10.600)	(10.600)
	031507012	镀锌铁丝 $\phi1.2\sim2.2$	kg	0.070	0.070	0.070	0.060	0.070	0.070
	031309002	锡基钎料	kg	0.020	0.020	0.020	0.020	0.020	0.020
	182518007	接地卡子（综合）	个	3.303	3.303	3.303	3.303	3.303	3.303
	280317007	铜芯塑料绝缘软电线 BVR-4mm^2	m	0.400	0.400	0.400	0.400	0.450	0.450
	290663013	可挠金属套管接头 KS-10	个	1.682	—	—	—	—	—
	290663014	可挠金属套管接头 KS-12	个	—	1.682	—	—	—	—
	290663015	可挠金属套管接头 KS-15	个	—	—	1.682	—	—	—
	290663016	可挠金属套管接头 KS-17	个	—	—	—	1.682	—	—
	290663017	可挠金属套管接头 KS-24	个	—	—	—	—	1.682	—
	290663018	可挠金属套管接头 KS-30	个	—	—	—	—	—	1.682
	290663001	可挠金属套管护口 BP-10	个	1.582	—	—	—	—	—
	290663002	可挠金属套管护口 BP-12	个	—	1.582	—	—	—	—
	290663003	可挠金属套管护口 BP-15	个	—	—	1.582	—	—	—
	290663004	可挠金属套管护口 BP-17	个	—	—	—	1.582	—	—
	290663005	可挠金属套管护口 BP-24	个	—	—	—	—	1.582	—
	290663006	可挠金属套管护口 BP-30	个	—	—	—	—	—	1.582
	031305003	焊锡膏	kg	—	—	—	—	—	0.010
	850103006	其他材料费（占材料费）	%	1.800	1.800	1.800	1.800	1.800	1.800

工作内容：测位、划线、沟坑修整、断管、配管、固定、接地、清理、穿引线。 **计量单位：**10m

编号				4-12-65	4-12-66	4-12-67	4-12-68	4-12-69	4-12-70
项目				规格					
				38#	50#	63#	76#	83#	101#
名称			单位	消耗量					
人工	000203000	综合二类工	工日	0.448	0.465	0.490	0.517	0.533	0.576
材料	290629002	可挠性金属套管	m	（10.600）	（10.600）	（10.600）	（10.600）	（10.600）	（10.600）
	031507012	镀锌铁丝 $\phi1.2\sim2.2$	kg	0.070	0.070	0.070	0.080	0.080	0.080
	031305003	焊锡膏	kg	0.010	0.010	0.010	0.010	0.010	0.010
	031309002	锡基钎料	kg	0.020	0.030	0.030	0.030	0.030	0.030
	182518007	接地卡子（综合）	个	3.303	3.303	3.303	3.303	3.303	3.303
	280317007	铜芯塑料绝缘软电线 BVR-4mm^2	m	0.450	0.621	0.621	0.681	0.681	0.741
	290663019	可挠金属套管接头 KS-38	个	1.682	—	—	—	—	—
	290663020	可挠金属套管接头 KS-50	个	—	1.682	—	—	—	—
	290663021	可挠金属套管接头 KS-63	个	—	—	1.582	—	—	—
	290663022	可挠金属套管接头 KS-76	个	—	—	—	1.582	—	—
	290663023	可挠金属套管接头 KS-83	个	—	—	—	—	1.582	—
	290663024	可挠金属套管接头 KS-101	个	—	—	—	—	—	1.582
	290663007	可挠金属套管护口 BP-38	个	1.582	—	—	—	—	—
	290663008	可挠金属套管护口 BP-50	个	—	1.582	—	—	—	—
	290663009	可挠金属套管护口 BP-63	个	—	—	1.582	—	—	—
	290663010	可挠金属套管护口 BP-76	个	—	—	—	1.582	—	—
	290663011	可挠金属套管护口 BP-83	个	—	—	—	—	1.582	—
	290663012	可挠金属套管护口 BP-101	个	—	—	—	—	—	1.582
	850103006	其他材料费（占材料费）	%	1.800	1.800	1.800	1.800	1.800	1.800

2. 吊顶内敷设

工作内容： 测位、划线、断管、配管、固定、接地、穿引线。 **计量单位：** 10m

编号				4-12-71	4-12-72	4-12-73	4-12-74	4-12-75	4-12-76
项目				规格					
				10#	12#	15#	17#	24#	30#
名称			单位	消耗量					
人工	000203000	综合二类工	工日	0.396	0.413	0.430	0.456	0.482	0.499
材料	290629002	可挠性金属套管	m	（10.800）	（10.800）	（10.800）	（10.800）	（10.800）	（10.800）
	031507012	镀锌铁丝 $\phi1.2$～2.2	kg	0.040	0.040	0.040	0.040	0.040	0.040
	030103064	木螺钉 $d4\times65$	10 个	1.141	1.141	1.141	1.141	0.581	0.581
	030103003	半圆头螺钉 M6～8×12～30	10 套	0.791	0.791	0.791	0.791	0.841	0.841
	172500029	塑料胀管 $\phi6$～8	个	12.112	12.112	12.112	12.112	6.166	6.166
	031305003	焊锡膏	kg	0.010	0.010	0.010	0.010	0.010	0.010
	031309002	锡基钎料	kg	0.020	0.020	0.020	0.020	0.020	0.020
	182518007	接地卡子（综合）	个	3.303	3.303	3.303	3.303	3.303	3.303
	280317007	铜芯塑料绝缘软电线 BVR-4mm²	m	0.400	0.400	0.400	0.400	0.450	0.450
	030103044	镀锌自攻螺钉 ST4～6×20～35	10 个	0.340	0.340	0.340	0.340	—	—
	290663001	可挠金属套管护口 BP-10	个	1.582	—	—	—	—	—
	290663002	可挠金属套管护口 BP-12	个	—	1.582	—	—	—	—
	290663003	可挠金属套管护口 BP-15	个	—	—	1.582	—	—	—
	290663004	可挠金属套管护口 BP-17	个	—	—	—	1.582	—	—
	290663005	可挠金属套管护口 BP-24	个	—	—	—	—	1.582	—
	290663006	可挠金属套管护口 BP-30	个	—	—	—	—	—	1.582
	290663013	可挠金属套管接头 KS-10	个	1.682	—	—	—	—	—
	290663014	可挠金属套管接头 KS-12	个	—	1.682	—	—	—	—
	290663015	可挠金属套管接头 KS-15	个	—	—	1.682	—	—	—
	290663016	可挠金属套管接头 KS-17	个	—	—	—	1.682	—	—
	290663017	可挠金属套管接头 KS-24	个	—	—	—	—	1.682	—
	290663018	可挠金属套管接头 KS-30	个	—	—	—	—	—	1.682
	290663025	可挠金属套管卡子 SP-10	个	22.683	—	—	—	—	—
	290663026	可挠金属套管卡子 SP-12	个	—	22.683	—	—	—	—
	290663027	可挠金属套管卡子 SP-15	个	—	—	22.683	—	—	—
	290663028	可挠金属套管卡子 SP-17	个	—	—	—	22.683	—	—
	290663029	可挠金属套管卡子 SP-24	个	—	—	—	—	14.224	—
	290663030	可挠金属套管卡子 SP-30	个	—	—	—	—	—	14.224
	850103006	其他材料费（占材料费）	%	1.800	1.800	1.800	1.800	1.800	1.800

四、塑料管敷设

1. 砖、混凝土结构明配

工作内容：测位、划线、打眼、下胀管、连接管件、配管、上螺钉、穿引线。　　　　计量单位：10m

	编号			4-12-77	4-12-78	4-12-79	4-12-80	4-12-81
	项目			外径（mm）				
				20	32	40	50	65
	名称		单位	消耗量				
人工	000203000	综合二类工	工日	0.620	0.661	0.680	0.712	0.760
材料	172500002	塑料管（综合）	m	（10.600）	（10.600）	（10.600）	（10.600）	（10.600）
	031507012	镀锌铁丝 $\phi1.2\sim2.2$	kg	0.040	0.040	0.040	0.040	0.040
	030103064	木螺钉 $d4\times65$	10个	3.333	2.310	1.692	1.692	1.271
	172500029	塑料胀管 $\phi6\sim8$	个	32.533	28.910	17.838	17.838	13.433
	031541003	钢锯条	条	0.100	0.100	0.100	0.100	0.100
	144135022	粘合剂	kg	0.010	0.020	0.020	0.020	0.020
	290645021	难燃塑料管卡子 20mm	个	16.817	—	—	—	—
	290645023	难燃塑料管卡子 32mm	个	—	14.500	—	—	—
	290645024	难燃塑料管卡子 40mm	个	—	—	8.519	—	—
	290645025	难燃塑料管卡子 50mm	个	—	—	—	8.519	—
	290645026	难燃塑料管卡子 65mm	个	—	—	—	—	6.416
	290645014	难燃塑料管接头 20mm	个	2.102	—	—	—	—
	290645016	难燃塑料管接头 32mm	个	—	2.102	—	—	—
	290645017	难燃塑料管接头 40mm	个	—	—	2.102	—	—
	290645018	难燃塑料管接头 50mm	个	—	—	—	2.102	—
	290645019	难燃塑料管接头 65mm	个	—	—	—	—	2.102
	290645035	难燃塑料管伸缩接头 20mm	个	0.210	—	—	—	—
	290645037	难燃塑料管伸缩接头 32mm	个	—	0.210	—	—	—
	290645038	难燃塑料管伸缩接头 40mm	个	—	—	0.210	—	—
	290645039	难燃塑料管伸缩接头 50mm	个	—	—	—	0.210	—
	290645040	难燃塑料管伸缩接头 65mm	个	—	—	—	—	0.210
	290645042	难燃塑料管弯头 20mm	个	0.210	—	—	—	—
	290645044	难燃塑料管弯头 32mm	个	—	0.210	—	—	—
	290645045	难燃塑料管弯头 40mm	个	—	—	0.210	—	—
	290645046	难燃塑料管弯头 50mm	个	—	—	—	0.210	—
	290645047	难燃塑料管弯头 65mm	个	—	—	—	—	0.210
	290645028	难燃塑料管三通 20mm	个	0.320	—	—	—	—
	290645029	难燃塑料管三通 25mm	个	—	0.320	—	—	—
	290645031	难燃塑料管三通 40mm	个	—	—	0.320	—	—
	290645032	难燃塑料管三通 50mm	个	—	—	—	0.320	—
	290645033	难燃塑料管三通 65mm	个	—	—	—	—	0.320
	850103006	其他材料费（占材料费）	%	1.800	1.800	1.800	1.800	1.800

2. 砖、混凝土结构暗配

工作内容：测位、划线、打眼、敷设、固定、穿引线。 **计量单位：**10m

编号				4-12-82	4-12-83	4-12-84	4-12-85
项目				外径（mm）			
				20	32	40	50
	名称		单位	消耗量			
人工	000203000	综合二类工	工日	0.482	0.594	0.633	0.730
材料	172500002	塑料管（综合）	m	（10.600）	（10.600）	（10.600）	（10.600）
	031507012	镀锌铁丝 ϕ1.2～2.2	kg	0.080	0.080	0.070	0.070
	031541003	钢锯条	条	0.100	0.100	0.100	0.100
	144135022	粘合剂	kg	0.010	0.010	0.010	0.010
	290634009	套接管	m	0.100	0.200	0.200	0.210
	850103006	其他材料费（占材料费）	%	1.800	1.800	1.800	1.800

3. 钢模板暗配

工作内容：测位、划线、钻孔、敷设、固定、穿引线。 **计量单位：**10m

编号				4-12-86	4-12-87	4-12-88	4-12-89
项目				外径（mm）			
				20	32	40	50
	名称		单位	消耗量			
人工	000203000	综合二类工	工日	0.326	0.510	0.542	0.638
材料	172500002	塑料管（综合）	m	（10.600）	（10.600）	（10.600）	（10.600）
	031507012	镀锌铁丝 ϕ1.2～2.2	kg	0.080	0.080	0.070	0.070
	031541003	钢锯条	条	0.100	0.100	0.100	0.100
	144135022	粘合剂	kg	0.010	0.010	0.010	0.010
	290634009	套接管	m	0.100	0.100	0.200	0.210
	850103006	其他材料费（占材料费）	%	1.800	1.800	1.800	1.800

4. 埋 地 敷 设

工作内容：测位、敷设、穿引线。 **计量单位：**10m

编号				4-12-90	4-12-91	4-12-92	4-12-93	4-12-94	4-12-95
项目				外径（mm）					
				20	32	40	50	65	80
	名称		单位	消耗量					
人工	000203000	综合二类工	工日	0.310	0.414	0.465	0.526	0.613	0.712
材料	172500002	塑料管（综合）	m	（10.600）	（10.600）	（10.600）	（10.600）	（10.600）	（10.600）
	031507012	镀锌铁丝 ϕ1.2～2.2	kg	0.040	0.040	0.040	0.040	0.040	0.040
	031541003	钢锯条	条	0.100	0.100	0.100	0.100	0.100	0.100
	850103006	其他材料费（占材料费）	%	1.800	1.800	1.800	1.800	1.800	1.800

五、金属软管敷设

工作内容：量尺寸、断管、连接接头、钻孔、攻丝、固定、接地。 **计量单位：**10m

编号				4-12-96	4-12-97	4-12-98	4-12-99
项目				内径（mm）			
				≤20	≤32	≤40	≤50
				每根长≤0.5m			
	名称		单位	消耗量			
人工	000203000	综合二类工	工日	2.103	2.362	2.748	2.818
材料	171900003	金属软管（综合）	m	（10.300）	（10.300）	（10.300）	（10.300）
	030103004	半圆头螺钉 M6～12×12～50	10套	8.168	13.884	8.168	8.168
	290661020	金属软管卡子 *DN*20	个	22.022	—	—	—
	290661022	金属软管卡子 *DN*32	个	—	22.022	—	—
	290661023	金属软管卡子 *DN*40	个	—	—	22.022	—
	290661024	金属软管卡子 *DN*50	个	—	—	—	41.241
	290661014	金属软管接头 *DN*20	个	10.310	—	—	—
	290661016	金属软管接头 *DN*32	个	—	10.310	—	—
	290661017	金属软管接头 *DN*40	个	—	—	10.310	—
	290661018	金属软管接头 *DN*50	个	—	—	—	51.552
	291707005	镀锌地线夹 20	套	30.931	—	—	—
	291707007	镀锌地线夹 32	套	—	30.931	—	—
	291707008	镀锌地线夹 40	套	—	—	30.931	—
	291707009	镀锌地线夹 50	套	—	—	—	30.931
	850103006	其他材料费（占材料费）	%	1.800	1.800	1.800	1.800

工作内容：量尺寸、断管、连接接头、钻孔、攻丝、固定、接地。 计量单位：10m

编号				4-12-100	4-12-101	4-12-102	4-12-103
项目				内径（mm）			
				≤20	≤32	≤40	≤50
				每根长≤1m			
	名称		单位	消耗量			
人工	000203000	综合二类工	工日	1.509	1.697	1.965	2.238
材料	171900003	金属软管（综合）	m	（10.300）	（10.300）	（10.300）	（10.300）
	030103004	半圆头螺钉 M6～12×12～50	10套	5.716	5.716	5.716	5.716
	290661020	金属软管卡子 DN20	个	29.469	—	—	—
	290661022	金属软管卡子 DN32	个	—	29.469	—	—
	290661023	金属软管卡子 DN40	个	—	—	29.469	—
	290661024	金属软管卡子 DN50	个	—	—	—	29.469
	290661014	金属软管接头 DN20	个	26.807	—	—	—
	290661016	金属软管接头 DN32	个	—	26.807	—	—
	290661017	金属软管接头 DN40	个	—	—	26.807	—
	290661018	金属软管接头 DN50	个	—	—	—	26.807
	291707005	镀锌地线夹 20	套	13.744	—	—	—
	291707007	镀锌地线夹 32	套	—	13.744	—	—
	291707008	镀锌地线夹 40	套	—	—	13.744	—
	291707009	镀锌地线夹 50	套	—	—	—	13.744
	850103006	其他材料费（占材料费）	%	1.800	1.800	1.800	1.800

工作内容：量尺寸、断管、连接接头、钻孔、攻丝、固定、接地。 计量单位：10m

编号				4-12-104	4-12-105	4-12-106	4-12-107
项目				内径（mm）			
				≤20	≤32	≤40	≤50
				每根长＞1m			
	名称		单位	消耗量			
人工	000203000	综合二类工	工日	1.102	1.343	1.462	1.747
材料	171900003	金属软管（综合）	m	（10.300）	（10.300）	（10.300）	（10.300）
	030103004	半圆头螺钉 M6～12×12～50	10套	2.503	2.503	2.503	2.503
	280317007	铜芯塑料绝缘软电线 BVR-4mm^2	m	6.206	8.288	9.670	11.391
	290661014	金属软管接头 DN20	个	18.559	—	—	—
	290661016	金属软管接头 DN32	个	—	18.559	—	—
	290661017	金属软管接头 DN40	个	—	—	18.559	—
	290661018	金属软管接头 DN50	个	—	—	—	18.559
	290661020	金属软管卡子 DN20	个	12.372	—	—	—
	290661022	金属软管卡子 DN32	个	—	12.372	—	—
	290661023	金属软管卡子 DN40	个	—	—	24.745	—
	290661024	金属软管卡子 DN50	个	—	—	—	24.745
	291707005	镀锌地线夹 20	套	7.928	—	—	—
	291707007	镀锌地线夹 32	套	—	7.928	—	—
	291707008	镀锌地线夹 40	套	—	—	7.928	—
	291707009	镀锌地线夹 50	套	—	—	—	7.928
	850103006	其他材料费（占材料费）	%	1.800	1.800	1.800	1.800

六、金属线槽敷设

工作内容：划线、定位、打眼槽体清扫、本体固定、配件安装、接地跨接。　　　　**计量单位：**10m

编号				4-12-108	4-12-109	4-12-110	4-12-111
项目				宽＋高（mm）			
				≤ 50	≤ 80	≤ 120	≤ 300
名称			单位	消耗量			
人工	000203000	综合二类工	工日	0.588	0.740	0.975	1.782
材料	290300002	金属线槽	m	（10.300）	（10.300）	（10.300）	（10.300）
	280317008	铜芯塑料绝缘软电线 BVR-6mm^2	m	2.553	2.553	2.553	2.553
	850103006	其他材料费（占材料费）	%	1.800	1.800	1.800	1.800

七、塑料线槽敷设

工作内容：测位、打眼、埋螺钉、线槽安装。　　　　**计量单位：**10m

编号				4-12-112	4-12-113	4-12-114	4-12-115
项目				线槽断面周长（mm）			
				≤ 120	≤ 170	≤ 260	≤ 360
名称			单位	消耗量			
人工	000203000	综合二类工	工日	0.756	0.878	1.069	1.283
材料	290309001	塑料线槽	m	（10.500）	（10.500）	（10.500）	（10.500）
	290407001	塑料线槽配件 线槽断面周长 120 以内	个	7.007	—	—	—
	290407002	塑料线槽配件 线槽断面周长 170 以内	个	—	5.606	—	—
	290407003	塑料线槽配件 线槽断面周长 260 以内	个	—	—	4.204	—
	290407004	塑料线槽配件 线槽断面周长 360 以内	个	—	—	—	3.103
	850103006	其他材料费（占材料费）	%	1.800	1.800	1.800	1.800

第十三章

配 线 工 程

说 明

一、本章内容包括管内穿线、绝缘子配线、线槽配线、塑料护套线明敷设、绝缘导线明敷设、车间配线接线箱安装、接线盒安装、盘（柜、箱、板）配线等内容。

二、相关说明：

1. 管内穿线项目包括扫管、穿线、焊接包头；绝缘子配线项目包括埋螺钉、钉木楞、埋穿墙管、安装绝缘子、配线、焊接包头；线槽配线项目包括清扫线槽、布线、焊接包头；导线明敷设项目包括埋穿墙管、安装瓷通、安装街码、上卡子、配线、焊接包头。

2. 管内穿线不区分穿照明线和动力线，执行“管内穿线”相应项目。

3. 铝芯线穿管按铜芯线相同截面相应项目人工乘以系数 0.85。

4. 车间配线项目包括支架安装、绝缘子安装、母线平直与连接及架设、刷分相漆。项目不包括母线伸缩器制作与安装。

5. 接线箱、接线盒安装及盘柜配线项目适用于电压等级小于或等于 380V 电压等级用电系统。项目不包括接线箱、接线盒费用及导线与接线端子材料费。

6. 暗装接线箱、接线盒项目中槽孔按照事先预留考虑，不计算开槽、开孔费用。

7. 线槽配线项目是以单根线路考虑的，多芯导线（导线截面 $2.5mm^2$ 以内）应按下列规定执行。

（1）二芯导线，套用 4-13-64 项目，人工、材料、机械乘以系数 1.20。

（2）四芯导线，套用 4-13-64 项目，人工、材料、机械乘以系数 1.40。

（3）八芯导线，套用 4-13-64 项目，人工、材料、机械乘以系数 1.80。

（4）十六芯导线，套用 4-13-64 项目，人工、材料、机械乘以系数 2.10。

工程量计算规则

一、管内穿线，根据导线截面面积，按照设计图示安装长度，分别以“10m”为计量单位；管内穿多芯软导线根据软导线芯数与单芯软导线截面面积，按照设计图示安装长度，分别以“10m”为计量单位。管内穿线的线路分支接头线长度已综合考虑在项目中，不得另行计算。

二、绝缘子配线，根据导线截面面积，区别绝缘子形式（针式、鼓形、碟式）、绝缘子配线位置（沿屋架、梁、柱、墙，跨屋架、梁、柱、木结构、顶棚内、砖、混凝土结构，沿钢支架及钢索），按照设计图示安装长度，分别以“10m”为计量单位。当绝缘子暗配时，计算引下线工程量，其长度从线路支持点计算至天棚下缘距离。

三、线槽配线，根据导线截面面积，按照设计图示安装长度，分别以“10m”为计量单位。

四、塑料护套线明敷设，根据导线芯数与单芯导线截面面积，区别导线敷设位置（木结构、砖混凝土结构、沿钢索），按照设计图示安装长度，分别以“10m”为计量单位。

五、绝缘导线明敷设，根据导线截面面积，按照设计图示安装长度，分别以“10m”为计量单位。

六、车间带型母线安装，根据母线材质与截面面积，区别母线安装位置（沿屋架、梁、柱、墙，跨屋架、梁、柱），按照设计图示安装长度，分别以单相10延长米为计量单位。

七、车间配线钢索架敷设，区别圆钢、钢索直径，按照设计图示墙（柱）内缘距离，分别以“10m”为计量单位，不扣除拉紧装置所占长度。

八、车间配线母线与钢索拉紧装置制作与安装，根据母线截面面积、索具螺栓直径，按照设计图示安装数量，分别以“套”为计量单位。

九、接线箱安装，根据安装形式（明装、暗装）及接线箱半周长，按照设计图示安装数量，分别以“个”为计量单位。

十、接线盒安装，根据安装形式（明装、暗装）及接线盒类型，按照设计图示安装数量，分别以“个”为计量单位。

十一、灯具、开关、插座、按钮等预留线，已分别综合在相应项目内，不得另行计算。

十二、照明动力箱配线，根据导线截面面积，按照设计图示配线长度，分别以“10m”为计量单位。配线进入照明动力箱时每根线的预留长度按照设计规定计算，设计无规定时按照下表规定计算。

配线进入照明动力箱的预留线长度表

序号	项目	预留长度	说明
1	各种开关、柜、板	宽＋高	盘面尺寸
2	单独安装（无箱、盘）的铁壳开关、闸刀开关、启动器、母线槽进出线盒	0.30m	从安装对象中心算起
3	由地面管子出口引至动力接线箱	1.00m	从管口计算
4	电源与管内导线连接（管内穿线与软、硬母线接头）	1.50m	从管口计算
5	出户线	1.50m	从管口计算

一、管内穿线

1. 穿单芯硬导线

工作内容：扫管、涂滑石粉、穿线、编号、焊接包头。　　计量单位：10m

编号				4-13-1	4-13-2	4-13-3	4-13-4	4-13-5
项目				铜芯				
				导线截面（mm²）				
				≤2.5	4	6	10	16
名称			单位	消耗量				
人工	000203000	综合二类工	工日	0.043	0.049	0.049	0.056	0.056
材料	280300002	绝缘电线	m	（11.600）	（11.000）	（11.000）	（10.500）	（10.500）
	031309002	锡基钎料	kg	0.010	0.010	0.010	0.010	0.010
	140301003	汽油 92#	kg	0.050	0.060	0.060	0.070	0.070
	271799001	电气绝缘胶带 18mm×10m×0.13mm	卷	0.070	0.080	0.090	0.100	0.110
	850103006	其他材料费（占材料费）	%	1.800	1.800	1.800	1.800	1.800

工作内容：扫管、涂滑石粉、穿线、编号、焊接包头。　　计量单位：10m

编号				4-13-6	4-13-7	4-13-8	4-13-9	4-13-10
项目				铜芯				
				导线截面（mm²）				
				25	35	50	70	95
名称			单位	消耗量				
人工	000203000	综合二类工	工日	0.068	0.068	0.136	0.142	0.172
材料	280300002	绝缘电线	m	（10.500）	（10.500）	（10.500）	（10.500）	（10.500）
	031309002	锡基钎料	kg	0.010	0.020	0.020	0.020	0.020
	140301003	汽油 92#	kg	0.080	0.080	0.090	0.090	0.100
	271799001	电气绝缘胶带 18mm×10m×0.13mm	卷	0.120	0.130	0.140	0.150	0.160
	031305003	焊锡膏	kg	—	—	—	0.010	0.010
	850103006	其他材料费（占材料费）	%	1.800	1.800	1.800	1.800	1.800

工作内容：扫管、涂滑石粉、穿线、编号、焊接包头。 计量单位：10m

编号				4-13-11	4-13-12	4-13-13	4-13-14
项目				铜芯			
				导线截面（mm²）			
				120	150	185	240
名称			单位	消耗量			
人工	000203000	综合二类工	工日	0.179	0.302	0.321	0.573
材料	280300002	绝缘电线	m	（10.500）	（10.500）	（10.500）	（10.500）
	031305003	焊锡膏	kg	0.010	0.010	0.010	0.010
	031309002	锡基钎料	kg	0.020	0.020	0.020	0.030
	140301003	汽油 92#	kg	0.100	0.110	0.110	0.130
	271799001	电气绝缘胶带 18mm × 10m × 0.13mm	卷	0.170	0.180	0.190	0.200
	850103006	其他材料费（占材料费）	%	1.800	1.800	1.800	1.800

2. 穿多芯软导线

工作内容：扫管、涂滑石粉、穿线、编号、焊接包头。 计量单位：10m

编号				4-13-15	4-13-16	4-13-17
项目				二芯		
				单芯导线截面（mm²）		
				≤1	≤2.5	≤4
名称			单位	消耗量		
人工	000203000	综合二类工	工日	0.051	0.058	0.058
材料	280317002	铜芯多股绝缘电线	m	（10.800）	（10.800）	（10.800）
	092705004	碎布	kg	0.020	0.020	0.030
	031309002	锡基钎料	kg	0.010	0.010	0.010
	140301003	汽油 92#	kg	0.060	0.060	0.070
	271799001	电气绝缘胶带 18mm × 10m × 0.13mm	卷	0.090	0.110	0.120
	850103006	其他材料费（占材料费）	%	1.800	1.800	1.800

工作内容：扫管、涂滑石粉、穿线、编号、焊接包头。 计量单位：10m

编号				4-13-18	4-13-19	4-13-20	4-13-21
项目				四芯			八芯
				单芯导线截面（mm²）			
				≤1	≤2.5	≤4	≤1
名称			单位	消耗量			
人工	000203000	综合二类工	工日	0.058	0.071	0.071	0.077
材料	280317002	铜芯多股绝缘电线	m	（10.800）	（10.800）	（10.800）	（10.800）
	092705004	碎布	kg	0.020	0.020	0.020	0.030
	031309002	锡基钎料	kg	0.010	0.010	0.020	0.020
	140301003	汽油 92#	kg	0.070	0.070	0.080	0.070
	271799001	电气绝缘胶带 18mm × 10m × 0.13mm	卷	0.140	0.160	0.170	0.200
	850103006	其他材料费（占材料费）	%	1.800	1.800	1.800	1.800

工作内容： 扫管、涂滑石粉、穿线、编号、焊接包头。 **计量单位：** 10m

编号				4-13-22	4-13-23	4-13-24	4-13-25
项目				八芯		十六芯	
				单芯导线截面（mm^2）			
				≤ 2.5	≤ 4	≤ 1	≤ 2.5
名称			单位	消耗量			
人工	000203000	综合二类工	工日	0.083	0.089	0.089	0.109
材料	280317002	铜芯多股绝缘电线	m	（10.800）	（10.800）	（10.800）	（10.800）
	092705004	碎布	kg	0.030	0.040	0.030	0.030
	031305003	焊锡膏	kg	0.010	0.010	0.010	0.010
	031309002	锡基钎料	kg	0.020	0.030	0.020	0.020
	140301003	汽油 92#	kg	0.070	0.080	0.080	0.080
	271799001	电气绝缘胶带 18mm × 10m × 0.13mm	卷	0.240	0.250	0.300	0.380
	850103006	其他材料费（占材料费）	%	1.800	1.800	1.800	1.800

二、绝缘子配线

1. 鼓形绝缘子配线

工作内容： 测位、划线、打眼、埋螺钉、钉木、下过墙管、上绝缘子、配线、焊接包头。 **计量单位：** 10m

编号				4-13-26	4-13-27	4-13-28	4-13-29
项目				木结构		顶棚内	
				导线截面（mm^2）			
				≤ 2.5	≤ 6	≤ 2.5	≤ 6
名称			单位	消耗量			
人工	000203000	综合二类工	工日	0.111	0.137	0.119	0.137
材料	280300002	绝缘电线	m	（11.080）	（10.750）	（11.060）	（10.780）
	031507021	镀锌铁丝 $\phi1.0$	m	3.804	3.544	4.855	4.244
	030103055	木螺钉 $d4.5 \sim 6 \times 15 \sim 100$	10 个	1.091	0.911	1.421	1.081
	271301001	直瓷管 $\phi(9 \sim 15) \times 305$	个	0.450	0.410	0.931	1.241
	271111001	鼓形绝缘子 G38	个	10.761	—	13.944	—
	271111002	鼓形绝缘子 G50	个	—	8.989	—	10.721
	172709006	塑料软管 *De*10	m	—	—	0.100	0.100
	850103006	其他材料费（占材料费）	%	1.800	1.800	1.800	1.800

工作内容： 测位、划线、打眼、埋螺钉、钉木、下过墙管、上绝缘子、配线、焊接包头。 **计量单位：** 10m

编号				4-13-30	4-13-31
项目				砖、混凝土结构	
				导线截面（mm^2）	
				≤2.5	≤6
名称			单位	消耗量	
人工	000203000	综合二类工	工日	0.368	0.394
材料	280300002	绝缘电线	m	（10.980）	（10.550）
	031507021	镀锌铁丝 $\phi1.0$	m	3.784	3.183
	030103055	木螺钉 $d4.5\sim6\times15\sim100$	10 个	1.101	0.891
	172500029	塑料胀管 $\phi6\sim8$	个	11.141	8.198
	271301001	直瓷管 $\phi(9\sim15)\times305$	个	0.651	0.661
	271111001	鼓形绝缘子 G38	个	10.951	—
	271111002	鼓形绝缘子 G50	个	—	8.048
	850103006	其他材料费（占材料费）	%	1.800	1.800

工作内容： 测位、划线、打眼、埋螺钉、钉木、下过墙管、上绝缘子、配线、焊接包头。 **计量单位：** 10m

编号				4-13-32	4-13-33	4-13-34	4-13-35
项目				沿钢支架		沿钢索	
				导线截面（mm^2）			
				≤2.5	≤6	≤2.5	≤6
名称			单位	消耗量			
人工	000203000	综合二类工	工日	0.119	0.128	0.111	0.128
材料	280300002	绝缘电线	m	（10.660）	（10.620）	（10.480）	（10.420）
	031507021	镀锌铁丝 $\phi1.0$	m	2.713	1.261	3.664	2.773
	030103015	沉头螺钉 $M6\times55\sim65$	10 个	0.791	0.320	—	—
	271301001	直瓷管 $\phi(9\sim15)\times305$	个	0.490	0.531	—	—
	271111001	鼓形绝缘子 G38	个	7.848	—	10.551	—
	271111002	鼓形绝缘子 G50	个	—	3.193	—	6.937
	182701001	吊架 角钢 $36\times3\times135$	kg	—	—	0.611	0.400
	850103006	其他材料费（占材料费）	%	1.800	1.800	1.800	1.800

2. 针式绝缘子配线

工作内容：测位、划线、打眼、安装支架、下过墙管、上绝缘子、配线、焊接包头。 **计量单位：**10m

编号				4-13-36	4-13-37	4-13-38	4-13-39	4-13-40
项目				沿屋架、梁、柱、墙				
				导线截面（mm²）				
				≤6	≤16	≤35	≤70	≤120
名称			单位	消耗量				
人工	000203000	综合二类工	工日	0.214	0.265	0.317	0.453	0.556
材料	280300002	绝缘电线	m	（10.800）	（10.800）	（10.800）	（10.800）	（10.800）
	031507021	镀锌铁丝 $\phi1.0$	m	3.504	—	—	—	—
	031507025	镀锌铁丝 $\phi1.6$	m	—	3.003	2.002	2.302	2.503
	030113015	镀锌垫圈 M2～12	10个	0.450	0.390	—	—	—
	030113016	镀锌垫圈 M14～20	10个	—	—	0.220	0.220	0.220
	271301001	直瓷管 $\phi(9\sim15)\times305$	个	0.521	0.310	0.210	—	—
	271301003	直瓷管 $\phi(19\sim25)\times300$	根	—	—	—	0.210	0.210
	271103002	蝶式绝缘子 ED-1	个	—	—	—	0.260	0.260
	271103003	蝶式绝缘子 ED-2	个	—	—	0.260	—	—
	271101002	针式绝缘子 PD-1T	个	—	—	—	2.172	2.172
	271101003	针式绝缘子 PD-2T	个	—	—	2.172	—	—
	271101004	针式绝缘子 PD-3T	个	4.454	3.854	—	—	—
	291711002	钢线卡子 $\phi10\sim20$	个	—	—	—	0.260	0.260
	292313009	镀锌铁拉板 40×4×200～350	块	—	—	0.521	—	—
	292313010	镀锌铁拉板 50×6×650	块	—	—	—	0.521	0.521
	850103006	其他材料费（占材料费）	%	1.800	1.800	1.800	1.800	1.800

工作内容：测位、划线、打眼、安装支架、下过墙管、上绝缘子、配线、焊接包头。 **计量单位：**10m

编号				4-13-41	4-13-42	4-13-43	4-13-44	4-13-45
项目				沿屋架、梁、柱、墙		跨屋架、梁、柱		
				导线截面（mm²）				
				≤185	≤240	≤6	≤16	≤35
名称			单位	消耗量				
人工	000203000	综合二类工	工日	0.667	0.779	0.128	0.154	0.171
材料	280300002	绝缘电线	m	（10.800）	（10.800）	（10.800）	（10.800）	（10.800）
	031507021	镀锌铁丝 ϕ1.0	m	—	—	1.802	—	—
	031507025	镀锌铁丝 ϕ1.6	m	2.803	3.203	—	1.802	1.902
	030113015	镀锌垫圈 M2～12	10个	—	—	0.220	0.200	—
	030113016	镀锌垫圈 M14～20	10个	0.220	0.220	—	—	0.200
	291711004	钢线卡子 ϕ25	个	0.260	0.260	—	—	—
	271103002	蝶式绝缘子 ED-1	个	0.260	—	—	—	—
	271103003	蝶式绝缘子 ED-2	个	—	—	—	—	0.260
	271103004	蝶式绝缘子 ED-3	个	—	—	—	0.260	—
	271103001	蝶式绝缘子 大号	个	—	0.260	—	—	—
	271101002	针式绝缘子 PD-1T	个	2.172	—	—	—	—
	271101003	针式绝缘子 PD-2T	个	—	—	—	—	1.962
	271101004	针式绝缘子 PD-3T	个	—	—	2.232	1.962	—
	271101001	针式绝缘子 大号	个	—	2.172	—	—	—
	271301001	直瓷管 ϕ(9～15)×305	个	—	—	0.521	0.310	0.210
	271301004	直瓷管 ϕ32×305	个	0.100	0.100	—	—	—
	292313009	镀锌铁拉板 40×4×200～350	块	—	—	—	0.521	0.521
	292313010	镀锌铁拉板 50×6×650	块	0.521	0.521	—	—	—
	850103006	其他材料费（占材料费）	%	1.800	1.800	1.800	1.800	1.800

工作内容：测位、划线、打眼、安装支架、下过墙管、上绝缘子、配线、焊接包头。 **计量单位：**10m

编 号				4-13-46	4-13-47	4-13-48	4-13-49
项 目				跨屋架、梁、柱			
				导线截面（mm^2）			
				≤70	≤120	≤185	≤240
名 称			单位	消 耗 量			
人工	000203000	综合二类工	工日	0.274	0.368	0.505	0.624
材料	280300002	绝缘电线	m	（10.800）	（10.800）	（10.800）	（10.800）
	031507025	镀锌铁丝 ϕ1.6	m	2.102	2.302	2.503	3.053
	030113016	镀锌垫圈 *M*14～20	10个	0.200	0.200	0.200	0.200
	291711002	钢线卡子 ϕ10～20	个	0.260	0.260	—	—
	291711004	钢线卡子 ϕ25	个	—	—	0.260	0.260
	271103002	蝶式绝缘子 ED-1	个	0.260	0.260	0.260	—
	271103001	蝶式绝缘子 大号	个	—	—	—	0.260
	271101002	针式绝缘子 PD-1T	个	1.962	1.962	1.962	—
	271101001	针式绝缘子 大号	个	—	—	—	1.962
	271301003	直瓷管 ϕ(19～25)×300	根	0.210	0.210	—	—
	271301004	直瓷管 ϕ32×305	个	—	—	0.100	0.100
	292313010	镀锌铁拉板 50×6×650	块	0.521	0.521	0.521	0.521
	850103006	其他材料费（占材料费）	%	1.800	1.800	1.800	1.800

3. 蝶式绝缘子配线

工作内容：测位、划线、打眼、安装支架、下过墙管、上绝缘子、配线、焊接包头。 **计量单位：**10m

编 号				4-13-50	4-13-51	4-13-52	4-13-53	4-13-54
项 目				沿屋架、梁、柱				
				导线截面（mm^2）				
				≤6	≤16	≤35	≤70	≤120
名 称			单位	消 耗 量				
人工	000203000	综合二类工	工日	0.214	0.265	0.317	0.453	0.556
材料	280300002	绝缘电线	m	（10.800）	（10.800）	（10.800）	（10.800）	（10.800）
	031507025	镀锌铁丝 ϕ1.6	m	—	3.003	2.402	2.703	3.003
	291711002	钢线卡子 ϕ10～20	个	—	—	—	0.260	0.260
	271301001	直瓷管 ϕ(9～15)×305	个	0.521	0.310	0.210	—	—
	271301003	直瓷管 ϕ(19～25)×300	根	—	—	—	0.210	0.210
	031507021	镀锌铁丝 ϕ1.0	m	3.504	—	—	—	—
	271103002	蝶式绝缘子 ED-1	个	—	—	—	2.432	2.432
	271103004	蝶式绝缘子 ED-3	个	4.454	3.854	—	—	—
	271103003	蝶式绝缘子 ED-2	个	—	—	2.432	—	—
	292313009	镀锌铁拉板 40×4×200～350	块	—	—	0.521	—	—
	292313010	镀锌铁拉板 50×6×650	块	—	—	—	0.521	0.521
	850103006	其他材料费（占材料费）	%	1.800	1.800	1.800	1.800	1.800

工作内容：测位、划线、打眼、安装支架、下过墙管、上绝缘子、配线、焊接包头。 **计量单位：**10m

编号				4-13-55	4-13-56	4-13-57	4-13-58	4-13-59
项目				沿屋架、梁、柱		跨屋架、梁、柱		
				导线截面（mm²）				
				≤185	≤240	≤6	≤16	≤35
名称			单位	消耗量				
人工	000203000	综合二类工	工日	0.667	0.779	0.128	0.154	0.191
材料	280300002	绝缘电线	m	（10.800）	（10.800）	（10.800）	（10.800）	（10.800）
	291711004	钢线卡子 $\phi25$	个	0.260	0.260	—	—	—
	292313009	镀锌铁拉板 40×4×200～350	块	—	—	—	0.521	0.521
	292313010	镀锌铁拉板 50×6×650	块	0.521	0.521	—	—	—
	271103002	蝶式绝缘子 ED-1	个	2.432	—	—	—	—
	271103003	蝶式绝缘子 ED-2	个	—	—	—	—	2.232
	271103004	蝶式绝缘子 ED-3	个	—	—	2.232	2.232	—
	271103001	蝶式绝缘子 大号	个	—	2.432	—	—	—
	031507021	镀锌铁丝 $\phi1.0$	m	—	—	1.802	—	—
	031507025	镀锌铁丝 $\phi1.6$	m	3.203	3.504	—	1.802	1.902
	271301001	直瓷管 $\phi(9～15)\times305$	个	—	—	0.521	0.310	0.210
	271301004	直瓷管 $\phi32\times305$	个	0.100	0.100	—	—	—
	850103006	其他材料费（占材料费）	%	1.800	1.800	1.800	1.800	1.800

工作内容：测位、划线、打眼、安装支架、下过墙管、上绝缘子、配线、焊接包头。 **计量单位：**10m

编号				4-13-60	4-13-61	4-13-62	4-13-63
项目				跨屋架、梁、柱			
				导线截面（mm²）			
				≤70	≤120	≤185	≤240
名称			单位	消耗量			
人工	000203000	综合二类工	工日	0.274	0.368	0.505	0.624
材料	280300002	绝缘电线	m	（10.800）	（10.800）	（10.800）	（10.800）
	031507025	镀锌铁丝 $\phi1.6$	m	2.102	2.302	2.503	2.803
	292313010	镀锌铁拉板 50×6×650	块	0.521	0.521	0.521	0.521
	291711002	钢线卡子 $\phi10～20$	个	0.260	0.260	—	—
	291711004	钢线卡子 $\phi25$	个	—	—	0.260	0.260
	271103002	蝶式绝缘子 ED-1	个	2.232	2.232	2.232	—
	271103001	蝶式绝缘子 大号	个	—	—	—	2.232
	271301003	直瓷管 $\phi(19～25)\times300$	根	0.210	0.210	—	—
	271301004	直瓷管 $\phi32\times305$	个	—	—	0.210	0.210
	850103006	其他材料费（占材料费）	%	1.800	1.800	1.800	1.800

三、线槽配线

工作内容：清扫线槽、放线、编号、对号、接焊包头。 计量单位：10m

编号				4-13-64	4-13-65	4-13-66	4-13-67
项目				导线截面（mm²）			
				≤2.5	≤6	≤16	≤35
名称			单位	消耗量			
人工	000203000	综合二类工	工日	0.069	0.077	0.094	0.119
材料	280300002	绝缘电线	m	（10.500）	（10.500）	（10.500）	（10.500）
	021301012	扁形塑料绑带	m	0.541	0.541	0.541	0.541
	341304003	标志牌 塑料扁形	个	0.601	0.601	0.601	0.601
	850103006	其他材料费（占材料费）	%	1.800	1.800	1.800	1.800

工作内容：清扫线槽、放线、编号、对号、接焊包头。 计量单位：10m

编号				4-13-68	4-13-69	4-13-70	4-13-71
项目				导线截面（mm²）			
				≤70	≤120	≤185	≤240
名称			单位	消耗量			
人工	000203000	综合二类工	工日	0.154	0.334	0.462	0.821
材料	280300002	绝缘电线	m	（10.500）	（10.500）	（10.500）	（10.500）
	021301012	扁形塑料绑带	m	0.541	0.541	0.541	0.541
	341304003	标志牌 塑料扁形	个	0.601	0.601	0.601	0.601
	850103006	其他材料费（占材料费）	%	1.800	1.800	1.800	1.800

四、塑料护套线明敷设

1. 木 结 构

工作内容：测位、划线、打眼、下过墙管、上卡子、配线、接焊包头。 **计量单位：**10m

编 号				4-13-72	4-13-73	4-13-74	4-13-75	4-13-76	4-13-77
项 目				二芯			三芯		
				单芯导线截面（mm²）					
				≤ 2.5	≤ 6	≤ 10	≤ 2.5	≤ 6	≤ 10
名 称			单位	消 耗 量					
人工	000203000	综合二类工	工日	0.205	0.247	0.350	0.247	0.282	0.394
材料	280001011	塑料绝缘导线	m	（11.100）	（10.490）	（10.490）	（11.100）	（10.490）	（10.490）
	271301001	直瓷管 $\phi(9\sim15)\times305$	个	1.552	1.241	1.241	1.852	—	—
	271301003	直瓷管 $\phi(19\sim25)\times300$	根	—	—	—	—	1.241	1.241
	290645059	塑料线卡 $\phi15$ 以下	个	60.600	60.600	60.600	60.600	60.600	60.600
	850103006	其他材料费（占材料费）	%	1.800	1.800	1.800	1.800	1.800	1.800

2. 砖、混凝土结构

工作内容：测位、划线、打眼、埋螺钉、下过墙管、上卡子、配线、接焊包头。 **计量单位：**10m

编 号				4-13-78	4-13-79	4-13-80	4-13-81	4-13-82	4-13-83
项 目				二芯			三芯		
				单芯导线截面（mm²）					
				≤ 2.5	≤ 6	≤ 10	≤ 2.5	≤ 6	≤ 10
名 称			单位	消 耗 量					
人工	000203000	综合二类工	工日	0.624	0.633	0.744	0.667	0.676	0.770
材料	280001011	塑料绝缘导线	m	（11.100）	（10.490）	（10.490）	（11.100）	（10.490）	（10.490）
	040100003	水泥 32.5	kg	0.501	0.501	0.501	0.601	0.601	0.601
	271301001	直瓷管 $\phi(9\sim15)\times305$	个	1.552	1.241	1.241	1.852	—	—
	271301003	直瓷管 $\phi(19\sim25)\times300$	根	—	—	—	—	1.241	1.241
	290645059	塑料线卡 $\phi15$ 以下	个	60.600	60.600	60.600	60.600	60.600	60.600
	850103006	其他材料费（占材料费）	%	1.800	1.800	1.800	1.800	1.800	1.800

3. 沿　钢　索

工作内容： 测位、划线、打眼、配线、接焊包头。　　**计量单位：** 10m

编　号				4-13-84	4-13-85	4-13-86	4-13-87	4-13-88	4-13-89
项　目				二芯			三芯		
				单芯导线截面（mm²）					
				≤ 2.5	≤ 6	≤ 10	≤ 2.5	≤ 6	≤ 10
名　称			单位	消　耗　量					
人工	000203000	综合二类工	工日	0.179	0.239	0.350	0.239	0.316	0.462
材料	280001011	塑料绝缘导线	m	（10.790）	（10.490）	（10.490）	（10.790）	（10.490）	（10.490）
	012901027	热轧薄钢板 60 × 110 × 1.5	块	1.802	1.401	0.901	1.802	1.401	0.901
	021301001	尼龙扎带（综合）	根	60.600	60.600	60.600	60.600	6.600	60.600
	850103006	其他材料费（占材料费）	%	1.800	1.800	1.800	1.800	1.800	1.800

4. 砖、混凝土结构黏结

工作内容： 测位、划线、打眼、下过墙管、配料、粘接底板、上卡子、配线、接焊包头。　**计量单位：** 10m

编　号				4-13-90	4-13-91	4-13-92	4-13-93	4-13-94	4-13-95
项　目				二芯			三芯		
				单芯导线截面（mm²）					
				≤ 2.5	≤ 6	≤ 10	≤ 2.5	≤ 6	≤ 10
名　称			单位	消　耗　量					
人工	000203000	综合二类工	工日	0.367	0.402	0.521	0.394	0.488	0.658
材料	280001011	塑料绝缘导线	m	（11.100）	（10.490）	（10.490）	（10.490）	（10.490）	（10.490）
	144135022	粘合剂	kg	0.290	0.290	0.290	0.290	0.290	0.290
	271301001	直瓷管 $\phi(9\sim15)\times305$	个	1.552	1.241	1.241	1.852	—	—
	271301003	直瓷管 $\phi(19\sim25)\times300$	根	—	—	—	—	1.241	1.241
	330199006	钢筋扎头底板	kg	0.040	0.040	0.040	0.040	0.040	0.040
	290645059	塑料线卡 ϕ15 以下	个	60.600	60.600	60.600	60.600	60.600	60.600
	850103006	其他材料费（占材料费）	%	1.800	1.800	1.800	1.800	1.800	1.800

五、绝缘导线明敷设

1. 线 码 敷 设

工作内容： 测位、划线、打眼、装瓷通、装线码、敷线、接口包头等。　　**计量单位：** 10m

编号				4-13-96	4-13-97	4-13-98	4-13-99
项目				导线截面（mm²）			
				≤2.5	≤6	≤10	≤16
名称			单位	消耗量			
人工	000203000	综合二类工	工日	0.197	0.239	0.291	0.367
材料	280001011	塑料绝缘导线	m	（11.100）	（10.490）	（10.490）	（10.490）
	031502012	鞋钉 20	kg	0.020	0.020	0.020	0.020
	172709002	塑料软管（综合）	kg	0.020	0.020	0.030	0.030
	291799003	铝卡码	m	0.501	0.501	0.501	0.501
	850103006	其他材料费（占材料费）	%	1.800	1.800	1.800	1.800

六、车 间 配 线

1. 带形母线安装

工作内容： 打眼、支架安装、绝缘子灌注、安装、母线平直、煨弯、钻孔、连接、架设、夹具、木夹板制作安装、刷分相漆。　　**计量单位：** 10m

编号				4-13-100	4-13-101	4-13-102	4-13-103
项目				沿屋架、梁、柱、墙			
				铝母线截面（mm²）			
				≤250	≤500	≤800	≤1200
名称			单位	消耗量			
人工	000203000	综合二类工	工日	0.932	1.181	1.351	1.581
材料	280117001	铝母线	m	（10.230）	（10.230）	（10.230）	（10.230）
	291301002	矩形母线金具 JNP102	套	（4.220）	—	—	—
	291301003	矩形母线金具 JNP103	套	—	（4.220）	—	—
	291301004	矩形母线金具 JNP104	套	—	—	（4.220）	—
	291301005	矩形母线金具 JNP105	套	—	—	—	（4.220）
	031301020	铝焊条 L109（综合）	kg	0.010	0.030	0.060	0.120
	031307001	铝焊粉	kg	0.002	0.006	0.010	0.020
	031541003	钢锯条	条	0.120	0.140	0.150	0.200
	130113005	酚醛磁漆	kg	0.230	0.340	0.440	0.561
	140301003	汽油 92#	kg	0.170	0.200	0.200	0.280
	142909001	氧气	m³	0.060	0.090	0.170	0.250
	142907002	乙炔气	kg	0.156	0.234	0.442	0.650
	272501002	青壳纸 δ0.1～1.0	kg	0.040	0.040	0.040	0.040
	850103006	其他材料费（占材料费）	%	1.800	1.800	1.800	1.800
机械	990727010	立式钻床 25mm	台班	0.032	0.053	0.116	0.116

工作内容：打眼、支架安装、绝缘子灌注、安装、母线平直、煨弯、钻孔、连接、架设、夹具、木夹板制作安装、刷分相漆。　　**计量单位：**10m

编　　号				4-13-104	4-13-105	4-13-106	4-13-107
项　　目				沿屋架、梁、柱、墙			
				铜母线截面（mm^2）			
				≤ 250	≤ 500	≤ 800	≤ 1200
名　　称			单位	消　耗　量			
人工	000203000	综合二类工	工日	1.077	1.258	1.522	1.770
材料	280115001	铜母线	m	（10.230）	（10.230）	（10.230）	（10.230）
	291301002	矩形母线金具 JNP102	套	（4.220）	—	—	—
	291301003	矩形母线金具 JNP103	套	—	（4.220）	—	—
	291301004	矩形母线金具 JNP104	套	—	—	（4.220）	—
	291301005	矩形母线金具 JNP105	套	—	—	—	（4.220）
	340101003	铈钨棒	g	0.490	0.961	1.682	2.523
	031303009	铜焊丝（综合）	kg	0.030	0.080	0.080	0.120
	031541003	钢锯条	条	0.120	0.140	0.150	0.200
	140505001	铅油（厚漆）	kg	0.070	0.190	0.190	0.200
	130505002	防锈漆 C53-1	kg	0.130	—	—	—
	140103001	清油	kg	0.040	0.100	0.100	0.150
	140301003	汽油 92#	kg	0.050	0.050	0.050	0.190
	140509006	油漆溶剂油	kg	0.030	0.090	0.090	0.090
	040329001	硼砂	kg	0.010	0.010	0.020	0.030
	142911001	氩气	m^3	0.150	0.300	0.420	0.631
	142909001	氧气	m^3	0.030	0.050	0.070	0.100
	142907002	乙炔气	kg	0.078	0.130	0.182	0.260
	850103006	其他材料费（占材料费）	%	1.800	1.800	1.800	1.800
机械	990727010	立式钻床 25mm	台班	0.032	0.053	0.063	0.095
	990904030	直流弧焊机 20kV·A	台班	0.042	0.063	0.095	0.137

工作内容：打眼、支架安装、绝缘子灌注、安装、母线平直、煨弯、钻孔、连接、架设、夹具、木夹板制作安装、刷分相漆。 计量单位：10m

编号				4-13-108	4-13-109	4-13-110	4-13-111
项目				跨屋架、梁、柱			
				铝母线截面（mm²）			
				≤ 250	≤ 500	≤ 800	≤ 1200
名称			单位	消耗量			
人工	000203000	综合二类工	工日	0.855	1.120	1.360	1.590
材料	280117001	铝母线	m	（10.230）	（10.230）	（10.230）	（10.230）
	291301002	矩形母线金具 JNP102	套	（1.810）	—	—	—
	291301003	矩形母线金具 JNP103	套	—	（1.810）	—	—
	291301004	矩形母线金具 JNP104	套	—	—	（1.810）	—
	291301005	矩形母线金具 JNP105	套	—	—	—	（1.810）
	031301020	铝焊条 L109（综合）	kg	0.010	0.030	0.060	0.120
	031307001	铝焊粉	kg	0.005	0.030	0.050	0.100
	031541003	钢锯条	条	0.120	0.140	0.150	0.200
	130113005	酚醛磁漆	kg	0.230	0.340	0.440	0.561
	140301003	汽油 92#	kg	0.170	0.200	0.200	0.280
	142909001	氧气	m³	0.060	0.090	0.170	0.250
	142907002	乙炔气	kg	0.156	0.234	0.442	0.650
	272501002	青壳纸 δ0.1～1.0	kg	0.020	0.020	0.020	0.020
	291713003	母线拉紧装置 500mm² 以下	套	0.601	0.601	—	—
	291713004	母线拉紧装置 1200mm² 以下	套	—	—	0.601	0.601
	292509004	四线木夹板 500mm² 以下	套	0.601	0.601	—	—
	292509005	四线木夹板 1200mm² 以下	套	—	—	0.601	0.601
	850103006	其他材料费（占材料费）	%	1.800	1.800	1.800	1.800
机械	990727010	立式钻床 25mm	台班	0.032	0.053	0.116	0.116

工作内容：打眼、支架安装、绝缘子灌注、安装、母线平直、煨弯、钻孔、连接、架设、夹具、木夹板制作安装、刷分相漆。

计量单位：10m

编　号				4-13-112	4-13-113	4-13-114	4-13-115
项　目				跨屋架、梁、柱			
				铜母线截面（mm^2）			
				≤250	≤500	≤800	≤1200
	名　称		单位	消　耗　量			
人工	000203000	综合二类工	工日	0.855	1.120	1.360	1.590
材料	280115001	铜母线	m	（10.230）	（10.230）	（10.230）	（10.230）
	291301001	矩形母线金具（综合）	套	（1.810）	（1.810）	（1.810）	（1.810）
	031301025	紫铜电焊条 $T107$ $\phi3.2$	kg	0.010	0.030	0.060	0.120
	130113005	酚醛磁漆	kg	0.230	0.340	0.440	0.561
	140301003	汽油 92#	kg	0.170	0.200	0.200	0.280
	142909001	氧气	m^3	0.060	0.090	0.170	0.250
	142907002	乙炔气	kg	0.156	0.234	0.442	0.286
	272501002	青壳纸 $\delta0.1\sim1.0$	kg	0.020	0.020	0.020	0.020
	291713003	母线拉紧装置 500mm^2以下	套	0.601	0.601	—	—
	291713004	母线拉紧装置 1200mm^2以下	套	—	—	0.601	0.601
	292509004	四线木夹板 500mm^2以下	套	0.601	0.601	—	—
	292509005	四线木夹板 1200mm^2以下	套	—	—	0.601	0.601
	850103006	其他材料费（占材料费）	%	1.800	1.800	1.800	1.800
机械	990727010	立式钻床 25mm	台班	0.032	0.053	0.116	0.116
	990904030	直流弧焊机 20kV·A	台班	0.220	0.360	0.700	0.950

2. 钢索架设

工作内容：测位、断料、调直、架设、绑扎、拉紧、刷漆。

计量单位：10m

编　号				4-13-116	4-13-117	4-13-118	4-13-119
项　目				圆钢		钢丝绳	
				直径（mm）			
				≤6	≤10	≤6	≤9
	名　称		单位	消　耗　量			
人工	000203000	综合二类工	工日	0.180	0.205	0.111	0.128
材料	031513004	钢索	m	（10.500）	（10.500）	（10.500）	（10.500）
	031541003	钢锯条	条	0.050	0.050	0.050	0.050
	031509001	铁件（综合）	kg	0.350	0.571	0.350	0.571
	130105003	醇酸清漆	kg	0.030	0.040	—	—
	140505001	铅油（厚漆）	kg	0.060	0.090	—	—
	291711003	钢线卡子 $\phi6$	个	1.021	—	1.021	—
	291711002	钢线卡子 $\phi10\sim20$	个	—	1.021	—	1.021
	030355015	心形环	个	—	—	0.511	0.511
	140301003	汽油 92#	kg	—	—	0.050	0.050
	850103006	其他材料费（占材料费）	%	1.800	1.800	1.800	1.800

3. 拉紧装置制作与安装

工作内容：下料、钻孔、煨弯、组装、测位、打眼、埋螺栓、连接、固定、刷漆。 **计量单位：**套

编号				4-13-120	4-13-121	4-13-122	4-13-123
项目				母线拉紧装置		钢索拉紧装置	
				母线截面（mm^2）		索具螺栓直径（mm）	
				≤500	≤1200	≤16	≤20
名称			单位	消耗量			
人工	000203000	综合二类工	工日	0.363	0.470	0.395	0.466
材料	012900002	钢板（综合）	kg	4.215	5.165	—	—
	271109001	拉紧绝缘子 J-2	个	2.020	2.020	—	—
	031301007	低碳钢焊条（综合）	kg	0.400	0.400	—	—
	031561005	索具螺旋扣 M20×200	套	—	—	1.020	1.020
	031509001	铁件（综合）	kg	—	—	0.799	0.929
	850103006	其他材料费（占材料费）	%	1.800	1.800	1.800	1.800
机械	990726010	台式钻床 16mm	台班	0.037	0.037	—	—
	990904030	直流弧焊机 20kV·A	台班	0.019	0.019	—	—

七、接线箱、接线盒安装

1. 接线箱安装

工作内容：测位、打眼、埋螺栓、箱子开孔、补漆、固定。 **计量单位：**个

编号				4-13-124	4-13-125	4-13-126	4-13-127
项目				接线箱明装			
				半周长（mm）			
				≤700	≤1500	≤2000	≤2500
名称			单位	消耗量			
人工	000203000	综合二类工	工日	0.627	0.852	1.002	1.152
材料	291115005	接线箱（综合）	个	（1.000）	（1.000）	（1.000）	（1.000）
	850103006	其他材料费（占材料费）	%	1.800	1.800	1.800	1.800

工作内容：测位、打眼、埋螺栓、箱子开孔、补漆、固定。 **计量单位：**个

编号				4-13-128	4-13-129	4-13-130	4-13-131
项目				接线箱暗装			
				半周长（mm）			
				≤700	≤1500	≤2000	≤2500
名称			单位	消耗量			
人工	000203000	综合二类工	工日	0.701	1.070	1.352	1.634
材料	291115005	接线箱（综合）	个	（1.000）	（1.000）	（1.000）	（1.000）
	800100003	水泥砂浆 1∶2	m^3	—	0.002	0.002	0.003
	850103006	其他材料费（占材料费）	%	1.800	1.800	1.800	1.800

2. 接线盒安装

工作内容：测定、固定、修孔。　　　　**计量单位**：个

编　号				4-13-132	4-13-133	4-13-134	4-13-135	4-13-136
项　目				暗装开关（插座）盒	暗装接线盒	明装普通接线盒	明装防爆接线盒	钢索上安装接线盒
名　称			单位	消耗量				
人工	000203000	综合二类工	工日	0.032	0.029	0.052	0.080	0.016
材料	291110008	接线盒（综合）	个	（1.020）	（1.020）	（1.020）	（1.020）	（1.020）
	030103064	木螺钉 $d4\times65$	10 个	—	—	0.208	0.208	—
	172500029	塑料胀管 $\phi6$～8	个	—	—	2.200	2.200	—
	030109006	镀锌锁紧螺母 $DN15\times3$	10 个	0.103	—	—	—	—
	030109009	镀锌锁紧螺母 $DN20\times3$	10 个	—	0.223	—	—	—
	290639015	镀锌钢管塑料护口 $DN15$～20	个	1.030	2.225	—	—	—
	850103006	其他材料费（占材料费）	%	1.800	1.800	1.800	1.800	1.800

八、照明动力箱内配线

工作内容：放线、下料、包绝缘带、排线、卡线、校线、接线。　　　　**计量单位**：10m

编　号				4-13-137	4-13-138	4-13-139	4-13-140	4-13-141
项　目				导线截面（mm^2）				
				≤ 2.5	≤ 6	≤ 10	≤ 25	≤ 50
名　称			单位	消耗量				
人工	000203000	综合二类工	工日	0.342	0.411	0.471	0.683	0.889
材料	280001002	导线	m	（10.200）	（10.200）	（10.200）	（10.200）	（10.200）
	031305003	焊锡膏	kg	0.010	0.010	0.010	0.020	0.060
	031303019	焊锡丝（综合）	kg	0.100	0.100	0.150	0.220	0.601
	031102005	铁砂布 0#～2#	张	2.002	2.002	2.503	2.503	2.803
	140301003	汽油 92#	kg	0.200	0.200	0.220	0.220	0.601
	142123001	电力复合脂	kg	0.010	0.010	0.010	0.020	0.030
	271799001	电气绝缘胶带 18mm × 10m × 0.13mm	卷	0.400	0.400	0.400	0.501	0.561
	271707001	黄腊带 20mm × 10m	卷	0.240	0.240	0.240	0.521	0.601
	021301001	尼龙扎带（综合）	根	16.016	16.016	16.016	16.016	16.016
	290645059	塑料线卡 $\phi15$ 以下	个	60.600	60.600	60.600	60.600	60.600
	172709002	塑料软管（综合）	kg	0.020	0.020	0.030	—	—
	172500036	异型塑料管 $\phi2.5$～5	m	0.400	0.400	0.400	—	—
	850103006	其他材料费（占材料费）	%	1.800	1.800	1.800	1.800	1.800

工作内容：放线、下料、包绝缘带、排线、卡线、校线、接线。 计量单位：10m

编号				4-13-142	4-13-143	4-13-144	4-13-145
项目				导线截面（mm^2）			
				≤95	≤150	≤240	≤300
名称			单位	消耗量			
人工	000203000	综合二类工	工日	1.360	1.770	1.991	2.190
材料	280001002	导线	m	（10.200）	（10.200）	（10.200）	（10.200）
	031305003	焊锡膏	kg	0.100	0.150	0.200	0.260
	031303019	焊锡丝（综合）	kg	1.001	1.502	2.002	2.603
	031102005	铁砂布 0#～2#	张	2.803	2.803	3.003	3.003
	140301003	汽油 92#	kg	1.001	1.502	2.002	2.603
	142123001	电力复合脂	kg	0.040	0.050	0.060	0.070
	271799001	电气绝缘胶带 18mm×10m×0.13mm	卷	0.881	1.341	1.962	2.042
	271707001	黄腊带 20mm×10m	卷	0.921	1.361	1.962	3.043
	021301001	尼龙扎带（综合）	根	16.016	16.016	16.016	16.016
	850103006	其他材料费（占材料费）	%	1.800	1.800	1.800	1.800

第十四章

照明器具安装工程

说　明

一、本章内容包括普通灯具、装饰灯具、荧光灯具、嵌入式地灯、工厂灯、医院灯具、霓虹灯、小区路灯景观灯的安装，开关、按钮、插座的安装，艺术喷泉照明系统安装等内容。

二、相关说明：

1. 灯具引导线是指灯具吸盘到灯头的连线，除注明者外，均按照灯具自备考虑。如引导线需要另行配置，其安装费不变，主材费另行计算。

2. 小区路灯、投光灯、氙气灯、烟囱或水塔指示灯的安装项目考虑了超高安装（操作超高）因素，其他照明器具的安装高度大于 6m 时，按照本册说明中的规定另行计算超高安装增加费。

3. 装饰灯具安装项目考虑了超高安装因素，并包括脚手架搭拆费用。

4. 吊式艺术装饰灯具的灯体直径为装饰灯具的最大外缘直径，灯体垂吊长度为灯座底部位到灯梢之间的总长度。

5. 吸顶式艺术装饰灯具的灯体直径为吸盘最大外缘直径，灯体半周长为矩形吸盘的半周长，灯体垂吊长度为吸盘到灯梢之间的总长度。

6. 普通吸顶灯灯罩半周长为矩形吸盘的半周长。

7. 照明灯具安装除特殊说明外，均不包括支架制作与安装。工程实际发生时，执行本册第七章金属构件相应项目。

8. 灯具安装项目包括灯具组装、安装、利用摇表测量绝缘及一般灯具的试亮工作。

9. 小区路灯安装项目包括灯柱灯架、灯具安装；小区成品路灯基础安装包括基础土方施工，现浇混凝土小区路灯基础及土方施工，应执行《陕西省房屋建筑与装饰工程消耗量定额（2025）》相应项目。

10. 普通灯具安装项目适用范围见下表。

普通灯具安装项目适用范围表

项目名称	灯具种类
圆球吸顶灯	材质为玻璃的独立的半圆球吸顶灯、扁圆罩吸顶灯、平圆形吸顶灯
方形吸顶灯	材质为玻璃的独立的矩形罩吸顶灯、方形罩吸顶灯、大口方罩吸顶灯
软线吊灯	利用软线为垂吊材料、独立的，材质为玻璃、塑料罩等各式吊链灯
吊链灯	利用吊链作辅助悬吊材料、独立的，材料为玻璃、塑料罩的各式吊链灯
防水吊灯	一般防水吊灯
一般弯脖灯	圆球弯脖灯、风雨壁灯
一般墙壁灯	各种材质的一般壁灯、镜前灯
软线吊灯头	一般吊灯头
声光控座灯头	一般声控、光控座灯头
座头灯	一般塑料、瓷质座灯头

11. 组合荧光灯带、内藏组合式灯、发光棚荧光灯、立体广告灯箱、天棚荧光灯带的灯具设计用量与座头灯项目不同时，成套灯具根据设计数量加损耗量计算主材费，安装费不做调整。

12. 装饰灯具安装项目适用范围见下表。

装饰灯具安装项目适用范围表

项目名称	灯具种类（形式）
吊式艺术装饰灯具	不同材质、不同灯体垂吊长度、不同灯体直径的蜡烛灯、挂片灯、串珠（穗）、串棒灯、吊杆式组合灯、玻璃罩（带装饰）灯
吸顶式艺术装饰灯具	不同材质、不同灯体垂吊长度、不同灯体几何形状的串珠（穗）串棒灯、挂片、挂碗、挂吊蝶灯、玻璃（带装饰）灯
荧光艺术装饰灯具	不同安装形式、不同灯管数量的组合荧光灯光带不同几何组合形式的内藏组合式灯，不同几何尺寸、不同灯具形式的发光棚，不同形式的立体广告灯箱、荧光灯光沿
几何形状组合艺术灯具	不同固定形式、不同灯具形式的繁星灯、钻石星灯、礼花灯、玻璃罩钢架组合灯、凸片灯、反射挂灯、筒形钢架灯、U 型组合灯、弧形管组合灯
标志、诱导装饰灯具	不同安装形式的标志灯、诱导灯
水下艺术装饰灯具	简易形彩灯、密封形彩灯、喷水池灯、幻光型灯
点光源艺术装饰灯具	不同安装形式、不同灯体直径的筒灯、牛眼灯、射灯、轨道射灯
草坪灯具	各种立柱式、墙壁式的草坪灯
歌舞厅灯具	各种安装形式的变色转盘灯、雷达射灯、幻影转彩灯、维纳斯旋转灯、卫星旋转效果灯、飞碟旋转效果灯、多头转灯、滚筒灯、频闪灯、太阳灯、雨灯、歌星灯、边界灯、射灯、泡泡发生器、迷你满天星彩灯、迷你单立（盘彩灯）、多头宇宙灯、镜面球灯、蛇光灯

13. 荧光灯具安装项目按照成套型荧光灯考虑，工程实际采用组合式荧光灯时，执行相应的成套型荧光灯安装项目乘以系数 1.10。荧光灯具安装项目适用范围见下表。

荧光灯具安装项目适用范围表

项目名称	灯具种类
成套型荧光灯	单管、双管、三管、四管、吊链式、吊管式、吸顶式、嵌入式、成套独立荧光灯

14. 工厂灯及防尘防水灯安装项目适用范围见下表。

工厂灯及防水防尘灯安装项目适用范围表

项目名称	灯具种类
直杆工厂吊灯	配照（GC1-A）、广照（GC3-A）、深照（GC5-A）、圆球（GC17-A）、双照（GC19-A）
吊链式工厂灯	配照（GC1-B）、深照（GC3-A）、斜照（GC5-C）、圆球（GC7-A）、双照（GC19-A）
吸顶灯	配照（GC1-A）、广照（GC3-A）、深照（GC5-A）、斜照（GC7-C）、圆球双照（GC19-A
弯杆式工厂灯	配照（GC1-D/E）、广照（GC3-D/E）、深照（GC5-D/E）、斜照（GC7-D/E）、双照（GC19-C）、局部深照（GC26-F/H）
悬挂式工厂灯	配照（GC21-2）、深照（GC23-2）
防水防尘灯	广照（GC9-A、B、C）、广照保护网（GC11-A、B、C）、散照（GC9-A、B、C、D、E、）

15. 工厂其他灯具安装项目适用范围见下表。

工厂其他灯具安装项目适用范围表

项目名称	灯具种类
防潮灯	扁形防潮灯（GC-31）、防潮灯（GC-33）
腰形舱顶灯	腰形舱顶灯 CCD-1
管形氙气灯	自然冷却式 220V/380V　功率 ≤ 20KW
投光灯	TG 型室外投光灯

16. 医院灯具安装项目适用范围见下表。

医院灯具安装项目适用范围表

项目名称	灯具种类
病房指示灯	病房指示灯
病房暗角灯	病房暗角灯
无影灯	3～12 孔管式无影灯

17. 工厂厂区内、住宅小区内路灯的安装执行本章相应项目。小区路灯安装项目适用范围见下表。小区路灯安装项目中不包括小区路灯杆接地，接地参照“输电电杆接地”项目执行。

小区路灯安装项目适用范围表

项目名称		灯具种类
单臂挑灯		单抱箍臂长 ≤ 1200mm、臂长 ≤ 3000mm 双抱箍臂长 ≤ 3000mm、臂长 ≤ 5000mm、长 > 5000mm 双拉梗臂长 ≤ 3000mm、臂长 ≤ 5000mm、臂长 > 5000mm 成套型臂长 ≤ 3000mm、臂长 ≤ 5000mm、臂长 > 5000mm 组装型臂长 ≤ 5000mm、臂长 ≤ 5000mm、臂长 > 5000mm
双臂挑灯	成套型	组装型臂长 ≤ 3000mm、臂长 ≤ 5000mm、臂长 > 5000mm 非对称式臂长 ≤ 2500mm、臂长 ≤ 5000mm、臂长 > 5000mm
	组装型	组装型臂长 ≤ 3000mm、臂长 ≤ 5000mm、臂长 > 5000mm 非对称式臂长 ≤ 2500mm、臂长 ≤ 5000mm、臂长 > 5000mm
高杆灯架	成套型	灯高 ≤ 11m、灯高 ≤ 20m、灯高 > 20m
	组装型	灯高 ≤ 11m、灯高 < 20m、灯高 > 20m
大马路弯灯		臂长 ≤ 1200m、臂长 > 1200m
庭院小区路灯		光源 ≤ 五火、光源 > 七火
桥栏杆灯		嵌入式、明装式

18. 艺术喷泉照明系统安装项目包括程序控制柜、程序控制箱、音乐喷泉控制设备、喷泉特技效果控制设备、喷泉防水配件、艺术喷泉照明等系统安装。

19. LED 灯安装根据其结构、形式、安装地点、执行相应的灯具安装项目。

20. 并列安装一套光源双罩吸顶灯时，按照两个单罩周长或半周长之和执行相应安装项目；并列安装两套光源双罩吸顶灯时，按照两套灯具各自灯罩周长或半周长执行相应安装项目。

21. 灯具安装项目中灯槽、灯孔按照事先预留考虑，未包括开槽、开孔费用。

22. 插座箱安装执行相应的配电箱安装项目。

23. 楼宇亮化灯具控制器、小区路灯集中控制器安装，执行“艺术喷泉照明系统安装”相应的项目。

24. 太阳光导入照明系统分为采光部分、传导部分和输出部分。光导入照明系统装置适用于钢结构建筑和钢筋混凝土结构建筑。

25. 屋面防水帽安装项目不包括相应部位土建预留孔洞的工作内容。

26. 导光管一般不应穿越防火分区。若导光管必须竖向或横向穿越防火分区，需按设计做好防火措施。导光管项目不包括防火工作内容，发生时应按照设计要求另行计算。

27. 漫射器包括装饰环和漫射器安装，根据装饰要求分为开放式和封闭式。开放式用于无吊顶空间，封闭式用于有吊顶空间。本项目为综合考虑，不区分开放式和封闭式。

工程量计算规则

一、普通灯具安装，根据灯具种类、规格，按照设计图示安装数量，分别以“套”为计量单位。

二、吊式艺术装饰灯具安装，根据装饰灯具示意图所示，区别不同装饰物以及灯体直径和灯体垂吊长度，按照设计图示安装数量，分别以“套”为计量单位。

三、吸顶式艺术装饰灯具安装，根据装饰灯具示意图所示，区别不同装饰物、吸盘几何形状灯体直径灯体周长和灯体垂吊长度，按照设计图示安装数量，分别以“套”为计量单位。

四、荧光艺术装饰灯具安装：

1. 组合荧光灯带安装，根据灯管数量，按照设计图示安装长度，分别以灯带“m”为计量单位。

2. 内藏组合式灯安装，根据灯具组合形式，按照设计图示安装长度，分别以“m”为计量单位。

3. 发光棚荧光灯安装，按照设计图示发光棚数量，分别以“m^2”为计量单位。灯具主材根据实际安装数量加损耗量以“套”另行计算。

4. 立体广告灯箱、天棚荧光灯带的工程量，应根据设计图示安装长度，分别以“m”为计量单位。

五、几何形状组合艺术灯具安装的工程量，区别不同安装形式及灯具形式，按照设计图示安装数量，分别以“套”为计量单位。

六、标志、诱导装饰灯具安装的工程量，区别不同的安装形式，按照设计图示安装数量，分别以“套”为计量单位。

七、水下艺术装饰灯具安装的工程量，区别不同安装形式，按照设计图示安装数量，分别以“套”为计量单位。

八、点光源艺术装饰灯具安装的工程量，区别不同安装形式、不同灯具直径，按照设计图示安装数量，分别以“套”为计量单位。

九、草坪灯具安装的工程量，区别不同安装形式，按照设计图示安装数量，分别以“套”为计量单位。

十、歌舞厅灯具安装的工程量，区别不同安装形式，按照设计图示安装数量，分别以“套”或“m”或“台”为计量单位。

十一、荧光灯具安装，根据灯具安装形式、灯具种类、灯管数量，按照设计图示安装数量，分别以“套”为计量单位。

十二、嵌入式地灯安装，根据灯具安装形式，按照设计图示安装数量，分别以“套”为计量单位。

十三、工厂灯及防水防尘灯安装，根据灯具安装形式，按照设计图示安装数量，分别以“套”为计量单位。

十四、工厂其他灯具安装，根据灯具类型、安装形式、安装高度，按照设计图示安装数量，分别以“套”或“个”为计量单位。

十五、医院灯具安装，根据灯具类型，按照设计图示安装数量，分别以“套”为计量单位。

十六、霓虹灯管安装，根据灯管直径，按照设计图示延长米数量，分别以“m”为计量单位。

十七、霓虹灯变压器、控制器、继电器安装，根据用途与容量及变化回路，按照设计图示安装数量，分别以“台”为计量单位。

十八、小区路灯安装，根据灯杆形式、臂长、灯数，按照设计图示安装数量，分别以“套”为计量单位。

十九、楼宇亮化灯安装，根据光源特点与安装形式，按照设计图示安装数量，分别以“套”或“m”为计量单位。

二十、太阳能及风能灯具安装，按照设计图示安装数量，分别以“套”为计量单位。

二十一、艺术喷泉照明系统程序控制柜、程序控制箱、音乐喷泉控制设备、喷泉特技效果控制设备安装，根据安装位置方式及规格，按照设计图示安装数量，分别以“台”为计量单位。

二十二、艺术喷泉照明系统喷泉防水配件安装，根据玻璃钢电缆槽规格，按照设计图示安装长度，分别以“m”为计量单位。

二十三、艺术喷泉照明系统喷泉水下管灯安装，根据灯管直径，按照设计图示安装长度，分别以“m”为计量单位。

二十四、艺术喷泉照明系统喷泉水上辅助照明安装，根据灯具功能，按照设计图示安装数量，分别以“套”为计量单位。

二十五、开关、按钮安装，根据安装形式与种类、开关极数及单控与双控，按照设计图示安装数量，分别以“套”为计量单位。

二十六、声控（红外线感应）延时开关、柜门触动开关安装，按照设计图示安装数量，分别以“套”为计量单位。

二十七、插座安装，根据电源数、额定电流、插座安装形式，按照设计图示安装数量，分别以“套”为计量单位。

二十八、导光管安装按照设计图示长度，以“m”为计量单位。

一、普通灯具安装

1. 吸 顶 灯 具

工作内容：测定、划线、打眼、埋塑料膨胀管、灯具安装、接线、接焊包头、接地。 **计量单位：**套

编 号				4-14-1	4-14-2	4-14-3
项 目				灯罩周长（mm）		
				≤ 800	≤ 1100	> 1100
名 称			单位	消 耗 量		
人工	000203000	综合二类工	工日	0.131	0.131	0.131
材料	250000002	成套灯具	套	（1.010）	（1.010）	（1.010）
	030103052	木螺钉 d2～4×6～65	个	4.160	4.160	4.160
	172500029	塑料胀管 ϕ6～8	个	4.400	4.400	4.400
	280301004	铜芯塑料绝缘电线 BV-2.5mm^2	m	0.458	1.069	1.069
	290901010	铜接线端子 20A	个	1.015	1.015	1.015
	291101001	塑料接线柱 双线	个	—	—	1.030
	850103006	其他材料费（占材料费）	%	1.800	1.800	1.800

2. 其他普通灯具

工作内容：测定、划线、打眼、埋塑料膨胀管、上塑料圆台、灯具组装、吊链加工、接线、焊接包头、接地等。 **计量单位：**套

编 号				4-14-4	4-14-5	4-14-6
项 目				软线吊灯	吊链灯	普通弯脖灯
名 称			单位	消 耗 量		
人工	000203000	综合二类工	工日	0.085	0.122	0.122
材料	250000002	成套灯具	套	（1.010）	（1.010）	（1.010）
	030103052	木螺钉 d2～4×6～65	个	3.120	3.120	6.240
	172500029	塑料胀管 ϕ6～8	个	1.100	1.100	3.300
	280301004	铜芯塑料绝缘电线 BV-2.5mm^2	m	0.305	0.305	1.476
	280307007	铜芯橡皮花线 BXH2×23/0.15mm^2	m	2.036	1.527	—
	291103001	塑料吊线盒	个	1.050	1.050	—
	290901010	铜接线端子 20A	个	—	—	1.015
	850103006	其他材料费（占材料费）	%	1.800	1.800	1.800

工作内容：测定、划线、打眼、埋塑料膨胀管、上塑料圆台、灯具组装、吊链加工、接线、焊接包头、接地等。

计量单位：套

编号				4-14-7	4-14-8
项目				普通壁灯	座灯头
	名称		单位	消耗量	
人工	000203000	综合二类工	工日	0.122	0.074
材料	250000002	成套灯具	套	（1.010）	（1.010）
	030103052	木螺钉 $d2\sim4\times6\sim65$	个	4.160	3.120
	172500029	塑料胀管 $\phi6\sim8$	个	4.400	1.100
	280301004	铜芯塑料绝缘电线 BV-2.5mm²	m	0.458	0.305
	290901010	铜接线端子 20A	个	1.015	—
	021907002	塑料圆台	块	—	1.050
	850103006	其他材料费（占材料费）	%	1.800	1.800

二、吊式装饰灯具安装

工作内容：开箱清点、测定划线、打眼埋螺栓、灯具拼装固定、挂装饰部件、灯具安装、焊接包头等。

计量单位：套

编号				4-14-9	4-14-10	4-14-11	4-14-12	4-14-13
项目				普通吊顶安装				
				一头花灯	三头花灯	五头花灯	七头花灯	九头花灯
	名称		单位	消耗量				
人工	000203000	综合二类工	工日	0.512	0.639	0.721	0.805	0.967
材料	250000002	成套灯具	套	（1.010）	（1.010）	（1.010）	（1.010）	（1.010）
	010901011	圆钢 $\phi6$	kg	0.165	0.165	—	—	—
	021919001	塑料膨胀管 $\phi6\times35$	个	3.090	3.090	3.090	4.012	4.012
	271505001	瓷接头 双	个	1.030	1.030	1.030	2.060	2.060
	280301004	铜芯塑料绝缘电线 BV-2.5mm²	m	0.305	0.305	0.305	0.458	0.458
	010901008	圆钢 $\phi10\sim14$	kg	—	—	0.257	0.369	0.657
	850103006	其他材料费（占材料费）	%	10.000	10.000	10.000	5.000	5.000

工作内容：开箱清点、测定划线、打眼埋螺栓、灯具拼装固定、挂装饰部件、灯具安装、焊接包头等。

计量单位：套

编号				4-14-14	4-14-15	4-14-16	4-14-17
项目				蜡烛灯安装			
				直径×垂吊长度（mm以内）			
				400×500	600×600	900×700	1400×1400
	名称		单位	消耗量			
人工	000203000	综合二类工	工日	3.064	4.331	5.722	6.854
材料	250000002	成套灯具	套	（1.010）	（1.010）	（1.010）	（1.010）
	280301004	铜芯塑料绝缘电线 BV-2.5mm²	m	0.916	0.916	0.916	0.916
	290901010	铜接线端子 20A	个	1.015	1.015	1.015	1.015
	850103006	其他材料费（占材料费）	%	1.800	1.800	1.800	1.800

工作内容： 开箱清点、测定划线、打眼埋螺栓、灯具拼装固定、挂装饰部件、灯具安装、焊接包头等。

计量单位：套

编号				4-14-18	4-14-19	4-14-20
项目				挂片灯安装		
				直径×垂吊长度（mm 以内）		
				450×500	650×600	950×1100
名称			单位	消耗量		
人工	000203000	综合二类工	工日	1.113	1.554	1.678
材料	250000002	成套灯具	套	（1.010）	（1.010）	（1.010）
	280301004	铜芯塑料绝缘电线 BV-2.5mm²	m	0.916	0.916	0.916
	290901010	铜接线端子 20A	个	1.015	1.015	1.015
	291101001	塑料接线柱 双线	个	2.060	3.090	4.170
	850103006	其他材料费（占材料费）	%	1.800	1.800	1.800

工作内容： 开箱清点、测定划线、打眼埋螺栓、灯具拼装固定、挂装饰部件、灯具安装、焊接包头等。

计量单位：套

编号				4-14-21	4-14-22	4-14-23	4-14-24
项目				串珠（穗）串棒灯			
				直径×垂吊长度（mm 以内）			
				600×1200	1000×1200	1200×2000	1500×2500
名称			单位	消耗量			
人工	000203000	综合二类工	工日	3.263	3.781	5.343	8.314
材料	250000002	成套灯具	套	（1.010）	（1.010）	（1.010）	（1.010）
	280301004	铜芯塑料绝缘电线 BV-2.5mm²	m	0.916	0.916	0.916	0.916
	290901010	铜接线端子 20A	个	1.015	1.015	1.015	1.015
	291101001	塑料接线柱 双线	个	3.090	4.120	8.240	10.300
	850103006	其他材料费（占材料费）	%	1.800	1.800	1.800	1.800

工作内容： 开箱清点、测定划线、打眼埋螺栓、灯具拼装固定、挂装饰部件、灯具安装、焊接包头等。

计量单位：套

编号				4-14-25	4-14-26	4-14-27	4-14-28
项目				串珠（穗）串棒灯			
				直径×垂吊长度（mm 以内）			
				1800×2500	2000×1000	2000×2500	2000×3500
名称			单位	消耗量			
人工	000203000	综合二类工	工日	8.869	5.939	10.542	15.023
材料	250000002	成套灯具	套	（1.010）	（1.010）	（1.010）	（1.010）
	280301005	铜芯塑料绝缘电线 BV-4mm²	m	0.916	0.916	0.916	0.916
	290901011	铜接线端子 50A	个	1.015	1.015	1.015	1.015
	291101001	塑料接线柱 双线	个	7.140	7.140	16.300	20.400
	850103006	其他材料费（占材料费）	%	1.800	1.800	1.800	1.800

工作内容：开箱清点、测定划线、打眼埋螺栓、灯具拼装固定、挂装饰部件、灯具安装、焊接包头等。

计量单位：套

编　号				4-14-29	4-14-30	4-14-31
项　目				吊杆式组合灯		
				直径×垂吊长度（mm以内）		
				900×1750	1800×4200	3000×4200
名　称			单位	消　耗　量		
人工	000203000	综合二类工	工日	3.338	6.793	11.043
材料	250000002	成套灯具	套	（1.010）	（1.010）	（1.010）
	280301004	铜芯塑料绝缘电线 BV-2.5mm²	m	5.345	12.827	12.827
	290901010	铜接线端子 20A	个	1.015	2.030	2.030
	291101001	塑料接线柱 双线	个	8.240	10.300	20.600
	850103006	其他材料费（占材料费）	%	1.800	1.800	1.800

工作内容：开箱清点、测定划线、打眼埋螺栓、灯具拼装固定、挂装饰部件、灯具安装、焊接包头等。

计量单位：套

编　号				4-14-32	4-14-33	4-14-34
项　目				玻璃罩灯（带装饰）		
				直径×垂吊长度（mm以内）		
				1100×700	1500×850	2000×1100
名　称			单位	消　耗　量		
人工	000203000	综合二类工	工日	0.677	0.876	1.166
材料	250000002	成套灯具	套	（1.010）	（1.010）	（1.010）
	280301004	铜芯塑料绝缘电线 BV-2.5mm²	m	0.916	0.916	0.916
	290901010	铜接线端子 20A	个	1.015	1.015	1.015
	291101001	塑料接线柱 双线	个	2.781	3.090	5.150
	850103006	其他材料费（占材料费）	%	1.800	1.800	1.800

三、吸顶式艺术装饰灯具安装

工作内容：开箱清点、测定划线、打眼埋螺栓、灯具拼装固定、挂装饰部件、灯具安装、焊接包头等。

计量单位：套

编　号				4-14-35	4-14-36	4-14-37	4-14-38	4-14-39
项　目				串珠（穗）、棒灯（圆形）				
				直径×垂吊长度（mm以内）				
				600×800	1000×800	1500×800	2000×800	2500×800
名　称			单位	消　耗　量				
人工	000203000	综合二类工	工日	1.304	2.833	3.776	5.035	5.559
材料	250000002	成套灯具	套	（1.010）	（1.010）	（1.010）	（1.010）	（1.010）
	280301004	铜芯塑料绝缘电线 BV-2.5mm²	m	2.878	4.797	7.196	9.595	11.993
	290901010	铜接线端子 20A	个	1.015	1.015	1.015	1.015	2.030
	291101001	塑料接线柱 双线	个	2.060	4.120	6.180	8.240	9.270
	850103006	其他材料费（占材料费）	%	1.800	1.800	1.800	1.800	1.800

工作内容：开箱清点、测定划线、打眼埋螺栓、灯具拼装固定、挂装饰部件、灯具安装、焊接包头等。

计量单位：套

编号				4-14-40	4-14-41	4-14-42	4-14-43
项目				串珠（穗）、棒灯（圆形）			
				直径 × 垂吊长度（mm 以内）			
				3000 × 800	4000 × 800	5000 × 800	400 × 2500
名称			单位	消耗量			
人工	000203000	综合二类工	工日	7.938	10.738	13.726	3.525
材料	250000002	成套灯具	套	（1.010）	（1.010）	（1.010）	（1.010）
	280301004	铜芯塑料绝缘电线 BV-2.5mm^2	m	14.392	19.189	23.986	1.527
	290901010	铜接线端子 20A	个	2.030	2.030	2.030	1.015
	291101001	塑料接线柱 双线	个	18.540	31.930	48.410	3.090
	850103006	其他材料费（占材料费）	%	1.800	1.800	1.800	1.800

工作内容：开箱清点、测定划线、打眼埋螺栓、灯具拼装固定、挂装饰部件、灯具安装、焊接包头等。

计量单位：套

编号				4-14-44	4-14-45	4-14-46	4-14-47
项目				串珠（穗）、棒灯（圆形）			
				直径 × 垂吊长度（mm 以内）			
				600 × 3000	800 × 3000	1000 × 3000	1200 × 3000
名称			单位	消耗量			
人工	000203000	综合二类工	工日	4.409	6.993	9.558	13.538
材料	250000002	成套灯具	套	（1.010）	（1.010）	（1.010）	（1.010）
	280301004	铜芯塑料绝缘电线 BV-2.5mm^2	m	1.527	—	—	—
	280301005	铜芯塑料绝缘电线 BV-4mm^2	m	—	1.527	1.527	1.527
	290901010	铜接线端子 20A	个	1.015	1.015	1.015	1.015
	291101001	塑料接线柱 双线	个	3.090	6.180	6.180	6.180
	850103006	其他材料费（占材料费）	%	1.800	1.800	1.800	1.800

工作内容：开箱清点、测定划线、打眼埋螺栓、灯具拼装固定、挂装饰部件、灯具安装、焊接包头等。

计量单位：套

编号				4-14-48	4-14-49	4-14-50
项目				串珠（穗）、棒灯（圆形）		挂碗、吊碟灯（圆形）
				直径 × 垂吊长度（mm 以内）		
				1500 × 3000	800 × 500	
名称			单位	消耗量		
人工	000203000	综合二类工	工日	24.892	1.096	1.334
材料	250000002	成套灯具	套	（1.010）	（1.010）	（1.010）
	280301004	铜芯塑料绝缘电线 BV-2.5mm^2	m	—	3.838	3.838
	280301005	铜芯塑料绝缘电线 BV-4mm^2	m	1.527	—	—
	280301006	铜芯塑料绝缘电线 BV-6mm^2	m	0.458	—	—
	290901010	铜接线端子 20A	个	1.015	1.015	1.015
	291101001	塑料接线柱 双线	个	6.180	3.090	3.090
	850103006	其他材料费（占材料费）	%	1.800	1.800	1.800

工作内容： 开箱清点、测定划线、打眼埋螺栓、灯具拼装固定、挂装饰部件、灯具安装、焊接包头等。

计量单位：套

编号				4-14-51	4-14-52	4-14-53	4-14-54
项目				串珠（穗）、棒灯（矩形）			
				灯体半周长×垂吊长度（mm 以内）			
				1600×2500	3000×3000	4000×3000	1500×800
	名称		单位	消耗量			
人工	000203000	综合二类工	工日	10.217	16.318	28.125	1.443
材料	250000002	成套灯具	套	（1.010）	（1.010）	（1.010）	（1.010）
	291101001	塑料接线柱 双线	个	6.180	6.180	6.180	2.060
	290901010	铜接线端子 20A	个	1.015	1.015	—	1.015
	290901011	铜接线端子 50A	个	—	—	1.015	—
	280301004	铜芯塑料绝缘电线 BV-2.5mm²	m	—	—	—	2.291
	280301005	铜芯塑料绝缘电线 BV-4mm²	m	2.443	4.581	6.108	—
	850103006	其他材料费（占材料费）	%	1.800	1.800	1.800	1.800

工作内容： 开箱清点、测定划线、打眼埋螺栓、灯具拼装固定、挂装饰部件、灯具安装、焊接包头等。

计量单位：套

编号				4-14-55	4-14-56	4-14-57	4-14-58
项目				串珠（穗）、棒灯（矩形）			挂片灯（矩形）
				灯体半周长×垂吊长度（mm 以内）			
				2500×800	4000×800	5500×800	1600×500
	名称		单位	消耗量			
人工	000203000	综合二类工	工日	2.151	3.960	9.140	1.091
材料	250000002	成套灯具	套	（1.010）	（1.010）	（1.010）	（1.010）
	291101001	塑料接线柱 双线	个	3.090	8.240	10.300	3.090
	290901010	铜接线端子 20A	个	1.015	—	—	1.015
	290901011	铜接线端子 50A	个	—	1.015	1.015	—
	280301004	铜芯塑料绝缘电线 BV-2.5mm²	m	3.818	6.108	8.399	2.443
	280301005	铜芯塑料绝缘电线 BV-4mm²	m	—	0.916	0.916	—
	850103006	其他材料费（占材料费）	%	1.800	1.800	1.800	1.800

工作内容： 开箱清点、测定划线、打眼埋螺栓、灯具拼装固定、挂装饰部件、灯具安装、焊接包头等。

计量单位：套

编号				4-14-59	4-14-60
项目				挂碗、挂吊碟灯（矩形）	
				灯体半周长×垂吊长度（mm 以内）	
				1200×500	2000×500
	名称		单位	消耗量	
人工	000203000	综合二类工	工日	1.130	1.541
材料	250000002	成套灯具	套	（1.010）	（1.010）
	280301004	铜芯塑料绝缘电线 BV-2.5mm²	m	1.832	3.054
	290901010	铜接线端子 20A	个	1.015	1.015
	291101001	塑料接线柱 双线	个	2.060	3.090
	850103006	其他材料费（占材料费）	%	1.800	1.800

工作内容：开箱清点、测定划线、打眼埋螺栓、灯具拼装固定、挂装饰部件、灯具安装、焊接包头等。

计量单位：套

编号				4-14-61	4-14-62	4-14-63
项目				玻璃罩灯（矩形带装饰）		
				灯体半周长 × 垂吊长度（mm 以内）		
				2000 × 400	3000 × 700	3000 × 1600
名称			单位	消耗量		
人工	000203000	综合二类工	工日	0.616	1.109	2.898
材料	250000002	成套灯具	套	（1.010）	（1.010）	（1.010）
	280301004	铜芯塑料绝缘电线 BV-2.5mm^2	m	3.054	4.581	4.581
	290901010	铜接线端子 20A	个	1.015	1.015	1.015
	291101001	塑料接线柱 双线	个	2.060	3.090	4.120
	850103006	其他材料费（占材料费）	%	1.800	1.800	1.800

四、荧光艺术装饰灯具安装

工作内容：开箱清点、测定划线、打眼埋螺栓、灯具拼装固定、挂装饰部件、灯具安装、焊接包头等。

计量单位：m

编号				4-14-64	4-14-65	4-14-66	4-14-67	4-14-68
项目				组合荧光灯带				
				吊杆式				吸顶式
				单管	双管	三管	四管	单管
名称			单位	消耗量				
人工	000203000	综合二类工	工日	0.262	0.316	0.379	0.454	0.192
材料	250000002	成套灯具	套	（0.808）	（0.808）	（0.808）	（0.808）	（0.808）
	030103052	木螺钉 $d2\sim4\times6\sim65$	个	2.810	2.810	2.810	2.810	1.660
	172500029	塑料胀管 $\phi6\sim8$	个	2.970	2.970	2.970	2.970	1.760
	280301004	铜芯塑料绝缘电线 BV-2.5mm^2	m	3.237	3.885	4.662	5.594	3.057
	290901010	铜接线端子 20A	个	0.812	0.812	0.812	0.812	0.812
	850103006	其他材料费（占材料费）	%	1.800	1.800	1.800	1.800	1.800

工作内容：开箱清点、测定划线、打眼埋螺栓、灯具拼装固定、挂装饰部件、灯具安装、焊接包头等。

计量单位：m

编　号				4-14-69	4-14-70	4-14-71
项　目				组合荧光灯带		
				吸顶式		
				双管	三管	四管
		名　称	单位	消　耗　量		
人工	000203000	综合二类工	工日	0.230	0.276	0.331
材料	250000002	成套灯具	套	（0.808）	（0.808）	（0.808）
	030103052	木螺钉 $d2\sim4\times6\sim65$	个	3.330	—	—
	172500029	塑料胀管 $\phi6\sim8$	个	3.520	—	—
	280301004	铜芯塑料绝缘电线 BV-2.5mm²	m	3.705	4.482	5.414
	290901010	铜接线端子 20A	个	0.812	0.812	0.812
	850103006	其他材料费（占材料费）	%	1.800	1.800	1.800

工作内容：开箱清点、测定划线、打眼埋螺栓、灯具拼装固定、挂装饰部件、灯具安装、焊接包头等。

计量单位：m

编　号				4-14-72	4-14-73	4-14-74	4-14-75
项　目				组合荧光灯带			
				嵌入式			
				单管	双管	三管	四管
		名　称	单位	消　耗　量			
人工	000203000	综合二类工	工日	0.213	0.255	0.307	0.369
材料	250000002	成套灯具	套	（0.808）	（0.808）	（0.808）	（0.808）
	030103043	镀锌自攻螺钉 ST4～6×20～35	个	5.300	5.300	5.200	5.200
	290299005	镀锌槽型吊码 单边 $\delta=3$	个	1.648	1.648	—	—
	280301004	铜芯塑料绝缘电线 BV-2.5mm²	m	3.057	3.705	4.482	5.413
	290901010	铜接线端子 20A	个	0.812	0.812	0.812	0.812
	290299006	镀锌槽型吊码 双边 $\delta=3$	个	—	—	1.648	1.648
	850103006	其他材料费（占材料费）	%	1.800	1.800	1.800	1.800

工作内容：开箱清点、测定划线、打眼埋螺栓、灯具拼装固定、挂装饰部件、灯具安装、焊接包头等。

计量单位：m

编　号				4-14-76	4-14-77	4-14-78	4-14-79	4-14-80
项　目				内藏组合式荧光灯				
				方形组合	日形组合	田形组合	六边组合	单管锥体组合
		名　称	单位	消　耗　量				
人工	000203000	综合二类工	工日	0.183	0.192	0.213	0.286	0.258
材料	250000002	成套灯具	套	（0.808）	（0.808）	（0.808）	（0.808）	（0.808）
	280301004	铜芯塑料绝缘电线 BV-2.5mm²	m	0.891	0.779	0.915	0.915	0.915
	290901010	铜接线端子 20A	个	0.812	0.812	0.812	0.812	0.812
	850103006	其他材料费（占材料费）	%	1.800	1.800	1.800	1.800	1.800

工作内容： 开箱清点、测定划线、打眼埋螺栓、灯具拼装固定、挂装饰部件、灯具安装、焊接包头等。

计量单位：见表

编号				4-14-81	4-14-82	4-14-83	4-14-84	4-14-85
项目				内藏组合式荧光灯		发光棚荧光灯	立体广告灯箱	天棚荧光灯带
				双管带形组合	圆管光带			
单位				m		m^2	m	
		名称	单位	消耗量				
人工	000203000	综合二类工	工日	0.238	0.225	0.472	0.267	0.126
材料	250000002	成套灯具	套	（0.808）	（0.808）	（0.408）	（0.808）	（0.808）
	030103041	镀锌自攻螺钉 ST4～6×10～16	个	—	—	—	1.660	1.660
	171900004	金属软管 *D*15	m	—	—	2.060	0.824	0.206
	290661013	金属软管接头 *DN*15	个	—	—	4.120	1.648	1.030
	280301004	铜芯塑料绝缘电线 BV-2.5mm²	m	0.915	0.891	9.162	4.275	3.420
	290901010	铜接线端子 20A	个	0.812	0.812	2.030	0.812	0.609
	291101001	塑料接线柱 双线	个	—	—	2.060	0.824	0.824
	030103052	木螺钉 *d*2～4×6～65	个	—	—	8.320	—	—
	172500029	塑料胀管 ϕ6～8	个	—	—	8.800	—	—
	850103006	其他材料费（占材料费）	%	1.800	1.800	1.800	1.800	1.800

五、几何形状组合艺术装饰灯具安装

工作内容： 开箱清点、测定划线、打眼埋螺栓、灯具拼装固定、挂装饰部件、灯具安装、焊接包头等。

计量单位：套

编号				4-14-86	4-14-87	4-14-88	4-14-89	4-14-90
项目				单点固定灯具		四点固定灯具		单点固定灯具
				繁星六火	繁星四十火	繁星十六火	繁星一百火	钻石星五火
		名称	单位	消耗量				
人工	000203000	综合二类工	工日	0.180	0.219	0.340	0.428	0.160
材料	250000002	成套灯具	套	（1.010）	（1.010）	（1.010）	（1.010）	（1.010）
	280301004	铜芯塑料绝缘电线 BV-2.5mm²	m	0.458	0.458	1.832	—	0.458
	280301005	铜芯塑料绝缘电线 BV-4mm²	m	—	—	—	1.832	—
	290901010	铜接线端子 20A	个	1.015	1.015	1.015	1.015	1.015
	850103006	其他材料费（占材料费）	%	1.800	1.800	1.800	1.800	1.800

工作内容：开箱清点、测定划线、打眼埋螺栓、灯具拼装固定、挂装饰部件、灯具安装、焊接包头等。

计量单位：套

编　号				4-14-91	4-14-92	4-14-93	4-14-94
项　目				双点固定灯具 星形双火灯	多点固定灯具 礼花灯	四点固定灯具 玻璃罩钢架组合灯	钢架凸片火灯 1个火灯
名　称			单位	消　耗　量			
人工	000203000	综合二类工	工日	0.284	0.260	0.188	0.089
材料	250000002	成套灯具	套	（1.010）	（1.010）	（1.010）	（1.010）
	280301004	铜芯塑料绝缘电线 BV-2.5mm^2	m	0.916	0.275	0.458	0.916
	290901010	铜接线端子 20A	个	1.015	1.015	1.015	1.015
	850103006	其他材料费（占材料费）	%	1.800	1.800	1.800	1.800

工作内容：开箱清点、测定划线、打眼埋螺栓、灯具拼装固定、挂装饰部件、灯具安装、焊接包头等。

计量单位：套

编　号				4-14-95	4-14-96	4-14-97	4-14-98
项　目				钢架凸片火灯			反射柱灯
				≤4个火灯	≤18个火灯	≤28个火灯	
名　称			单位	消　耗　量			
人工	000203000	综合二类工	工日	0.249	1.003	1.166	0.114
材料	250000002	成套灯具	套	（1.010）	（1.010）	（1.010）	（1.010）
	280301004	铜芯塑料绝缘电线 BV-2.5mm^2	m	0.916	8.246	12.827	0.458
	290901010	铜接线端子 20A	个	1.015	1.015	1.015	1.015
	280301005	铜芯塑料绝缘电线 BV-4mm^2	m	—	0.458	0.458	—
	850103006	其他材料费（占材料费）	%	1.800	1.800	1.800	1.800

工作内容：开箱清点、测定划线、打眼埋螺栓、灯具拼装固定、挂装饰部件、灯具安装、焊接包头等。

计量单位：套

编　号				4-14-99	4-14-100	4-14-101
项　目				筒形钢架灯	U型组合灯	弧形管组合灯
名　称			单位	消　耗　量		
人工	000203000	综合二类工	工日	0.359	0.681	0.233
材料	250000002	成套灯具	套	（1.010）	（1.010）	（1.010）
	280301004	铜芯塑料绝缘电线 BV-2.5mm^2	m	3.665	0.458	2.591
	290901010	铜接线端子 20A	个	1.015	1.015	1.015
	291101001	塑料接线柱 双线	个	1.030	5.150	0.834
	030103052	木螺钉 $d2\sim4\times6\sim65$	个	—	10.400	—
	172500029	塑料胀管 $\phi6\sim8$	个	—	11.000	—
	850103006	其他材料费（占材料费）	%	1.800	1.800	1.800

六、标志、诱导装饰灯具安装

工作内容：开箱清点、测定划线、打眼埋螺栓、灯具拼装固定、挂装饰部件、灯具安装、焊接包头等。

计量单位：套

编号				4-14-102	4-14-103	4-14-104	4-14-105
项目				吸顶式	吊杆式	墙壁式	嵌入式
名称			单位	消耗量			
人工	000203000	综合二类工	工日	0.157	0.183	0.157	0.183
材料	250000002	成套灯具	套	（1.010）	（1.010）	（1.010）	（1.010）
	030103052	木螺钉 $d2\sim4\times6\sim65$	个	2.080	4.160	2.080	—
	172500029	塑料胀管 $\phi6\sim8$	个	2.200	4.400	2.200	—
	280301004	铜芯塑料绝缘电线 BV-2.5mm^2	m	0.458	0.458	0.458	0.916
	290901010	铜接线端子 20A	个	1.015	1.015	1.015	1.015
	291101001	塑料接线柱 双线	个	1.030	—	1.030	1.030
	280307010	铜芯橡皮绝缘电线 BX-3×2.5mm^2	m	—	0.509	—	—
	850103006	其他材料费（占材料费）	%	1.800	1.800	1.800	1.800

七、点光源艺术装饰灯具安装

工作内容：开箱清点、测定划线、打眼埋螺栓、灯具拼装固定、挂装饰部件、灯具安装、焊接包头等。

计量单位：套

编号				4-14-106	4-14-107	4-14-108	4-14-109
项目				吸顶式	嵌入式筒灯		
					$\phi150$	$\phi200$	$\phi350$
名称			单位	消耗量			
人工	000203000	综合二类工	工日	0.116	0.127	0.134	0.143
材料	250000002	成套灯具	套	（1.010）	（1.010）	（1.010）	（1.010）
	030103052	木螺钉 $d2\sim4\times6\sim65$	个	2.080	—	—	—
	172500029	塑料胀管 $\phi6\sim8$	个	2.200	—	—	—
	280301004	铜芯塑料绝缘电线 BV-2.5mm^2	m	0.458	0.458	0.458	0.458
	290901010	铜接线端子 20A	个	1.015	1.015	1.015	1.015
	850103006	其他材料费（占材料费）	%	1.800	1.800	1.800	1.800

工作内容：开箱清点、测定划线、打眼埋螺栓、灯具拼装固定、挂装饰部件、灯具安装、焊接包头等。

计量单位：套

编号				4-14-110	4-14-111	4-14-112	4-14-113
项目				嵌入式灯			
				单头斗胆灯	双头斗胆灯	三头斗胆灯	四头斗胆灯
		名称	单位	消耗量			
人工	000203000	综合二类工	工日	0.152	0.191	0.214	0.228
材料	250000002	成套灯具	套	（1.010）	（1.010）	（1.010）	（1.010）
	280301004	铜芯塑料绝缘电线 BV-$2.5mm^2$	m	0.458	0.550	0.595	0.641
	290901010	铜接线端子 20A	个	1.015	1.015	1.015	1.015
	850103006	其他材料费（占材料费）	%	1.800	1.800	1.800	1.800

工作内容：开箱清点、测定划线、打眼埋螺栓、灯具拼装固定、挂装饰部件、灯具安装、焊接包头等。

计量单位：见表

编号				4-14-114	4-14-115	4-14-116
项目				吸顶式射灯	滑轨式射灯	滑轨
单位				套		m
		名称	单位	消耗量		
人工	000203000	综合二类工	工日	0.070	0.053	0.070
材料	250000002	成套灯具	套	（1.010）	（1.010）	—
	251705001	射灯滑轨	m	—	—	（1.010）
	030103052	木螺钉 $d2\sim4\times6\sim65$	个	2.080	—	2.080
	172500029	塑料胀管 $\phi6\sim8$	个	2.200	—	2.200
	280301004	铜芯塑料绝缘电线 BV-$2.5mm^2$	m	0.458	—	0.916
	290901010	铜接线端子 20A	个	1.015	—	0.914
	850103006	其他材料费（占材料费）	%	1.800	1.800	1.800

八、盆景花木装饰灯具安装

工作内容：开箱清点、测定划线、打眼埋螺栓、灯具拼装固定、挂装饰部件、灯具安装、焊接包头等。

计量单位：套

编号				4-14-117	4-14-118
项目				立柱式	墙壁式
		名称	单位	消耗量	
人工	000203000	综合二类工	工日	0.588	0.247
材料	250000002	成套灯具	套	（1.010）	（1.010）
	270111001	羊角熔断器 5A	个	1.030	—
	280307008	铜芯橡皮绝缘电线 BX-$2.5mm^2$	m	—	0.458
	280307009	铜芯橡皮绝缘电线 BX-$4mm^2$	m	4.581	—
	290901010	铜接线端子 20A	个	1.015	1.015
	291101001	塑料接线柱 双线	个	1.030	1.030
	850103006	其他材料费（占材料费）	%	1.800	1.800

九、歌舞厅灯具安装

工作内容： 开箱清点、测定划线、打眼埋螺栓、灯具拼装固定、挂装饰部件、灯具安装、焊接包头等。

计量单位： 套

编号				4-14-119	4-14-120	4-14-121	4-14-122	4-14-123
项目				变换转盘灯	雷达射灯	十二头幻影转彩灯	维纳斯旋转彩灯	卫星旋转效果灯
名称			单位	消耗量				
人工	000203000	综合二类工	工日	0.493	0.487	0.500	0.364	0.706
材料	250000002	成套灯具	套	（1.010）	（1.010）	（1.010）	（1.010）	（1.010）
	280301004	铜芯塑料绝缘电线 BV-2.5mm^2	m	0.916	0.916	0.916	0.916	0.916
	290901010	铜接线端子 20A	个	1.015	1.015	1.015	1.015	1.015
	850103006	其他材料费（占材料费）	%	1.800	1.800	1.800	1.800	1.800

工作内容： 开箱清点、测定划线、打眼埋螺栓、灯具拼装固定、挂装饰部件、灯具安装、焊接包头等。

计量单位： 套

编号				4-14-124	4-14-125	4-14-126	4-14-127
项目				飞碟旋转效果灯	八头转灯	十八头转灯	滚筒灯
名称			单位	消耗量			
人工	000203000	综合二类工	工日	1.067	0.400	0.647	0.572
材料	250000002	成套灯具	套	（1.010）	（1.010）	（1.010）	（1.010）
	280301004	铜芯塑料绝缘电线 BV-2.5mm^2	m	0.916	0.916	0.916	0.916
	290901010	铜接线端子 20A	个	1.015	1.015	1.015	1.015
	850103006	其他材料费（占材料费）	%	1.800	1.800	1.800	1.800

工作内容： 开箱清点、测定划线、打眼埋螺栓、灯具拼装固定、挂装饰部件、灯具安装、焊接包头等。

计量单位： 套

编号				4-14-128	4-14-129	4-14-130	4-14-131
项目				频闪灯	太阳灯	雨灯	歌星灯
名称			单位	消耗量			
人工	000203000	综合二类工	工日	0.736	0.420	0.349	0.383
材料	250000002	成套灯具	套	（1.010）	（1.010）	（1.010）	（1.010）
	280301004	铜芯塑料绝缘电线 BV-2.5mm^2	m	0.916	0.916	0.916	0.916
	290901010	铜接线端子 20A	个	1.015	1.015	1.015	1.015
	850103006	其他材料费（占材料费）	%	1.800	1.800	1.800	1.800

工作内容：开箱清点、测定划线、打眼埋螺栓、灯具拼装固定、挂装饰部件、灯具安装、焊接包头等。

计量单位：套

编号				4-14-132	4-14-133	4-14-134	4-14-135
项目				边界灯	射灯	迷你满天星彩灯	迷你单立盘彩灯
名称			单位	消耗量			
人工	000203000	综合二类工	工日	0.675	0.131	0.380	0.405
材料	250000002	成套灯具	套	（1.010）	（1.010）	（1.010）	（1.010）
	280301004	铜芯塑料绝缘电线 BV-2.5mm^2	m	0.916	0.916	0.916	0.916
	290901010	铜接线端子 20A	个	1.015	1.015	1.015	1.015
	850103006	其他材料费（占材料费）	%	1.800	1.800	1.800	1.800

工作内容：开箱清点、测定划线、打眼埋螺栓、灯具拼装固定、挂装饰部件、灯具安装、焊接包头等。

计量单位：见表

编号				4-14-136	4-14-137	4-14-138	4-14-139
项目				单排 20 头宇宙灯	双排 20 头宇宙灯	镜面球灯	蛇管灯
单位				套			m
名称			单位	消耗量			
人工	000203000	综合二类工	工日	0.433	0.593	0.604	0.058
材料	250000002	成套灯具	套	（1.010）	（1.010）	（1.010）	—
	250000004	成套灯具	m	—	—	—	（1.010）
	280301004	铜芯塑料绝缘电线 BV-2.5mm^2	m	0.916	0.916	0.916	0.061
	290901010	铜接线端子 20A	个	1.015	1.015	1.015	—
	021301008	尼龙卡带 *D*10	个	—	—	—	3.090
	850103006	其他材料费（占材料费）	%	1.800	1.800	1.800	1.800

工作内容：开箱清点、测定划线、打眼埋螺栓、灯具拼装固定、挂装饰部件、灯具安装、焊接包头等。

计量单位：见表

编号				4-14-140	4-14-141
项目				满天星彩灯	彩控器
单位				m	台
名称			单位	消耗量	
人工	000203000	综合二类工	工日	0.051	0.411
材料	250000004	成套灯具	m	（1.010）	—
	552709001	彩控器	台	—	（1.010）
	031507017	镀锌铁丝 ϕ2.5～4.0	kg	0.101	—
	021301008	尼龙卡带 *D*10	个	3.090	—
	280301004	铜芯塑料绝缘电线 BV-2.5mm^2	m	0.061	9.162
	290901010	铜接线端子 20A	个	—	1.020
	850103006	其他材料费（占材料费）	%	1.800	1.800

十、荧光灯具安装

工作内容：测位、划线、打眼、埋塑料膨胀管、上塑料圆台（木台）、吊链、吊管加工、灯具组装、接线、接焊包头。

计量单位：套

编号				4-14-142	4-14-143	4-14-144	4-14-145	4-14-146
项目				吊链式			吊管式	
				单管	双管	三管	单管	双管
名称			单位	消耗量				
人工	000203000	综合二类工	工日	0.140	0.174	0.197	0.145	0.183
材料	250000002	成套灯具	套	（1.010）	（1.010）	（1.010）	（1.010）	（1.010）
	255901003	灯具吊杆 $\phi15$	根	—	—	—	（2.040）	（2.040）
	030103052	木螺钉 $d2\sim4\times6\sim65$	个	6.240	6.240	6.240	6.240	6.240
	172500029	塑料胀管 $\phi6\sim8$	个	2.200	2.200	2.200	2.200	2.200
	292511001	吊盒	个	2.040	2.040	2.040	—	—
	225905001	瓜子灯链 大号	m	3.030	3.030	3.030	—	—
	280301004	铜芯塑料绝缘电线 BV-2.5mm^2	m	0.458	0.458	0.458	4.123	4.123
	280307007	铜芯橡皮花线 BXH 2×23/0.15mm^2	m	1.527	1.527	1.527	—	—
	290901010	铜接线端子 20A	个	1.015	1.015	1.015	1.015	1.015
	850103006	其他材料费（占材料费）	%	1.800	1.800	1.800	1.800	1.800

工作内容：测位、划线、打眼、埋塑料膨胀管、上塑料圆台（木台）、吊链、吊管加工、灯具组装、接线、接焊包头。

计量单位：套

编号				4-14-147	4-14-148	4-14-149	4-14-150
项目				吊管式	吸顶式		
				三管	单管	双管	三管
名称			单位	消耗量			
人工	000203000	综合二类工	工日	0.205	0.132	0.165	0.187
材料	250000002	成套灯具	套	（1.010）	（1.010）	（1.010）	（1.010）
	255901003	灯具吊杆 $\phi15$	根	（2.040）	—	—	—
	030103052	木螺钉 $d2\sim4\times6\sim65$	个	6.240	2.080	2.080	2.080
	172500029	塑料胀管 $\phi6\sim8$	个	2.200	2.200	2.200	2.200
	280301004	铜芯塑料绝缘电线 BV-2.5mm^2	m	4.123	1.069	1.069	1.069
	290901010	铜接线端子 20A	个	1.015	1.015	1.015	1.015
	850103006	其他材料费（占材料费）	%	1.800	1.800	1.800	1.800

工作内容：测位、划线、打眼、埋螺栓、灯具安装、接线、焊接包头。　　计量单位：套

编号				4-14-151	4-14-152	4-14-153	4-14-154
项目				嵌入式			
				单管	双管	三管	四管
名称			单位	消耗量			
人工	000203000	综合二类工	工日	0.154	0.249	0.305	0.367
材料	250000002	成套灯具	套	(1.010)	(1.010)	(1.010)	(1.010)
	290299005	镀锌槽型吊码 单边 $\delta=3$	个	2.060	2.060	—	—
	290299006	镀锌槽型吊码 双边 $\delta=3$	个	—	—	2.060	2.060
	255901004	镀锌圆钢吊杆 带 4 个螺母 4 个垫圈 $\phi 8$	根	2.100	2.100	4.200	4.200
	280301004	铜芯塑料绝缘电线 BV-2.5mm²	m	3.512	3.512	3.512	3.512
	290901010	铜接线端子 20A	个	1.015	1.015	1.015	1.015
	850103006	其他材料费（占材料费）	%	1.800	1.800	1.800	1.800

十一、嵌入式地灯安装

工作内容：测位、划线、打眼、埋螺栓、灯具安装、接线、焊接包头等。　　计量单位：套

编号				4-14-155	4-14-156
项目				地板下	地坪下
名称			单位	消耗量	
人工	000203000	综合二类工	工日	0.188	0.269
材料	250000002	成套灯具	套	(1.010)	(1.010)
	030103052	木螺钉 $d2\sim4\times6\sim65$	个	2.080	—
	172500029	塑料胀管 $\phi6\sim8$	个	2.200	—
	280301004	铜芯塑料绝缘电线 BV-2.5mm²	m	1.985	1.985
	290901010	铜接线端子 20A	个	1.015	1.015
	291101001	塑料接线柱 双线	个	1.030	1.030
	850103006	其他材料费（占材料费）	%	1.800	1.800

十二、工厂灯安装

1. 工 厂 罩 灯

工作内容： 测位、划线、打眼、埋螺栓、灯具安装、接线、焊接包头等。 **计量单位：** 套

编 号				4-14-157	4-14-158	4-14-159	4-14-160	4-14-161
项 目				吸顶式	弯杆式	悬挂式	吊管式	吊链式
名 称			单位	消 耗 量				
人工	000203000	综合二类工	工日	0.126	0.126	0.131	0.126	0.126
材料	250000002	成套灯具	套	（1.010）	（1.010）	（1.010）	（1.010）	（1.010）
	030103052	木螺钉 $d2\sim4\times6\sim65$	个	4.160	5.200	—	4.160	—
	172500029	塑料胀管 $\phi6\sim8$	个	4.400	5.500	—	4.400	—
	280301004	铜芯塑料绝缘电线 BV-2.5mm²	m	1.222	2.647	1.832	3.054	4.123
	290901010	铜接线端子 20A	个	1.015	1.015	1.015	1.015	1.015
	350307001	圆镀锌挂钩底座 $\phi100$	个	—	—	1.020	—	1.020
	850103006	其他材料费（占材料费）	%	1.800	1.800	1.800	1.800	1.800

2. 防尘防水灯

工作内容： 测位、划线、打眼、埋螺栓、灯具安装、接线、焊接包头等。 **计量单位：** 套

编 号				4-14-162	4-14-163
项 目				杆式	吸顶式
名 称			单位	消 耗 量	
人工	000203000	综合二类工	工日	0.182	0.182
材料	250000002	成套灯具	套	（1.010）	（1.010）
	030103052	木螺钉 $d2\sim4\times6\sim65$	个	4.160	4.160
	172500029	塑料胀管 $\phi6\sim8$	个	4.400	4.400
	280301004	铜芯塑料绝缘电线 BV-2.5mm²	m	3.054	1.222
	290901010	铜接线端子 20A	个	1.015	1.015
	850103006	其他材料费（占材料费）	%	1.800	1.800

3. 碘钨灯、投光灯

工作内容：测位、划线、打眼、埋螺栓、支架安装、灯具组装、接线、焊接包头等。 **计量单位：**套

编号				4-14-164	4-14-165
项目				防潮灯	腰形船顶灯
名称			单位	消耗量	
人工	000203000	综合二类工	工日	0.124	0.124
材料	250000002	成套灯具	套	（1.010）	（1.010）
	030103052	木螺钉 $d2\sim4\times6\sim65$	个	3.120	4.160
	172500029	塑料胀管 $\phi6\sim8$	个	3.300	4.400
	280301004	铜芯塑料绝缘电线 BV-2.5mm^2	m	0.916	0.916
	290901010	铜接线端子 20A	个	1.015	1.015
	850103006	其他材料费（占材料费）	%	1.800	1.800

工作内容：测位、划线、打眼、埋螺栓、支架安装、灯具组装、接线、焊接包头等。 **计量单位：**套

编号				4-14-166	4-14-167
项目				管形氙气灯	投光灯
名称			单位	消耗量	
人工	000203000	综合二类工	工日	0.217	0.190
材料	250000002	成套灯具	套	（1.010）	（1.010）
	012900002	钢板（综合）	kg	2.970	0.990
	030103019	沉头螺钉 M10×53	套	4.080	—
	031301007	低碳钢焊条（综合）	kg	0.100	0.100
	280301005	铜芯塑料绝缘电线 BV-4mm^2	m	0.916	0.916
	290901010	铜接线端子 20A	个	1.015	1.015
	850103006	其他材料费（占材料费）	%	1.800	1.800
机械	990904030	直流弧焊机 20kV·A	台班	0.056	0.056

4. 混 光 灯

工作内容：测位、划线、打眼、埋螺栓、支架制作安装、灯具及镇流器箱组装、接线、接地、焊接包头等。 **计量单位：**套

编号				4-14-168	4-14-169	4-14-170
项目				吊杆式	吊链式	崁入式
名称			单位	消耗量		
人工	000203000	综合二类工	工日	0.765	0.732	0.666
材料	250000002	成套灯具	套	（1.010）	（1.010）	（1.010）
	012100002	角钢（综合）	kg	1.131	0.943	0.754
	031301007	低碳钢焊条（综合）	kg	0.123	0.098	0.076
	280301005	铜芯塑料绝缘电线 BV-4mm^2	m	3.054	4.123	0.916
	290901010	铜接线端子 20A	个	1.015	1.015	1.015
	030103043	镀锌自攻螺钉 ST4～6×20～35	个	—	—	4.160
	850103006	其他材料费（占材料费）	%	1.800	1.800	1.800
机械	990904030	直流弧焊机 20kV·A	台班	0.056	0.047	0.037

5. 烟囱、冷却塔、独立塔架上标志灯

工作内容： 测位、划线、打眼、埋螺栓、灯具安装、接线、焊接包头等。 **计量单位：** 套

编号				4-14-171	4-14-172	4-14-173
项目				安装高度（m）		
				≤30	≤50	≤80
名称			单位	消耗量		
人工	000203000	综合二类工	工日	0.425	0.691	1.724
材料	250000002	成套灯具	套	（1.010）	（1.010）	（1.010）
	280301004	铜芯塑料绝缘电线 BV-2.5mm²	m	0.916	0.916	0.916
	290901010	铜接线端子 20A	个	1.015	1.015	1.015
	850103006	其他材料费（占材料费）	%	1.800	1.800	1.800

工作内容： 测位、划线、打眼、埋螺栓、灯具安装、接线、焊接包头等。 **计量单位：** 套

编号				4-14-174	4-14-175	4-14-176
项目				安装高度（m）		
				≤120	≤150	≤200
名称			单位	消耗量		
人工	000203000	综合二类工	工日	2.137	2.890	3.887
材料	250000002	成套灯具	套	（1.010）	（1.010）	（1.010）
	280301004	铜芯塑料绝缘电线 BV-2.5mm²	m	0.916	0.916	0.916
	290901010	铜接线端子 20A	个	1.015	1.015	1.015
	850103006	其他材料费（占材料费）	%	1.800	1.800	1.800

6. 密 封 灯 具

工作内容： 测位、划线、打眼、埋螺栓、上底台、支架安装、灯具安装、接线、焊接包头等。 **计量单位：** 套

编号				4-14-177	4-14-178	4-14-179	4-14-180
项目				安全灯		防爆灯	
				直杆式	弯杆式	直杆式	弯杆式
名称			单位	消耗量			
人工	000203000	综合二类工	工日	0.257	0.257	0.259	0.259
材料	250000002	成套灯具	套	（1.010）	（1.010）	（1.010）	（1.010）
	280301004	铜芯塑料绝缘电线 BV-2.5mm²	m	3.054	2.647	3.054	2.647
	290901010	铜接线端子 20A	个	1.015	1.015	1.015	1.015
	011300002	扁钢（综合）	kg	—	1.186	—	1.186
	850103006	其他材料费（占材料费）	%	1.800	1.800	1.800	1.800

工作内容：测位、划线、打眼、埋螺栓、上底台、支架安装、灯具安装、接线、焊接包头等。

计量单位：套

编号				4-14-181	4-14-182	4-14-183	4-14-184
项目				高压水银防爆灯		防爆荧光灯	应急灯
				弯杆式	直杆式		
名称			单位	消耗量			
人工	000203000	综合二类工	工日	0.298	0.298	0.257	0.194
材料	250000002	成套灯具	套	(1.010)	(1.010)	(1.010)	(1.010)
	280301004	铜芯塑料绝缘电线 BV-2.5mm^2	m	3.054	2.647	3.054	—
	290901010	铜接线端子 20A	个	1.015	1.015	1.015	—
	030103052	木螺钉 $d2\sim4\times6\sim65$	个	—	—	—	2.080
	172500029	塑料胀管 $\phi6\sim8$	个	—	—	—	2.200
	280307010	铜芯橡皮绝缘电线 BX-3×2.5mm^2	m	—	—	—	0.509
	850103006	其他材料费（占材料费）	%	1.800	1.800	1.800	1.800

十三、医院灯具安装

工作内容：测位、划线、打眼、埋螺栓、灯具安装、接线、焊接包头等。

计量单位：套

编号				4-14-185	4-14-186	4-14-187	4-14-188
项目				病房指示灯	病房暗角灯	紫外线杀菌灯	吊杆式无影灯
名称			单位	消耗量			
人工	000203000	综合二类工	工日	0.209	0.184	0.140	1.915
材料	250000002	成套灯具	套	(1.010)	(1.010)	(1.010)	(1.010)
	030103052	木螺钉 $d2\sim4\times6\sim65$	个	4.160	4.160	4.160	—
	172500029	塑料胀管 $\phi6\sim8$	个	4.400	4.400	2.200	—
	280301004	铜芯塑料绝缘电线 BV-2.5mm^2	m	0.458	0.458	1.069	0.916
	290901010	铜接线端子 20A	个	1.015	1.015	1.015	1.015
	291101001	塑料接线柱 双线	个	1.030	1.030	—	1.030
	012907024	镀锌薄钢板 360×360×5	块	—	—	—	1.050
	850103006	其他材料费（占材料费）	%	1.800	1.800	1.800	1.800

十四、霓虹灯安装

工作内容： 打眼、固定脚座、安装灯管、串联线路；变压器开箱检查、本体就位、垫铁安装、高压接线、接地、补漆、调试、配合电气试验。 **计量单位：** 见表

编号				4-14-189	4-14-190	4-14-191	4-14-192
项目				灯管		漏磁变压器	
				直径（mm）		电压（kV）	
				≤10	≤20	≤9	≤10
单位				m		台	
		名称	单位	消耗量			
人工	000203000	综合二类工	工日	0.160	0.188	1.279	1.702
材料	250103001	霓虹灯管	m	（1.200）	（1.200）	—	—
	554311001	漏磁变压器	台	—	—	（1.000）	（1.000）
	255201001	霓虹管支座（综合）	个	3.030	3.030	—	—
	031507017	镀锌铁丝 ϕ2.5～4.0	kg	—	—	0.500	0.800
	011303001	镀锌扁钢（综合）	kg	—	—	2.500	3.800
	031301007	低碳钢焊条（综合）	kg	—	—	0.300	0.300
	130115006	酚醛调和漆	kg	—	—	0.800	0.800
	130505001	防锈漆	kg	—	—	0.300	0.300
	140301003	汽油 92#	kg	—	—	0.300	0.300
	280301005	铜芯塑料绝缘电线 BV-4mm^2	m	—	—	0.916	0.916
	290901010	铜接线端子 20A	个	—	—	1.015	1.015
	850103006	其他材料费（占材料费）	%	1.800	1.800	1.800	1.800
机械	990904030	直流弧焊机 20kV · A	台班	—	—	0.200	0.200

工作内容： 安装、固定、接线、调试。 **计量单位：** 台

编号				4-14-193	4-14-194	4-14-195
项目				电子变压器		
				功率（W）		两路变化
				≤60	≤100	
		名称	单位	消耗量		
人工	000203000	综合二类工	工日	1.509	1.907	2.390
材料	551902001	电子变压器	台	（1.000）	（1.000）	—
	552709002	变化控制器	台	—	—	（1.000）
	031507017	镀锌铁丝 ϕ2.5～4.0	kg	0.300	0.500	—
	011303001	镀锌扁钢（综合）	kg	2.100	3.500	—
	031301007	低碳钢焊条（综合）	kg	0.200	0.200	—
	280301005	铜芯塑料绝缘电线 BV-4mm^2	m	0.916	0.916	0.916
	290901010	铜接线端子 20A	个	1.015	1.015	1.015
	850103006	其他材料费（占材料费）	%	1.800	1.800	1.800
机械	990904030	直流弧焊机 20kV · A	台班	0.150	0.150	—

工作内容：安装、固定、接线、调试。 计量单位：台

编号				4-14-196	4-14-197	4-14-198	4-14-199	4-14-200	4-14-201
项目				控制器					
				三路变化	四路变化	五路变化	六路变化	七路变化	八路变化
名称			单位	消耗量					
人工	000203000	综合二类工	工日	3.349	4.787	5.738	6.038	6.695	7.179
材料	552709002	变化控制器	台	（1.00）	（1.000）	（1.000）	（1.000）	（1.000）	（1.000）
	280301005	铜芯塑料绝缘电线 BV-4mm²	m	0.916	0.916	0.916	0.916	0.916	0.916
	290901010	铜接线端子 20A	个	1.015	1.015	1.015	1.015	1.015	1.015
	850103006	其他材料费（占材料费）	%	1.800	1.800	1.800	1.800	1.800	1.800

工作内容：安装、固定、接线、调试。 计量单位：台

编号				4-14-202	4-14-203	4-14-204	4-14-205	4-14-206	4-14-207
项目				防雨定时控制器					霓虹灯继电器
				接触器电流（A）					
				≤20	≤40	≤60	≤80	≤100	
名称			单位	消耗量					
人工	000203000	综合二类工	工日	1.287	1.414	1.560	1.713	1.881	0.080
材料	552300002	接触器	台	（1.000）	（1.000）	（1.000）	（1.000）	（1.000）	—
	552709004	防雨定时控制器	台	（1.000）	（1.000）	（1.000）	（1.000）	（1.000）	—
	552900002	继电器	台	—	—	—	—	—	（1.000）
	280301005	铜芯塑料绝缘电线 BV-4mm²	m	0.916	0.916	0.916	0.916	0.916	0.916
	290901010	铜接线端子 20A	个	1.015	1.015	1.015	1.015	1.015	1.015
	850103006	其他材料费（占材料费）	%	1.800	1.800	1.800	1.800	1.800	1.800

十五、路 灯 安 装

1. 单臂悬挑灯架路灯

工作内容：定位、抱箍、灯架及照明器件安装、接线、试灯。　　　　**计量单位：**套

编 号				4-14-208	4-14-209	4-14-210	4-14-211	4-14-212
项 目				抱箍式				
				单抱箍臂长（m）		双抱箍臂长（m）		
				≤1.2	≤3		≤5	>5
	名 称		单位	消 耗 量				
人工	000203000	综合二类工	工日	0.098	0.333	0.467	0.547	0.631
材料	255301002	灯架	套	（1.010）	（1.010）	（1.010）	（1.010）	（1.010）
	255305001	镀锌半挑 8×50×400	块	—	—	1.010	1.010	1.010
	372335002	镀锌大灯泡抱箍连压板	副	1.010	1.010	2.020	2.020	2.020
	270111002	羊角熔断器 10A	个	1.030	1.030	1.030	1.030	1.030
	271501001	铁担针式瓷瓶 3#	个	—	—	2.060	2.060	2.060
	143505003	金属清洗剂	kg	0.200	0.200	0.200	0.200	0.200
	022703003	白布	kg	0.100	0.100	0.100	0.100	0.100
	350203002	扣件	个	2.060	2.060	—	—	—
	850103006	其他材料费（占材料费）	%	1.800	1.800	1.800	1.800	1.800
机械	990401020	载重汽车 5t	台班	0.037	0.037	0.037	0.037	0.037
	990513010	汽车式高空作业车 18m	台班	0.045	0.045	0.045	0.045	0.045

工作内容：定位、抱箍、灯架及照明器件安装、接线、试灯。　　　　**计量单位：**套

编 号				4-14-213	4-14-214	4-14-215	4-14-216	4-14-217
项 目				抱箍式				
				双拉梗臂长（m）			双臂架臂长（m）	
				≤3	≤5	>5	≤3	≤5
	名 称		单位	消 耗 量				
人工	000203000	综合二类工	工日	0.650	0.751	0.869	0.573	0.664
材料	255301002	灯架	套	（1.010）	（1.010）	（1.010）	（1.010）	（1.010）
	270111002	羊角熔断器 10A	个	1.030	1.030	1.030	1.030	1.030
	271103004	蝶式绝缘子 ED-3	个	2.060	2.060	2.060	2.060	2.060
	372335001	镀锌大灯抱箍压板	副	1.010	1.010	1.010	2.020	2.020
	372335011	镀锌横担抱箍	副	1.010	1.010	1.010	—	—
	292311002	镀锌拉线横担 ∟50×5×650	副	1.010	1.010	1.010	—	—
	143505003	金属清洗剂	kg	0.200	0.200	0.200	0.200	0.200
	022703003	白布	kg	0.100	0.100	0.100	0.100	0.100
	850103006	其他材料费（占材料费）	%	1.800	1.800	1.800	1.800	1.800
机械	990401020	载重汽车 5t	台班	0.037	0.037	0.037	0.037	0.037
	990513010	汽车式高空作业车 18m	台班	0.045	0.056	0.067	0.045	0.045

工作内容：定位、抱箍、灯架及照明器件安装、接线、试灯。 **计量单位**：套

编号				4-14-218	4-14-219	4-14-220	4-14-221	4-14-222	4-14-223
项目				顶套式					
				成套型臂长（m）			组装型臂长（m）		
				≤3	≤5	>5	≤3	≤5	>5
名称			单位	消耗量					
人工	000203000	综合二类工	工日	0.324	0.456	0.524	0.324	0.463	0.565
材料	255301002	灯架	套	（1.010）	（1.010）	（1.010）	（1.010）	（1.010）	（1.010）
	292709001	顶套	个	—	—	—	1.010	1.010	1.010
	143505003	金属清洗剂	kg	0.200	0.200	0.200	0.200	0.200	0.200
	022703003	白布	kg	0.100	0.100	0.100	0.100	0.100	0.100
	850103006	其他材料费（占材料费）	%	1.800	1.800	1.800	1.800	1.800	1.800
机械	990401020	载重汽车 5t	台班	0.037	0.037	0.037	0.037	0.037	0.037
	990513010	汽车式高空作业车 18m	台班	0.037	0.037	0.037	0.037	0.037	0.041

工作内容：定位、抱箍、灯架及照明器件安装、接线、试灯。 **计量单位**：套

编号				4-14-224	4-14-225	4-14-226
项目				成套型		
				臂长（m）		
				≤1.2	≤2.5	>2.5
名称			单位	消耗量		
人工	000203000	综合二类工	工日	0.362	0.618	0.785
材料	250000002	成套灯具	套	（1.010）	（1.010）	（1.010）
	143505003	金属清洗剂	kg	0.200	0.200	0.200
	022703003	白布	kg	0.100	0.100	0.100
	030103017	沉头螺钉 M10×20	10个	0.204	0.306	0.408
	270111002	羊角熔断器 10A	个	—	—	1.030
	372335008	弯灯抱箍	套	1.050	1.050	—
	292113001	抱箍 U型	套	—	—	2.010
	270111001	羊角熔断器 5A	个	1.030	1.030	—
	271111001	鼓形绝缘子 G38	个	2.091	4.030	6.273
	850103006	其他材料费（占材料费）	%	1.800	1.800	1.800
机械	990401020	载重汽车 5t	台班	0.028	0.035	0.050
	990513010	汽车式高空作业车 18m	台班	0.035	0.045	0.060

2. 双臂悬挑灯架路灯

工作内容：配件检查、灯架及照明器件安装、找正、螺栓固定、接线、试灯。 **计量单位：**套

编号				4-14-227	4-14-228	4-14-229
项目				成套型		
				对称式臂长（m）		
				≤2.5	≤5	>5
名称			单位	消耗量		
人工	000203000	综合二类工	工日	0.544	0.604	0.683
材料	255301002	灯架	套	（1.010）	（1.010）	（1.010）
	143505003	金属清洗剂	kg	0.300	0.300	0.300
	022703003	白布	kg	0.180	0.180	0.180
	850103006	其他材料费（占材料费）	%	1.800	1.800	1.800
机械	990401020	载重汽车 5t	台班	0.037	0.037	0.037
	990513010	汽车式高空作业车 18m	台班	0.045	0.052	0.060

工作内容：配件检查、灯架及照明器件安装、找正、螺栓固定、接线、试灯。 **计量单位：**套

编号				4-14-230	4-14-231	4-14-232
项目				成套型		
				非对称式臂长（m）		
				≤2.5	≤5	>5
名称			单位	消耗量		
人工	000203000	综合二类工	工日	0.524	0.579	0.669
材料	255301002	灯架	套	（1.010）	（1.010）	（1.010）
	143505003	金属清洗剂	kg	0.300	0.300	0.300
	022703003	白布	kg	0.180	0.180	0.180
	850103006	其他材料费（占材料费）	%	1.800	1.800	1.800
机械	990401020	载重汽车 5t	台班	0.037	0.037	0.037
	990513010	汽车式高空作业车 18m	台班	0.045	0.052	0.060

工作内容：配件检查、灯架及照明器件安装、找正、螺栓固定、接线、试灯。 **计量单位：**套

编号				4-14-233	4-14-234	4-14-235
项目				组装型		
				对称式臂长（m）		
				≤2.5	≤5	>5
名称			单位	消耗量		
人工	000203000	综合二类工	工日	0.626	0.699	0.793
材料	255301002	灯架	套	（1.010）	（1.010）	（1.010）
	292709001	顶套	个	1.010	1.010	1.010
	143505003	金属清洗剂	kg	0.300	0.300	0.300
	022703003	白布	kg	0.180	0.180	0.180
	850103006	其他材料费（占材料费）	%	1.800	1.800	1.800
机械	990401020	载重汽车 5t	台班	0.037	0.037	0.037
	990513010	汽车式高空作业车 18m	台班	0.052	0.060	0.067

工作内容：配件检查、灯架及照明器件安装、找正、螺栓固定、接线、试灯。 计量单位：套

编号				4-14-236	4-14-237	4-14-238
项目				组装型		
				非对称式臂长（m）		
				≤2.5	≤5	>5
名称			单位	消耗量		
人工	000203000	综合二类工	工日	0.595	0.664	0.753
材料	255301002	灯架	套	（1.010）	（1.010）	（1.010）
	292709001	顶套	个	1.010	1.010	1.010
	143505003	金属清洗剂	kg	0.300	0.300	0.300
	022703003	白布	kg	0.180	0.180	0.180
	850103006	其他材料费（占材料费）	%	1.800	1.800	1.800
机械	990401020	载重汽车 5t	台班	0.037	0.037	0.037
	990513010	汽车式高空作业车 18m	台班	0.052	0.060	0.067

3. 高杆灯架路灯

工作内容：灯架检查、灯具安装、螺栓紧固、灯具接线、包头、试灯。 计量单位：套

编号				4-14-239	4-14-240	4-14-241	4-14-242	4-14-243	4-14-244
项目				成套型高杆灯架灯高≤11m					
				灯火数（火）					
				≤7	≤9	≤12	≤15	≤20	≤25
名称			单位	消耗量					
人工	000203000	综合二类工	工日	0.947	1.185	1.375	1.586	1.838	2.062
材料	255301002	灯架	套	（1.010）	（1.010）	（1.010）	（1.010）	（1.010）	（1.010）
	143505003	金属清洗剂	kg	0.400	0.400	0.400	0.400	0.400	0.400
	022703003	白布	kg	0.250	0.250	0.250	0.250	0.250	0.250
	850103006	其他材料费（占材料费）	%	1.800	1.800	1.800	1.800	1.800	1.800
机械	990304004	汽车式起重机 8t	台班	0.187	0.187	0.187	0.187	0.187	0.187
	990401020	载重汽车 5t	台班	0.075	0.075	0.075	0.112	0.150	0.187
	990513010	汽车式高空作业车 18m	台班	0.187	0.187	0.187	0.374	0.374	0.374

工作内容： 灯架检查、灯具安装、螺栓紧固、灯具接线、包头、试灯。 **计量单位：** 套

编号				4-14-245	4-14-246	4-14-247	4-14-248	4-14-249	4-14-250
项目				成套型高杆灯架灯高 ≤ 20m					
				灯火数（火）					
				≤ 7	≤ 9	≤ 12	≤ 15	≤ 20	≤ 25
名称			单位	消耗量					
人工	000203000	综合二类工	工日	1.155	1.319	1.631	1.781	2.058	2.190
材料	255301002	灯架	套	（1.010）	（1.010）	（1.010）	（1.010）	（1.010）	（1.010）
	143505003	金属清洗剂	kg	0.600	0.600	0.600	0.600	0.600	0.600
	022703003	白布	kg	0.300	0.300	0.300	0.300	0.300	0.300
	850103006	其他材料费（占材料费）	%	1.800	1.800	1.800	1.800	1.800	1.800
机械	990304004	汽车式起重机 8t	台班	0.187	0.187	0.187	0.187	0.187	0.187
	990401020	载重汽车 5t	台班	0.075	0.075	0.112	0.112	0.150	0.187
	990513020	汽车式高空作业车 21m	台班	0.187	0.187	0.187	0.374	0.374	0.374

工作内容： 测位、划线、成套吊装、找正、螺栓紧固、焊压包头、灯具接线、试灯。 **计量单位：** 套

编号				4-14-251	4-14-252	4-14-253	4-14-254	4-14-255	4-14-256
项目				成套型固定式灯盘灯高 > 20m					
				灯火数（火）					
				≤ 12	≤ 18	≤ 24	≤ 36	≤ 48	≤ 60
名称			单位	消耗量					
人工	000203000	综合二类工	工日	1.475	1.623	1.779	1.964	2.159	2.376
材料	255301002	灯架	套	（1.010）	（1.010）	（1.010）	（1.010）	（1.010）	（1.010）
	143505003	金属清洗剂	kg	0.850	0.850	0.850	0.850	0.850	0.850
	022703003	白布	kg	0.500	0.500	0.500	0.500	0.500	0.500
	850103006	其他材料费（占材料费）	%	1.800	1.800	1.800	1.800	1.800	1.800
机械	990304024	汽车式起重机 25t	台班	0.374	0.374	0.374	0.748	0.748	0.748
	990401020	载重汽车 5t	台班	0.374	0.374	0.374	0.374	0.374	0.374
	990513020	汽车式高空作业车 21m	台班	0.374	0.374	0.374	0.748	0.748	0.748

工作内容：测位、划线、成套吊装、找正、螺栓紧固、焊压包头、传动装置安装、清洗上油、灯具接线、试灯、试验。 **计量单位：套**

编号				4-14-257	4-14-258	4-14-259	4-14-260	4-14-261	4-14-262
项目				成套型升降式灯盘灯高 > 20m					
				灯火数（火）					
				≤ 12	≤ 18	≤ 24	≤ 36	≤ 48	≤ 60
名称			单位	消耗量					
人工	000203000	综合二类工	工日	1.697	1.866	2.052	2.258	2.483	2.731
材料	255301002	灯架	套	（1.010）	（1.010）	（1.010）	（1.010）	（1.010）	（1.010）
	340915003	升降传动装置	套	（1.000）	（1.000）	（1.000）	（1.000）	（1.000）	（1.000）
	022703003	白布	kg	0.500	0.500	0.500	0.750	0.750	0.750
	212909002	肥皂	块	0.500	0.500	0.500	0.500	0.500	0.500
	143505003	金属清洗剂	kg	1.000	1.000	1.000	1.000	1.000	1.000
	143309002	黄甘油	kg	1.000	1.000	1.000	1.000	1.000	1.000
	140113002	黄油	kg	0.300	0.300	0.300	0.500	0.500	0.500
	850103006	其他材料费（占材料费）	%	1.800	1.800	1.800	1.800	1.800	1.800
机械	990304024	汽车式起重机 25t	台班	0.374	0.374	0.374	0.748	0.748	0.748
	990401020	载重汽车 5t	台班	0.374	0.374	0.374	0.374	0.374	0.374
	990513020	汽车式高空作业车 21m	台班	0.374	0.374	0.374	0.748	0.748	0.748

工作内容：灯架检查、测试定位、灯具安装、螺栓紧固、灯具接线、包头、试灯。 **计量单位：套**

编号				4-14-263	4-14-264	4-14-265	4-14-266	4-14-267	4-14-268
项目				组合型高杆灯架灯高 > 11m					
				灯火数（火）					
				≤ 7	≤ 9	≤ 12	≤ 15	≤ 20	≤ 25
名称			单位	消耗量					
人工	000203000	综合二类工	工日	1.280	1.408	1.549	1.704	1.877	2.062
材料	255301002	灯架	套	（1.010）	（1.010）	（1.010）	（1.010）	（1.010）	（1.010）
	143505003	金属清洗剂	kg	0.550	0.550	0.550	0.550	0.550	0.550
	022703003	白布	kg	0.350	0.350	0.350	0.350	0.350	0.350
	850103006	其他材料费（占材料费）	%	1.800	1.800	1.800	1.800	1.800	1.800
机械	990304004	汽车式起重机 8t	台班	0.187	0.187	0.187	0.187	0.187	0.187
	990401020	载重汽车 5t	台班	0.075	0.075	0.112	0.112	0.150	0.187
	990513010	汽车式高空作业车 18m	台班	0.187	0.187	0.187	0.374	0.374	0.374

工作内容：灯架检查、测试定位、灯具安装、螺栓紧固、灯具接线、包头、试灯。 计量单位：套

编号				4-14-269	4-14-270	4-14-271	4-14-272	4-14-273	4-14-274
项目				组合型高杆灯架灯高＞20m					
				灯火数（火）					
				≤7	≤9	≤12	≤15	≤20	≤25
名称			单位	消耗量					
人工	000203000	综合二类工	工日	2.493	1.620	1.782	1.960	2.155	2.372
材料	255301002	灯架	套	（1.010）	（1.010）	（1.010）	（1.010）	（1.010）	（1.010）
	143505003	金属清洗剂	kg	0.850	0.850	0.850	0.850	0.850	0.850
	022703003	白布	kg	0.500	0.500	0.500	0.500	0.500	0.500
	850103006	其他材料费（占材料费）	%	1.800	1.800	1.800	1.800	1.800	1.800
机械	990304004	汽车式起重机 8t	台班	0.187	0.187	0.187	0.187	0.187	0.187
	990401020	载重汽车 5t	台班	0.075	0.075	0.112	0.112	0.150	0.187
	990513020	汽车式高空作业车 21m	台班	0.187	0.187	0.187	0.374	0.374	0.374

工作内容：灯架检查、测试定位、灯具安装、螺栓紧固、灯具接线、包头、试灯。 计量单位：套

编号				4-14-275	4-14-276	4-14-277	4-14-278	4-14-279	4-14-280
项目				组合型固定式灯盘灯高＞20m					
				灯火数（火）					
				≤12	≤18	≤24	≤36	≤48	≤60
名称			单位	消耗量					
人工	000203000	综合二类工	工日	1.549	1.707	1.873	2.062	2.267	2.495
材料	255301002	灯架	套	（1.010）	（1.010）	（1.010）	（1.010）	（1.010）	（1.010）
	143505003	金属清洗剂	kg	0.850	0.850	0.850	0.850	0.850	0.850
	022703003	白布	kg	0.500	0.500	0.500	0.500	0.500	0.500
	850103006	其他材料费（占材料费）	%	1.800	1.800	1.800	1.800	1.800	1.800
机械	990304024	汽车式起重机 25t	台班	0.374	0.374	0.374	0.748	0.748	0.748
	990401020	载重汽车 5t	台班	0.374	0.374	0.374	0.374	0.374	0.374
	990513020	汽车式高空作业车 21m	台班	0.374	0.374	0.374	0.748	0.748	0.748

工作内容：测位、划线、成套吊装、找正、螺栓紧固、焊压包头、传动装置安装、清洗上油、灯具接线、试灯、试验。

计量单位：套

编号				4-14-281	4-14-282	4-14-283	4-14-284	4-14-285	4-14-286
项目				组合型升降式灯盘灯高＞20m					
				灯火数（火）					
				≤12	≤18	≤24	≤36	≤48	≤60
名称			单位	消耗量					
人工	000203000	综合二类工	工日	1.782	1.958	2.155	2.371	2.608	2.869
材料	255301002	灯架	套	（1.010）	（1.010）	（1.010）	（1.010）	（1.010）	（1.010）
	340915003	升降传动装置	套	（1.000）	（1.000）	（1.000）	（1.000）	（1.000）	（1.000）
	022703003	白布	kg	0.500	0.500	0.500	0.750	0.750	0.750
	212909002	肥皂	块	0.500	0.500	0.500	0.500	0.500	0.500
	143505003	金属清洗剂	kg	1.000	1.000	1.000	1.000	1.000	1.000
	143309002	黄甘油	kg	1.000	1.000	1.000	1.500	1.500	1.500
	140113002	黄油	kg	0.300	0.300	0.300	0.500	0.500	0.500
	850103006	其他材料费（占材料费）	%	1.800	1.800	1.800	1.800	1.800	1.800
机械	990304024	汽车式起重机 25t	台班	0.374	0.374	0.374	0.748	0.748	0.748
	990401020	载重汽车 5t	台班	0.374	0.374	0.374	0.374	0.374	0.374
	990513020	汽车式高空作业车 21m	台班	0.374	0.374	0.374	0.748	0.748	0.748

4. 桥梁栏杆灯

工作内容：打眼、埋螺栓、灯具组装、配线、接线、焊接包头、校试。

计量单位：套

编号				4-14-287	4-14-288	4-14-289	4-14-290
项目				成套型		组装型	
				嵌入式	明装式	嵌入式	明装式
名称			单位	消耗量			
人工	000203000	综合二类工	工日	0.341	0.273	0.409	0.328
材料	250000002	成套灯具	套	（1.010）	（1.010）	（1.010）	（1.010）
	280301004	铜芯塑料绝缘电线 BV-2.5mm²	m	0.458	0.452	0.916	0.916
	290901010	铜接线端子 20A	个	1.015	1.015	1.015	1.015
	850103006	其他材料费（占材料费）	%	1.800	1.800	1.800	1.800
机械	990401020	载重汽车 5t	台班	0.030	0.030	0.030	0.030

5. 路灯照明配件

工作内容： 开箱检查、固定、配线、测位、划线、打眼、埋螺栓、安装。 **计量单位：** 套

编号				4-14-291	4-14-292	4-14-293
项目				镇流器安装	触发器安装	电容器安装
名称			单位	消耗量		
人工	000203000	综合二类工	工日	0.069	0.044	0.051
材料	255500001	镇流器	套	（1.010）	—	—
	256113001	触发器	套	—	（1.010）	—
	552107001	电容器 400W	套	—	—	（1.010）
	280301004	铜芯塑料绝缘电线 BV-2.5mm²	m	0.509	0.509	0.509
	850103006	其他材料费（占材料费）	%	1.800	1.800	1.800

6. 路 灯 杆 座

工作内容： 座箱部件检查、安装、找正、箱体接地、接点防水、绝缘处理。 **计量单位：** 套

编号				4-14-294	4-14-295	4-14-296	4-14-297	4-14-298
项目				成套型		组合型		
				金属杆座	玻璃钢杆座	金属杆座	玻璃钢杆座	预制混凝土杆座
名称			单位	消耗量				
人工	000203000	综合二类工	工日	0.166	0.141	0.221	0.178	0.315
材料	255903001	灯座箱	个	（1.010）	（1.010）	（1.010）	（1.010）	（1.010）
	031301007	低碳钢焊条（综合）	kg	0.055	0.055	0.055	0.055	0.055
	203501006	弹簧垫片（综合）	10个	0.102	—	0.102	—	—
	850103006	其他材料费（占材料费）	%	1.800	1.800	1.800	1.800	1.800
机械	990401020	载重汽车 5t	台班	0.037	0.037	0.037	0.037	0.037
	990904030	直流弧焊机 20kV·A	台班	0.011	0.011	0.011	0.011	0.011

7. 路灯金属杆

工作内容： 灯柱柱基杂物清理、立杆、找正、紧固螺栓并上防锈油。 **计量单位：** 根

编号				4-14-299	4-14-300	4-14-301	4-14-302
项目				单杆			
				杆长（m）			
				≤5	≤10	≤15	≤20
名称			单位	消耗量			
人工	000203000	综合二类工	工日	0.156	0.240	0.353	0.614
材料	292103001	金属杆	根	（1.000）	（1.000）	（1.000）	（1.000）
	130113005	酚醛磁漆	kg	0.400	0.500	0.600	1.200
	130505001	防锈漆	kg	0.200	0.250	0.300	0.600
	203107003	钢垫板 δ2.5～5	kg	0.500	0.500	0.800	0.800
	850103006	其他材料费（占材料费）	%	1.800	1.800	1.800	1.800
机械	990304004	汽车式起重机 8t	台班	0.066	0.086	0.125	0.187

工作内容：灯柱柱基杂物清理、立杆、找正、紧固螺栓并上防锈油。　　计量单位：根

编号				4-14-303	4-14-304	4-14-305
项目				单杆		
				杆长（m）		
				≤25	≤30	≤40
名称			单位	消耗量		
人工	000203000	综合二类工	工日	0.916	1.270	1.481
材料	292103001	金属杆	根	（1.000）	（1.000）	（1.000）
	130113005	酚醛磁漆	kg	1.200	2.100	2.100
	130505001	防锈漆	kg	0.600	1.050	1.050
	203107003	钢垫板 δ2.5～5	kg	1.200	2.100	2.100
	850103006	其他材料费（占材料费）	%	1.800	1.800	1.800
机械	990304024	汽车式起重机 25t	台班	0.449	0.673	0.897

十六、景观灯安装

1. 庭 院 灯

工作内容：测位、划线、灯具组装、接线。　　计量单位：套

编号				4-14-306	4-14-307
项目				柱灯（火）	
				≤3	≤7
名称			单位	消耗量	
人工	000203000	综合二类工	工日	0.820	1.644
材料	250000002	成套灯具	套	（1.010）	（1.010）
	291101001	塑料接线柱 双线	个	1.030	1.030
	271505002	瓷接头 1～3 回路	个	—	1.030
	850103006	其他材料费（占材料费）	%	1.800	1.800
机械	990304004	汽车式起重机 8t	台班	0.028	0.047

工作内容：测位、划线、打眼、埋螺栓、灯具安装、接线、焊接包头。　　计量单位：套

编号				4-14-308	4-14-309
项目				草坪地灯	
				固定式	嵌入式
名称			单位	消耗量	
人工	000203000	综合二类工	工日	0.297	0.269
材料	250000002	成套灯具	套	（1.010）	（1.010）
	280301004	铜芯塑料绝缘电线 BV-2.5mm²	m	1.985	1.985
	290901010	铜接线端子 20A	个	1.015	1.015
	291101001	塑料接线柱 双线	个	1.030	1.030
	850103006	其他材料费（占材料费）	%	1.800	1.800

工作内容： 测位、划线、打眼、埋螺栓、灯具安装、接线、焊接包头。 **计量单位：** 见表

编号				4-14-310	4-14-311	4-14-312
项目				树挂彩灯		
				网灯型	流星线型	串灯型
单位				m^2	m	
		名称	单位	消耗量		
人工	000203000	综合二类工	工日	0.066	0.045	0.049
材料	250000003	成套灯具	m^2	（1.010）	—	—
	250000004	成套灯具	m	—	（1.010）	（1.010）
	031507031	镀锌铁丝 ϕ4.0	kg	0.103	0.102	0.103
	021301001	尼龙扎带（综合）	根	5.090	3.080	3.090
	280301004	铜芯塑料绝缘电线 BV-2.5mm²	m	0.086	0.068	0.061
	850103006	其他材料费（占材料费）	%	1.800	1.800	1.800

2. 楼宇亮化灯

工作内容： 开箱清点、测定划线、打眼埋螺栓、灯具拼装固定、挂装饰部件、灯具安装、焊接包头等。 **计量单位：** 套

编号				4-14-313	4-14-314
项目				地面射灯	
				固定式	崁入式
		名称	单位	消耗量	
人工	000203000	综合二类工	工日	0.269	0.324
材料	250000002	成套灯具	套	（1.010）	（1.010）
	280301004	铜芯塑料绝缘电线 BV-2.5mm²	m	1.985	2.382
	290901010	铜接线端子 20A	个	1.015	1.218
	291101001	塑料接线柱 双线	个	1.030	1.236
	850103006	其他材料费（占材料费）	%	1.800	1.800

工作内容： 开箱清点、测定划线、打眼埋螺栓、灯具拼装固定、挂装饰部件、灯具安装、焊接包头等。 **计量单位：** 见表

编号				4-14-315	4-14-316	4-14-317	4-14-318	4-14-319
项目				立面点光源灯			立面轮廓灯	
				灯具直径（mm）			灯泡型	灯管型
				≤150	≤250	≤350		
单位				套			m	
		名称	单位	消耗量				
人工	000203000	综合二类工	工日	0.127	0.143	0.149	0.267	0.189
材料	250000002	成套灯具	套	（1.010）	（1.010）	（1.010）	（0.808）	（0.808）
	280301004	铜芯塑料绝缘电线 BV-2.5mm²	m	0.458	0.458	0.458	4.275	3.420
	290901010	铜接线端子 20A	个	1.015	1.015	1.015	0.812	0.609
	030103041	镀锌自攻螺钉 ST4～6×10～16	个	—	—	—	1.660	1.660
	171900004	金属软管 *D*15	m	—	—	—	0.824	0.206
	290661013	金属软管接头 *DN*15	个	—	—	—	1.648	1.030
	291101001	塑料接线柱 双线	个	—	—	—	0.824	0.824
	850103006	其他材料费（占材料费）	%	1.800	1.800	1.800	1.800	1.800

十七、太阳能及风能灯具安装

工作内容： 1. 开箱清点，检查，测位划线，打眼埋螺栓，灯具拼装，起吊安装组件，灯体安装，太阳能电池板固定、调整方位角度，蓄电池就位固定、护罩安装，标示标号，控制器安装，组件电路连接、接线，接地，接线包头，测试、记录。
2. 开箱清点，检查，测位划线，打眼埋螺栓，灯具拼装，起吊安装组件，灯体安装，风力发电机安装，太阳能电池板固定、调整方位角度，蓄电池就位固定、护罩安装、标示标号，控制器安装，组件电路连接，接线，接地，接线包头，测试，记录。

计量单位： 套

编号				4-14-320	4-14-321	4-14-322	4-14-323
项目				太阳能路灯		风光互补太阳能路灯	
				灯柱（m）			
				8 以下	10 以下	8 以下	10 以下
名称			单位	消耗量			
人工	000203000	综合二类工	工日	4.581	4.754	5.308	5.482
材料	250000002	成套灯具	套	（1.010）	（1.010）	（1.010）	（1.010）
	011303003	镀锌扁钢 25×4	kg	1.650	1.650	1.650	1.650
	370915002	钢板垫板	kg	0.225	0.225	0.225	0.225
	271703002	聚氯乙烯带 带宽 50	卷	0.003	0.004	0.003	0.004
	031301007	低碳钢焊条（综合）	kg	0.113	0.113	0.113	0.113
	031303019	焊锡丝（综合）	kg	0.113	0.113	0.113	0.113
	031305003	焊锡膏	kg	0.023	0.023	0.023	0.023
	130115006	酚醛调和漆	kg	0.075	0.075	0.075	0.075
	130505001	防锈漆	kg	0.075	0.075	0.075	0.075
	140301003	汽油 92#	kg	0.038	0.038	0.038	0.038
	142123001	电力复合脂	kg	0.060	0.070	0.110	0.120
	271505001	瓷接头 双	个	1.030	1.030	1.030	1.030
	271799001	电气绝缘胶带 18mm×10m×0.13mm	卷	0.200	0.200	0.200	0.200
	280301004	铜芯塑料绝缘电线 BV-2.5mm²	m	0.220	0.220	0.220	0.220
	850103006	其他材料费（占材料费）	%	0.300	0.300	0.300	0.300
机械	990401020	载重汽车 5t	台班	0.084	0.084	0.084	0.084
	990304004	汽车式起重机 8t	台班	0.196	0.196	0.196	0.196
	990513020	汽车式高空作业车 21m	台班	0.239	0.239	0.239	0.239
	990904030	直流弧焊机 20kV·A	台班	0.105	0.105	0.133	0.133
	870613023	手持式万用表	台班	0.060	0.060	0.060	0.060

工作内容：开箱清点，检查，测位划线，打眼埋螺栓，灯具拼装，起吊安装组件，灯体安装，太阳能电池板固定、调整方位角度，蓄电池就位固定、护罩安装，标示标号，控制器安装，组件电路连接、接线，接地，接线包头，测试、记录。 **计量单位：套**

编 号				4-14-324	4-14-325	4-14-326	4-14-327
项 目				太阳能庭院路灯		太阳能草坪灯	
				灯柱（m）			
				3 以下	5 以下	立柱式	嵌入式
名 称			单位	消 耗 量			
人工	000203000	综合二类工	工日	1.973	2.072	0.297	0.269
材料	250000002	成套灯具	套	（1.010）	（1.010）	（1.010）	（1.010）
	011303003	镀锌扁钢 25×4	kg	1.650	1.650	—	—
	370915002	钢板垫板	kg	0.225	0.225	—	—
	271703002	聚氯乙烯带 带宽 50	卷	0.003	0.003	—	—
	031301007	低碳钢焊条（综合）	kg	0.113	0.113	—	—
	031303019	焊锡丝（综合）	kg	0.113	0.113	—	—
	031305003	焊锡膏	kg	0.023	0.023	—	—
	130115006	酚醛调和漆	kg	0.075	0.075	—	—
	130505001	防锈漆	kg	0.075	0.075	—	—
	140301003	汽油 92#	kg	0.038	0.038	—	—
	142123001	电力复合脂	kg	0.058	0.058	—	—
	271505001	瓷接头 双	个	1.030	1.030	1.030	1.030
	271799001	电气绝缘胶带 18mm×10m×0.13mm	卷	0.200	0.200	—	—
	280307008	铜芯橡皮绝缘电线 BX-2.5mm^2	m	0.220	0.220	—	—
	280301004	铜芯塑料绝缘电线 BV-2.5mm^2	m	—	—	1.985	1.985
	290901017	铜接线端子 DT-2.5mm^2	个	—	—	1.015	1.015
	850103006	其他材料费（占材料费）	%	0.200	0.200	0.200	0.200
机械	990401020	载重汽车 5t	台班	0.005	0.005	—	—
	990304004	汽车式起重机 8t	台班	0.033	0.052	—	—
	990513020	汽车式高空作业车 21m	台班	0.047	0.047	—	—
	990904030	直流弧焊机 20kV·A	台班	0.056	0.056	—	—
	870613023	手持式万用表	台班	0.060	0.060	—	—

工作内容： 开箱清点，检查，测位划线，打眼埋螺栓，灯具拼装，起吊安装组件，灯体安装，太阳能电池板固定、调整方位角度，蓄电池就位固定、护罩安装，标示标号，控制器安装，组件电路连接、接线，接地，接线包头，测试、记录。 **计量单位：** 套

编号				4-14-328	4-14-329
项目				太阳能信号灯	
				灯柱（m）	
				3 以下	5 以下
名称			单位	消耗量	
人工	000203000	综合二类工	工日	3.402	3.501
材料	250000002	成套灯具	套	（1.010）	（1.010）
	011303003	镀锌扁钢 25×4	kg	1.650	1.650
	370915002	钢板垫板	kg	0.225	0.225
	271703002	聚氯乙烯带 带宽 50	卷	0.003	0.003
	031301007	低碳钢焊条（综合）	kg	0.113	0.113
	031303019	焊锡丝（综合）	kg	0.113	0.113
	031305003	焊锡膏	kg	0.023	0.023
	130115006	酚醛调和漆	kg	0.075	0.075
	130505001	防锈漆	kg	0.075	0.075
	140301003	汽油 92#	kg	0.038	0.038
	142123001	电力复合脂	kg	0.058	0.058
	271505001	瓷接头 双	个	1.030	1.030
	271799001	电气绝缘胶带 18mm×10m×0.13mm	卷	0.200	0.200
	280301005	铜芯塑料绝缘电线 BV-4mm²	m	0.916	0.916
	280307008	铜芯橡皮绝缘电线 BX-2.5mm²	m	0.220	0.220
	290901030	铜接线端子 DT-6mm²	个	1.015	1.015
	850103006	其他材料费（占材料费）	%	0.300	0.300
机械	990401020	载重汽车 5t	台班	0.005	0.005
	990304004	汽车式起重机 8t	台班	0.033	0.052
	990513020	汽车式高空作业车 21m	台班	0.047	0.047
	990904030	直流弧焊机 20kV·A	台班	0.056	0.056
	870613023	手持式万用表	台班	0.060	0.060

十八、艺术喷泉照明系统安装

1. 程序控制柜、控制箱安装

工作内容：开箱检验、定位、安装、接地、单体调试。 计量单位：台

编号				4-14-330	4-14-331	4-14-332	4-14-333	4-14-334
项目				程序控制柜安装	落地式程序控制箱安装	悬挂嵌入式程序控制箱安装		
						半周长（m）		
						≤1	≤1.5	≤2.5
名称			单位	消耗量				
人工	000203000	综合二类工	工日	4.158	3.184	1.579	2.019	2.456
材料	022703003	白布	kg	—	0.100	0.100	0.100	0.120
	031301007	低碳钢焊条（综合）	kg	—	0.150	—	—	0.150
	031102005	铁砂布 $0^{\#}$～$2^{\#}$	张	—	1.000	1.000	1.200	1.500
	130115006	酚醛调和漆	kg	—	0.100	0.050	0.050	0.070
	142123001	电力复合脂	kg	—	0.100	0.410	0.410	0.410
	271799001	电气绝缘胶带 18mm × 10m × 0.13mm	卷	0.250	0.150	0.100	0.125	0.150
	280109002	硬铜绞线 TJ-10mm²	kg	—	—	0.200	0.230	0.250
	290901019	铜接线端子 DT-10mm²	个	—	—	2.030	2.030	2.030
	203107002	钢垫板 δ1～2	kg	0.400	0.400	0.150	0.150	0.200
	021301010	塑料带 20mm × 40m	kg	0.500	—	—	—	—
	011303001	镀锌扁钢（综合）	kg	—	1.500	—	—	—
	850103006	其他材料费（占材料费）	%	1.800	1.800	1.800	1.800	1.800
机械	990304004	汽车式起重机 8t	台班	0.060	0.060	—	—	—
	990401020	载重汽车 5t	台班	0.100	0.100	—	—	—
	990904030	直流弧焊机 20kV · A	台班	—	0.100	—	—	0.093

2. 音乐喷泉控制设备安装

工作内容： 开箱、检验、定位、安装、校线、接线、单体调试。 **计量单位：** 台

编号				4-14-335	4-14-336	4-14-337	4-14-338	4-14-339
项目				声画同步器安装	编程音乐控制器安装	电脑音乐控制器安装	音乐控制器安装	变频控制器安装
名称			单位	消耗量				
人工	000203000	综合二类工	工日	4.296	6.690	9.081	3.101	2.838
材料	022703003	白布	kg	0.100	0.150	0.150	0.100	0.100
	031102005	铁砂布 0#～2#	张	1.000	1.500	1.500	1.000	0.050
	142123001	电力复合脂	kg	0.100	0.150	0.200	0.050	0.050
	271799001	电气绝缘胶带 18mm × 10m × 0.13mm	卷	0.100	0.150	0.250	0.100	0.005
	280109002	硬铜绞线 TJ-10mm²	kg	0.200	0.200	0.200	0.200	0.100
	290901019	铜接线端子 DT-10mm²	个	2.030	2.030	2.030	2.030	2.030
	850103006	其他材料费（占材料费）	%	1.800	1.800	1.800	1.800	1.800
机械	990304004	汽车式起重机 8t	台班	0.093	0.187	0.280	0.140	0.093

3. 喷泉特技效果控制设备安装

工作内容： 开箱检验、定位、安装、接地、单体调试。 **计量单位：** 台

编号				4-14-340	4-14-341	4-14-342	4-14-343
项目				摇摆传动器安装（KW）			
				单摇 2.2	双摇 2.2	扇面摇 1.0	纵向摇 2.2
名称			单位	消耗量			
人工	000203000	综合二类工	工日	3.365	5.256	1.565	8.286
材料	133503003	防水密封胶	kg	0.500	1.000	0.500	0.500
	224903001	防雨罩	m²	1.000	1.500	1.000	1.000
	225105002	尼龙过滤网	m²	2.000	2.000	2.000	2.000
	850103006	其他材料费（占材料费）	%	1.800	1.800	1.800	1.800
机械	990305010	叉式起重机 3t	台班	0.037	0.075	0.028	0.075

4. 喷泉防水配件安装

工作内容： 开箱检验、清洁、搬运、划线、定位、安装、接线、封盖、接地。 **计量单位：** m

编号				4-14-344	4-14-345	4-14-346	4-14-347	4-14-348
项目				玻璃钢电缆槽安装				
				宽＋高（mm）				
				≤50	≤80	≤120	≤300	≤600
名称			单位	消耗量				
人工	000203000	综合二类工	工日	0.057	0.071	0.093	0.171	0.212
材料	290403001	密封玻璃钢电缆槽盖板	m	（1.010）	（1.010）	（1.010）	（1.010）	（1.010）
	290305001	玻璃钢电缆槽	m	（1.010）	（1.010）	（1.010）	（1.010）	（1.010）
	133503003	防水密封胶	kg	0.020	0.020	0.025	0.030	0.035
	850103006	其他材料费（占材料费）	%	1.800	1.800	1.800	1.800	1.800

5. 艺术喷泉照明安装

（1）喷泉水下彩色照明安装

工作内容： 开箱清点、测定划线、打眼埋螺栓、灯具拼装固定、挂装饰部件、防水接线、焊接包头、接地、调试等。 **计量单位：** m

编号				4-14-349	4-14-350	4-14-351
项目				水下链灯管式	水下链灯可塑	水下灯柱穿管
				直径（mm）		日光彩灯
				50～60	12～30	
名称			单位	消耗量		
人工	000203000	综合二类工	工日	0.845	0.563	0.707
材料	250000002	成套灯具	套	（0.824）	（0.824）	（0.824）
	130115006	酚醛调和漆	kg	0.100	0.100	0.100
	130505001	防锈漆	kg	0.050	0.050	0.050
	133503003	防水密封胶	kg	0.200	0.100	0.200
	182525005	撑脚卡箍（综合）	套	2.100	2.100	2.100
	031505001	不锈钢防护网	m^2	—	—	0.200
	850103006	其他材料费（占材料费）	%	1.800	1.800	1.800

（2）喷泉水上辅助照明安装

工作内容：开箱检验、清洁搬运、铁件加工、接线、调试。　　**计量单位：**套

编号				4-14-352	4-14-353	4-14-354	4-14-355	4-14-356
项目				聚光灯	散光灯	追光灯	投光灯	频闪器阵
名称			单位	消耗量				
人工	000203000	综合二类工	工日	0.169	0.141	0.225	0.281	1.688
材料	250000002	成套灯具	套	（1.010）	（1.010）	（1.010）	（1.010）	（1.010）
	020901008	彩色膜	m^2	0.160	0.160	0.160	0.160	1.000
	850103006	其他材料费（占材料费）	%	1.800	1.800	1.800	1.800	1.800

6. 水下艺术装饰灯具安装

工作内容：开箱清点、测定划线、打眼埋螺栓、灯具拼装固定、挂装饰部件、灯具安装、焊接包头等。　　**计量单位：**套

编号				4-14-357	4-14-358	4-14-359	4-14-360
项目				简易型彩灯	密封型彩灯	喷水池灯	幻光型灯
名称			单位	消耗量			
人工	000203000	综合二类工	工日	0.148	0.148	0.164	0.174
材料	250000002	成套灯具	套	（1.010）	（1.010）	（1.010）	（1.010）
	020503001	防水橡胶圈	个	1.500	1.500	1.500	1.500
	850103006	其他材料费（占材料费）	%	1.800	1.800	1.800	1.800

工作内容：开箱清点、测定划线、打眼埋螺栓、灯具拼装固定、挂装饰部件、灯具安装、焊接包头等。　　**计量单位：**见表

编号				4-14-361	4-14-362	4-14-363	4-14-364
项目				彩灯阵	彩色日光灯阵	彩色链灯阵	雷达灯 摇摆旋转式
单位				m^2			套
名称			单位	消耗量			
人工	000203000	综合二类工	工日	1.273	2.105	2.764	4.222
材料	250000002	成套灯具	套	（0.435）	（0.435）	（0.435）	（1.010）
	020901008	彩色膜	m^2	—	—	—	0.160
	284111001	防水电缆	m	—	—	—	0.100
	850103006	其他材料费（占材料费）	%	1.800	1.800	1.800	1.800
机械	990304004	汽车式起重机 8t	台班	—	—	—	0.033

十九、开关、按钮安装

1. 普通开关、按钮

工作内容：测位、划线、打眼、清扫盒子、上塑料台、缠钢丝弹簧垫、装开关和按钮、接线、装盖、埋塑料胀管。

计量单位：套

编号				4-14-365	4-14-366	4-14-367	4-14-368
项目				拉线开关	跷板开关	跷板暗开关（联）	
					明装	单控≤3	单控≤6
名称			单位	消耗量			
人工	000203000	综合二类工	工日	0.052	0.049	0.054	0.066
材料	260501002	照明开关	只	（1.020）	（1.020）	（1.020）	（1.020）
	021907001	塑料台	个	1.050	1.050	—	—
	030103052	木螺钉 $d2\sim4\times6\sim65$	个	4.200	4.200	—	—
	172500029	塑料胀管 $\phi6\sim8$	个	1.100	1.100	—	—
	280301004	铜芯塑料绝缘电线 BV-2.5mm^2	m	0.305	0.305	0.458	0.955
	850103006	其他材料费（占材料费）	%	1.800	1.800	1.800	1.800

工作内容：测位、划线、打眼、清扫盒子、上塑料台、缠钢丝弹簧垫、装开关和按钮、接线、装盖、埋塑料胀管。

计量单位：套

编号				4-14-369	4-14-370
项目				跷板暗开关（联）	
				双控≤3	双控≤6
名称			单位	消耗量	
人工	000203000	综合二类工	工日	0.057	0.066
材料	260501002	照明开关	只	（1.020）	（1.020）
	280301004	铜芯塑料绝缘电线 BV-2.5mm^2	m	0.573	1.061
	850103006	其他材料费（占材料费）	%	1.800	1.800

工作内容：测位、划线、打眼、清扫盒子、上塑料台、缠钢丝弹簧垫、装开关和按钮、接线、装盖、埋塑料胀管。　　　　计量单位：套

编　号				4-14-371	4-14-372
项　目				按钮	密封开关
					电流 ≤ 5A
名　称			单位	消　耗　量	
人工	000203000	综合二类工	工日	0.052	0.083
材料	262125006	成套按钮	套	（1.020）	—
	264901002	密封开关	套	—	（1.020）
	280301004	铜芯塑料绝缘电线 BV-2.5mm²	m	0.305	0.515
	030103052	木螺钉 $d2 \sim 4 \times 6 \sim 65$	个	—	2.080
	850103006	其他材料费（占材料费）	%	1.800	1.800

2. 带保险盒开关

工作内容：测位、划线、打洞眼、上木台、装开关、保险盒接线、装盖、塑料膨胀管等。　　　　计量单位：套

编　号				4-14-373	4-14-374	4-14-375
项　目				拉线开关		扳手开关
				明装	防水	明装
名　称			单位	消　耗　量		
人工	000203000	综合二类工	工日	0.060	0.094	0.056
材料	260501002	照明开关	只	（1.020）	（1.020）	（1.020）
	271519002	瓷圆保险盒	个	（1.020）	（1.020）	（1.020）
	030103056	木螺钉 $d2.5 \times 20$	10 个	0.416	0.416	0.416
	030103064	木螺钉 $d4 \times 65$	10 个	0.208	0.208	0.208
	172500029	塑料胀管 $\phi 6 \sim 8$	个	2.200	2.200	2.200
	280301004	铜芯塑料绝缘电线 BV-2.5mm²	m	0.305	0.305	0.305
	850103006	其他材料费（占材料费）	%	1.800	1.800	1.800

3. 声控延时开关、柜门触动开关

工作内容：测位、划线、打眼、埋螺栓、装开关、接线、调校。　　　　计量单位：套

编　号				4-14-376	4-14-377	4-14-378
项　目				声控延时开关	柜门触动开关	钥匙取电器
名　称			单位	消　耗　量		
人工	000203000	综合二类工	工日	0.052	0.051	0.055
材料	260913002	声控延时开关（红外线感应）	个	（1.020）	—	—
	551399003	柜门开关 触动式	套	—	（1.020）	—
	261301001	钥匙取电器	套	—	—	（1.020）
	280301004	铜芯塑料绝缘电线 BV-2.5mm²	m	0.305	0.305	0.458
	030103052	木螺钉 $d2 \sim 4 \times 6 \sim 65$	个	—	2.100	—
	850103006	其他材料费（占材料费）	%	1.800	1.800	1.800

4. 床头柜集控板

工作内容：开箱、清扫检查、集控板安装对号、接线等。　　　　**计量单位**：套

编号				4-14-379	4-14-380	4-14-381
项目				开关数量（个）		
				≤10	≤15	≤20
名称			单位	消耗量		
人工	000203000	综合二类工	工日	0.798	1.441	1.769
材料	262601001	床头柜集控板	套	（1.000）	（1.000）	（1.000）
	030103056	木螺钉 *d*2.5×20	10个	0.416	0.416	0.416
	031303020	松香焊锡丝（综合）	m	0.281	0.375	0.500
	172709009	塑料软管 *De*15	m	1.365	—	—
	172709012	塑料软管 *De*25	m	—	1.365	—
	172709013	塑料软管 *De*30	m	—	—	1.365
	850103006	其他材料费（占材料费）	%	1.800	1.800	1.800

二十、插座安装

1. 普通插座安装

工作内容：测位、划线、打眼、埋塑料胀管、装插座、接线、装盖。　　　　**计量单位**：套

编号				4-14-382	4-14-383	4-14-384	4-14-385
项目				单相		单相带接地	
				明插座电流（A）			
				≤15	≤30	≤15	≤30
名称			单位	消耗量			
人工	000203000	综合二类工	工日	0.054	0.063	0.064	0.070
材料	264100004	成套插座	套	（1.020）	（1.020）	（1.020）	（1.020）
	030103052	木螺钉 *d*2～4×6～65	个	4.160	4.160	4.160	4.160
	172500029	塑料胀管 *ϕ*6～8	个	2.200	2.200	2.200	2.200
	280301004	铜芯塑料绝缘电线 BV-2.5mm²	m	0.305	—	0.458	—
	280301005	铜芯塑料绝缘电线 BV-4mm²	m	—	0.305	—	0.458
	850103006	其他材料费（占材料费）	%	1.800	1.800	1.800	1.800

工作内容：测位、划线、打眼、埋塑料胀管、装插座、接线、装盖。　　**计量单位**：套

编号				4-14-386	4-14-387
项目				三相带接地	
				明插座电流（A）	
				≤15	≤30
名称			单位	消耗量	
人工	000203000	综合二类工	工日	0.070	0.075
材料	264100004	成套插座	套	（1.020）	（1.020）
	030103052	木螺钉 $d2\sim4\times6\sim65$	个	2.080	2.080
	030103055	木螺钉 $d4.5\sim6\times15\sim100$	10个	0.208	0.208
	172500029	塑料胀管 $\phi6\sim8$	个	2.200	2.200
	280301004	铜芯塑料绝缘电线 BV-2.5mm²	m	0.610	—
	280301005	铜芯塑料绝缘电线 BV-4mm²	m	—	0.610
	021907001	塑料台	个	—	1.050
	850103006	其他材料费（占材料费）	%	1.800	1.800

工作内容：测位、划线、打眼、清扫盒子、装插座、接线。　　**计量单位**：套

编号				4-14-388	4-14-389	4-14-390	4-14-391
项目				单相		单相带接地	
				暗插座电流（A）			
				≤15	≤30	≤15	≤30
名称			单位	消耗量			
人工	000203000	综合二类工	工日	0.054	0.056	0.064	0.070
材料	264100004	成套插座	套	（1.020）	（1.020）	（1.020）	（1.020）
	280301004	铜芯塑料绝缘电线 BV-2.5mm²	m	0.305	—	0.458	—
	280301005	铜芯塑料绝缘电线 BV-4mm²	m	—	0.305	—	0.458
	850103006	其他材料费（占材料费）	%	1.800	1.800	1.800	1.800

工作内容：测位、划线、打眼、清扫盒子、装插座、接线。　　**计量单位**：套

编号				4-14-392	4-14-393
项目				三相带接地	
				暗插座电流（A）	
				≤15	≤30
名称			单位	消耗量	
人工	000203000	综合二类工	工日	0.070	0.075
材料	264100004	成套插座	套	（1.020）	（1.020）
	280301004	铜芯塑料绝缘电线 BV-2.5mm²	m	0.610	—
	280301005	铜芯塑料绝缘电线 BV-4mm²	m	—	0.610
	850103006	其他材料费（占材料费）	%	1.800	1.800

2. 防爆插座安装

工作内容：测位、划线、打眼、清扫盒子、装插座、接线。 **计量单位：**套

编号				4-14-394	4-14-395	4-14-396	4-14-397
项目				单相		单相带接地	
				防爆插座电流（A）			
				≤15	≤60	≤15	≤60
名称			单位	消耗量			
人工	000203000	综合二类工	工日	0.092	0.122	0.092	0.122
材料	264115002	防爆插座	个	（1.020）	（1.020）	（1.020）	（1.020）
	280301004	铜芯塑料绝缘电线 BV-2.5mm²	m	0.305	—	0.458	—
	280301005	铜芯塑料绝缘电线 BV-4mm²	m	—	0.305	—	0.458
	850103006	其他材料费（占材料费）	%	1.800	1.800	1.800	1.800

工作内容：测位、划线、打眼、清扫盒子、装插座、接线。 **计量单位：**套

编号				4-14-398	4-14-399
项目				三相带接地	
				防爆插座电流（A）	
				≤15	≤60
名称			单位	消耗量	
人工	000203000	综合二类工	工日	0.110	0.143
材料	264115002	防爆插座	个	（1.020）	（1.020）
	280301004	铜芯塑料绝缘电线 BV-2.5mm²	m	0.610	—
	280301005	铜芯塑料绝缘电线 BV-4mm²	m	—	0.610
	850103006	其他材料费（占材料费）	%	1.800	1.800

3. 多联组合开关插座安装

工作内容：安装底座、插头插座线焊接、对号、测位、打眼、焊接安装等。 **计量单位：**套

编号				4-14-400	4-14-401
项目				明装	暗装
名称			单位	消耗量	
人工	000203000	综合二类工	工日	0.128	0.154
材料	264199007	多联组合开关插座	套	（1.000）	（1.000）
	291197002	开关盒（暗装）	个	—	（1.000）
	030103060	木螺钉 $d4\times40$	10个	0.208	—
	172500029	塑料胀管 $\phi6\sim8$	个	2.200	—
	030103002	半圆头螺钉（综合）	10套	—	0.416
	850103006	其他材料费（占材料费）	%	1.800	1.800

4. 多线插座连插头安装

工作内容：安装底座、插头插座线焊接、对号、测位、打眼、焊接安装等。 **计量单位：**套

编号				4-14-402	4-14-403	4-14-404	4-14-405
项目				床头柜（插座）		多线插头连插座	须刨插座≤15A
				≤10	≤20		
名称			单位	消耗量			
人工	000203000	综合二类工	工日	0.489	0.733	0.122	0.074
材料	264507001	床头柜多线插头连插座	套	（1.000）	（1.000）	—	—
	291197002	开关盒（暗装）	个	（1.000）	（1.000）	—	—
	264507002	多线插头连插座	套	—	—	（1.000）	—
	030103016	沉头螺钉 $M4\times10$	10个	0.208	0.208	—	—
	031305003	焊锡膏	kg	0.010	0.012	—	—
	031303019	焊锡丝（综合）	kg	0.050	0.070	—	—
	030103060	木螺钉 $d4\times40$	10个	—	—	0.208	—
	264301001	须刨插座	个	—	—	—	（1.020）
	172500029	塑料胀管 $\phi6\sim8$	个	—	—	2.200	—
	280301004	铜芯塑料绝缘电线 BV-2.5mm²	m	—	—	—	0.458
	850103006	其他材料费（占材料费）	%	1.800	1.800	1.800	1.800

二十一、补 充 项 目

1. 航空障碍灯

工作内容：侧位、划线、打眼、埋螺栓、灯具安装、接线、接焊包头。 **计量单位：**10套

编号				4-14-406
项目				航空障碍灯
名称			单位	消耗量
人工	000203000	综合二类工	工日	3.100
材料	250000002	成套灯具	套	（10.100）
	031519007	冲击钻头 $\phi8$	个	0.520
	271505001	瓷接头 双	个	10.300
	030107013	膨胀螺栓 M8	套	40.800
	280300003	塑料绝缘线 BV-2.5mm²	m	3.050
	850103005	其他材料费	元	1.480

2. 屋面防水帽

工作内容：定位、防水帽安装固定、保护套安装、接口打胶。 **计量单位：**个

编 号				4-14-407	4-14-408	4-14-409
项 目				屋面防水帽	金属屋面防水帽	屋面防水帽
				墩座式混凝土井口接口防水帽	圆形ϕ600	自安型防水帽
						外圆ϕ910
名 称			单位	消 耗 量		
人工	000203000	综合二类工	工日	0.164	0.152	0.186
材料	031599019	墩座式混凝土井口接口屋面防水帽方形 600×600（个）	个	（1.000）	—	—
	173127001	尼龙胀管 ϕ6~8	个	8.000	—	12.000
	030103039	自攻螺钉 ST4×30	个	8.000	6.000	12.000
	031519003	冲击钻头 ϕ6~8	个	0.070	—	0.110
	133503020	耐高温防水胶 380g 290mL	支	1.000	0.880	1.110
	031599016	金属屋面防水帽 圆形 ϕ600	个	—	（1.000）	—
	031599017	自安型防水帽 外圆 ϕ910	个	—	—	（1.000）
	850103006	其他材料费（占材料费）	%	1.000	1.000	1.000

3. 采 光 罩

工作内容：定位、采光罩安装。 **计量单位：**个

编 号				4-14-410	4-14-411
项 目				采光罩外径（mm）	
				≤ϕ350	≤ϕ600
名 称			单位	消 耗 量	
人工	000203000	综合二类工	工日	0.088	0.098
材料	224911002	采光罩 ϕ350	个	（1.000）	—
	030103039	自攻螺钉 ST4×30	个	6.000	8.000
	224911004	采光罩 ϕ600	个	—	（1.000）

4. 导 光 管

工作内容：定位、悬吊绳制作安装、导光管连接安装。 **计量单位：**m

编 号				4-14-412	4-14-413
项 目				导光管外径（mm）	
				≤ϕ350	≤ϕ600
名 称			单位	消 耗 量	
人工	000203000	综合二类工	工日	0.401	0.472
材料	030103039	自攻螺钉 ST4×30	个	8.000	12.000
	173111001	导光管 ϕ350 以内	m	（1.000）	—
	031519009	冲击钻头 ϕ12	个	0.050	0.050
	030105153	镀锌六角螺栓带螺母 M12×14~75	10套	0.300	0.300
	144303010	铝箔胶带 48mm×20m	卷	0.105	0.208
	030107038	膨胀螺栓 M10×80	套	3.000	3.000
	173111002	导光管 ϕ600 以内	m	—	（1.000）
	850103006	其他材料费（占材料费）	%	2.000	2.000

5. 光线调节器、转换器、漫射器

工作内容：光线调节器控制开关安装固定，控制器接线，调试。 **计量单位**：个

编号				4-14-414	4-14-415	4-14-416
项目				光线调节器外径（mm）		光线调节器控制开关
				≤ ϕ350	≤ ϕ600	
名称			单位	消耗量		
人工	000203000	综合二类工	工日	0.109	0.120	0.067
材料	256001002	光线调节器	个	（1.000）	（1.000）	—
	144303010	铝箔胶带 48mm × 20m	卷	0.132	0.207	—
	030103039	自攻螺钉 ST4 × 30	个	4.000	4.000	2.000
	262603002	调节器控制开关	个	—	—	（1.000）
	850103006	其他材料费（占材料费）	%	2.000	2.000	5.000
机械	870613023	手持式万用表	台班	0.063	0.063	0.052

工作内容：1. 接口转换器安装固定。
2. 漫射器：导光管环固定，漫射器安装，装饰环安装。 **计量单位**：见表

编号				4-14-417	4-14-418
项目				导光管接口转换器	漫射器
单位				个	套
名称			单位	消耗量	
人工	000203000	综合二类工	工日	0.077	0.261
材料	256003002	导光管接口转换器	个	（1.000）	—
	256005002	漫射器	套	—	（1.000）
	030103039	自攻螺钉 ST4 × 30	个	—	4.000
	144303009	铝箔胶带 45mm 卷	卷	0.179	0.250
	850103006	其他材料费（占材料费）	%	2.000	2.000

第十五章

低压电器设备安装工程

说　明

一、本章内容包括插接式空气开关箱、控制开关、DZ 自动空气断路器、熔断器、限位开关、用电控制装置、电阻器、变阻器、安全变压器、仪表民用电器安装及低压电器装置接线等内容。

二、相关说明：

1. 低压电器安装项目适用于工业低压用电装置、家用电器的控制装置及电器的安装。项目综合考虑了型号、功能，执行时不做调整。

2. 控制装置安装项目中，除限位开关及水位电气信号装置安装项目外，其他安装项目均未包括支架制作、安装。工程实际发生时，可执行本册第七章“金属构件、穿墙套板安装工程”相应项目。

3. 本章安装项目包括电器安装、接线（除单独计算外）、接地。项目不包括接线端子、保护盒、接线盒、箱体等安装，工程实际发生时，执行相应项目。

工程量计算规则

一、控制开关安装，根据开关形式与功能及电流量，按照设计图示安装数量，分别以“个”为计量单位。

二、集中空调开关、请勿打扰装置安装，按照设计图示安装数量，分别以“套”为计量单位。

三、熔断器、限位开关安装，根据类型，按照设计图示安装数量，分别以“个”为计量单位。

四、用电控制装置、安全变压器安装，根据类型与容量，按照设计图示安装数量，分别以“台”为计量单位。

五、仪表、分流器安装，根据类型与容量，按照设计图示安装数量，分别以“个”或“套”为计量单位。

六、民用电器安装，根据类型与规模，按照设计图示安装数量，分别以“台”或“个”或“套”为计量单位。

七、低压电器装置接线是指电器安装不含接线的电器接线，按照设计图示安装数量，分别以“台”或“个”为计量单位。

八、小母线安装是指电器需要安装的母线，按照实际安装长度，分别以“m”为计量单位。

一、插接式空气开关箱安装

工作内容：开箱检查、触头检查及清洗处理、绝缘测试、开关箱安装、接线、接地。　　**计量单位：**台

编　号				4-15-1	4-15-2	4-15-3	4-15-4
项　目				≤100A	≤250A	≤630A	≤1250A
名　称			单位	消耗量			
人工	000203000	综合二类工	工日	0.565	0.849	1.699	2.548
材料	550912002	插接式空气开关箱	台	（1.000）	（1.000）	（1.000）	（1.000）
	140301003	汽油 92#	kg	0.100	0.150	0.200	0.250
	142123001	电力复合脂	kg	0.050	0.070	0.090	0.120
	280317010	铜芯塑料绝缘软电线 BVR-35mm^2	m	0.611	0.611	0.611	0.611
	290901027	铜接线端子 DT-35mm^2	个	2.030	2.030	2.030	2.030
	850103006	其他材料费（占材料费）	%	1.800	1.800	1.800	1.800
机械	870622064	高压绝缘电阻测试仪	台班	0.305	0.305	0.305	0.305

工作内容：测位、打眼、埋螺栓、校线、安装、接地、成品检查、接线动作试验等。　　**计量单位：**台

编　号				4-15-5
项　目				节能开关箱
名　称			单位	消耗量
人工	000203000	综合二类工	工日	0.668
材料	291119002	节能开关箱	套	（1.000）
	030103008	半圆头螺钉 M6×20	套	1.030
	173113001	端子头异型管	m	0.100
	280301006	铜芯塑料绝缘电线 BV-6mm^2	m	0.500
	850103006	其他材料费（占材料费）	%	1.800

二、控制开关安装

1. 自动空气开关

工作内容：开箱、检查、安装、接线、接地。　　　　**计量单位：**个

编号				4-15-6	4-15-7	4-15-8
项目				DW 万能式	电动式	手动式
名称			单位	消耗量		
人工	000203000	综合二类工	工日	1.586	1.337	0.452
材料	551513005	自动空气开关 DW 万能式	个	(1.000)	—	—
	551513008	自动空气开关 电动	个	—	(1.000)	—
	551513010	自动空气开关 手动	个	—	—	(1.000)
	011303001	镀锌扁钢（综合）	kg	0.940	0.940	—
	031301007	低碳钢焊条（综合）	kg	0.100	0.200	—
	031102005	铁砂布 0#～2#	张	0.500	0.500	0.300
	140301003	汽油 92#	kg	0.200	0.200	—
	142123001	电力复合脂	kg	0.050	0.030	0.020
	280109002	硬铜绞线 TJ-10mm²	kg	0.050	0.050	—
	290901019	铜接线端子 DT-10mm²	个	2.030	2.030	—
	850103006	其他材料费（占材料费）	%	1.800	1.800	1.800
机械	990904030	直流弧焊机 20kV·A	台班	0.094	0.094	—

2. 刀型开关

工作内容：开箱、检查、安装、接线、接地。　　　　**计量单位：**个

编号				4-15-9	4-15-10	4-15-11	4-15-12
项目				手柄式	操作机构式	带熔断器式	铁壳开关
名称			单位	消耗量			
人工	000203000	综合二类工	工日	0.832	1.108	0.810	0.334
材料	551305002	刀型开关 手柄式	个	(1.000)	—	—	—
	551305004	刀型开关 操作机构式	个	—	(1.000)	—	—
	551305006	刀型开关 带熔断器式	个	—	—	(1.000)	—
	551309002	铁壳开关	个	—	—	—	(1.010)
	020501021	橡胶护套圈 ϕ6～32	个	6.000	—	6.000	6.000
	022703003	白布	kg	0.300	0.500	0.500	0.300
	031102005	铁砂布 0#～2#	张	0.800	1.000	0.500	—
	142123001	电力复合脂	kg	0.020	0.020	0.020	0.020
	011303001	镀锌扁钢（综合）	kg	—	—	—	0.300
	030103063	木螺钉 $d4\times65$	个	—	—	—	4.160
	031301007	低碳钢焊条（综合）	kg	—	—	—	0.040
	270301003	熔丝 30～40A	条	—	—	—	3.000
	280109002	硬铜绞线 TJ-10mm²	kg	—	—	—	0.050
	290901019	铜接线端子 DT-10mm²	个	—	—	—	2.030
	850103006	其他材料费（占材料费）	%	1.800	1.800	1.800	1.800
机械	990904030	直流弧焊机 20kV·A	台班	—	—	—	0.047

工作内容：开箱、检查、安装、接线、接地。　　**计量单位：**个

编　号				4-15-13	4-15-14
项　目				胶盖闸刀开关	
				单相	三相
名　称			单位	消　耗　量	
人工	000203000	综合二类工	工日	0.092	0.124
材料	551307002	胶盖闸刀开关 单相	个	（1.010）	—
	551307004	胶盖闸刀开关 三相	个	—	（1.010）
	020501021	橡胶护套圈 $\phi 6\sim 32$	个	6.000	6.000
	022703003	白布	kg	0.100	0.150
	030103063	木螺钉 $d4\times 65$	个	2.080	2.080
	142123001	电力复合脂	kg	0.010	0.020
	270301002	保险丝 10A	轴	0.080	0.120
	850103006	其他材料费（占材料费）	%	1.800	1.800

3. 组合控制开关

工作内容：开箱、检查、安装、接线、接地。　　**计量单位：**个

编　号				4-15-15	4-15-16	4-15-17
项　目				普通型	防爆型	万能转换开关
名　称			单位	消　耗　量		
人工	000203000	综合二类工	工日	0.164	0.250	0.442
材料	262601003	组合控制开关 普通型	个	（1.000）	—	—
	262601005	组合控制开关 防爆型	个	—	（1.000）	—
	551399002	万能转换开关	个	—	—	（1.000）
	022703003	白布	kg	0.050	0.100	0.050
	031102005	铁砂布 $0^{\#}\sim 2^{\#}$	张	0.500	0.500	0.500
	011303001	镀锌扁钢（综合）	kg	—	0.300	—
	031301007	低碳钢焊条（综合）	kg	—	0.050	—
	280109009	硬铜绞线 TJ-6mm²	kg	—	0.020	—
	290901030	铜接线端子 DT-6mm²	个	—	2.030	—
	850103006	其他材料费（占材料费）	%	1.800	1.800	1.800
机械	990904030	直流弧焊机 20kV·A	台班	—	0.019	—

4. 漏电保护开关

工作内容：开箱、检查、安装、接线、接地。 计量单位：个

编号				4-15-18	4-15-19	4-15-20	4-15-21
项目				单式			组合式（回路个数）
				单极	三极	四极	≤10
名称			单位	消耗量			
人工	000203000	综合二类工	工日	0.222	0.312	0.436	0.934
材料	270701002	漏电保护开关（综合）	个	（1.000）	（1.000）	（1.000）	（1.000）
	270701004	漏电保护开关 组合式(回路数10个以内）	个	—	—	—	（1.000）
	022703003	白布	kg	0.050	0.060	0.070	0.080
	031541003	钢锯条	条	0.050	0.080	1.000	1.000
	031102005	铁砂布 0#～2#	张	0.500	0.500	0.800	1.000
	172709003	塑料软管 *De*5	m	0.020	0.030	0.040	0.070
	850103006	其他材料费（占材料费）	%	1.800	1.800	1.800	1.800

工作内容：开箱、检查、安装、接线、接地。 计量单位：个

编号				4-15-22	4-15-23	4-15-24
项目				组合式（回路个数）	单相	三相
				≤20		
名称			单位	消耗量		
人工	000203000	综合二类工	工日	1.245	0.106	0.226
材料	270701002	漏电保护开关（综合）	个	（1.000）	（1.000）	（1.000）
	270701006	漏电保护开关 组合式(回路数20个以内）	个	（1.000）	—	—
	022703003	白布	kg	0.100	—	—
	031541003	钢锯条	条	1.200	—	—
	031102005	铁砂布 0#～2#	张	1.000	—	—
	172709003	塑料软管 *De*5	m	0.100	—	—
	020501021	橡胶护套圈 ϕ6～32	个	—	4.000	6.000
	850103006	其他材料费（占材料费）	%	1.800	1.800	1.800

5. 集中空调开关、请勿打扰装置

工作内容：开箱、检查、测位、划线、清扫盒子、缠钢丝弹簧垫、接线、焊接包头、安装、调试等。

计量单位：套

编　　号				4-15-25	4-15-26	4-15-27
项　　目				集中空调开关	请勿打扰装置	风扇调速开关
名　　称			单位	消　耗　量		
人工	000203000	综合二类工	工日	0.170	0.053	0.113
材料	261103001	集中空调开关	套	（1.010）	—	—
	253509001	请勿打扰灯	个	—	（1.010）	—
	261107001	风扇调速开关	个	—	—	（1.010）
	031309002	锡基钎料	kg	0.001	—	—
	172709003	塑料软管 *De*5	m	0.030	—	—
	280301004	铜芯塑料绝缘电线 BV-2.5mm²	m	0.764	0.458	—
	172500029	塑料胀管 ϕ6～8	个	—	—	2.200
	850103006	其他材料费（占材料费）	%	1.800	1.800	1.800

三、自动空气断路器安装

工作内容：开箱、清扫、检查、测位、装开关、接线、试闸等。

计量单位：个

编　　号				4-15-28	4-15-29	4-15-30	4-15-31	4-15-32
项　　目				额定电流（A）				
				≤30	≤60	≤100	≤200	≤400
名　　称			单位	消　耗　量				
人工	000203000	综合二类工	工日	0.106	0.284	0.329	0.362	0.521
材料	551513004	自动空气断路器 DZ 型	个	（1.000）	（1.000）	（1.000）	（1.000）	（1.000）
	850103006	其他材料费（占材料费）	%	1.800	1.800	1.800	1.800	1.800

四、熔断器、限位开关安装

工作内容：开箱、检查、安装、接线、接地。 **计量单位：**个

编号				4-15-33	4-15-34	4-15-35	4-15-36	4-15-37
项目				熔断器			限位开关	
				瓷插螺旋式	管式	防爆式	普通式	防爆式
名称			单位	消耗量				
人工	000203000	综合二类工	工日	0.085	0.389	0.164	0.334	0.442
材料	270100002	熔断器（综合）	组	（1.010）	（1.010）	（1.010）	—	—
	551311002	限位开关	个	—	—	—	（1.000）	（1.000）
	020501021	橡胶护套圈 ϕ6～32	个	2.000	2.000	—	—	—
	022703003	白布	kg	0.050	0.050	0.050	0.150	0.150
	031305003	焊锡膏	kg	0.010	0.010	0.010	—	—
	031303019	焊锡丝（综合）	kg	0.030	0.050	0.040	—	—
	020112003	无石棉橡胶板 δ1.5	m^2	0.010	—	—	—	—
	270301002	保险丝 10A	轴	0.060	—	—	—	—
	010101017	热轧圆盘条 ϕ10 以内	kg	—	—	0.170	—	—
	031301007	低碳钢焊条（综合）	kg	—	—	0.040	0.150	0.190
	280109009	硬铜绞线 TJ-6mm^2	kg	—	—	0.030	0.030	0.030
	290901030	铜接线端子 DT-6mm^2	个	—	—	2.030	2.030	2.030
	011303001	镀锌扁钢（综合）	kg	—	—	—	0.700	1.100
	850103006	其他材料费（占材料费）	%	1.800	1.800	1.800	1.800	1.800
机械	990904030	直流弧焊机 20kV·A	台班	—	—	0.009	0.047	0.047

五、用电控制装置安装

工作内容：开箱、检查、安装、触头调整、注油、接线、接地。　　　　**计量单位：**台

编号				4-15-38	4-15-39	4-15-40	4-15-41	4-15-42
项目				控制器		接触器、磁力启动器	*Y*-*Δ*自耦减压启动器	磁力控制器
				主令	鼓型、凸轮型			
名称			单位	消耗量				
人工	000203000	综合二类工	工日	1.108	1.108	1.108	1.330	0.334
材料	303503002	控制器	个	（1.000）	（1.000）	—	—	—
	552300002	接触器	台	—	—	（1.000）	—	—
	552507002	*Y*～*Δ*自耦减压启动器	台	—	—	—	（1.000）	—
	233525002	磁力控制器	个	—	—	—	—	（1.000）
	142123001	电力复合脂	kg	0.030	0.050	0.020	0.020	0.020
	172709003	塑料软管 *De*5	m	0.050	0.050	0.050	0.050	0.050
	011303001	镀锌扁钢（综合）	kg	0.670	0.200	—	0.790	1.200
	031301007	低碳钢焊条（综合）	kg	0.100	0.100	—	0.100	0.050
	022703003	白布	kg	—	0.150	0.170	0.050	0.020
	031102005	铁砂布 0#～2#	张	—	—	0.500	—	0.500
	031305003	焊锡膏	kg	—	—	0.020	—	—
	031303019	焊锡丝（综合）	kg	—	—	0.090	—	—
	130115006	酚醛调和漆	kg	—	—	—	—	0.020
	280109009	硬铜绞线 TJ-6mm²	kg	—	0.030	—	—	—
	280109002	硬铜绞线 TJ-10mm²	kg	0.050	—	0.050	0.050	—
	290901030	铜接线端子 DT-6mm²	个	—	2.030	—	—	—
	290901019	铜接线端子 DT-10mm²	个	2.030	—	2.030	2.030	—
	850103006	其他材料费（占材料费）	%	1.800	1.800	1.800	1.800	1.800
机械	990904030	直流弧焊机 20kV·A	台班	0.037	0.019	—	0.037	0.047

工作内容：开箱、检查、安装、触头调整、注油、接线、接地。 计量单位：见表

编号				4-15-43	4-15-44	4-15-45	4-15-46	4-15-47
项目				快速自动开关（A）			按钮	
				≤1000	≤2000	≤4000	普通型	防爆型
单位				台			个	
名称			单位	消耗量				
人工	000203000	综合二类工	工日	2.831	4.001	5.207	0.164	0.278
材料	551513002	快速自动开关	台	（1.000）	（1.000）	（1.000）	—	—
	262125002	按钮 普通型	个	—	—	—	（1.000）	—
	262125004	按钮 防爆型	个	—	—	—	—	（1.000）
	022703003	白布	kg	0.020	0.030	0.040	0.100	0.100
	011303001	镀锌扁钢（综合）	kg	2.000	2.000	2.000	—	—
	031301007	低碳钢焊条（综合）	kg	0.100	0.100	0.100	—	—
	031303019	焊锡丝（综合）	kg	0.150	0.200	0.250	—	—
	031305003	焊锡膏	kg	0.020	0.020	0.030	—	—
	130115006	酚醛调和漆	kg	0.050	0.050	0.050	—	—
	142123001	电力复合脂	kg	0.060	0.100	0.140	—	—
	172709003	塑料软管 *De*5	m	0.040	0.060	0.100	0.050	0.050
	280109009	硬铜绞线 TJ-6mm^2	kg	—	—	—	0.020	0.020
	290901030	铜接线端子 DT-6mm^2	个	—	—	—	2.030	2.030
	850103006	其他材料费（占材料费）	%	1.800	1.800	1.800	1.800	1.800
机械	990904030	直流弧焊机 20kV·A	台班	0.047	0.047	0.047	—	—

六、电阻器、变阻器安装

工作内容：开箱、检查、安装、触头调整、注油、接线、接地。　　**计量单位：**见表

编　号				4-15-48	4-15-49	4-15-50
项　目				电阻器		油浸频敏变阻器
				一箱	每增一箱	
单　位				箱		台
		名　称	单位	消 耗 量		
人工	000203000	综合二类工	工日	0.775	0.424	1.551
材料	553100002	电阻器	箱	（1.000）	（1.000）	—
	554909002	油浸频敏变阻器	台	—	—	（1.000）
	011303001	镀锌扁钢（综合）	kg	0.320	—	0.670
	031301007	低碳钢焊条（综合）	kg	0.100	—	0.100
	022703003	白布	kg	0.080	0.060	0.100
	142123001	电力复合脂	kg	0.020	0.020	0.020
	172709003	塑料软管 *De*5	m	0.150	0.080	—
	280109009	硬铜绞线 TJ-6mm²	kg	0.030	0.030	—
	280109002	硬铜绞线 TJ-10mm²	kg	—	—	0.050
	290901030	铜接线端子 DT-6mm²	个	2.030	2.030	—
	290901019	铜接线端子 DT-10mm²	个	—	—	2.030
	850103006	其他材料费（占材料费）	%	1.800	1.800	1.800
机械	990904030	直流弧焊机 20kV·A	台班	0.047	—	0.037

七、安全变压器、仪表安装

工作内容：开箱、清扫、检查、测位、划线、打眼、固定变压器、接线、接地、埋螺栓。　　**计量单位：**台

编　号				4-15-51	4-15-52	4-15-53
项　目				安全变压器		
				容量（V·A）		
				≤500	≤1000	≤3000
		名　称	单位	消 耗 量		
人工	000203000	综合二类工	工日	0.192	0.204	0.267
材料	554303002	干式安全变压器	台	（1.000）	（1.000）	（1.000）
	030103014	沉头螺钉 M6×55～65	个	4.080	4.080	4.080
	280109004	硬铜绞线 TJ-2.5～4mm²	m	0.510	0.510	0.510
	850103006	其他材料费（占材料费）	%	1.800	1.800	1.800

工作内容：开箱、清扫、检查、测位、划线、打眼、固定变压器、接线、接地、埋螺栓。　**计量单位：**个

编号				4-15-54	4-15-55	4-15-56
项目				测量表计安装	继电器安装	辅助电压互感器安装
名称			单位	消耗量		
人工	000203000	综合二类工	工日	0.255	0.339	0.465
材料	860116002	测量表计	个	（1.000）	—	—
	552900002	继电器	台	—	（1.000）	—
	551705002	电压互感器	台	—	—	（1.000）
	142123001	电力复合脂	kg	0.010	0.010	0.020
	031305003	焊锡膏	kg	0.010	0.010	—
	031303019	焊锡丝（综合）	kg	0.030	0.030	—
	031102005	铁砂布 0#～2#	张	0.100	0.020	—
	172709003	塑料软管 *De*5	m	0.400	0.500	—
	172500036	异型塑料管 ϕ2.5～5	m	0.100	0.150	—
	031541003	钢锯条	条	—	—	0.500
	341304003	标志牌 塑料扁形	个	—	—	1.000
	850103006	其他材料费（占材料费）	%	1.800	1.800	1.800

工作内容：接触面加工、钻孔、连接、固定。　**计量单位：**个

编号				4-15-57	4-15-58	4-15-59	4-15-60
项目				分流器安装（A）			
				≤150	≤750	≤1500	≤6000
名称			单位	消耗量			
人工	000203000	综合二类工	工日	0.493	0.758	0.872	1.087
材料	553100003	分流器 150A 以内	个	（1.000）	—	—	—
	553100004	分流器 750A 以内	个	—	（1.000）	—	—
	553100005	分流器 1500A 以内	个	—	—	（1.000）	—
	553100006	分流器 6000A 以内	个	—	—	—	（1.000）
	031102005	铁砂布 0#～2#	张	1.000	1.000	1.000	1.000
	142123001	电力复合脂	kg	0.020	0.030	0.050	0.100
	092705004	碎布	kg	—	0.100	—	—
	850103006	其他材料费（占材料费）	%	1.800	1.800	1.800	1.800

工作内容：开箱、清扫、仪表测量、测位、打眼、埋螺栓、信号装置、检查接线、焊接插头、多体组合等。　**计量单位：**台

编号				4-15-61
项目				有载自动调压器安装
名称			单位	消耗量
人工	000203000	综合二类工	工日	2.162
材料	215301003	有载自动调压器	台	（1.000）
	850103006	其他材料费（占材料费）	%	1.800

工作内容：测位、划线、安装、配管、穿线、接线、刷油。　　**计量单位：**套

编　号				4-15-62	4-15-63	4-15-64
项　目				水位电气信号装置安装		
				机械式	电子式	液位式
名　称			单位	消　耗　量		
人工	000203000	综合二类工	工日	2.293	1.744	2.135
材料	860116002	测量表计	个	（1.000）	（1.000）	（1.000）
	012900002	钢板（综合）	kg	3.110	0.660	2.100
	022703003	白布	kg	0.100	0.100	0.100
	031301007	低碳钢焊条（综合）	kg	0.050	0.050	0.050
	031102005	铁砂布 $0^{\#}$～$2^{\#}$	张	0.500	0.500	0.500
	130115006	酚醛调和漆	kg	0.100	0.100	0.100
	130505002	防锈漆 C53-1	kg	0.100	0.100	0.100
	271901001	酚醛布板	kg	0.730	0.600	1.210
	031507012	镀锌铁丝 ϕ1.2～2.2	kg	0.010	—	—
	010501005	钢丝绳 ϕ4.5	m	15.000	—	—
	010903007	镀锌圆钢 ϕ10～25	kg	1.700	—	—
	011303001	镀锌扁钢（综合）	kg	1.300	—	—
	330599002	铸铁坨 5kg	个	1.000	—	—
	014301001	铝板（综合）	kg	0.210	—	—
	030103054	木螺钉 d4.5～6×15～100	个	8.400	—	—
	030103009	半圆头螺钉 M10×100	套	20.000	—	—
	352701002	木板标尺 170×85×20	块	1.000	—	—
	013503001	紫铜板（综合）	kg	—	0.500	0.600
	850103006	其他材料费（占材料费）	%	1.800	1.800	1.800
机械	990718010	普通车床 400×1000mm	台班	0.187	—	—
	990727010	立式钻床 25mm	台班	0.093	0.047	0.047
	990904030	直流弧焊机 20kV·A	台班	0.037	0.019	0.019

八、民用电器安装

1. 电铃、电铃号牌箱

工作内容：测位、划线、打眼、埋塑料胀管、上木底板、电铃号牌箱安装、接焊包头。 **计量单位：**见表

编　号				4-15-65	4-15-66
项　目				电铃	电铃号牌箱
单　位				个	套
名　称			单位	消　耗　量	
人工	000203000	综合二类工	工日	0.143	0.286
材料	261501001	电铃	个	（1.000）	—
	550913002	电铃号牌箱	个	—	（1.000）
	030103052	木螺钉 $d2\sim4\times6\sim65$	个	4.200	4.160
	030103054	木螺钉 $d4.5\sim6\times15\sim100$	个	3.200	—
	172500029	塑料胀管 $\phi6\sim8$	个	3.300	—
	031305003	焊锡膏	kg	0.010	—
	031303019	焊锡丝（综合）	kg	0.030	—
	052505002	木配电板 350×450×25	块	1.050	1.050
	280317006	铜芯塑料绝缘软电线 BVR-2.5mm^2	m	4.581	—
	271505003	瓷管头 $\phi10\sim16\times25$	个	2.060	—
	260300001	扳把开关 5A	个	—	1.020
	270109002	瓷插式熔断器 5A	个	—	1.030
	850103006	其他材料费（占材料费）	%	1.800	1.800

2. 门　　铃

工作内容：测位、划线、打眼、埋塑料胀管、上木底板、电铃号牌箱安装、接焊包头。 **计量单位：**个

编　号				4-15-67	4-15-68
项　目				门铃安装	
				明装	暗装
名　称			单位	消　耗　量	
人工	000203000	综合二类工	工日	0.108	0.084
材料	261501002	门铃	套	（1.000）	（1.000）
	030103052	木螺钉 $d2\sim4\times6\sim65$	个	4.160	4.160
	052505002	木配电板 350×450×25	块	1.050	1.050
	850103006	其他材料费（占材料费）	%	1.800	1.800

3. 电　笛

工作内容：测位、打眼、埋塑料胀管、上螺钉、接线、安装。　　**计量单位：**个

编　号				4-15-69	4-15-70
项　目				电笛安装	
				普通型	防爆型
名　称			单位	消　耗　量	
人工	000203000	综合二类工	工日	0.067	0.070
材料	553901001	电笛	个	（1.000）	（1.000）
	031305003	焊锡膏	kg	0.010	0.010
	031303019	焊锡丝（综合）	kg	0.030	0.030
	280109009	硬铜绞线 TJ-6mm²	kg	—	0.020
	290901030	铜接线端子 DT-6mm²	个	—	2.030
	850103006	其他材料费（占材料费）	%	1.800	1.800

4. 风　扇

工作内容：开箱检查、侧位、划线、打眼、固定吊钩、接焊包头、开关接线、调试。　　**计量单位：**台

编　号				4-15-71	4-15-72	4-15-73	4-15-74
项　目				风扇安装			
				吊风扇	壁扇	排气扇	吊扇带灯
名　称			单位	消　耗　量			
人工	000203000	综合二类工	工日	0.311	0.384	0.464	0.384
材料	503300002	吊风扇	台	（1.000）	—	—	—
	503300001	壁扇	台	—	（1.000）	—	—
	503500001	排气扇	台	—	—	（1.000）	—
	503300003	吊扇带灯	套	—	—	—	（1.000）
	280301004	铜芯塑料绝缘电线 BV-2.5mm²	m	0.410	0.410	0.610	0.410
	030325002	风扇吊钩	个	1.020	—	—	1.020
	030103052	木螺钉 $d2\sim4\times6\sim65$	个	—	—	4.200	—
	172500029	塑料胀管 $\phi6\sim8$	个	—	—	4.400	—
	850103006	其他材料费（占材料费）	%	1.800	1.800	1.800	1.800

5. 浴　霸

工作内容：开箱检查、侧位、划线、打眼、固定吊钩、接焊包头、开关接线、调试。　　**计量单位：**套

编　号				4-15-75	4-15-76	4-15-77
项　目				红外线浴霸安装（灯）		碳纤维浴霸安装
				≤3	≤6	
名　称			单位	消　耗　量		
人工	000203000	综合二类工	工日	0.295	0.316	0.294
材料	521301001	红外线浴霸	套	（1.000）	（1.000）	—
	521301002	碳纤维浴霸	套	—	—	（1.000）
	172500029	塑料胀管 $\phi6\sim8$	个	4.400	2.200	4.210
	030103052	木螺钉 $d2\sim4\times6\sim65$	个	4.200	—	—
	030103057	木螺钉 $d2.5\times25$	个	—	4.160	—
	030103061	木螺钉 $d4\times50$	个	—	2.080	3.850
	052505001	木配电板 150×225×25	个	—	1.000	1.000
	850103006	其他材料费（占材料费）	%	1.800	1.800	1.800

九、低压电器装置接线

工作内容：检查、测位、校线、编号、套塑料管、绑扎测量、接地、接线动作试验等。　　**计量单位：**个

编　号				4-15-78	4-15-79
项　目				水流开关接线	电磁开关接线
名　称			单位	消　耗　量	
人工	000203000	综合二类工	工日	0.102	1.271
材料	092705004	碎布	kg	0.150	2.000
	031305003	焊锡膏	kg	0.010	0.010
	031303019	焊锡丝（综合）	kg	0.030	0.030
	031102005	铁砂布 $0^{\#}\sim2^{\#}$	张	0.500	1.000
	140301003	汽油 92#	kg	0.150	1.800
	172709004	塑料软管 $De6$	m	0.500	0.500
	271799001	电气绝缘胶带 18mm×10m×0.13mm	卷	0.040	0.060
	271707001	黄腊带 20mm×10m	卷	0.010	0.010
	280301004	铜芯塑料绝缘电线 BV-2.5mm²	m	1.000	1.000
	850103006	其他材料费（占材料费）	%	1.800	1.800

工作内容：检查、测位、校线、编号、套塑料管、绑扎测量、接地、接线动作试验等。　　**计量单位：**见表

编　　号				4-15-80	4-15-81	4-15-82
项　　目				自动冲洗感应器接线	风机盘管接线	小母线安装
单　　位				台		m
名　　称			单位	消　耗　量		
人工	000203000	综合二类工	工日	0.076	0.102	0.127
材料	092705004	碎布	kg	0.150	0.200	0.200
	031305003	焊锡膏	kg	0.010	0.010	0.020
	031303019	焊锡丝（综合）	kg	0.030	0.030	0.030
	031102005	铁砂布 $0^{\#}$～$2^{\#}$	张	0.500	1.000	1.000
	140301003	汽油 92#	kg	0.150	0.180	0.200
	172709004	塑料软管 *De*6	m	0.500	0.500	0.800
	271799001	电气绝缘胶带 18mm×10m×0.13mm	卷	0.040	0.060	0.060
	271707001	黄腊带 20mm×10m	卷	0.010	0.010	0.010
	280301004	铜芯塑料绝缘电线 BV-2.5mm^2	m	1.000	1.000	0.458
	850103006	其他材料费（占材料费）	%	1.800	1.800	1.800

第十六章

运输设备电气装置安装工程

说 明

一、本章内容包括起重设备电气安装等内容。

二、相关说明：

1. 起重设备电气安装项目包括电气设备检查接线、电动机检查接线与安装、小车滑线安装、管线敷设、随设备供应的电缆敷设、校线、接线、设备本体灯具安装、接地、负荷试验、程序调试。起重设备电气安装项目不包括起重设备本体安装。

2. 起重设备电气安装项目不包括电源线路及控制开关的安装、电动发电机组安装、基础型钢和钢支架及轨道的制作安装、接地极与接地干线敷设、电气分系统调试。

工程量计算规则

起重设备电气安装，根据起重设备形式与起重量及控制地点，按照设计图示安装数量，分别以“台”为计量单位计算工程量。

一、桥式起重机电气安装

工作内容：开箱、检查、清点、电气设备安装、管线敷设、挂电缆、接线、接地、摇测绝缘、配合负荷试验。

计量单位：台

编号				4-16-1	4-16-2	4-16-3	4-16-4	4-16-5	4-16-6
项目				起重量（t）					
				≤10	≤20	≤50	≤100	≤200	≤400
		名称	单位	消耗量					
人工	000203000	综合二类工	工日	21.201	27.629	34.891	88.164	163.558	307.636
材料	011901011	槽钢 16#	kg	35.100	42.700	51.600	61.920	92.880	111.456
	012101005	角钢 40～50	kg	4.277	4.752	4.752	5.702	8.554	10.264
	021301009	塑料带 20mm×40m	卷	2.059	2.563	2.640	3.168	4.752	5.702
	021305001	自粘性塑料带 20mm×20m	卷	0.485	0.986	0.638	0.766	1.148	1.378
	271799001	电气绝缘胶带 18mm×10m×0.13mm	卷	7.128	7.885	9.240	11.088	16.632	19.958
	022703003	白布	kg	3.960	4.928	7.040	8.448	12.672	15.206
	092705002	纱布	张	1.584	1.971	2.640	3.168	4.752	5.702
	031301007	低碳钢焊条（综合）	kg	7.745	9.140	9.860	5.230	7.850	9.420
	031541002	锯条（综合）	根	3.168	3.942	4.400	5.280	7.920	9.504
	130115001	调和漆	kg	2.850	3.610	5.200	6.240	9.360	11.232
	130505002	防锈漆 C53-1	kg	2.810	3.490	4.840	5.808	8.712	10.454
	140301003	汽油 92#	kg	3.060	3.940	5.500	6.600	9.900	11.880
	142123001	电力复合脂	kg	1.980	2.464	3.432	4.118	6.178	7.413
	142909001	氧气	m^3	1.584	1.971	2.640	3.168	4.752	5.702
	142907002	乙炔气	kg	4.118	5.124	6.860	8.237	12.356	14.825
	250101004	红外线灯泡 220V 1000W	个	0.792	0.986	3.344	4.013	6.019	7.223
	290639032	钢管塑料护口 ϕ32	个	26.136	29.040	25.520	30.624	45.936	55.123
	290639033	钢管塑料护口 ϕ50	个	6.336	7.885	13.200	15.840	23.760	28.512
	290901011	铜接线端子 50A	个	—	12.000	52.800	63.360	95.040	114.048
	290901030	铜接线端子 DT-6mm²	个	—	—	69.300	83.160	124.740	149.688
	290901019	铜接线端子 DT-10mm²	个	114.840	—	63.800	76.560	114.840	137.808
	290901022	铜接线端子 DT-16mm²	个	9.900	127.600	58.300	69.960	104.940	125.928
	290901031	铜接线端子 DT-70mm²	个	—	—	11.000	13.200	19.800	23.760
	022702002	白纱布带 20mm×20m	卷	0.792	0.986	1.320	1.584	2.376	2.851
	850103006	其他材料费（占材料费）	%	1.800	1.800	1.800	1.800	1.800	1.800
机械	990799020	电动扭力扳手 27×30	台班	0.907	1.128	1.193	1.432	2.147	2.577
	990904050	直流弧焊机 40kV·A	台班	1.549	1.828	1.972	1.046	1.570	1.884
	870613041	多功能交直流钳形测量仪	台班	0.243	0.302	0.638	0.766	1.148	1.378
	870622005	电桥（导纳）	台班	0.907	1.128	1.193	1.432	2.147	2.577
	870699076	微机继电保护测试仪	台班	0.227	0.282	0.298	0.358	0.536	0.644

二、抓斗式起重机电气安装

工作内容： 开箱、检查、清点、电气设备安装、管线敷设、挂电缆、接线、接地、摇测绝缘、配合负荷试验。

计量单位：台

编号				4-16-7	4-16-8	4-16-9	4-16-10
项目				起重量（t）			
				≤ 5	≤ 10	≤ 15	≤ 20
名称			单位	消耗量			
人工	000203000	综合二类工	工日	37.394	43.236	53.754	60.447
材料	031507031	镀锌铁丝 ϕ4.0	kg	1.320	1.320	1.320	1.320
	021301009	塑料带 20mm × 40m	卷	0.704	0.792	0.880	0.968
	022703003	白布	kg	0.880	1.144	1.144	1.320
	092705002	纱布	张	9.680	9.680	9.680	9.680
	031301007	低碳钢焊条（综合）	kg	11.855	11.855	12.855	12.855
	031541002	锯条（综合）	根	4.400	4.400	4.400	4.400
	130115001	调和漆	kg	5.100	5.600	6.100	7.050
	130505002	防锈漆 C53-1	kg	4.100	4.300	4.800	5.800
	140301003	汽油 92#	kg	2.700	2.900	3.600	4.610
	142123001	电力复合脂	kg	3.432	3.520	3.520	3.608
	142909001	氧气	m^3	1.760	1.760	1.760	1.760
	142907002	乙炔气	kg	4.576	4.576	4.576	4.576
	021305001	自粘性塑料带 20mm × 20m	卷	0.466	0.557	0.678	0.719
	271799001	电气绝缘胶带 18mm × 10m × 0.13mm	卷	0.880	0.880	0.880	0.880
	022702002	白纱布带 20mm × 20m	卷	1.320	1.320	1.320	1.320
	172709004	塑料软管 *De*6	m	70.400	88.000	95.300	101.200
	172709005	塑料软管 *De*8	m	70.400	56.320	19.360	19.360
	172709006	塑料软管 *De*10	m	106.100	70.400	38.720	56.320
	172709007	塑料软管 *De*12	m	—	24.640	—	—
	172709008	塑料软管 *De*14	m	8.800	—	132.000	92.400
	172709010	塑料软管 *De*16	m	5.280	5.280	5.280	5.280
	172709011	塑料软管 *De*20	m	—	5.280	5.280	5.280
	172500035	异型塑料管 ϕ5	m	3.520	4.400	4.400	4.400
	290639031	钢管塑料护口 ϕ20	个	30.800	29.040	20.240	29.040
	290639032	钢管塑料护口 ϕ32	个	16.400	8.800	12.320	12.320
	290639033	钢管塑料护口 ϕ50	个	13.200	22.000	24.640	24.640
	290639034	钢管塑料护口 ϕ100	个	—	1.760	1.760	1.760
	290901011	铜接线端子 50A	个	5.500	5.500	5.500	5.500
	290901012	铜接线端子 100A	个	112.100	8.800	8.800	8.800
	290901030	铜接线端子 DT-6mm^2	个	64.900	68.200	91.300	91.300
	290901025	铜接线端子 DT-25mm^2	个	—	93.500	—	—
	290901027	铜接线端子 DT-35mm^2	个	8.800	—	134.200	134.200

续前

编号				4-16-7	4-16-8	4-16-9	4-16-10
项目				起重量（t）			
				≤5	≤10	≤15	≤20
名称			单位	消耗量			
材料	290901031	铜接线端子 DT-70mm²	个	—	5.500	5.500	5.500
	850103006	其他材料费（占材料费）	%	1.800	1.800	1.800	1.800
机械	990799020	电动扭力扳手 27×30	台班	1.306	1.561	1.901	2.015
	990904050	直流弧焊机 40kV·A	台班	2.371	2.371	2.557	2.557
	870613041	多功能交直流钳形测量仪	台班	0.931	1.113	1.356	1.437
	870622005	电桥（导纳）	台班	0.436	0.521	0.634	0.672

三、单轨式起重机电气安装

工作内容：开箱、检查、清点、电气设备安装、管线敷设、挂电缆、接线、接地、摇测绝缘、配合负荷试验。

计量单位：台

编号				4-16-11	4-16-12	4-16-13	4-16-14
项目				起重量（t）			
				≤5		≤10	
				地面控制	操作室控制	地面控制	操作室控制
名称			单位	消耗量			
人工	000203000	综合二类工	工日	7.223	10.835	9.030	12.429
材料	010100007	钢筋 ϕ10 以内	kg	4.224	4.224	4.224	4.224
	010500001	钢丝绳（综合）	kg	8.716	8.716	8.716	8.716
	021301009	塑料带 20mm×40m	卷	0.326	0.326	0.352	0.352
	021305001	自粘性塑料带 20mm×20m	卷	0.243	0.354	0.294	0.374
	271799001	电气绝缘胶带 18mm×10m×0.13mm	卷	1.320	3.080	1.320	3.080
	022702002	白纱布带 20mm×20m	卷	0.880	0.880	0.880	0.880
	022703003	白布	kg	0.440	0.440	0.440	0.440
	092705002	纱布	张	1.760	1.760	1.760	1.760
	031301007	低碳钢焊条（综合）	kg	2.790	4.260	2.790	4.260
	031541002	锯条（综合）	根	1.760	2.640	1.760	2.640
	291713001	钢索拉紧装置	套	1.100	1.100	1.100	1.100
	140301003	汽油 92#	kg	0.880	0.880	1.056	1.056
	142123001	电力复合脂	kg	0.264	0.264	0.352	0.352
	172709004	塑料软管 *De*6	m	8.800	8.800	8.800	8.800
	850103006	其他材料费（占材料费）	%	1.800	1.800	1.800	1.800
机械	990799020	电动扭力扳手 27×30	台班	0.454	0.662	0.549	0.700
	990904050	直流弧焊机 40kV·A	台班	0.558	0.852	0.558	0.852
	870613041	多功能交直流钳形测量仪	台班	0.024	0.035	0.029	0.037
	870622005	电桥（导纳）	台班	0.113	0.165	0.137	0.175

四、电动葫芦电气安装

工作内容： 开箱、检查、清点、电气设备安装、管线敷设、挂电缆、接线、接地、摇测绝缘、配合负荷试验。

计量单位： 台

编号				4-16-15	4-16-16	4-16-17
项目				起重量（t）		
				≤ 2	≤ 5	≤ 10
名称			单位	消耗量		
人工	000203000	综合二类工	工日	3.088	3.711	6.590
材料	010100007	钢筋 ϕ10 以内	kg	4.224	4.224	4.224
	010500001	钢丝绳（综合）	kg	8.716	8.716	8.716
	021301009	塑料带 20mm × 40m	卷	0.176	0.176	0.176
	271799001	电气绝缘胶带 18mm × 10m × 0.13mm	卷	0.704	0.704	0.704
	022702002	白纱布带 20mm × 20m	卷	0.440	0.440	0.440
	022703003	白布	kg	0.352	0.352	0.352
	092705002	纱布	张	0.880	0.880	0.880
	031301007	低碳钢焊条（综合）	kg	0.855	0.855	0.855
	291713001	钢索拉紧装置	套	1.100	1.100	1.100
	140301003	汽油 92#	kg	0.440	0.440	0.440
	142123001	电力复合脂	kg	0.176	0.176	0.176
	172709004	塑料软管 *De*6	m	8.800	8.800	8.800
	290901022	铜接线端子 DT-16mm^2	个	2.200	2.200	2.200
	850103006	其他材料费（占材料费）	%	1.800	1.800	1.800
机械	990904050	直流弧焊机 40kV · A	台班	0.171	0.171	0.171

五、斗轮堆取料机电气安装

工作内容： 开箱、检查、清点、电气设备安装、管线敷设、挂电缆、接线、接地、摇测绝缘、配合负荷试验。

计量单位： 台

编号				4-16-18	4-16-19	4-16-20	4-16-21
项目				斗轮堆取料机		门式滚轮堆取料机安装	
				≤ DQ2010	≤ DQ3025	MDQ100/100	MDQ200/200
名称			单位	消耗量			
人工	000203000	综合二类工	工日	139.273	166.950	148.941	171.860
材料	031507031	镀锌铁丝 ϕ4.0	kg	35.200	35.904	36.256	36.960
	011901011	槽钢 16#	kg	74.800	76.286	77.044	78.540
	012101016	角钢 50 × 3	kg	47.200	48.500	49.800	50.600

续前

编　　号				4-16-18	4-16-19	4-16-20	4-16-21
项　　目				斗轮堆取料机		门式滚轮堆取料机安装	
				≤DQ2010	≤DQ3025	MDQ100/100	MDQ200/200
名　　称			单位	消　耗　量			
材料	022703003	白布	kg	7.040	7.181	7.251	7.392
	092705002	纱布	张	8.800	8.976	9.064	9.240
	031301007	低碳钢焊条（综合）	kg	30.555	31.165	31.465	32.080
	031541003	钢锯条	条	13.200	13.464	13.596	13.860
	291713001	钢索拉紧装置	套	4.400	4.488	4.532	4.620
	130115002	无光调和漆	kg	12.320	12.566	12.690	12.936
	130505001	防锈漆	kg	9.240	9.425	9.517	9.702
	140301003	汽油 92#	kg	14.080	14.362	14.502	14.784
	142123001	电力复合脂	kg	10.208	10.412	10.514	10.718
	142909001	氧气	m^3	3.520	3.590	3.626	3.696
	142907002	乙炔气	kg	1.232	1.257	1.269	1.294
	172709004	塑料软管 *De*6	m	334.400	341.088	344.432	351.120
	172709005	塑料软管 *De*8	m	36.960	37.699	38.069	38.808
	172709006	塑料软管 *De*10	m	22.000	22.440	22.660	23.100
	172709011	塑料软管 *De*20	m	3.520	3.590	3.626	3.696
	250101004	红外线灯泡 220V 1000W	个	3.520	3.590	3.626	3.696
	271799001	电气绝缘胶带 18mm×10m×0.13mm	卷	16.060	16.381	16.542	16.863
	290901030	铜接线端子 DT-6mm²	个	15.400	15.708	15.862	16.170
	290901019	铜接线端子 DT-10mm²	个	6.600	6.732	6.798	6.930
	290901022	铜接线端子 DT-16mm²	个	35.200	35.904	36.256	36.960
	290901025	铜接线端子 DT-25mm²	个	6.600	6.732	6.798	6.930
	290901027	铜接线端子 DT-35mm²	个	6.600	6.732	6.798	6.930
	290901029	铜接线端子 DT-50mm²	个	15.400	15.708	15.862	16.170
	290901020	铜接线端子 DT-120mm²	个	6.600	6.732	6.798	6.930
	290639003	镀锌电缆卡子 2×35	套	48.400	49.368	49.852	50.820
	290639005	镀锌电缆卡子 3×50	套	74.800	76.296	77.044	78.540
	290639006	镀锌电缆卡子 3×100	套	17.600	17.952	18.128	18.480
	022702002	白纱布带 20mm×20m	卷	4.488	4.578	4.623	4.712
	850103006	其他材料费（占材料费）	%	1.800	1.800	1.800	1.800
机械	990304004	汽车式起重机 8t	台班	1.542	1.573	1.589	1.620
	990401020	载重汽车 5t	台班	0.925	0.944	0.953	0.972
	990799010	电动扳手	台班	2.837	2.894	2.922	2.979
	990904030	直流弧焊机 20kV·A	台班	6.111	6.233	6.293	6.416
	870613041	多功能交直流钳形测量仪	台班	4.048	4.129	4.169	4.250
	870622018	数字电桥	台班	3.783	3.859	3.896	3.972
	870699076	微机继电保护测试仪	台班	1.892	1.929	1.949	1.986

第十七章

电气设备调试工程

说　明

一、本章内容包括机组容量小于等于 35MW 及电压等级小于或等于 10kV 的发电、输电、配电、用电工程中电气设备的分系统调试、整套启动调试、特殊试验项目。

二、相关说明：

1. 调试项目是按照现行国家标准《电气装置安装工程电气设备交接试验标准》GB 50150 及相应电气装置安装工程施工及验收系列规范；发电、输电、配电、用电工程启动试运及验收规程进行编制的。标准与规程未包括的调试项目和调试内容所发生的费用，应结合技术条件及相应的规定另行计算。发电机、变压器、母线，线路的分系统调试中均包括了相应保护系统调试，相应的系统调试不包含装置单体调试内容。机组容量大于 35MW 及电压等级大于 10kV 的发电、输电、配电、太阳能光伏电站、用电工程中电气设备等系统调试项目参照电力行业相关调试项目执行。

2. 调试项目中已经包括熟悉资料、编制调试方案、核对设备、现场调试、填写调试记录、整理调试报告等工作内容。

3. 本章安装项目所用到的电源是按照永久电源编制的，项目中不包括调试与试验所消耗的电量，其电费已包含在工程建设其他项目费用中。当工程需要单独计算调试与试验电费时，应按照计量表所示实际用量计算。

4. 在册说明分别定义了单体调试与分系统调试，在安装部分章节里已体现了变压器、配电装置、保护装置、自动装置、电动机等电气设备的单体调试，本章项目中分系统调试不包含电气设备装置单体调试内容。非常规的调试与试验执行特殊试验项目相应的项目，本项目特殊试验项目中没有的试验项目参照电力行业相关调试项目执行。

5. 输配电装置调试中的 1kV 以下交流供电系统调试项目适用于所有低压供电回路，应按下列规定计算。

（1）从低压配电装置至分配电箱的供电回路中，凡带有继电器、电磁开关、互感器等调试元件（不包括刀开关、保险器）的，均按一个调试系统计算。

（2）引至低压配电柜的供电回路，按回路数计算调试系统。

（3）从配电箱直接至电动机的供电回路，已包括在电动机的系统调试项目内，不得计算系统调试。

（4）移动电器和以插座连接的家电设备不计算调试费用。

（5）输配电设备系统调试不包括系统内的电缆的单体试验、绝缘耐压试验等调试工作。

（6）配电箱内只有开关、熔断器等不含调试元件的供电回路，则不再作为调试系统计算。

6. 根据电动机的形式及规格，计算电动机系统电气调试工作量。

7. 本章安装项目不包括设备的干燥处理和设备本身缺陷造成的元件更换修理，亦未考虑因设备元件质量低劣或安装质量问题对调试工作造成的影响。发生时，按照有关的规定进行处理。

8. 本章安装项目是按照新安装的设备考虑的。当调试经更换修改的设备、拆迁的旧设备时，项目乘以系数 1.15。

9. 调试带负荷调压装置的电力变压器时，调试项目乘以系数 1.12；三线圈变压器、整流变压器、电炉变压器调试按照同容量的电力变压器调试项目乘以系数 1.20。

10. 母线系统调试项目只适用于装有电压互感器的低压配电装置的各种母线（包括软母线）的系统调试。

11. 可控硅调速直流电动机系统调试内容包括可控硅整流装置系统和直流电动机控制回路系统两个部分的调试。

12. 交流变频调速直流电动机系统调试内容包括变频装置系统和交流电动机控制回路系统两个部

分的调试。

13. 智能变电站系统调试中只考虑遥控、遥信、遥测的功能，若工程需要增加遥调时，相应项目应乘以系数 1.20。

14. 整套启动调试包括发电、输电、变电、配电在项目生产投料或使用前后进行的项目电气部分整套调试和配合生产启动试运以及程序校验，运行调整，状态切换，动作试验等内容。不包括在整套启动试运过程中暴露出来的设备缺陷处理或因施工质量、设计质量等问题造成的返工所增加的调试工作量。

工程量计算规则

一、电气调试系统，根据电气布置系统图，结合调试项目的工作内容进行划分，按照定额项目中规定的计量单位计算工程量。

二、电气设备单体试验不单独计算工程量，特殊试验项目根据工程需要按照实际数量计算工程量。

三、供电桥回路的断路器母线分段断路器，均按照独立的输配电设备系统计算调试费。

四、配电设备系统调试是按照一侧有一台断路器考虑的，若两侧均有断路器时，则按照两个系统计算。

五、变压器系统调试是按照每个电压侧有一台断路器考虑的，若断路器多于一台时，则按照相应的电压等级另行计算输配电设备系统调试费。

六、电源切换及备用自投装置系统调试包含备用自投、电源快速切换等装置的系统调试。其工程量应按照下列规定计算：

1. 备用电源自动投入装置按照连锁机构的个数计算自动投入装置的系统工程量。例如：一台备用厂用变压器作为三段厂用工作母线备用电源，按照三个系统计算工程量。设置自动投入的两条互为备用的线路或两台变压器，按照两个系统计算工程量。备用电动机自动投入装置亦按此规定计算。

2. 用电切换系统调试，按照设计能够完成切换的一套装置为一个系统计算工程量。

七、测量与监视系统调试包括直流系统、变送器屏等调试。变送器屏系统调试，按照设计图示数量，分别以“台”为计量单位。

八、保安电源系统调试，按照安装的保安电源段数，分别以“台”为计量单位。

九、事故照明、故障录波器系统调试，根据设计项目，按照发电机组台数、独立变电站与配电室的座数，分别以“台”和“座”为计量单位。

十、电除尘器系统电气调试，根据烟气进除尘器入口净面积，分别以“套”计算工程量。按照一台升压变压器、一组整流器及附属设备为一套计算。

十一、硅整流装置系统调试，按照一套装置为一个系统计算工程量。

十二、电动机系统电气调试是指电动机系统电机相关控制、监控、保护二次回路的调试。其系统调试，根据电机的控制方式、功率按照电动机的台数，分别以“台”为计量单位。

十三、一般民用建筑电气工程中，配电室内带有调试元件的盘、箱、柜和带有调试元件的照明配电箱，应按照供电方式计算输配电设备系统调试数量。用户所用的配电箱供电不计算系统调试费。

十四、具有较高控制技术的电气工程（包括照明工程中采用程控调光的装饰灯具），应按照控制方式计算系统调试工程量。

十五、成套开闭所，根据开关间隔单元数量，按照成套的单个箱体数量计算工程量。

十六、成套箱式变电站，根据变压器容量，按照成套的单个箱体数量计算工程量。

十七、配电智能系统调试，根据间隔数量，分别以“系统”为计量单位。一个站点为一个系统。一个柱上配电终端若接入主（子）站，可执行两个以下间隔的分系统调试项目，若就地保护则不能执行系统调试项目。

十八、整套启动调试按照发电、输电、变电、配电工程分别计算。发电厂根据锅炉蒸发量，分别以“台”为计量单位，无发电功能的独立供热站不计算发电整套调试；输电线路根据电压等级及输电介质不分回路数，分别以“条”为计量单位；变电、配电根据高压侧电压等级不分容量，分别以“座”为计量单位。

1. 用电工程项目电气部分整套启动调试随用电工程项目统一考虑，不单独计算有关用电电气整套启动调试费用。

2. 用户端配电站（室）根据高压侧电压等级（接受端电压等级）计算配电整套启动调试费。

3. 中心变电站至用户端配电室（含箱式变电站）的输电线路，根据输电电压等级计算输电线路整套启动调试费；用户端配电室（含箱式变电站）至用户各区域或用电设备的配电电缆、电线工程不计算输电整套启动调试费。

十九、特殊试验项目根据技术项目与测试的工作内容，按照实际测试与试验的设备或装置数量计算工程量。

一、分系统调试

1. 发电机系统调试

工作内容： 发电机、断路器、隔离开关、接地开关及保护、测量、控制、调速信号等二次回路调试，通流升压试验，整组传动试验，机、电、炉横向保护试验，交接验收等。

计量单位：台

	编号			4-17-1	4-17-2	4-17-3	4-17-4	4-17-5
	项目			单机容量（MW）				
				≤3	≤6	≤15	≤25	≤35
	名称		单位	消耗量				
人工	000303000	综合三类工	工日	44.779	53.869	72.178	82.326	93.208
材料	020323003	自粘性橡胶带 25mm × 20m	卷	1.196	1.709	3.417	4.882	6.102
	280307008	铜芯橡皮绝缘电线 BX-2.5mm²	m	2.397	3.425	6.849	9.785	12.231
	850103006	其他材料费（占材料费）	%	2.000	2.000	2.000	2.000	2.000
机械	870613023	手持式万用表	台班	9.800	9.800	11.200	13.400	16.800
	870622018	数字电桥	台班	5.500	5.500	6.500	7.500	8.500
	870622064	高压绝缘电阻测试仪	台班	5.888	6.168	6.729	8.411	10.093
	870622089	交流阻抗测试仪	台班	5.503	6.027	7.075	8.647	10.219
	870628009	数据记录仪	台班	8.411	8.636	9.084	10.598	12.112
	870699031	电感电容测试仪	台班	3.364	3.925	5.047	6.729	8.411
	870699068	相位表	台班	3.364	3.925	5.047	6.729	8.411
	870199011	笔记本电脑	台班	12.500	12.500	18.500	18.500	24.500
	870699148	高压开关特性测试仪	台班	7.570	8.692	10.935	13.458	15.981
	873114001	数字电压表	台班	8.411	8.972	10.093	11.776	13.458
	873136001	数字频率计	台班	9.252	9.813	10.935	12.617	14.299
	873136018	计时/计频器/校准器	台班	10.935	11.495	12.617	14.299	15.981
	873148008	数字示波器	台班	10.093	10.654	11.776	14.299	16.822
	870699076	微机继电保护测试仪	台班	9.800	9.800	11.200	13.400	16.800

2. 励磁系统调试

工作内容：励磁系统及相关二次回路调试，整组传动试验，交接验收等。 **计量单位：**台

编号				4-17-6	4-17-7	4-17-8	4-17-9
项目				单机容量（MW）			
				≤6	≤15	≤25	≤35
名称			单位	消耗量			
人工	000303000	综合三类工	工日	6.593	9.888	13.184	16.479
材料	020323003	自粘性橡胶带 25mm×20m	卷	0.548	1.097	1.567	1.958
	280307008	铜芯橡皮绝缘电线 BX-2.5mm^2	m	1.097	2.193	3.133	3.917
	850103006	其他材料费（占材料费）	%	2.000	2.000	2.000	2.000
机械	870613023	手持式万用表	台班	0.505	0.757	1.009	1.262
	870622018	数字电桥	台班	0.336	0.505	0.673	0.841
	870622064	高压绝缘电阻测试仪	台班	0.336	0.505	0.673	0.841
	870622068	交/直流低电阻测试仪	台班	0.505	0.757	1.009	1.262
	870622097	断路器动特性综合测试仪	台班	0.336	0.505	0.673	0.841
	870699021	继电器检验仪	台班	0.505	0.757	1.009	1.262
	870699060	电能校验仪	台班	0.505	0.757	1.009	1.262
	870699064	2000A 大电流发生器	台班	0.505	0.757	1.009	1.262
	873112024	直流高压发生器	台班	0.505	0.757	1.009	1.262
	873114001	数字电压表	台班	0.336	0.505	0.673	0.841
	873136001	数字频率计	台班	0.505	0.757	1.009	1.262
	873136018	计时/计频器/校准器	台班	0.505	0.757	1.009	1.262
	870699076	微机继电保护测试仪	台班	0.336	0.505	0.673	0.841

3. 同期系统调试

工作内容：同期电压回路、同期系统的调频、调压等二次回路调试，整组传动试验，交接验收等。 **计量单位：**组

编号				4-17-10	4-17-11	4-17-12	4-17-13
项目				单机容量（MW）			
				≤6	≤15	≤25	≤35
				两台机组			
名称			单位	消耗量			
人工	000303000	综合三类工	工日	5.493	7.691	9.888	12.086
材料	020323003	自粘性橡胶带 25mm×20m	卷	0.485	0.970	1.386	1.733
	280307008	铜芯橡皮绝缘电线 BX-2.5mm^2	m	0.970	1.940	2.772	3.465
	850103006	其他材料费（占材料费）	%	2.000	2.000	2.000	2.000
机械	870699097	远红外线调压器	台班	0.382	0.535	0.688	0.841
	870613023	手持式万用表	台班	0.765	1.071	1.376	1.682
	870622022	电压比测试仪（变比电桥）	台班	0.765	1.071	1.376	1.682
	870622064	高压绝缘电阻测试仪	台班	0.765	1.071	1.376	1.682
	873110054	工频信号发生器	台班	0.357	0.500	0.643	0.786
	873136018	计时/计频器/校准器	台班	1.912	2.676	3.441	4.206
	873148008	数字示波器	台班	0.715	1.000	1.286	1.572
	873152014	电缆测试仪	台班	0.382	0.535	0.688	0.841
	870699076	微机继电保护测试仪	台班	0.765	1.071	1.376	1.682

工作内容：同期电压回路、同期系统的调频、调压等二次回路调试，整组传动试验，交接验收等。

计量单位：台

编　　号				4-17-14	4-17-15	4-17-16	4-17-17
项　　目				单机容量（MW）			
				≤6	≤15	≤25	≤35
				增加一个同期点			
名　　称			单位	消　耗　量			
人工	000303000	综合三类工	工日	1.098	1.648	2.197	3.295
材料	020323003	自粘性橡胶带 25mm×20m	卷	0.097	0.208	0.308	0.182
	280307008	铜芯橡皮绝缘电线 BX-2.5mm^2	m	0.194	0.416	0.616	0.364
	850103006	其他材料费（占材料费）	%	2.000	2.000	2.000	2.000
机械	870699097	远红外线调压器	台班	0.077	0.115	0.153	0.229
	870613023	手持式万用表	台班	0.229	0.344	0.459	0.688
	870622022	电压比测试仪（变比电桥）	台班	0.153	0.229	0.306	0.459
	870622064	高压绝缘电阻测试仪	台班	0.153	0.229	0.306	0.459
	873110054	工频信号发生器	台班	0.071	0.107	0.143	0.214
	873136018	计时/计频器/校准器	台班	0.382	0.573	0.765	1.147
	873148008	数字示波器	台班	0.143	0.214	0.286	0.429
	873152014	电缆测试仪	台班	0.076	0.115	0.153	0.229
	870699076	微机继电保护测试仪	台班	0.153	0.229	0.306	0.459

4. 变压器系统调试

工作内容：变压器、高低断路器、隔离开关、接地开关、保护、监控及计量二次回路调试，测温、冷却系统等系统调试，通流升压试验，控制、保护整组传动试验，空载试运等。

计量单位：系统

编　　号				4-17-18	4-17-19	4-17-20	4-17-21	4-17-22	4-17-23
项　　目				容量（kV·A）					
				≤800	≤2000	≤4000	≤8000	≤20000	≤40000
名　　称			单位	消　耗　量					
人工	000303000	综合三类工	工日	5.540	14.013	14.991	17.111	20.531	28.028
材料	020323003	自粘性橡胶带 25mm×20m	卷	0.670	0.875	1.189	1.758	2.009	2.678
	280307008	铜芯橡皮绝缘电线 BX-2.5mm^2	m	1.339	1.758	2.394	3.515	4.018	5.357
	850103006	其他材料费（占材料费）	%	2.000	2.000	2.000	2.000	2.000	2.000
机械	870613023	手持式万用表	台班	0.820	1.914	2.187	2.734	3.281	3.827
	870622018	数字电桥	台班	0.547	1.640	2.734	3.827	4.921	6.014
	870622064	高压绝缘电阻测试仪	台班	0.547	1.093	1.640	2.187	2.734	3.281
	870622068	交/直流低电阻测试仪	台班	0.820	1.640	2.734	3.281	3.827	4.374
	870699051	全自动变比组别测试仪	台班	0.820	1.640	2.187	2.734	3.281	3.827
	870699068	相位表	台班	0.766	1.533	2.215	2.555	3.066	3.577
	870699168	变压器特性综合测试台	台班	0.547	1.093	1.640	2.187	2.734	3.281
	873136001	数字频率计	台班	0.820	1.640	1.640	1.640	2.187	2.187
	873136018	计时/计频器/校准器	台班	0.820	2.734	2.187	2.734	3.281	3.827
	873148008	数字示波器	台班	0.766	1.533	2.215	2.555	3.066	3.577
	870699076	微机继电保护测试仪	台班	0.547	1.914	2.187	2.734	3.281	3.827

5. 输配电系统调试

工作内容： 1. 断路器、隔离开关、接地开关及保护、监控二次回路调试。
2. 通流升压试验。
3. 控制、保护整组传动试验。
4. 保护通道联调。
5. 交接验收等。

计量单位：系统

编号				4-17-24	4-17-25	4-17-26	4-17-27
项目				交流供电（kV）			
				≤1	≤10		
					带负荷隔离开关	带断路器	带电抗器
	名称		单位	消耗量			
人工	000303000	综合三类工	工日	1.615	2.794	3.930	5.064
材料	020323003	自粘性橡胶带 25mm×20m	卷	0.120	0.360	0.360	0.360
	280307008	铜芯橡皮绝缘电线 BX-2.5mm^2	m	0.240	0.720	0.720	0.720
	850103006	其他材料费（占材料费）	%	2.000	2.000	2.000	2.000
机械	870613023	手持式万用表	台班	1.682	1.682	1.682	1.682
	870622018	数字电桥	台班	—	—	1.682	1.682
	870622064	高压绝缘电阻测试仪	台班	—	0.841	0.841	0.841
	870699068	相位表	台班	0.789	0.789	0.789	0.789
	870699092	YDQ 充气式试验变压器	台班	—	0.500	0.800	1.000
	870699096	高压试验变压器配套操作箱、调压器	台班	—	0.500	0.800	1.000
	873110056	振荡器	台班	0.789	0.789	0.789	0.789
	873152014	电缆测试仪	台班	0.841	0.841	1.682	1.682
	870699076	微机继电保护测试仪	台班	—	—	1.682	1.682

工作内容： 1. 断路器、隔离开关、接地开关及保护、监控二次回路调试。
2. 通流升压试验。
3. 控制、保护整组传动试验。
4. 保护通道联调。
5. 交接验收等。

计量单位：系统

编号				4-17-28	4-17-29
项目				直流供电（V）	
				≤500	≤1600
	名称		单位	消耗量	
人工	000303000	综合三类工	工日	1.630	2.794
材料	020323003	自粘性橡胶带 25mm×20m	卷	0.080	0.168
	280307008	铜芯橡皮绝缘电线 BX-2.5mm^2	m	0.120	0.252
	850103006	其他材料费（占材料费）	%	2.000	2.000
机械	870613023	手持式万用表	台班	0.757	1.009
	870622064	高压绝缘电阻测试仪	台班	—	0.505
	870699068	相位表	台班	0.473	0.473
	873110056	振荡器	台班	0.473	0.473
	873152014	电缆测试仪	台班	0.505	0.505
	870699076	微机继电保护测试仪	台班	—	0.505

6. 母线系统调试

工作内容： 1. 母线系统、绝缘检查装置系统等二次回路调试。
2. 保护、信号动作试验。
3. 交接验收等。

计量单位： 段

编号				4-17-30	4-17-31
项目				电压（kV）	
				⩽1	⩽10
名称			单位	消耗量	
人工	000303000	综合三类工	工日	1.135	3.318
材料	020323003	自粘性橡胶带 25mm×20m	卷	0.083	0.025
	280307008	铜芯橡皮绝缘电线 BX-2.5mm²	m	0.166	0.498
	850103006	其他材料费（占材料费）	%	2.000	2.000
机械	870613023	手持式万用表	台班	0.841	1.682
	870622018	数字电桥	台班	—	1.682
	870622064	高压绝缘电阻测试仪	台班	0.841	1.682
	870699031	电感电容测试仪	台班	0.841	0.841
	870699060	电能校验仪	台班	—	0.841
	873112024	直流高压发生器	台班	0.841	2.523
	873114001	数字电压表	台班	—	0.841
	870699076	微机继电保护测试仪	台班	—	1.682

7. 电源切换及备自投装置系统调试

工作内容： 1. 相关二次回路调试。
2. 整组传动试验。
3. 投运试验等。

计量单位： 系统（套）

编号				4-17-32	4-17-33	4-17-34	4-17-35
项目				备用电源自动投入装置	备用电机自动投入装置	用电切换系统	
						电压⩽400V	电压⩽10kV
名称			单位	消耗量			
人工	000303000	综合三类工	工日	2.708	1.135	1.816	4.394
材料	020323003	自粘性橡胶带 25mm×20m	卷	0.700	0.700	0.700	0.700
	280307008	铜芯橡皮绝缘电线 BX-2.5mm²	m	8.000	8.000	8.000	8.000
	850103006	其他材料费（占材料费）	%	2.000	2.000	2.000	2.000
机械	870613023	手持式万用表	台班	1.682	0.841	0.298	1.364
	870699068	相位表	台班	1.262	0.421	0.597	1.023
	873112057	三相精密测试电源	台班	1.262	0.421	0.597	1.023
	870699076	微机继电保护测试仪	台班	1.682	0.841	—	1.364

8. 测量与监控系统调试

工作内容： 1. 相关二次回路调试。
2. 整组试验。
3. 投运试验等。

计量单位： 见表

编号				4-17-36	4-17-37
项目				直流监测系统	变送器屏
单位				系统	台
名称			单位	消耗量	
人工	000303000	综合三类工	工日	8.304	5.744
材料	020323003	自粘性橡胶带 25mm × 20m	卷	1.720	3.010
	280307008	铜芯橡皮绝缘电线 BX-2.5mm^2	m	3.440	6.020
	850103006	其他材料费（占材料费）	%	2.000	2.000
机械	870613023	手持式万用表	台班	2.691	3.760
	870699064	2000A 大电流发生器	台班	2.691	3.760
	873136018	计时/计频器/校准器	台班	2.018	3.760
	873148008	数字示波器	台班	0.673	—
	870699076	微机继电保护测试仪	台班	2.691	3.760

9. 保安电源系统调试

工作内容： 相关二次回路调试，整组传动试验，投运试验等。

计量单位： 台

编号				4-17-38	4-17-39
项目				柴油发电机容量（kW）	
				≤ 600	> 600
名称			单位	消耗量	
人工	000303000	综合三类工	工日	1.648	2.746
材料	020323003	自粘性橡胶带 25mm × 20m	卷	0.654	0.817
	280307008	铜芯橡皮绝缘电线 BX-2.5mm^2	m	1.307	1.634
	850103006	其他材料费（占材料费）	%	2.000	2.000
机械	870613023	手持式万用表	台班	0.227	0.378
	873112057	三相精密测试电源	台班	0.227	0.378
	873136018	计时/计频器/校准器	台班	0.227	0.378
	873148008	数字示波器	台班	0.227	0.378
	870699076	微机继电保护测试仪	台班	0.227	0.378

10. 不间断电源系统调试

工作内容：相关二次回路调试，切换试验等。 **计量单位：**台

编号				4-17-40	4-17-41	4-17-42	4-17-43
项目				不间断电源			
				容量（kV·A）			
				≤10	≤30	≤100	>100
名称			单位	消耗量			
人工	000303000	综合三类工	工日	2.339	3.930	5.936	7.245
材料	020323003	自粘性橡胶带 25mm×20m	卷	0.393	0.471	0.578	0.722
	280307008	铜芯橡皮绝缘电线 BX-2.5mm^2	m	0.722	0.867	1.156	1.445
	850103006	其他材料费（占材料费）	%	2.000	2.000	2.000	2.000
机械	870613023	手持式万用表	台班	0.756	0.910	1.240	1.470
	873112057	三相精密测试电源	台班	0.756	0.910	1.240	1.470
	873136018	计时/计频器/校准器	台班	0.756	0.910	1.240	1.470
	873148008	数字示波器	台班	0.756	0.910	1.240	1.470
	870699076	微机继电保护测试仪	台班	0.756	0.910	1.240	1.470

11. 事故照明自动切换系统调试

工作内容：相关二次回路调试，整组传动试验，切换试验等。 **计量单位：**见表

编号				4-17-44	4-17-45	4-17-46
项目				单机容量（MW）		
				≤15	≤35	变电站、配电室
单位				台		座
名称			单位	消耗量		
人工	000303000	综合三类工	工日	2.746	4.394	1.572
材料	020323003	自粘性橡胶带 25mm×20m	卷	0.268	0.335	0.106
	280307008	铜芯橡皮绝缘电线 BX-2.5mm^2	m	0.536	0.670	0.211
	850103006	其他材料费（占材料费）	%	2.000	2.000	2.000
机械	870613023	手持式万用表	台班	2.893	4.629	1.157
	873136018	计时/计频器/校准器	台班	1.929	3.086	0.771
	870699076	微机继电保护测试仪	台班	1.929	3.086	0.771

12. 无功补偿装置系统调试

工作内容：相关二次回路调试，整组传动试验，投运试验等。　　计量单位：组

编号				4-17-47	4-17-48
项目				电容器电压（kV）	
				≤1	≤10
名称			单位	消耗量	
人工	000303000	综合三类工	工日	2.037	4.075
材料	020323003	自粘性橡胶带 25mm × 20m	卷	0.083	0.249
	280307008	铜芯橡皮绝缘电线 BX-2.5mm^2	m	0.115	0.498
	850103006	其他材料费（占材料费）	%	2.000	2.000
机械	870613023	手持式万用表	台班	1.682	1.682
	870622064	高压绝缘电阻测试仪	台班	0.841	0.841
	870699031	电感电容测试仪	台班	0.841	1.682
	870699120	调谐试验装置	台班	0.786	0.786
	873112024	直流高压发生器	台班	0.841	0.841
	873114001	数字电压表	台班	—	0.841

工作内容：相关二次回路调试，整组传动试验，投运试验等。　　计量单位：组

编号				4-17-49	4-17-50
项目				电抗器	
				干式	油浸式
名称			单位	消耗量	
人工	000303000	综合三类工	工日	4.889	6.112
材料	020323003	自粘性橡胶带 25mm × 20m	卷	0.299	0.299
	280307008	铜芯橡皮绝缘电线 BX-2.5mm^2	m	0.598	0.598
	850103006	其他材料费（占材料费）	%	2.000	2.000
机械	870613023	手持式万用表	台班	1.682	2.523
	870622018	数字电桥	台班	0.841	0.841
	870622064	高压绝缘电阻测试仪	台班	0.841	0.841
	873112024	直流高压发生器	台班	0.841	1.262
	873114001	数字电压表	台班	0.841	1.262

13. 电除尘系统电气调试

工作内容：电除尘二次回路调试，空载升压试验，振打投运试验等。 **计量单位：**套

编号				4-17-51	4-17-52	4-17-53
项目				烟尘入口面积（m²）		
				≤25	≤45	≤65
名称			单位	消耗量		
人工	000303000	综合三类工	工日	7.744	10.896	15.958
材料	020323003	自粘性橡胶带 25mm×20m	卷	0.820	1.025	1.138
	280307008	铜芯橡皮绝缘电线 BX-2.5mm²	m	1.639	2.049	2.277
	850103006	其他材料费（占材料费）	%	2.000	2.000	2.000
机械	870613023	手持式万用表	台班	3.364	5.804	7.290
	870622018	数字电桥	台班	2.523	4.353	5.467
	870622064	高压绝缘电阻测试仪	台班	0.841	1.451	1.822
	870699060	电能校验仪	台班	2.523	4.353	5.467
	870699064	2000A 大电流发生器	台班	5.467	9.431	11.846
	870699148	高压开关特性测试仪	台班	2.523	4.353	5.467
	873112024	直流高压发生器	台班	2.523	4.353	5.467
	873114001	数字电压表	台班	2.523	4.353	5.467
	873148008	数字示波器	台班	2.523	4.353	5.467
	870699076	微机继电保护测试仪	台班	2.944	4.353	5.467

14. 故障录波系统调试

工作内容：相关二次回路调试，整组传动试验，投运试验等。 **计量单位：**见表

编号				4-17-54	4-17-55	4-17-56	4-17-57	4-17-58	4-17-59
项目				发电厂单机容量（MW）				变电站	配电室
				≤6	≤15	≤25	≤35		
单位				台				座	
名称			单位	消耗量					
人工	000303000	综合三类工	工日	2.197	3.295	4.394	5.493	2.197	1.098
材料	020323003	自粘性橡胶带 25mm×20m	卷	0.230	0.383	0.547	0.684	0.428	0.342
	280307008	铜芯橡皮绝缘电线 BX-2.5mm²	m	0.460	0.766	1.094	1.368	0.855	0.684
	850103006	其他材料费（占材料费）	%	2.000	2.000	2.000	2.000	2.000	2.000
机械	870199011	笔记本电脑	台班	0.534	0.801	1.068	1.335	0.134	0.067
	870622047	回路电阻测试仪	台班	0.134	0.200	0.267	0.334	0.267	0.134
	870699047	三相多功能钳形相位伏安表	台班	0.134	0.200	0.267	0.334	0.134	0.067
	870699068	相位表	台班	0.125	0.187	0.250	0.312	—	—
	870699080	继电保护检验仪	台班	0.267	0.401	0.534	0.668	6.008	3.004
	870699176	保护故障子站模拟系统	台班	0.134	0.200	0.267	0.334	0.134	0.067

15. 电动机系统电气调试

（1）直流电动机负载调试

工作内容： 相关二次回路调试，操作传动试验，电动机空载试转等。 **计量单位：** 台

编号				4-17-60	4-17-61	4-17-62	4-17-63	4-17-64
项目				普通小型 功率（kW）				
				≤ 13	≤ 30	≤ 100	≤ 200	≤ 300
名称			单位	消耗量				
人工	000303000	综合三类工	工日	3.421	4.889	7.333	9.289	11.000
材料	020323003	自粘性橡胶带 25mm × 20m	卷	0.700	1.100	1.500	1.900	2.600
	280307008	铜芯橡皮绝缘电线 BX-2.5mm^2	m	1.400	2.200	3.000	3.800	5.200
	850103006	其他材料费（占材料费）	%	2.000	2.000	2.000	2.000	2.000
机械	870122009	转速表	台班	0.505	0.505	0.757	1.009	1.009
	870613023	手持式万用表	台班	1.514	2.524	3.533	4.037	5.047
	870622018	数字电桥	台班	0.505	0.757	1.009	1.009	1.009
	870622064	高压绝缘电阻测试仪	台班	0.505	1.009	1.514	2.018	2.524
	873112024	直流高压发生器	台班	0.505	0.757	1.009	1.009	1.009
	873136018	计时/计频器/校准器	台班	1.514	1.514	2.018	2.524	3.028
	873152014	电缆测试仪	台班	0.505	0.505	0.505	0.505	0.505
	870699076	微机继电保护测试仪	台班	1.514	2.524	3.533	4.037	5.047

工作内容： 相关二次回路调试，操作传动试验，电动机空载试转等。 **计量单位：** 台

编号				4-17-65	4-17-66	4-17-67	4-17-68
项目				一般可控硅调速 功率（kW）			
				≤ 50	≤ 100	≤ 250	≤ 500
名称			单位	消耗量			
人工	000303000	综合三类工	工日	17.599	25.911	29.577	37.154
材料	020323003	自粘性橡胶带 25mm × 20m	卷	3.800	2.800	3.100	7.800
	280307008	铜芯橡皮绝缘电线 BX-2.5mm^2	m	7.600	5.600	6.200	15.600
	850103006	其他材料费（占材料费）	%	2.000	2.000	2.000	2.000
机械	870122009	转速表	台班	2.018	2.524	3.028	3.533
	870613023	手持式万用表	台班	5.047	5.551	6.056	6.561
	870622018	数字电桥	台班	1.514	2.018	2.524	3.028
	870622064	高压绝缘电阻测试仪	台班	0.505	1.009	1.009	1.262
	870628009	数据记录仪	台班	3.533	4.542	5.551	6.561
	870699005	调速系统动态测试仪	台班	3.028	4.037	5.047	6.056
	870699031	电感电容测试仪	台班	0.757	1.009	2.018	2.018
	870699124	最佳阻容调节器 RCK	台班	4.542	5.047	5.551	6.056
	870699208	旋转移相器 TXSGA-1/0.5	台班	2.524	3.533	4.542	5.047
	873112024	直流高压发生器	台班	0.757	0.757	1.009	1.009
	873114001	数字电压表	台班	0.757	0.757	1.009	1.009
	873136001	数字频率计	台班	1.514	1.514	2.018	2.524
	873148008	数字示波器	台班	4.542	5.047	6.056	6.561
	873152014	电缆测试仪	台班	0.505	0.505	0.505	0.505
	870699076	微机继电保护测试仪	台班	1.514	2.018	2.524	3.028

工作内容：相关二次回路调试，操作传动试验，电动机空载试转等。 **计量单位：台**

编号				4-17-69	4-17-70	4-17-71	4-17-72
项目				一般可控硅调速 功率（kW）			
				≤1000	≤2000	≤3500	≤5000
名称			单位	消耗量			
人工	000303000	综合三类工	工日	45.221	58.664	83.107	99.728
材料	020323003	自粘性橡胶带 25mm×20m	卷	10.400	12.300	12.700	20.800
	280307008	铜芯橡皮绝缘电线 BX-2.5mm^2	m	20.800	24.600	33.400	41.600
	850103006	其他材料费（占材料费）	%	2.000	2.000	2.000	2.000
机械	870122009	转速表	台班	4.037	5.047	6.056	7.066
	870613023	手持式万用表	台班	7.066	8.075	9.084	10.093
	870622018	数字电桥	台班	3.533	4.542	5.551	6.561
	870622064	高压绝缘电阻测试仪	台班	1.262	1.514	2.018	2.524
	870628009	数据记录仪	台班	7.570	8.579	9.589	10.598
	870699005	调速系统动态测试仪	台班	7.066	8.075	9.084	10.093
	870699031	电感电容测试仪	台班	2.018	2.271	2.271	2.524
	870699124	最佳阻容调节器 RCK	台班	6.561	7.570	9.084	10.598
	870699208	旋转移相器 TXSGA-1/0.5	台班	5.551	6.056	6.561	7.066
	873112024	直流高压发生器	台班	1.514	2.018	3.028	4.037
	873114001	数字电压表	台班	1.514	2.018	3.028	4.037
	873136001	数字频率计	台班	3.028	4.037	5.047	6.056
	873148008	数字示波器	台班	7.066	8.075	9.589	11.103
	873152014	电缆测试仪	台班	0.505	0.757	0.757	1.009
	870699076	微机继电保护测试仪	台班	3.533	5.047	6.056	7.066

工作内容：相关二次回路调试，操作传动试验，电动机空载试转等。 计量单位：台

编号				4-17-73	4-17-74	4-17-75	4-17-76
项目				全数字式控制可控硅调速 功率（kW）			
				≤50	≤100	≤250	≤500
名称			单位	消耗量			
人工	000303000	综合三类工	工日	20.288	29.820	34.220	42.776
材料	020323003	自粘性橡胶带 25mm×20m	卷	4.100	6.200	7.100	8.900
	280307008	铜芯橡皮绝缘电线 BX-2.5mm^2	m	8.200	12.400	14.200	17.800
	850103006	其他材料费（占材料费）	%	2.000	2.000	2.000	2.000
机械	870122009	转速表	台班	2.018	3.028	4.037	5.047
	870613023	手持式万用表	台班	5.047	5.551	6.056	6.561
	870622018	数字电桥	台班	1.514	2.018	2.524	3.533
	870622064	高压绝缘电阻测试仪	台班	0.757	1.009	1.514	1.514
	870628009	数据记录仪	台班	5.047	6.056	7.066	8.075
	870699005	调速系统动态测试仪	台班	3.028	4.037	5.047	6.056
	870699031	电感电容测试仪	台班	1.009	1.514	2.018	2.018
	870699124	最佳阻容调节器 RCK	台班	5.047	5.551	6.056	6.561
	870699208	旋转移相器 TXSGA-1/0.5	台班	2.524	3.533	4.542	5.047
	873112024	直流高压发生器	台班	1.009	1.514	2.018	2.776
	873114001	数字电压表	台班	1.009	1.514	2.018	2.776
	873136001	数字频率计	台班	2.018	2.524	3.028	3.533
	873148008	数字示波器	台班	5.047	5.551	6.056	6.561
	873152014	电缆测试仪	台班	0.505	0.505	0.505	0.505
	870699076	微机继电保护测试仪	台班	1.009	2.018	2.524	3.028

工作内容：相关二次回路调试，操作传动试验，电动机空载试转等。 **计量单位：台**

编号				4-17-77	4-17-78	4-17-79	4-17-80
项目				全数字式控制可控硅调速 功率（kW）			
				⩽ 1000	⩽ 2000	⩽ 3500	⩽ 5000
		名称	单位	消耗量			
人工	000303000	综合三类工	工日	52.064	67.465	88.972	103.639
材料	020323003	自粘性橡胶带 25mm × 20m	卷	10.900	14.200	18.800	21.800
	280307008	铜芯橡皮绝缘电线 BX-2.5mm^2	m	21.800	28.400	37.600	43.600
	850103006	其他材料费（占材料费）	%	2.000	2.000	2.000	2.000
机械	870122009	转速表	台班	6.056	7.066	8.075	9.084
	870613023	手持式万用表	台班	9.084	10.093	11.103	12.112
	870622018	数字电桥	台班	5.047	6.056	7.570	9.084
	870622064	高压绝缘电阻测试仪	台班	2.018	2.524	2.524	2.524
	870628009	数据记录仪	台班	9.084	10.093	11.103	12.112
	870699005	调速系统动态测试仪	台班	7.066	8.075	9.084	10.093
	870699031	电感电容测试仪	台班	2.524	2.524	3.028	3.028
	870699124	最佳阻容调节器 RCK	台班	9.084	10.093	11.103	12.112
	870699208	旋转移相器 TXSGA-1/0.5	台班	6.056	7.066	8.075	9.084
	873112024	直流高压发生器	台班	3.533	4.542	5.551	6.561
	873114001	数字电压表	台班	3.533	4.542	5.551	6.561
	873136001	数字频率计	台班	6.056	7.066	8.075	9.084
	873148008	数字示波器	台班	9.084	10.093	11.103	12.112
	873152014	电缆测试仪	台班	0.757	0.757	0.757	0.757
	870699076	微机继电保护测试仪	台班	4.542	5.551	6.561	7.570

（2）交流同步电动机负载调试

工作内容： 1. 相关二次回路调试。
2. 操作传动试验。
3. 电动机空载试转等。

计量单位：台

编号				4-17-81	4-17-82	4-17-83	4-17-84	4-17-85	4-17-86
项目				普通型 ≤ 10kV 电机 直接启动			普通型 ≤ 10kV 电机 降压启动		
				功率（kW）					
				≤ 500	≤ 1000	≤ 4000	≤ 1000	≤ 2000	≤ 4000
名称			单位	消耗量					
人工	000303000	综合三类工	工日	12.712	17.599	27.376	23.222	31.777	35.687
材料	020323003	自粘性橡胶带 25mm × 20m	卷	0.302	0.378	0.630	0.227	0.378	0.630
	280307008	铜芯橡皮绝缘电线 BX-2.5mm²	m	0.605	0.756	1.260	0.454	0.756	1.260
	850103006	其他材料费（占材料费）	%	2.000	2.000	2.000	2.000	2.000	2.000
机械	870122009	转速表	台班	1.009	1.262	1.514	1.262	1.514	2.018
	870613023	手持式万用表	台班	2.524	3.533	6.056	5.047	7.570	8.579
	870622018	数字电桥	台班	1.514	1.766	2.018	1.514	2.018	2.524
	870622064	高压绝缘电阻测试仪	台班	1.009	1.262	1.514	1.262	1.514	2.018
	870622097	断路器动特性综合测试仪	台班	0.505	1.009	1.009	1.009	1.009	1.009
	870699060	电能校验仪	台班	1.514	2.018	3.028	2.524	3.533	4.037
	873112024	直流高压发生器	台班	0.757	1.262	2.018	1.514	2.018	2.524
	873114001	数字电压表	台班	0.757	1.262	2.018	1.514	2.018	2.524
	873136001	数字频率计	台班	0.505	0.757	1.009	1.009	1.009	1.009
	873136018	计时/计频器/校准器	台班	3.028	4.290	6.561	5.551	7.570	8.579
	873152014	电缆测试仪	台班	0.505	1.009	1.514	1.009	1.009	1.514
	870699076	微机继电保护测试仪	台班	4.542	6.308	10.093	8.579	11.608	18.168

工作内容： 1. 相关二次回路调试。
2. 操作传动试验。
3. 电动机空载试转等。

计量单位：台

编号				4-17-87	4-17-88
项目				普通型 380V 电机	
				直接启动	降压启动
名称			单位	消耗量	
人工	000303000	综合三类工	工日	6.112	9.289
材料	020323003	自粘性橡胶带 25mm × 20m	卷	0.181	0.181
	280307008	铜芯橡皮绝缘电线 BX-2.5mm²	m	0.363	0.363
	850103006	其他材料费（占材料费）	%	2.000	2.000
机械	870122009	转速表	台班	0.505	0.505
	870613023	手持式万用表	台班	1.514	2.018
	870622018	数字电桥	台班	0.505	0.505
	870622064	高压绝缘电阻测试仪	台班	0.505	0.757
	870699060	电能校验仪	台班	0.505	0.757
	870699140	多倍频感应耐压试验器	台班	0.253	0.253
	873136018	计时/计频器/校准器	台班	1.514	2.018
	873152014	电缆测试仪	台班	0.505	0.505
	870699076	微机继电保护测试仪	台班	1.514	2.018

（3）交流异步电动机负载调试

工作内容：相关二次回路调试，操作传动试验，电动机空载试转等。 **计量单位**：台

编号				4-17-89	4-17-90	4-17-91	4-17-92
项目				低压笼型			
				刀开关控制	电磁控制	非电量联锁	带过流保护
名称			单位	消耗量			
人工	000303000	综合三类工	工日	0.929	1.857	2.444	3.715
材料	020323003	自粘性橡胶带 25mm × 20m	卷	0.200	0.400	0.500	0.900
	280307008	铜芯橡皮绝缘电线 BX-2.5mm²	m	0.400	0.800	1.000	1.800
	850103006	其他材料费（占材料费）	%	2.000	2.000	2.000	2.000
机械	870122009	转速表	台班	0.505	0.505	0.505	0.505
	870613023	手持式万用表	台班	0.505	0.505	0.505	1.514
	870622018	数字电桥	台班	0.505	0.505	0.505	0.505
	870622064	高压绝缘电阻测试仪	台班	0.505	1.009	1.009	1.009
	870699060	电能校验仪	台班	—	0.253	0.253	1.009
	873136018	计时/计频器/校准器	台班	—	—	—	1.009
	873152014	电缆测试仪	台班	0.505	0.505	0.505	0.505
	870699076	微机继电保护测试仪	台班	—	0.505	0.505	1.514

工作内容：相关二次回路调试，操作传动试验，电动机空载试转等。 **计量单位**：台

编号				4-17-93	4-17-94	4-17-95
项目				低压绕线型		
				电磁控制	速断、过流保护	反时限过流保护
名称			单位	消耗量		
人工	000303000	综合三类工	工日	5.135	7.823	9.289
材料	020323003	自粘性橡胶带 25mm × 20m	卷	1.000	1.300	1.600
	280307008	铜芯橡皮绝缘电线 BX-2.5mm²	m	2.000	2.600	3.200
	850103006	其他材料费（占材料费）	%	2.000	2.000	2.000
机械	870122009	转速表	台班	0.561	0.561	0.561
	870613023	手持式万用表	台班	2.243	2.804	3.364
	870622018	数字电桥	台班	1.121	1.402	1.402
	870622064	高压绝缘电阻测试仪	台班	1.121	1.121	1.121
	870699060	电能校验仪	台班	1.121	1.402	1.682
	873136018	计时/计频器/校准器	台班	1.682	4.205	4.486
	873152014	电缆测试仪	台班	0.561	0.561	0.561
	870699076	微机继电保护测试仪	台班	1.682	4.205	4.486

（4）交流变频调速电动机负载调试

工作内容：相关二次回路调试，操作传动试验，电动机空载试转等。 **计量单位：**台

编号				4-17-96	4-17-97	4-17-98	4-17-99
项目				交流同步电动机 功率（kW）			
				≤200	≤500	≤1000	≤3000
名称			单位	消耗量			
人工	000303000	综合三类工	工日	25.176	34.954	46.931	68.685
材料	020323003	自粘性橡胶带 25mm×20m	卷	5.300	7.300	10.000	14.000
	280307008	铜芯橡皮绝缘电线 BX-2.5mm²	m	10.600	14.600	20.000	28.000
	850103006	其他材料费（占材料费）	%	2.000	2.000	2.000	2.000
机械	870122009	转速表	台班	2.018	3.533	4.542	6.056
	870613023	手持式万用表	台班	9.084	12.617	14.636	16.654
	870622018	数字电桥	台班	1.009	2.018	3.533	4.542
	870622064	高压绝缘电阻测试仪	台班	1.009	2.018	3.028	4.037
	870622097	断路器动特性综合测试仪	台班	0.505	0.505	1.009	1.009
	870628009	数据记录仪	台班	5.551	7.570	8.579	11.103
	870699031	电感电容测试仪	台班	1.009	2.018	3.028	4.037
	870699060	电能校验仪	台班	0.757	2.018	3.028	4.542
	870699116	电力谐波测试仪 F41	台班	0.757	1.514	2.018	4.037
	870699124	最佳阻容调节器 RCK	台班	5.047	7.066	8.075	11.103
	870699208	旋转移相器 TXSGA-1/0.5	台班	2.524	4.037	5.551	6.561
	873110025	频率合成信号发生器	台班	2.524	4.037	5.551	6.561
	873112024	直流高压发生器	台班	1.262	2.018	3.028	4.037
	873114001	数字电压表	台班	1.262	2.018	3.028	4.037
	873136001	数字频率计	台班	2.018	4.037	5.551	6.561
	873148008	数字示波器	台班	5.551	6.561	7.570	12.617
	873152014	电缆测试仪	台班	0.505	0.505	1.009	1.514
	870699076	微机继电保护测试仪	台班	1.514	3.028	5.047	6.056

工作内容：相关二次回路调试，操作传动试验，电动机空载试转等。 **计量单位：台**

编　号				4-17-100	4-17-101	4-17-102	4-17-103
项　目				交流同步电动机 功率（kW）			
				≤5000	≤10000	≤30000	≤50000
名　称			单位	消　耗　量			
人工	000303000	综合三类工	工日	87.263	103.883	129.793	141.280
材料	020323003	自粘性橡胶带 25mm×20m	卷	18.700	22.300	27.300	30.600
	280307008	铜芯橡皮绝缘电线 BX-2.5mm^2	m	36.400	44.600	54.600	61.200
	850103006	其他材料费（占材料费）	%	2.000	2.000	2.000	2.000
机械	870122009	转速表	台班	7.066	8.075	9.084	10.598
	870613023	手持式万用表	台班	18.168	20.187	22.710	25.234
	870622018	数字电桥	台班	5.551	6.561	7.570	9.084
	870622064	高压绝缘电阻测试仪	台班	5.047	6.056	6.561	7.570
	870622097	断路器动特性综合测试仪	台班	1.514	2.524	4.037	5.047
	870628009	数据记录仪	台班	16.654	18.673	21.196	24.224
	870699031	电感电容测试仪	台班	5.047	6.561	7.570	9.084
	870699060	电能校验仪	台班	5.551	6.561	8.579	10.093
	870699116	电力谐波测试仪 *F41*	台班	5.047	6.561	7.570	8.579
	870699124	最佳阻容调节器 RCK	台班	16.654	18.673	21.196	24.224
	870699208	旋转移相器 TXSGA-1/0.5	台班	7.570	9.084	11.103	12.112
	873110025	频率合成信号发生器	台班	7.570	9.084	11.103	12.112
	873112024	直流高压发生器	台班	5.551	7.066	9.084	10.598
	873114001	数字电压表	台班	5.551	7.066	9.084	10.598
	873136001	数字频率计	台班	7.570	9.084	11.103	12.112
	873148008	数字示波器	台班	16.654	18.673	21.196	24.224
	873152014	电缆测试仪	台班	2.524	3.028	3.533	4.037
	870699076	微机继电保护测试仪	台班	7.066	8.579	10.093	12.112

工作内容：相关二次回路调试，操作传动试验，电动机空载试转等。 计量单位：台

编号				4-17-104	4-17-105	4-17-106	4-17-107	4-17-108
项目				交流异步电动机 功率（kW）				
				≤3	≤13	≤30	≤50	≤150
名称			单位	消耗量				
人工	000303000	综合三类工	工日	8.018	12.026	16.035	20.044	25.911
材料	020323003	自粘性橡胶带 25mm × 20m	卷	1.680	2.520	3.360	4.200	5.500
	280307008	铜芯橡皮绝缘电线 BX-2.5mm^2	m	3.360	5.040	6.720	8.400	11.000
	850103006	其他材料费（占材料费）	%	0.800	1.200	1.600	2.000	2.000
机械	870122009	转速表	台班	0.807	1.211	1.615	2.018	3.028
	870613023	手持式万用表	台班	2.826	4.239	5.652	7.066	8.579
	870622018	数字电桥	台班	0.807	1.211	1.615	2.018	3.533
	870622064	高压绝缘电阻测试仪	台班	0.404	0.606	0.807	1.009	1.009
	870628009	数据记录仪	台班	2.019	3.028	4.037	5.047	6.561
	870699060	电能校验仪	台班	0.606	0.908	1.211	1.514	2.524
	870699152	高压试验成套装置	台班	0.404	0.606	0.807	1.009	1.262
	873110025	频率合成信号发生器	台班	1.009	1.514	2.019	2.524	3.028
	873112024	直流高压发生器	台班	0.404	0.606	0.807	1.009	1.262
	873114001	数字电压表	台班	0.404	0.606	0.807	1.009	1.262
	873136018	计时/计频器/校准器	台班	0.404	0.606	0.807	1.009	1.514
	873148008	数字示波器	台班	2.624	3.937	5.249	6.561	7.570
	873152014	电缆测试仪	台班	0.202	0.303	0.404	0.505	0.505
	870699076	微机继电保护测试仪	台班	1.211	1.817	2.423	3.028	4.037

工作内容：相关二次回路调试，操作传动试验，电动机空载试转等。 计量单位：台

编 号				4-17-109	4-17-110	4-17-111	4-17-112
项 目				交流异步电动机 功率（kW）			
				≤500	≤1000	≤2000	≤5000
名 称			单位	消 耗 量			
人工	000303000	综合三类工	工日	31.531	42.287	50.597	61.840
材料	020323003	自粘性橡胶带 25mm×20m	卷	6.600	15.150	15.900	12.950
	280307008	铜芯橡皮绝缘电线 BX-2.5mm²	m	13.200	30.300	31.800	25.900
	850103006	其他材料费（占材料费）	%	2.000	2.000	2.000	2.000
机械	870122009	转速表	台班	3.533	4.037	5.047	6.056
	870613023	手持式万用表	台班	9.589	11.103	12.617	13.626
	870622018	数字电桥	台班	5.047	6.561	7.570	8.579
	870622064	高压绝缘电阻测试仪	台班	2.018	2.524	3.028	4.037
	870628009	数据记录仪	台班	7.570	10.598	12.617	15.140
	870699060	电能校验仪	台班	3.533	4.542	5.551	6.561
	870699152	高压试验成套装置	台班	1.514	2.018	3.028	4.037
	873110025	频率合成信号发生器	台班	4.037	5.047	6.561	8.075
	873112024	直流高压发生器	台班	1.514	2.018	3.028	4.037
	873114001	数字电压表	台班	1.514	2.018	3.028	4.037
	873136018	计时/计频器/校准器	台班	2.524	3.533	4.542	6.056
	873148008	数字示波器	台班	10.598	10.598	12.617	15.140
	873152014	电缆测试仪	台班	0.505	1.009	1.009	1.514
	870699076	微机继电保护测试仪	台班	5.047	6.561	7.570	8.579

（5）电动机联锁装置系统调试

工作内容：相关二次回路调试，操作传动试验，电动机空载试转等。 计量单位：台

编 号				4-17-113	4-17-114	4-17-115
项 目				联锁台数（台）		
				≤3	4～8	9～12
名 称			单位	消 耗 量		
人工	000303000	综合三类工	工日	1.549	3.869	5.418
材料	020323003	自粘性橡胶带 25mm×20m	卷	0.250	0.520	0.700
	280307008	铜芯橡皮绝缘电线 BX-2.5mm²	m	0.500	1.040	1.400
	850103006	其他材料费（占材料费）	%	2.000	2.000	2.000
机械	870613023	手持式万用表	台班	0.841	1.682	2.523
	870622064	高压绝缘电阻测试仪	台班	0.841	1.682	2.523
	873136018	计时/计频器/校准器	台班	0.841	1.682	2.103
	873152014	电缆测试仪	台班	0.841	1.682	2.523
	870699076	微机继电保护测试仪	台班	0.841	1.682	2.103

16. 10kV 及以下开闭所成套装置系统调试

工作内容： 相关二次回路调试，系统试运行等。 **计量单位：** 座

编号				4-17-116	4-17-117	4-17-118	4-17-119
项目				断路器操作			
				开关间隔单元（个）			
				≤3	≤5	≤7	>7
	名称		单位	消耗量			
人工	000303000	综合三类工	工日	9.888	13.734	15.382	19.228
材料	020323003	自粘性橡胶带 25mm×20m	卷	0.348	0.418	0.501	0.602
	280307008	铜芯橡皮绝缘电线 BX-2.5mm²	m	0.696	0.836	1.003	1.203
	850103006	其他材料费（占材料费）	%	2.000	2.000	2.000	2.000
机械	870622047	回路电阻测试仪	台班	1.402	1.869	2.336	2.804
	870622064	高压绝缘电阻测试仪	台班	1.402	1.869	2.336	2.654
	870622097	断路器动特性综合测试仪	台班	1.402	1.869	2.336	2.804
	870699043	伏安特性测试仪	台班	1.402	1.869	2.336	2.804
	870699060	电能校验仪	台班	3.028	4.206	4.710	6.729
	870699064	2000A 大电流发生器	台班	1.402	1.869	2.336	2.804
	870699084	继电保护装置试验仪	台班	1.402	1.869	2.336	2.804
	870699092	YDQ 充气式试验变压器	台班	1.792	2.486	2.787	3.981
	870699096	高压试验变压器配套操作箱、调压器	台班	1.792	2.486	2.787	3.981
	870699144	高压核相仪	台班	3.028	4.206	4.710	6.729
	870699164	TPFRC 电容分压器交直流高压测量系统	台班	1.792	2.486	2.787	3.981

工作内容： 相关二次回路调试，系统试运行等。 **计量单位：** 座

编号				4-17-120	4-17-121	4-17-122	4-17-123
项目				负荷开关操作			
				开关间隔单元（个）			
				≤3	≤5	≤7	>7
	名称		单位	消耗量			
人工	000303000	综合三类工	工日	8.790	12.360	14.557	16.479
材料	020323003	自粘性橡胶带 25mm×20m	卷	0.348	0.418	0.501	0.602
	280307008	铜芯橡皮绝缘电线 BX-2.5mm²	m	0.696	0.836	1.003	1.203
	850103006	其他材料费（占材料费）	%	2.000	2.000	2.000	2.000
机械	870622047	回路电阻测试仪	台班	1.402	1.869	2.804	3.738
	870622064	高压绝缘电阻测试仪	台班	1.402	1.869	2.804	3.738
	870699060	电能校验仪	台班	3.925	5.607	6.542	7.477
	870699092	YDQ 充气式试验变压器	台班	1.402	1.869	2.804	3.738
	870699096	高压试验变压器配套操作箱、调压器	台班	1.402	1.869	2.804	3.738
	870699144	高压核相仪	台班	3.925	5.607	6.542	7.477
	870699164	TPFRC 电容分压器交直流高压测量系统	台班	1.402	1.869	2.804	3.738

17. 组合型成套箱式变电站系统调试

工作内容：相关二次回路调试，系统试运行等。 **计量单位：**座

编号				4-17-124	4-17-125	4-17-126	4-17-127	4-17-128
项目				变压器容量（kV·A）				
				≤315	≤1000	≤2000	2×400单台容量≤400	2×630单台容量≤630
		名称	单位	消耗量				
人工	000303000	综合三类工	工日	9.351	11.200	13.899	15.162	17.689
材料	020323003	自粘性橡胶带 25mm×20m	卷	0.348	0.696	0.870	0.670	0.804
	280307008	铜芯橡皮绝缘电线 BX-2.5mm²	m	0.696	1.393	1.741	1.339	1.607
	850103006	其他材料费（占材料费）	%	2.000	2.000	2.000	2.000	2.000
机械	870622047	回路电阻测试仪	台班	0.935	1.315	1.869	1.869	2.336
	870622064	高压绝缘电阻测试仪	台班	0.935	1.315	1.869	1.869	2.336
	870622072	变压器直流电阻测试仪	台班	0.935	1.315	1.869	1.869	2.336
	870699051	全自动变比组别测试仪	台班	0.935	1.315	1.869	1.869	2.336
	870699060	电能校验仪	台班	3.785	4.678	5.981	5.140	6.542
	870699064	2000A 大电流发生器	台班	0.935	1.315	1.869	1.869	2.336
	870699092	YDQ 充气式试验变压器	台班	0.935	1.315	1.869	1.869	2.336
	870699096	高压试验变压器配套操作箱、调压器	台班	1.870	2.630	3.738	3.738	4.672
	870699144	高压核相仪	台班	4.206	5.155	6.542	6.729	8.411
	870699156	自动介损测试仪	台班	0.935	1.315	1.869	1.869	2.336
	870699164	TPFRC 电容分压器交直流高压测量系统	台班	0.935	1.315	1.869	1.869	2.336
	870699168	变压器特性综合测试台	台班	0.935	1.315	1.869	1.869	2.336
	873112024	直流高压发生器	台班	0.935	1.315	1.869	1.869	2.336
	870699076	微机继电保护测试仪	台班	1.870	2.630	3.738	3.738	4.672

18. 微机监控系统调试

工作内容：元件检查，二次回路调试，网络设备试验，间隔层闭锁逻辑验证，AVQC 功能设定、测试，UPS、GPS 系统调试，后台计算机系统调试，同期系统调试，远动功能系统调试，中央信号体统调试等。 **计量单位：**见表

编号				4-17-129	4-17-130	4-17-131	4-17-132	4-17-133	4-17-134
项目				发电厂单机容量（MW）				变电站	配电室
				≤6	≤15	≤25	≤35		
单位				台				座	
		名称	单位	消耗量					
人工	000303000	综合三类工	工日	13.187	16.785	20.382	23.978	9.590	5.994
材料	020323003	自粘性橡胶带 25mm×20m	卷	1.419	2.167	3.158	4.458	0.860	0.323
	280307008	铜芯橡皮绝缘电线 BX-2.5mm²	m	2.838	4.334	6.316	8.916	1.720	0.645
	850103006	其他材料费（占材料费）	%	2.000	2.000	2.000	2.000	2.000	2.000
机械	870613023	手持式万用表	台班	5.385	6.854	8.322	9.791	3.917	2.448
	870699064	2000A 大电流发生器	台班	6.283	7.996	9.709	11.423	4.569	2.856
	873136018	计时/计频器/校准器	台班	6.283	7.996	9.709	11.423	4.569	2.856
	870699076	微机继电保护测试仪	台班	6.283	7.996	9.709	11.423	4.569	2.856

19.“五防”系统调试

工作内容：二次回路调试，电气闭锁、系统闭锁调试等。 **计量单位：**座

编号				4-17-135	4-17-136	4-17-137	4-17-138
项目				发电厂单机容量（MW）		变电站	配电室
				≤15	≤35		
名称			单位	消耗量			
人工	000303000	综合三类工	工日	4.394	6.593	2.746	1.648
材料	020323003	自粘性橡胶带 25mm×20m	卷	1.955	2.346	0.733	0.513
	280307008	铜芯橡皮绝缘电线 BX-2.5mm^2	m	1.955	2.346	1.464	1.025
	850103006	其他材料费（占材料费）	%	2.000	2.000	2.000	2.000
机械	870613023	手持式万用表	台班	1.361	2.042	0.851	0.510
	873136018	计时/计频器/校准器	台班	1.588	2.382	0.992	0.595
	870699076	微机继电保护测试仪	台班	1.588	2.382	0.992	0.595

20.配电智能系统调试

工作内容：主（子）站与各终端设备联调内容：技术准备、编制信息表、控制权限检查、三遥功能测试、保护功能检测及传动试验、规约调试。 **计量单位：**系统

编号				4-17-139	4-17-140	4-17-141	4-17-142	4-17-143
项目				主（子）站与终端联调（个间隔）				
				≤2	≤6	≤12	≤20	>20
名称			单位	消耗量				
人工	000303000	综合三类工	工日	2.638	8.790	15.821	22.852	26.369
材料	280113001	超五类屏蔽双绞线	m	1.000	2.000	3.000	4.000	4.000
	850103006	其他材料费（占材料费）	%	2.000	2.000	2.000	2.000	2.000
机械	873138001	网络测试仪	台班	0.748	2.243	2.990	3.738	4.486
	873150072	误码率测试仪	台班	0.748	2.243	2.990	3.738	4.486

工作内容：主站与子站设备联调内容：技术准备、编制信息表、规约调试、三遥信息上传下达测试、信息核对等。 **计量单位：**系统

编号				4-17-144	4-17-145	4-17-146	4-17-147
项目				主站与子站联调（个间隔）			
				≤2	≤6	≤12	≤20
名称			单位	消耗量			
人工	000303000	综合三类工	工日	1.759	3.517	5.273	7.031
材料	280113001	超五类屏蔽双绞线	m	1.000	2.000	3.000	4.000
	850103006	其他材料费（占材料费）	%	2.000	2.000	2.000	2.000
机械	873138001	网络测试仪	台班	0.374	0.748	1.122	1.495
	873150072	误码率测试仪	台班	0.374	0.748	0.748	1.122

工作内容： 主站与子站设备联调内容：技术准备、编制信息表、规约调试、三遥信息上传下达测试、信息核对等。

计量单位： 系统

编号				4-17-148	4-17-149	4-17-150	4-17-151
项目				主站与子站联调（个间隔）>20	电能表与电表采集器联调	数据集中器与电表采集器联调	主站与数据集中器联调
名称			单位	消耗量			
人工	000303000	综合三类工	工日	8.790	1.374	0.978	1.648
材料	280113001	超五类屏蔽双绞线	m	4.000	1.000	1.000	1.000
材料	850103006	其他材料费（占材料费）	%	2.000	2.000	2.000	2.000
机械	870199011	笔记本电脑	台班	—	0.327	0.561	0.561
机械	873138001	网络测试仪	台班	1.869	—	0.467	0.187
机械	873150072	误码率测试仪	台班	1.346	—	0.467	—

二、整套启动调试

1. 发电厂电气整套启动调试

工作内容： 1. 厂用电源试运。

2. 发电机变压器组启动调试：主变压器及高压厂用电压器系统充电试验，发电机启动试验，发电机同期系统定相并网试验，自动励磁调节系统投运调试，发电机变压器组带负荷试验及试运行，励磁系统带负荷试验及试运行，厂用电源带负荷切换试验。
3. 电气满负荷试运等。

计量单位： 台

编号				4-17-152	4-17-153	4-17-154	4-17-155
项目				发电单机容量（MW 机组）			
				≤6	≤15	≤25	≤35
名称			单位	消耗量			
人工	000303000	综合三类工	工日	44.174	66.086	92.189	109.823
材料	020323003	自粘性橡胶带 25mm × 20m	卷	2.083	4.166	5.952	7.440
材料	280109008	硬铜绞线 TJ-4mm^2	kg	1.389	2.778	3.968	4.960
材料	280307008	铜芯橡皮绝缘电线 BX-2.5mm^2	m	1.389	2.778	3.968	4.960
材料	850103006	其他材料费（占材料费）	%	2.000	2.000	2.000	2.000
机械	870199011	笔记本电脑	台班	26.800	31.400	35.800	42.500
机械	870613023	手持式万用表	台班	0.290	0.348	0.406	0.464
机械	870613041	多功能交直流钳形测量仪	台班	0.290	0.348	0.406	0.464
机械	870699206	变送器校验装置	台班	0.234	0.280	0.327	0.374

续前

编号				4-17-152	4-17-153	4-17-154	4-17-155
项目				发电单机容量（MW 机组）			
				≤6	≤15	≤25	≤35
名称			单位	消耗量			
机械	870622117	水内冷发电机绝缘特性测试仪	台班	0.290	0.348	0.406	0.464
	870628005	电量记录分析仪	台班	9.100	12.700	18.800	23.500
	870699076	微机继电保护测试仪	台班	2.243	2.692	3.140	3.589
	870699100	发电机转子交流阻抗测试仪	台班	0.290	0.348	0.406	0.464
	870699104	发电机定子端部绝缘监测杆	台班	0.523	0.628	0.733	0.837
	871134006	红外成像仪	台班	0.290	0.348	0.406	0.464
	873114001	数字电压表	台班	0.935	1.121	1.308	1.495
	873138001	网络测试仪	台班	0.234	0.280	0.327	0.374
	873148024	16 通道数字存储示波记录仪	台班	0.093	0.112	0.131	0.150

2. 变电站、配电室试运

工作内容： 受电前准备，受电时一、二次回路定相、核相，电流、电压测量，保护、合环、同期回路检查，冲击合闸试验和受电后试验，试运行等。 **计量单位：** 座

编号				4-17-156	4-17-157	4-17-158	4-17-159
项目				组合型成套箱式变电站整套启动调试	≤1kV 配电站（室）整套启动调试	≤10kV 及以下开关站整套启动调试	≤10kV 变电站整套启动调试
名称			单位	消耗量			
人工	000303000	综合三类工	工日	3.929	4.801	7.420	10.913
材料	020323003	自粘性橡胶带 25mm × 20m	卷	0.874	1.136	1.248	1.560
	850103006	其他材料费（占材料费）	%	2.000	2.000	2.000	2.000
机械	870199011	笔记本电脑	台班	2.500	3.500	4.800	6.500
	870622047	回路电阻测试仪	台班	0.226	0.293	0.376	0.527
	870699068	相位表	台班	0.127	0.165	0.211	0.295
	873114001	数字电压表	台班	0.127	0.165	0.211	0.295
	873148008	数字示波器	台班	0.262	0.341	0.437	0.611

3. 输电线路试运

工作内容：受电前的准备，受电时一、二次回路定相、核相，电流、电压测量，保护、合环、同期回路检查，冲击合闸试验，试运行等。 **计量单位：**条

编号				4-17-160
项目				10kV 输电线路整套启动调试
名称			单位	消耗量
人工	000303000	综合三类工	工日	2.748
材料	280301010	铜芯塑料绝缘电线 BV-25mm²	m	8.000
	280301013	铜芯塑料绝缘电线 BV-120mm²	m	8.000
	290901025	铜接线端子 DT-25mm²	个	4.000
	290901020	铜接线端子 DT-120mm²	个	4.000
	850103006	其他材料费（占材料费）	%	2.000
机械	990421010	小型工程车	台班	0.275
	870699068	相位表	台班	0.194
	870699128	线路参数测试仪	台班	0.194
	873112040	交流高压发生器	台班	0.208
	873148001	示波器	台班	0.194
	870199011	笔记本电脑	台班	2.100

三、特殊项目测试与性能验收试验

1. 发电机直流耐压试验

工作内容：发电机直流耐压试验，包括现场试验方案的编写、现场试验设备的组装与拆卸、现场试验的实施及试验所需的安全围闭等。 **计量单位：**台

编号				4-17-161
项目				发电机直流耐压试验
名称			单位	消耗量
人工	000303000	综合三类工	工日	19.822
材料	014101003	黄铜线（综合）	kg	0.350
	144303006	绝缘胶带 20mm×20m	卷	0.350
	280109008	硬铜绞线 TJ-4mm²	kg	7.000
	280109002	硬铜绞线 TJ-10mm²	kg	2.800
	280008001	电缆（综合）	m	1.750
	850103006	其他材料费（占材料费）	%	2.000
机械	870613041	多功能交直流钳形测量仪	台班	0.363
	870622064	高压绝缘电阻测试仪	台班	0.363
	870622117	水内冷发电机绝缘特性测试仪	台班	0.726

2. 变压器绕组变形试验

工作内容： 变压器绕组变形试验，包括用频谱法和短路阻抗法进行试验，包括现场试验方案的编写、现场试验的实施及试验所需的安全围闭等。 **计量单位：** 台

编号				4-17-162
项目				变压器绕组变形测试
名称			单位	消耗量
人工	000303000	综合三类工	工日	3.966
材料	143315001	丙酮	kg	0.500
	144303005	聚氯乙烯橡胶粘带 40×50m	卷	1.000
	280301010	铜芯塑料绝缘电线 BV-25mm²	m	3.000
	280301013	铜芯塑料绝缘电线 BV-120mm²	m	3.000
	290901025	铜接线端子 DT-25mm²	个	2.000
	290901020	铜接线端子 DT-120mm²	个	2.000
	271703006	塑料相色带 20×2000	卷	1.000
	850103006	其他材料费（占材料费）	%	2.000
机械	990513020	汽车式高空作业车 21m	台班	0.363
	870622072	变压器直流电阻测试仪	台班	0.363
	870622093	变压器短路阻抗测试仪	台班	0.363
	870622101	变压器绕组变形测试仪	台班	0.363

3. 无功补偿装置投入试验

工作内容： 元件检查，二次回路调试，无功调节开环、闭环调节功能调试，无功调节策略及定值等调试等。 **计量单位：** 三相组

编号				4-17-163
项目				无功补偿装置投入试验
名称			单位	消耗量
人工	000303000	综合三类工	工日	8.494
材料	280301010	铜芯塑料绝缘电线 BV-25mm²	m	2.112
	280301013	铜芯塑料绝缘电线 BV-120mm²	m	1.056
	290901025	铜接线端子 DT-25mm²	个	1.056
	290901020	铜接线端子 DT-120mm²	个	1.056
	850103006	其他材料费（占材料费）	%	2.000
机械	870199011	笔记本电脑	台班	3.386
	870622047	回路电阻测试仪	台班	1.129
	870699080	继电保护检验仪	台班	0.564
	873148008	数字示波器	台班	0.677

4. SF_6气体试验

工作内容： 六氟化硫气体取样全分析，六氟化硫气体露点试验及六氟化硫气体定量捡漏等。 **计量单位：** 试样

编号				4-17-164
项目				SF_6气体试验
名称			单位	消耗量
人工	000303000	综合三类工	工日	2.952
机械	871625001	便携式电力变压器油色谱分析仪	台班	0.800
	874614017	SF_6微水分析仪	台班	0.800
	871119013	红外光谱仪	台班	1.600

5. 计费处理器调整

工作内容： 通电初步检查、装置参数检查、测量功能、自动功能、通信功能检查等。 **计量单位：** 站

编号				4-17-165
项目				计费处理器调整
名称			单位	消耗量
人工	000303000	综合三类工	工日	4.531
材料	020323003	自粘性橡胶带 25mm×20m	卷	0.075
	280307008	铜芯橡皮绝缘电线 BX-2.5mm²	m	0.149
	850103006	其他材料费（占材料费）	%	2.000
机械	870199011	笔记本电脑	台班	1.058
	870699013	电能表校验仪	台班	1.058

6. TA/（TV）误差试验

工作内容： 通电初步检查、装置参数检查、测量功能、自动功能、通信功能检查。 **计量单位：** 组

编号				4-17-166
项目				TA（TV）误差测试
名称			单位	消耗量
人工	000303000	综合三类工	工日	2.832
材料	280109008	硬铜绞线 TJ-4mm²	kg	0.200
	280109009	硬铜绞线 TJ-6mm²	kg	0.200
	280301001	铜芯塑料绝缘电线 BV	m	0.200
	850103006	其他材料费（占材料费）	%	2.000
机械	870199011	笔记本电脑	台班	5.512
	870622109	互感器测试仪	台班	1.545

7. 电磁式电压互感器压降测试

工作内容： 试验前准备工作，二次回路压降现场测试，数据处理，出具报告等。 **计量单位：** 组

编号				4-17-167
项目				电磁式电压互感器压降测试
名称			单位	消耗量
人工	000303000	综合三类工	工日	1.699
材料	020323003	自粘性橡胶带 25mm × 20m	卷	0.020
	280307008	铜芯橡皮绝缘电线 BX-2.5mm^2	m	0.040
	850103006	其他材料费（占材料费）	%	2.000
机械	870699196	电磁式互感器	台班	0.437
	870699039	压降测试仪	台班	0.437
	870699192	关口计量表测试专用车	台班	0.467

8. 计量二次回路阻抗测试

工作内容： 试验前准备工作，电压电流互感器二次负荷现场测试，数据处理，出具报告等。 **计量单位：** 组

编号				4-17-168
项目				计量二次回路阻抗测试
名称			单位	消耗量
人工	000303000	综合三类工	工日	1.699
材料	020323003	自粘性橡胶带 25mm × 20m	卷	0.012
	280307008	铜芯橡皮绝缘电线 BX-2.5mm^2	m	0.024
	850103006	其他材料费（占材料费）	%	2.000
机械	870699035	电压电流互感器二次负荷在线测试仪	台班	1.402
	870699192	关口计量表测试专用车	台班	1.402

9. 定子绕组端部固有频率测试

工作内容： 试验准备工作检查及调整，定子绕组端部固有振动频率测试及模态分析，试验情况分析与总结等。 **计量单位：** 台

编号				4-17-169
项目				发电机定子绕组端固有振动频率测试
名称			单位	消耗量
人工	000303000	综合三类工	工日	10.195
材料	280113001	超五类屏蔽双绞线	m	1.000
	850103006	其他材料费（占材料费）	%	2.000
机械	870199011	笔记本电脑	台班	9.190
	870699172	振动动态信号采集分析系统	台班	2.023

10. 发电机转子通风孔检查试验

工作内容： 发电机、断路器、隔离开关、接地开关及保护、测量、控制、调速信号等二次回路调试，通流升压试验，整组传动试验，机、电、炉横向保护试验，交接验收等。

计量单位： 台

编号				4-17-170
项目				发电机转子通风孔检查试验
名称			单位	消耗量
人工	000303000	综合三类工	工日	7.927
材料	311929001	转速信号荧光感应纸	卷	1.128
	173135002	遮挡式靠背管	个	13.949
	172707001	理化橡皮管	箱	3.632
	850103006	其他材料费（占材料费）	%	2.000
机械	870110027	红外测温仪	台班	3.717
	870113019	数字式电子微压计	台班	7.489
	870199011	笔记本电脑	台班	12.307
	874616027	手持高精度数字测振仪&转速仪	台班	4.025